W0260357

ML Mathematik für die Lehrerausbildung

Buchmann: **Nichteuklidische Elementargeometrie**
Einführung in ein Modell. 126 Seiten. DM 18,80

Freund: **Elemente der Zahlentheorie**
119 Seiten. DM 19,80

Freund/Sorger: **Aussagenlogik und Beweisverfahren**
136 Seiten. DM 17,80

Freund/Sorger: **Logik, Mengen, Relationen**
Praxis des mathematischen Beweisens. 191 Seiten. DM 17,80

Kinder/Spengler: **Die Bewegungsgruppe einer euklidischen Ebene**
Ein axiomatischer Aufbau ohne Anordnungsbegriff
157 Seiten. DM 22,80

Kreutzkamp/Neunzig: **Lineare Algebra**
136 Seiten. DM 17,80

Löthe/Müller: **Taschenrechner**
168 Seiten. DM 18,80

Menzel: **Elemente der Informatik**
Algorithmen in der Sekundarstufe I. 224 Seiten. DM 22,80

Messerle: **Zahlbereichserweiterungen**
119 Seiten. DM 16,80

Müller/Wölpert: **Anschauliche Topologie**
Eine Einführung in die elementare Topologie und Graphentheorie
168 Seiten. DM 18,80

Simm/Gonska: **Algebraische Strukturen**
208 Seiten. DM 24,80

Walser: **Wahrscheinlichkeitsrechnung**
164 Seiten. DM 17,80

Preisänderungen vorbehalten

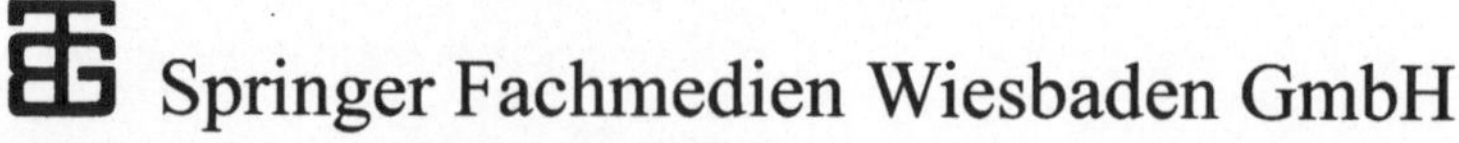 Springer Fachmedien Wiesbaden GmbH

Mathematik für die Lehrerausbildung

G. Simm/H. H. Gonska
Algebraische Strukturen

Mathematik für die Lehrerausbildung

Herausgegeben von

Prof. Dr. G. Buchmann, Flensburg, Prof. Dr. H. Freund, Kiel
Prof. Dr. P. Sorger, Münster, Prof. Dr. U. Spengler, Kiel
Dr. W. Walser, Baden/Schweiz

Die Reihe Mathematik für die Lehrerausbildung behandelt studiumsgerecht in Form einzelner aufeinander abgestimmter Bausteine grundlegende und weiterführende Themen aus dem gesamten Ausbildungsbereich der Mathematik für Lehrerstudenten. Die einzelnen Bände umfassen den Stoff, der in einer einsemestrigen Vorlesung dargeboten wird. Die Erfordernisse der Lehrerausbildung berücksichtigt in besonderer Weise der dreiteilige Aufbau der einzelnen Kapitel jedes Bandes: Der erste Teil hat motivierenden Charakter. Der Motivationsteil bereitet den zweiten, theoretisch-systematischen Teil vor. Der dritte, auf die Schulpraxis bezogene Teil zeigt die Anwendung der Theorie im Unterricht. Aufgrund dieser Konzeption eignet sich die Reihe besonders zum Gebrauch neben Vorlesungen, zur Prüfungsvorbereitung sowie zur Fortbildung von Lehrern an Grund-, Haupt- und Realschulen.

Algebraische Strukturen

Von Dr. phil. Günter Simm
o. Professor an der Universität Duisburg

und Dr. rer. nat. Heinz H. Gonska
wiss. Assistent an der Universität Duisburg

Mit 30 Figuren, 32 Tafeln
und zahlreichen Beispielen und Aufgaben

Springer Fachmedien Wiesbaden GmbH
1980

Prof. Dr. phil. Günter Simm

Geboren 1932 in Löbau. Von 1954 bis 1956 Lehrerstudium in Kettwig. 1956 1. Lehrerprüfung und 1958 2. Lehrerprüfung. Von 1961 bis 1969 Studium der Mathematik,
Philosophie und Pädagogik, 1969 Promotion an der Universität Köln. 1970 Ernennung
zum Dozenten an der Pädagogischen Hochschule Duisburg. Von 1972 bis 1974 Professor für Didaktik der Mathematik an der Päd. Hochschule Kiel. Seit 1974 o. Professor
für Mathematik mit dem Schwerpunkt Didaktik der Mathematik an der Universität
Duisburg.

Dr. rer. nat. Heinz H. Gonska

Geboren 1949 in Gelsenkirchen. Von 1967 bis 1968 und von 1969 bis 1975 Studium
der Mathematik und Wirtschaftswissenschaften in Bochum. Seit 1975 wiss. Assistent
an der Universität Duisburg, 1979 Promotion.

CIP-Kurztitelaufnahme der Deutschen Bibliothek

Simm, Günter:
Algebraische Strukturen / von Günter Simm u.
Heinz H. Gonska. – Stuttgart: Teubner, 1980. –
(Mathematik für die Lehrerausbildung)
ISBN 978-3-519-02706-5   ISBN 978-3-663-11366-9 (eBook)
DOI 10.1007/978-3-663-11366-9

NE: Gonska, Heinz H.:
Simm, Günter

Gesamtherstellung: Schwetzinger Verlagsdruckerei GmbH
Umschlaggestaltung: W. Koch, Sindelfingen

Vorwort

Das vorliegende Buch ist kein Konkurrenzband zu den Standardwerken über Algebra.
Sowohl die Beschränkung des Stoffes als auch die Art der Darstellung lassen eine solche
Deutung des Buches nicht zu.

Das Anliegen dieses Bandes ist es vielmehr, den zukünftigen Mathematiklehrer mit den-
jenigenBegriffen der Algebra bekanntzumachen, die flir seinen Mathematikunterricht
von grundlegender Bedeutung sein können; das Konzept ist von uns mehrfach an der
Gesamthochschule Duisburg erprobt worden. Dabei wurde an zentralen Stellen dieses
Buches versucht, der Begriffsgenese den bloßen Definitionen eines Begriffes den Vor-
rang zu geben, denn wir teilen die Ansicht Alexander Wittenbergs [66) und Martin
Wagenscheins, daß der Lehrer gelernt haben muß, "wie mathematische Begriffe aus
Zwangslagen in produktivem Denken entstehen" [64).

Nun erfordert es aber eine genetische Methode, daß e i n Sesriff und ein damit verbun-
denes Problem stark in den Vordergrund der Erörterungen gestellt wird. Als ein solcher Begriff bot sich derAbbild u ng sb egr iff, insbesondere der Begriff h o m o m o r p h e
Abbildung an, da seine Genese eng verbunden ist mit wichtigen Grundbegriffen der Algebra,z. B. mit den Begriffen Partition, Äquivalenz- und Kongruenzrelation, Gruppe und
Normalteiler. Die Analyse dieser Verbindung wird somit immer wieder zu Problemstellungen
fuhren, aus denen sich neue Begriffsbildungen oder Verfeinerungen bereits entwickelter
Begriffe gleichsam zwangsläufig ergeben.

Die Genese des Begriffs der hornamorphen Abbildung ist Inhalt des 2. Kapitels. Die
hierfiir notwendigen Grundlagen werden im 1. Kapitel "Gruppoide" erarbeitet. Im Kapitel 3 wird der im 2. Kapitel entstandene Gruppenbegriff durch die Behandlung spezieller
Gruppen konkretisiert. Das Problem des Auffindens spezieller Gruppen führt
dann ebenfalls zwangsläufig zu einer Erweiterung der Theorie. Die in den vertiefenden
Teilen dieses 3. Kapitels gewonnenen Sätze und Defmitionen werden allerdings in den
folgenden Kapiteln nicht mehr benötigt, so daß der Leser, der etwas rascher die Kapitel
über Ringe erreichen will, das Studium der speziellen Gruppenjederzeit abbrechen
kalln. Die Kapitel4 und 5 beschäftigen sich mit Semiring- und Ringstrukturen. In Kapitel 4 werden Rechenregeln in diesen Strukturen hergeleitet und Bezüge zum praktischen
Rechnen hergestellt. Die Darstellung eines Zusammenhangs zwischen Homomorphismen und Partitionen von Ringen liefert einen ersten Einblick in die Theorie der
Ringe, die in KapitelS weiter ausgebaut wird. Dort werden insbesondere konstruktive
Verfahren zur Gewinnung algebraischer Strukturen betrachtet. Die dabei entstehenden
Polynome beschreiben die am Ende von Kapitel S behandelten algebraischen Gleichun-
gen. Das Kapitel 6 „Ausblick auf die Körpertheorie" öffnet die Sicht flir algebraische
Begriffsbildungen und Aussagen, an denen die zentrale Bedeutung der Algebra flir den
Gesamtaufbau der Mathematik besonders deutlich wird.

Es ist zu wünschen, daß die Problemstellungen den Leser motivieren können, an Hand
weiterführender Monographien über Algebra tiefer in dieses Gebiet der Mathematik ein-
zudringen. Da im Rahmen dieses Buches die didaktischen Überlegungen der C-Teile
ebenfalls nur von "anregendem Charakter" sein können, muß auch hier das Studium der

angegebenen fachdidaktischen Literatur dringend empfohlen werden. Für den im Studium der Mathematik noch unerfahrenen Leser sei es gestattet, darauf hinzuweisen, daß die Übungsaufgaben nicht nur der Illustration dienen. Sie liefern vielmehr wichtige Beispiele oder behandeln Rechenregeln, ohne deren Kenntnis erhebliche Verständnisschwierigkeiten beim weiteren Studium des Buches auftreten können. Das selbständige Lösen der Aufgaben ist somit ein wesentlicher Bestandteil des Studiums dieses Bandes.

Herrn Prof. Dr. Sorger, Münster, sowie seinen Mitarbeitern Herrn Koops und Herrn Terhardt sei herzlich gedankt, daß sie Teile des Manuskripts im Sommersemester 1977 in einer Veranstaltung über Algebra an der Pädagogischen Hochschule in Münster erprobt haben. Die hierbei gesammelten Erfahrungen haben zu wertvollen Anregungen für die Überarbeitung des Manuskripts geführt. Besonderen Dank schulden wir den Herren Prof. Dr. Spengler und Dr. R. Schnabel (Kiel), Dr. W. Drols (Duisburg), Dr. O. Schafmeister und Dr. H. Wiebe (Bochum), deren kritische Stellungnahmen die Gestaltung des vorliegenden Textes stark beeinflußten. Herrn Dr. W. Drols und Herrn K. Weinrich sei für das sorgfältige Korrekturlesen gedankt. Den Damen M. Bromyard, B. Müller, H. Nattland und M. Schroer schulden wir Dank für das mühevolle schreibtechnische Herstellen des Manuskriptes.

Dem Verlag danken wir besonders für die Geduld, die er uns entgegengebracht hat.

Duisburg im Herbst 1979 — Günter Simm / Heinz H. Gonska

Inhalt

Verzeichnis ausgewählter Symbole und deren Bedeutung

A^B	Menge aller Abbildungen der Menge B in die Menge A.		$\mathfrak{P}(M)$	Potenzmenge einer Menge M.
$\mathfrak{A}_n$	Alternierende Gruppe vom Grad n.		Π	Produktzeichen.
			$\mathbf{Q}$	Rationale Zahlen.
$\mathbf{C}$	Komplexe Zahlen.		$\mathbf{R}$	Reelle Zahlen.
$C(\mathbf{R})$	Menge aller stetigen Abbildungen von $\mathbf{R}$ in sich.		$\mathfrak{S}(M)$	Menge der Permutationen der Menge M.
$\mathbf{D}$	Abbrechende Dezimalzahlen.		$\mathfrak{S}_n$	Symmetrische Gruppe vom Grad n.
D_n	Diedergruppe vom Grad n.		Σ	Summenzeichen.
$=_{Df}$	Zeichen für eine Definitionsgleichung; das zu·definierende Objekt steht links.		sgn	Signum einer Permutation bzw. einer reellen Zahl.
$\mathbf{E}$	Euklidische Ebene.		$\mathbf{Z}$	Ganze Zahlen.
ggT	Größter gemeinsamer Teiler.		$\mathbf{Z}/_{(n)}$	Menge der Restklassen modulo n in Z.
kgV	Kleinstes gemeinsames Vielfaches.		$\mathbf{Z}_n$	Zyklische Gruppe der Ordnung n.
$\mathbf{N}, \mathbf{N}_0$	Natürliche Zahlen ohne bzw. mit Null.		$\mathfrak{Z}(M)$	Zeichen für eine Zerlegung einer Menge M.
$\mathbf{N}_{0/(n)}$	Menge der Restklassen modulo n in $\mathbf{N}_0$.		∎	Zeichen für das Ende eines Beweises.

1 Gruppoide

In den letzten Jahrzehnten ist es möglich geworden, die Mathematik unter dem Gesichtspunkt der Struktur neu zu ordnen. So arbeitet eine sich ständig erneuernde Gruppe französischer Mathematiker unter dem Pseudonym „Nikolas Bourbaki" seit 1935 an einer vielbändigen Gesamtdarstellung der Mathematik. Nach der Darstellung von Mengenlehre und Logik werden im Werke Bourbakis zunächst die mathematischen Grundstrukturen entwickelt. Grund- oder Mutterstrukturen sind für Bourbaki die algebraischen Strukturen, die Ordnungsstrukturen und die topologischen Strukturen[1].

Wir werden uns im folgenden mit einfachen algebraischen Strukturen beschäftigen, d.h., wir werden Mengen kennenlernen, auf denen gewisse Rechenoperationen erklärt sind, die zunächst nur wenige und möglichst einfache Forderungen erfüllen. Wir beginnen unsere Erörterungen mit der Gruppoidstruktur, da sie die einfachste der algebraischen Strukturen darstellt.

1.1 Modelle von Gruppoiden, Verknüpfungstafeln und Diagramme

A

1.1.1 Einführung der Begriffe „innere Verknüpfung" und „Gruppoid"

Der Heranwachsende lernt heute bereits in der Grundschule, daß die Addition zweier natürlicher Zahlen stets wieder eine natürliche Zahl ergibt. Diese Einsicht wird im Unterricht induktiv und gewöhnlich in Unterscheidung zur Subtraktion entwickelt. Hinsichtlich dieser Operation lernt der Schüler, daß die Subtraktion einer natürlichen Zahl b von einer natürlichen Zahl a nur dann wieder eine natürliche Zahl ergibt, wenn a größer oder gleich[2] b ist. In der Sprache der Algebra läßt sich diese Feststellung wie folgt als Lernziel formulieren: Der Schüler soll erkennen, daß die Addition über der Menge der natürlichen Zahlen (= N) abgeschlossen und die Subtraktion über N nicht abgeschlossen ist. Bekanntlich lassen sich Operationen oder Verknüpfungen als Abbildungen beschreiben. So wird durch die Addition eine Abbildung von $N \times N$[3] in N definiert; denn jedem geordneten Paar natürlicher Zahlen wird durch „+" genau eine natürliche Zahl als ihre Summe zugeordnet. Dagegen wird durch „−" nur eine Abbildung aus $N \times N$ in N definiert.

Diese Einsicht hat in der Algebra zu einer Verallgemeinerung des Begriffes Operation in der folgenden Weise geführt:

---

[1]) Vgl. z. B. [4].
[2]) Vorausgesetzt, die Null wird als natürliche Zahl definiert.
[3]) $N \times N = \{(x, y): x, y \in N\}$ wird als kartesisches Produkt bezeichnet.

A   **1.1 Definition** Ist M $\neq \emptyset$ eine Menge, so versteht man unter einer V e r k n ü p f u n g
□ i n M eine Abbildung von M x M in M[1].
S c h r e i b w e i s e : M x M $\longrightarrow$ M mit (a, b) $\longmapsto$ a □ b.
S p r e c h w e i s e : a □ b wird gelesen „a verknüpft mit b" oder auch „a Kästchen b"
oder „Produkt von a und b".

Das Zeichen □ (manchmal auch ○ oder ∗) soll künftig als allgemeines Verknüpfungszeichen verwendet werden. Spezielle Verknüpfungen in bestimmten Mengen werden dagegen durch die in der Literatur üblichen Zeichen (z. B. durch +, ·, −,: usw.) gekennzeichnet.

1.2 Beispiele Als Beispiel von Verknüpfungen in vorgegebenen Mengen seien genannt:

1.   Verknüpfungen in **N** (Man sagt auch: **N** ist die Trägermenge der Verknüpfung).
         □: **N** x **N** $\longrightarrow$ **N** sei definiert durch:

(i)   (a, b) $\longmapsto$ a · b   (Multiplikation)
(ii)   (a, b) $\longmapsto$ a + b   (Addition)
(iii)   (a, b) $\longmapsto$ ggT (a, b)   (größter gemeinsamer Teiler)
(iv)   (a, b) $\longmapsto$ kgV (a, b)   (kleinstes gemeinsames Vielfaches)
(v)   (a, b) $\longmapsto$ a^b (Potenzbildung)
(vi)   (a, b) $\longmapsto$ max (a, b)   (Maximumsbildung)
(vii)   (a, b) $\longmapsto$ min (a, b)   (Minimumsbildung)
(viii)   (a, b) $\longmapsto$ $(a + b)^2$ (Summenquadrat)

2.   Verknüpfungen in der Potenzmenge $\mathfrak{P}$ (M) einer Menge M.
         □: $\mathfrak{P}$(M) x $\mathfrak{P}$(M) $\longrightarrow$ $\mathfrak{P}$(M) sei definiert durch:

(i)   (A, B) $\longmapsto$ A $\cup$ B   (Vereinigungsmenge)
(ii)   (A, B) $\longmapsto$ A $\cap$ B   (Schnittmenge)
(iii)   (A, B) $\longmapsto$ A $\setminus$ B   (Differenzmenge)
(iv)   (A, B) $\longmapsto$ A $\triangle$ B = (A $\setminus$ B) $\cup$ (B $\setminus$ A)   (symmetrische Differenz)

3.   Verknüpfungen in der Menge aller Punkte (= **P**) einer euklidischen Ebene **E**.
         □: **P** x **P** $\longrightarrow$ **P** sei definiert durch:

(i)   (P, Q) $\longmapsto$ Mittelpunkt   von P und Q.
(ii)   (P, Q) $\longmapsto$ Spiegelpunkt   von P an Q.
(iii)   (P, Q) $\longmapsto$ dritter Punkt R des gleichseitigen Dreiecks bei positivem Umlaufsinn.

4.   Verknüpfungen in der Menge aller Abbildungen (Funktionen) von einer Menge
A in A.

Wir bezeichnen diese Trägermenge mit A^A und setzen voraus, daß in A eine Verknüpfung „+" erklärt ist.

         □: A^A x A^A $\longrightarrow$ A^A sei definiert durch:

(i)   (f, g) $\longmapsto$ f ○ g   mit   (f ○ g) (x) = f (g(x))
(ii)   (f, g) $\longmapsto$ f + g   mit   (f + g) (x) = f (x) + g(x)

---

[1]) Verknüpfungen dieser Art werden auch als „innere Verknüpfungen" bezeichnet. In
    Abhebung hiervon heißen Abbildungen von M x N in N oder von M x M in N äußere
    Verknüpfungen, falls M $\neq$ N ist.

B e m e r k u n g . Die durch (i) definierte Verknüpfung wird auch als „Verkettung" von $\quad$ **A**
Abbildungen (Funktionen) bezeichnet.

Die in Beispiel 1.2.2 aufgeführten Beispiele zeigen zugleich, daß auch endliche Mengen Träger innerer Verknüpfungen sein können. Das trifft auch auf die unter 1.2.4 (i) definierte Verknüpfung zu.

Ist z. B. $M = \{1, 2, 3\}$, so sind $f_1 =_{Df} \begin{pmatrix} 1 & 2 & 3 \\ 2 & 2 & 1 \end{pmatrix}$ und $f_2 =_{Df} \begin{pmatrix} 1 & 2 & 3 \\ 3 & 1 & 2 \end{pmatrix}$ Abbildungen von

M in M, wobei $\begin{pmatrix} 1 & 2 & 3 \\ 2 & 2 & 1 \end{pmatrix}$ bedeutet: Das Bild von 1 bezüglich der Abbildung f_1 ist 2, das

Bild von 2 unter f_1 ist 2, und das Bild von 3 unter f_1 ist 1. Man schreibt hierfür auch: $f_1(1) = 2$, $f_1(2) = 2$ und $f_1(3) = 1$. Die unter 1.2.4 (i) definierte Verknüpfung „Hintereinanderausführen von Abbildungen" ergibt dann z. B. $f_2 \mathbin{\square} f_1 = \begin{pmatrix} 1 & 2 & 3 \\ 1 & 1 & 3 \end{pmatrix}$, also wiederum

eine Abbildung von M in M. Fassen wir nun Menge und Verknüpfung als Begriffspaar auf, so erhalten wir eine spezielle algebraische Struktur:

1.3 Definition Ein Paar $(M, \square)$, wobei $M \neq \phi$ eine Menge und $\square$ eine Verknüpfung in M ist, heißt V e r k n ü p f u n g s g e b i l d e , G r u p p o i d oder a l g e b r a i s c h e S t r u k t u r m i t e i n e r V e r k n ü p f u n g .

1.1.2 Verknüpfungstafeln und Diagramme von endlichen Gruppoiden

1.1.2.1 Darstellung durch Verknüpfungstafeln Ein Gruppoid $(G, \square)$, dessen Trägermenge G endlich ist, heißt e n d l i c h e s G r u p p o i d . Ist die Anzahl der Elemente eines endlichen Gruppoids klein, so läßt es sich übersichtlich durch eine sog. Verknüpfungstafel beschreiben. Ist $G = \{g_1, \ldots, g_n\}$, so hat die Verknüpfungstafel bezüglich der Verknüpfung $\square$ gewöhnlich die Gestalt wie in Tafel 1.

Tafel 1

$\square$	g_1	g_2	g_3	$\cdots$	g_n
g_1	$g_1 \mathbin{\square} g_1$	$g_1 \mathbin{\square} g_2$	$g_1 \mathbin{\square} g_3$	$\cdots$	$g_1 \mathbin{\square} g_n$
g_2	$g_2 \mathbin{\square} g_1$	$g_2 \mathbin{\square} g_2$	$g_2 \mathbin{\square} g_3$	$\cdots$	$g_2 \mathbin{\square} g_n$
g_3	$g_3 \mathbin{\square} g_1$	$g_3 \mathbin{\square} g_2$	$g_3 \mathbin{\square} g_3$	$\cdots$	$g_3 \mathbin{\square} g_n$
$\cdot$	$\cdot$	$\cdot$	$\cdot$		$\cdot$
$\cdot$	$\cdot$	$\cdot$	$\cdot$	$\cdots$	$\cdot$
$\cdot$	$\cdot$	$\cdot$	$\cdot$		$\cdot$
g_n	$g_n \mathbin{\square} g_1$	$g_n \mathbin{\square} g_2$	$g_n \mathbin{\square} g_3$	$\cdots$	$g_n \mathbin{\square} g_n$

Über $G = \{1, 2, 3\}$ ist z. B. $a \mathbin{\square} b = \max(a, b)$ durch Tafel 2 bestimmt:

Tafel 2

$\square$	1	2	3
1	1	2	3
2	2	2	3
3	3	3	3

1.1.2.2 Darstellung durch Pfeildiagramme Ist $(G, \square)$ ein endliches Gruppoid mit $G = \{g_1, \ldots, g_n\}$, so können die Elemente einer jeden Zeile der zu $(G, \square)$ gehörigen Verknüpfungstafel aufgefaßt werden als die Bilder von Abbildungen $_{g_i}f : G \longrightarrow G$ mit $x \longmapsto g_i \square x$ für alle $x \in G$. So sind z. B. die Elemente der 1. Zeile von Tafel 3

Tafel 3

min	1	2	3
1	1	1	1
2	1	2	2
3	1	2	3

die Bilder der Abbildung $_1f : \{1, 2, 3\} \longrightarrow \{1, 2, 3\}$ mit $x \longmapsto \min(1, x)$. Diese Auffassung gestattet es, die Tafeldarstellung eines Gruppoids in eine Diagrammdarstellung zu übersetzen. Die Elemente von G werden dann durch Punkte der Ebene und die Abbildungen durch Klassen von Pfeilen dargestellt. Die durch $x \longmapsto \min(1, x)$ bestimmte Abbildung $_1f : \{1, 2, 3\} \longrightarrow \{1, 2, 3\}$ erhält im Diagramm die Übersetzung:

Übersetzen wir im Gruppoid $(\{1, 2, 3\}, \min)$ die Abbildung $_2f$ durch eine Klasse „punktierter" Pfeile $(\cdots >)$ und $_3f$ durch eine Klasse „gewellter" Pfeile $(\sim\!\!\sim\!\!>)$, so erhalten wir die folgende Diagrammdarstellung des Gruppoids $(\{1, 2, 3\}, \min)$:

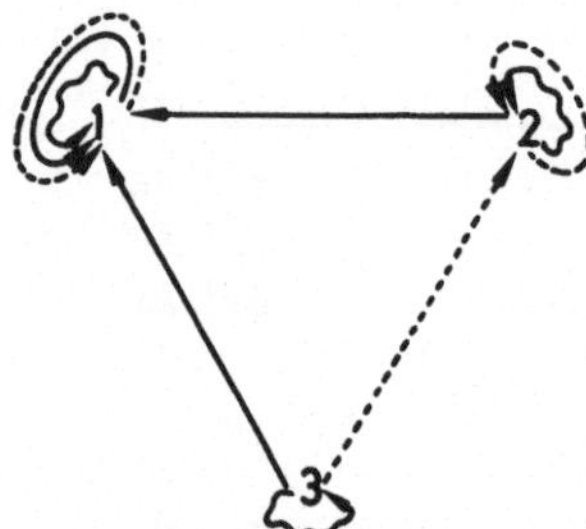

Fig. 1

Wir stellen fest, daß ein so gewonnenes Diagramm für ein Gruppoid $(G, \square)$ mit $G = \{g_1, \ldots, g_n\}$ die folgenden Eigenschaften hat:
1. Die Punkte stellen die Gruppoidelemente dar.
2. Zu jeder Abbildung $_{g_i}f : G \longrightarrow G$ mit $x \longmapsto g_i \square x$ und $g_i \in \{g_1, \ldots, g_n\}$ gibt es genau eine Pfeilklasse, die $_{g_i}f$ darstellt, und jeder Pfeil des Diagramms gehört zu genau einer dieser Pfeilklassen.

Aus der Eigenschaft 2 folgt: Jeder Punkt des Diagramms ist Anfangspunkt von genau   **A**
einem Pfeil einer jeden Pfeilklasse.

Ist nun umgekehrt ein Diagramm auf der Punktmenge $G = \{g_1, \ldots, g_n\}$ gegeben, dessen Pfeilmenge so in n Klassen eingeteilt ist, daß von jedem Punkt genau ein Pfeil einer jeden Pfeilklasse ausgeht, so ist das Diagramm im allgemeinen nicht eindeutig in eine Verknüpfungstafel übersetzbar.

Werden z. B. in Fig. 1 die Endpunkte der Pfeile $\rightsquigarrow\!>$ als Bilder von $_1f$, die Endpunkte der Pfeile $\cdots\!>$ als Bilder von $_2f$ und die Endpunkte der Pfeile $\longrightarrow$ als Bilder von $_3f$ aufgefaßt, so ergibt sich als Verknüpfungstafel

Tafel 4

	1	2	3
1	1	2	3
2	1	2	2
3	1	1	1

Diese Tafel definiert ein Gruppoid, welches von dem durch Tafel 3 bestimmten Gruppoid verschieden ist.

Berücksichtigt man noch die folgenden Eigenschaften des Diagramms in Fig. 1 (die natürlich nicht in jedem Diagramm gelten müssen):

(a) Es gibt eine Pfeilklasse P, für deren Elemente gilt: Anfangs- und Endpunkte sind identisch.

(b) Es gibt einen Punkt g_i, der als Anfangspunkt mit jedem Punkt $g_j \in \{g_1, \ldots, g_n\}$ durch einen Pfeil verbunden ist.

So läßt sich P als Abbildung $_{g_i}f: G \longrightarrow G$ mit $x \longrightarrow x$ für alle $x \in G$ auffassen und $_{g_j}f: G \longrightarrow G$ mit $j \neq i$ als diejenige Abbildung, die durch die Pfeilklasse bestimmt ist, in der der Pfeil mit dem Anfangspunkt g_i und dem Endpunkt g_j liegt. Im Diagramm von Fig. 1 besitzt der Punkt 3 und nur dieser die Eigenschaft (b). Dagegen erlaubt es das Diagramm in Fig. 2, die Klasse P entweder als Abbildung $_3f: \{1, 2, 3, 4\} \longrightarrow \{1, 2, 3, 4\}$ mit $x \longmapsto 3 \,\square\, x$

oder als Abbildung $_2f: \{1, 2, 3, 4\} \longrightarrow \{1, 2, 3, 4\}$ mit $x \longmapsto 2 \,\square\, x$ aufzufassen. Bezeichnet man P durch $_2f$, so ergibt sich die Tafel 5 als Verknüpfungstafel:

<table>
<tr><td>Tafel 5</td><td></td><td></td><td></td><td></td><td></td><td>Fig. 2</td></tr>
</table>

	2	3	4	1
2	2	3	4	1
3	3	4	2	2
4	4	2	3	4
1	1	1	3	1

$_2f: \longrightarrow$
$_3f: \rightsquigarrow$
$_4f: \cdots\rightarrow$
$_1f: \longrightarrow$

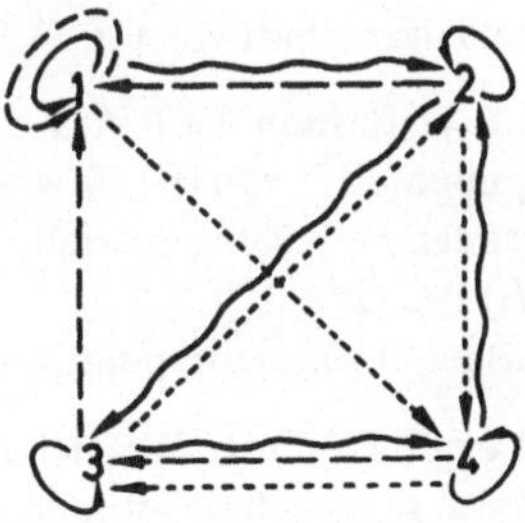

A Bezeichnet man P durch $_3$f, so ergibt sich die Tafel 6 als Verknüpfungstafel:

Tafel 6

	3	2	4	1	
3	3	2	4	1	$_3$f: $\longrightarrow$
2	2	4	3	4	$_2$f: $\cdots\rightarrow$
4	4	3	2	2	$_4$f: $\rightsquigarrow$
1	1	1	3	1	$_1$f: $--\rightarrow$

Demnach läßt sich aus einem Diagramm mit den zusätzlichen Eigenschaften (a) und (b) nach dem zuletzt beschriebenen Verfahren eine Verknüpfungstafel gewinnen, in der ein Element g_i aus der Punktmenge des Diagramms die Eigenschaft hat:

$g_i \,\square\, g_j = g_j \,\square\, g_i = g_j$ für alle g_j aus der Punktmenge des Diagramms. Erlaubt es ein Diagramm, genau einen Punkt bei der Übersetzung in eine Verknüpfungstafel auf diese Weise auszuzeichnen, so ist die Übersetzung hierdurch vollständig bestimmt.

Wir werden an einer späteren Stelle den Begriff „Diagramm" als Gruppendiagramm auf den Begriff „Graph" zurückführen und exakt definieren.

Nach diesen anschaulichen Erörterungen des Gruppoid-Begriffes sollen die folgenden Darstellungen einige Aspekte der axiomatischen Gruppoid-Theorie aufzeigen.

B **1.2 Gruppoide und Untergruppoide**

1.4 Definition Ein Paar $(U, \square)$ heißt U n t e r g r u p p o i d von $(G, \square)$ genau dann, wenn U eine nicht-leere (echte oder unechte) Teilmenge von G ist und wenn das Bild von U x U unter $\square$ in U liegt; d. h. wenn für alle $x, y \in U$ gilt: $x \,\square\, y \in U$.

Der Kürze wegen sprechen wir im folgenden von Untergruppoiden U von $(G, \square)$. Für Untergruppoide eines Gruppoids $(G, \square)$ gilt der

1.5 Satz T sei eine nichtleere Menge von Untergruppoiden U von $(G, \square)$, und es sei $\cap\, T \neq \emptyset$. Dann ist $\cap T =_{\mathrm{Df}} \{x: \bigwedge\limits_{U \in T} x \in U\}$ ein Untergruppoid von $(G, \square)$.

B e w e i s . Sind x, y Elemente aus $\cap\, T$, so gilt für alle U aus T: $x, y \in U$. Aus der Gruppoideigenschaft von $(U, \square)$ folgt dann: $x \,\square\, y \in U$ und somit $x \,\square\, y \in \cap\, T$. ∎

1.6 Definition Ist $P \neq \emptyset$ eine Teilmenge des Gruppoids $(G, \square)$, dann heißt ein Untergruppoid U^* von $(G, \square)$ v o n P e r z e u g t e s U n t e r g r u p p o i d , wenn die folgenden Bedingungen erfüllt sind:

(i) $P \subset U^*$.

(ii) Ist U Untergruppoid von $(G, \square)$ und ist $P \subset U$, dann gilt $U^* \subset U$.

B e m e r k u n g . Man nennt U^* auch E r z e u g n i s v o n P. Die Bedingungen (i) und (ii) lassen sich auch so formulieren: U^* ist das kleinste Untergruppoid von $(G, \square)$, das P enthält. Da $P \subset G$, folgt: Es gibt ein Untergruppoid von $(G, \square)$, nämlich $(G, \square)$ selbst, das P als Teilmenge enthält. Bezeichnen wir mit M_P die Menge aller Untergruppoide von $(G, \square)$, die P enthalten, so folgt aus $P \subset G$ und $P \neq \emptyset : \cap M_P \neq \emptyset$. Nach Satz 1.5 gilt dann: $\cap M_P$ ist Untergruppoid von $(G, \square)$. Außerdem gilt für alle Untergruppoide U von $(G, \square)$ mit $P \subset U : \cap M_P \subset U$. Also gilt: $\cap M_P = U^*$.

Übungen

1.1 Es sei $(G, \square)$ ein Gruppoid und P eine nicht-leere Teilmenge von G. Man zeige, daß das von P erzeugte Untergruppoid U^* von G aus der Menge aller Terme der Gestalt $x_1 \square x_2 \square \ldots \square x_k$, $k \in \mathbb{N}$, mit $x_i \in P$ für $1 \leqslant i \leqslant k$ besteht, wobei alle möglichen Beklammerungen dieses Ausdrucks zu berücksichtigen sind.

1.2 Beweisen Sie: Ist $M \neq \emptyset$ eine Menge mit $|M| = n$, dann gibt es $n^{(n^2)}$ verschiedene Gruppoide mit M als Trägermenge.

1.3 In einem Gruppoid $(G, \square)$ wird das Quadrat eines Elementes $x \in G$ definiert durch: $x^2 = x \square x$. Berechnen Sie in $(\mathbb{Z}, -)$ für ein beliebiges $x \in \mathbb{Z}$: x^2, $x^2 \square x$ und $x \square x^2$.

1.4 In $\mathbb{N}_0$, der Menge der natürlichen Zahlen einschließlich Null, sei die Verknüpfung $\square$ durch $x \square y = {}_{Df} x^y$ definiert, wobei wir $n^0 = {}_{Df} 1$ für alle $n \in \mathbb{N}_0$ setzen.
(i) Bestimmen Sie alle endlichen Untergruppoide U von $(\mathbb{N}_0, \square)$.
(ii) Welche Untergruppoide werden von $\{0\}$, $\{1\}$ und von $\{2, 3\}$ erzeugt?

1.5 Prüfen Sie, ob die folgende Aussage wahr oder falsch ist. Für zwei beliebige Untergruppoide U_1 und U_2 eines Gruppoids $(G, \square)$ gilt stets: $U_1 \cup U_2$ ist ein Untergruppoid von $(G, \square)$.

Wie wir gesehen haben, bestimmt jedes Element a eines Gruppoids $(G, \square)$ eine Abbildung ${}_a f : G \longrightarrow G$, mit $x \longmapsto a \square x$ für alle $x \in G$.
Ebenso ist natürlich durch $f_a : G \longrightarrow G$, mit $x \longmapsto x \square a$ für alle $x \in G$ eine Abbildung von G in G definiert. Wir werden zeigen, daß sich mit Hilfe solcher Abbildungen weitere Begriffe der Gruppoidtheorie beschreiben lassen.

B e m e r k u n g . Eigenschaften von ${}_a f$ und f_a lassen sich durch entsprechende Eigenschaften von Gleichungen im Gruppoid $(G, \square)$ wie folgt formulieren:

(i) ${}_a f$ surjektiv $\Longleftrightarrow \bigwedge\limits_{b \in G} \bigvee\limits_{x \in G} a \square x = b$
        (Existenz mindestens einer Lösung)

(ii) ${}_a f$ injektiv $\Longleftrightarrow a \square x = a \square y \Longrightarrow x = y$
        (Existenz höchstens einer Lösung)

(iii) ${}_a f$ bijektiv $\Longleftrightarrow \bigwedge\limits_{b \in G} \overset{\downarrow}{\bigvee\limits_{x \in G}} a \square x = b$
        (Existenz genau einer Lösung)

Entsprechend formuliert man diese Eigenschaften für $f_a : G \longrightarrow G$ mit $x \longmapsto x \square a$ für alle $x \in G$. Wir behandeln nun weitere Begriffe der Gruppoidtheorie.

1.7 Definition In einem Gruppoid $(G, \square)$ heißt ein Element $a \in G$
(i)   l i n k s − k ü r z b a r genau dann, wenn aus $a \square x_1 = a \square x_2$ stets folgt:
        $x_1 = x_2$ und

B   (ii)   r e c h t s − k ü r z b a r   genau dann, wenn aus $x_1 \,\square\, a = x_2 \,\square\, a$ stets folgt: $x_1 = x_2$.

Aus dieser Definition und der Formulierung der Injektivität von $_af$ und f_a ergibt sich unmittelbar:

1.8 Satz Ist $(G, \square)$ ein Gruppoid, so ist ein Element $a \in G$

(i)   links − kürzbar genau dann, wenn $_af$ injektiv ist,

(ii)   rechts − kürzbar genau dann, wenn f_a injektiv ist.

1.9 Definition Ein Gruppoid $(G, \square)$ heißt k ü r z b a r oder r e g u l ä r genau dann, wenn für alle $a \in G$ gilt: a ist rechts- und links-kürzbar. Gilt in einem regulären Gruppoid $(G, \square)$ für alle $a, b \in G$ die eindeutige Lösbarkeit der Gleichungen $a \,\square\, x = b$ und $y \,\square\, a = b$, so heißt $(G, \square)$ Q u a s i g r u p p e .

B e m e r k u n g. Aus Beispiel 1.2.1 sind z. B. $(\mathbf{N}, \cdot)$ und $(\mathbf{N}, +)$ regulär. Dagegen ist $(\mathbf{N}, \mathrm{ggT})$ nicht regulär, denn 3 ist nicht kürzbar, da gilt: $\mathrm{ggT}(3,6) = \mathrm{ggT}(3,9)$, jedoch $6 \neq 9$. In $\mathbf{N}$ bezüglich der Potenzbildung ist z. B. 1 nicht links-kürzbar, aber rechts-kürzbar; denn aus $1^a = 1^b$ kann nicht auf $a = b$ geschlossen werden, während $a^1 = b^1$ offensichtlich $a = b$ nach sich zieht.

1.10 Definition (neutrales Element) Sei $(G, \square)$ Gruppoid.

(i)   Ein Element e_ϱ heißt l i n k s n e u t r a l e s Element von $(G, \square)$ genau dann, wenn für alle $x \in G$ gilt: $e_\varrho \,\square\, x = x$.
         Abbildungssprechweise: $_{e_\varrho}f$ ist auf G die identische Abbildung: $_{e_\varrho}f = \mathrm{id}_G$.

(ii)   Ein Element e_r heißt r e c h t s n e u t r a l e s Element von $(G, \square)$ genau dann, wenn für alle $x \in G$ gilt: $x \,\square\, e_r$. ($f_{e_r} = \mathrm{id}_G$).

(iii)   Ein Element e heißt n e u t r a l e s Element von $(G, \square)$ genau dann, wenn für alle $x \in G$ gilt: $x \,\square\, e = e \,\square\, x = x$; d. h. e ist recht- und linksneutral. ($f_e = {}_ef = \mathrm{id}_G$).

(iv)   Eine Quasigruppe mit neutralem Element heißt L o o p .

1.11 Satz

(i)   Ein Gruppoid $(G, \square)$ besitzt höchstens ein neutrales Element.

(ii)   Besitzt ein Gruppoid $(G, \square)$ ein linksneutrales Element e_ϱ und ein rechtneutrales Element e_r, so gilt: $(G, \square)$ besitzt das neutrale Element $e = e_\varrho = e_r$.

B e w e i s. e_1 und e_2 seien links- bzw. rechtsneutrale Elemente. Da e_1 linksneutral ist, gilt $e_1 \,\square\, e_2 = e_2$, und da andererseits e_2 rechtsneutral ist, folgt auch $e_1 \,\square\, e_2 = e_1$. Also gilt $e_1 = e_2$. Damit ist (ii) und also auch (i) bewiesen. ∎

1.12 Definition (absorbierendes Element) Sei $(G, \square)$ Gruppoid. Dann heißt:

(i) a_ϱ l i n k s a b s o r b i e r e n d $\Longleftrightarrow \bigwedge\limits_{x \in G} \; a_\varrho \,\square\, x = a_\varrho$ $({}_{a_\varrho}f = a_\varrho)$.

(ii) a_r r e c h t s a b s o r b i e r e n d $\Longleftrightarrow \bigwedge\limits_{x \in G} \; x \,\square\, a_r = a_r$ $(f_{a_r} = a_r)$.

(iii) a a b s o r b i e r e n d $\Longleftrightarrow \bigwedge\limits_{x \in G} \; a \,\square\, x = x \,\square\, a = a$ $({}_af = f_a = a)$.

1.13 Satz   B
(i)   Ein Gruppoid $(G, \square)$ besitzt höchstens ein absorbierendes Element.
(ii)   Besitzt ein Gruppoid ein linksabsorbierendes Element a_ϱ und ein rechtsabsor-
         bierendes Element a_r, so gilt: $(G, \square)$ besitzt das absorbierende Element
         $a = a_\varrho = a_r$.

B e w e i s . Der Beweis erfolgt analog zu dem von Satz 1.11. ∎

Aus der Theorie der Abbildungen endlicher Mengen auf sich verwenden wir als

1.14 Hilfssatz Sei $f : A \longrightarrow A$ und A endlich, so gilt: f injektiv $\Longleftrightarrow$ f bijektiv.

Mit diesem Hilfssatz ergibt sich unmittelbar eine wichtige Aussage über endliche Gruppoide.

1.15 Satz Ist $(G, \square)$ ein endliches Gruppoid, so sind die folgenden Aussagen paarweise
äquivalent:
(i) $(G, \square)$ ist regulär.
(ii)   Jede Gleichung der Form $a \square x = b$ bzw. $y \square a = b$ mit $a, b \in G$ besitzt min-
         destens eine Lösung in G.
(iii)   Jede Gleichung der Form $a \square x = b$ bzw. $y \square a = b$ mit $a, b \in G$ besitzt höch-
         stens eine Lösung in G.
(iv)   In der Verknüpfungstafel von $(G, \square)$ kommt jedes Element in jeder Zeile und
         in jeder Spalte (genau einmal) vor.

1.16 Definition (inverses Element) Sei $(G, \square)$ Gruppoid mit neutralem Element e und
sei $g \in G$.
(i) $x \in G$ heißt l i n k s i n v e r s e s Element von $g \Longleftrightarrow x \square g = e$.
(ii) $x \in G$ heißt r e c h t s i n v e r s e s Element von $g \Longleftrightarrow g \square x = e$.
(iii) $x \in G$ heißt i n v e r s e s Element von $g \Longleftrightarrow x \square g = g \square x = e$.

Für den folgenden Satz benötigen wir eine weitere Definition:

1.17 Definition Es sei $(G, \square)$ ein Gruppoid, dann heißt die Verknüpfung
(i)   a s s o z i a t i v , wenn für alle $a, b, c \in G$ gilt: $(a \square b) \square c = a \square (b \square c)$;
(ii)   k o m m u t a t i v , wenn für alle $a, b \in G$ gilt: $a \square b = b \square a$.

1.18 Satz Wenn in einem Gruppoid $(G, \square)$ mit neutralem Element e die Verknüpfung $\square$
assoziativ ist, dann gibt es zu jedem Element $g \in G$ höchstens ein inverses Element aus G.

B e w e i s . Seien x, x' inverse Elemente zu g. Es gilt $(x \square g) \square x' = e \square x' = x'$ und
$x \square (g \square x') = x \square e = x$. Mit der Assoziativität folgt $x = x'$. ∎

1.19 Definition (Nullteiler) Sei $(G, \square)$ Gruppoid mit absorbierendem Element a.
(i) $g \in G$ heißt L i n k s n u l l t e i l e r $\Longleftrightarrow \bigvee\limits_{x \in G \setminus \{a\}} g \square x = a$.
(ii) $g \in G$ heißt R e c h t s n u l l t e i l e r $\Longleftrightarrow \bigvee\limits_{x \in G \setminus \{a\}} x \square g = a$.
(iii) $g \in G$ heißt N u l l t e i l e r $\Longleftrightarrow g \in G$ ist Links- und Rechtsnullteiler.

B **1.20 Satz** Sei $(G, \square)$ Gruppoid mit absorbierendem Element a.
  (i)   Ist $G \neq \{a\}$, so ist a Nullteiler.
  (ii)   Ist e neutrales Element in G, so ist e kein Nullteiler.
  (iii)   Sind alle von a verschiedenen Elemente $g \in G$ linkskürzbar, so gibt es in G
           keine von a verschiedenen Nullteiler.

B e w e i s . (i) folgt aus Definition 1.19, wobei mindestens ein weiteres Element x in
$G \setminus \{a\}$ benötigt wird. (ii) ergibt sich unmittelbar aus Definition 1.19 und Definition
1.10. Für (iii) nehmen wir an, $g \in G$ sei Nullteiler und $g \neq a$. Nach Definition 1.19 gibt
es ein $x \neq a$ mit $g \square x = a$. Da aber auch $g \square a = a$ gilt, ergibt sich $g \square x = g \square a$, woraus
mit der Linkskürzbarkeit von g der Widerspruch $x = a$ folgt. ∎

Abschließend sollen für spätere Zwecke Produkte von mehr als 2 Elementen definiert
werden.

1.21 Definition Ist $(G, \square)$ ein Gruppoid, und sind $a_1, \ldots, a_n$ n Elemente aus G, so sei

$$\prod_{\nu=1}^{1} a_\nu =_{Df} a_1 \quad \text{und} \quad \prod_{\nu=1}^{n} a_\nu =_{Df} \left(\prod_{\nu=1}^{n-1} a_\nu \right) \square\, a_n.$$

Für $n = 4$ z. B. erhalten wir:

$$\prod_{\nu=1}^{4} a_\nu = \left(\prod_{\nu=1}^{3} a_\nu \right) \square\, a_4 = \left(\left(\prod_{\nu=1}^{2} a_\nu \right) \square\, a_3 \right) \square\, a_4 = ((a_1 \square a_2) \square a_3) \square a_4$$

B e m e r k u n g. In additiv geschriebenen Gruppoiden $(G, +)$ schreiben wir Σ statt Π

und nennen $\sum_{\nu=1}^{n} a_\nu$ Summe der Elemente $a_1, \ldots, a_n$.

Auf Tafel 7 wird ein Überblick über die Gruppoide der Beispielsammlung im Hinblick
auf kürzbare Elemente, Regularität, neutrale, absorbierende, inverse Elemente und
Nullteiler gegeben.

1.2 Übungen

1.6 Zeigen Sie, daß in einem einelementigen Gruppoid $(G, \square)$, mit $G = \{x\}$, x sowohl
neutrales als auch absorbierendes Element ist.

1.7 Ist $(G, \square)$ ein Gruppoid mit $|G| > 1$ und ist e_r rechtsneutral und a_r rechts-absorbie-
rend, so gilt $e_r \neq a_r$.

1.8 Ist die Folgerung der Übung 1.7 auch richtig, wenn e_r rechts-neutral und a_ϱ links-
absorbierend sind?

1.9 Formulieren Sie äquivalente Aussagen zu Definition 1.6.

1.10 Formulieren Sie Definition 1.16 in der Abbildungssprechweise.

Tafel 7   B

	Kürzbare El. rechts ⎮ links	regu- lär	neutr. El. re. ⎮ li.	absorb. El. re. ⎮ li.	inverse El. re. ⎮ li.	Nullteiler re. ⎮ li.
Trägermenge: $\mathbf{N}$ ($\circ \notin \mathbf{N}$)						
$a \cdot b$	$a \in \mathbf{N}$	ja	1	–	–	–
$a + b$	$a \in \mathbf{N}$	ja	–	–	–	–
ggT (a, b)	–	nein	–	1	–	$a \in \mathbf{N}$
kgV (a, b)	1	nein	1	–	–	–
a^b	$a \in \mathbf{N} \setminus \{1\}$	nein	1 ⎮ –	– ⎮ 1	–	–
max (a, b)	1	nein	1	–	–	–
min (a, b)	–	nein	–	1	–	–
$(a + b)^2$	$n \in \mathbf{N}$	ja	–	–	–	–
Trägerm.: $\mathfrak{P}(M)$						
$A \cup B$	$\emptyset$	nein	$\emptyset$	M	–	$A \in \mathfrak{P}(M) \setminus \{\emptyset\}$
$A \cap B$	M	nein	M	$\emptyset$	–	$A \in \mathfrak{P}(M) \setminus \{M\}$
$A \setminus B$	$A \in \mathfrak{P}(B)$ ⎮ M	nein	$\emptyset$ ⎮ –	– ⎮ $\emptyset$	–	–
$A \bigtriangleup B$	$A \in \mathfrak{P}(M)$	ja	$\emptyset$	–	–	–
Trägerm.: $\mathbf{P}$ Mittelpunkt von P und Q	$P \in \mathbf{P}$	ja	–	–	–	–
Spiegelpunkt von P an Q	$P \in \mathbf{P}$	ja	–	–	–	–
3. Punkt R des gleichseiti-gen Dreiecks mit positivem Umlaufsinn	$P \in \mathbf{P}$	ja	–	–	–	–
Trägerm.: $\mathbf{R}^{\mathbf{R}}$ $(f \circ g)(x) =$ $f(g(x))$	$f \in \mathbf{R}^{\mathbf{R}}$ ⎮ $f \in \mathbf{R}^{\mathbf{R}}$ injektiv	nein	$f = \mathrm{id}_{\mathbf{R}}$	– ⎮ $g \in \mathbf{R}^{\mathbf{R}}$ mit $g = $ const.	für $f \in \mathbf{R}^{\mathbf{R}}$ bij.: f^{-1} ⎮ für $f \in \mathbf{R}^{\mathbf{R}}$ inj.: f^{-1}	–
$(f + g)(x) =$ $f(x) + g(x)$	$f \in \mathbf{R}^{\mathbf{R}}$	ja	$f = 0$	–	$- f$	–

1.11 Welche kürzbaren Elemente gibt es im Gruppoid ($\mathfrak{P}(M)$, $\cap$), wobei $M \neq \emptyset$ eine be-liebige Menge ist?

1.12 Geben Sie ein Gruppoid an, dessen Elemente alle linkskürzbar, aber alle nicht rechts-kürzbar sind.

1.13 Gibt es kürzbare Elemente in den Gruppoiden ($\mathbf{N}_0$, g g T) und ($\mathbf{N}$, k g V)?

1.14 Gibt es nicht-kürzbare Elemente in ($\mathbf{N}_0$, $\cdot$)?

B   **1.15** Zeigen Sie, daß in der euklidischen Ebene (= **E**) die folgende Verknüpfung $*$ regulär ist:

$$\bigwedge_{x,y\in\mathbf{E}} \quad x * y =_{Df} \text{Mittelpunkt von x und y.}$$

1.16 Beweisen Sie die Gültigkeit der Aussage: In (**N**, g g T) sind alle Elemente Nullteiler.

1.17 Es sei M^M die Menge aller Abbildungen der Menge M ($|M| > 1$) in sich. Als Verknüpfung $\square$ sei in M^M definiert: $(f \square g)(x) = f(g(x))$ für alle f, g $\in M^M$ und alle x $\in$ M. Zeigen Sie:

  (i)   In (M^M, $\square$) gibt es ein neutrales Element.

  (ii) In (M^M, $\square$) gibt es ein links-absorbierendes Element.

(iii) In (M^M, $\square$) gibt es kein rechts-absorbierendes Element.

Abschließend sollen einige didaktische Gesichtspunkte zur Behandlung von Gruppoiden im Mathematikunterricht aufgezeigt werden.

C   ## 1.3 Zur Behandlung von Gruppoiden im Mathematikunterricht

Im Vorwort seines Buches über Gruppoide [45] schreibt G. P a p y : „Der Gymnasialunterricht sollte sich immer wieder darum bemühen, die Strukturen G r u p p e und V e k t o r r a u m , die für die heutige Mathematik von großer Bedeutung sind, in den Vordergrund zu rücken. Schon im Elementarunterricht werden jedoch einfache Verknüpfungsgebilde behandelt, die keine Gruppen sind. Man macht von ihnen insbesondere Gebrauch, um den Begriff G r u p p e besser zu umreißen. Man wird sich allerdings davor hüten, allzu eilig eine T h e o r i e d e r G r u p p o i d e zu entwickeln, die nur das Interesse erlahmen ließe".

Die Erschließung des Gruppenbegriffes über die Behandlung einfacher Verknüpfungsgebilde darf nun nicht der einzige Rechtfertigungsgrund sein, Gruppoide mit unter die Inhalte aufzunehmen, die im Mathematikunterricht obligatorisch zu behandeln sind. Nach G. S t e i n e r [58] muß bei ihrer Behandlung von Anfang an wesentliches didaktisches Ziel sein, „Operations-, Denk- und Betrachtungsweisen, die für gruppentheoretisches Arbeiten überhaupt charakteristisch sind", zu entwickeln. Die Übungen und Aufgaben müssen, soll ihre Behandlung auch pädagogisch nicht in Frage gestellt werden, verwoben sein mit dem gesamten übrigen mathematischen Unterrichtsstoff auf der Unter- und Mittelstufe.

Im folgenden sollen nun Teilziele angegeben werden, in die die Erschließung des Gruppoidbegriffes auf den verschiedenen Schulstufen gegliedert werden kann.

1.3.1 Gruppoide als Unterrichtsgegenstand auf der Primarstufe

1.3.1.1 Zahlfreie Aufgaben zur Entwicklung des Gruppoidbegriffes Hierzu gehören alle Aufgaben, in denen Eigenschaften von Dingen (logische Blöcke, Lego-Steine, Plättchen, Stäbchen, Figuren usw.) benutzt werden, Strukturen zu definieren. Als Beispiel nennen wir eine „Unterschieds-Aufgabe" [20]: Gegeben sei ein Viereck, dessen Ecken mit Kanten wie in Fig. 3 verbunden sind.

Die Aufgabe lautet: Es sind Legotürme der Höhe 2, bestehend aus blauen oder roten Steinen, so auf die Eckplätze zu stellen, daß die Anzahl der Unterschiede zweier Türme gleich der Anzahl der sie verbindenden Kanten ist. Eine Lösung zeigt Fig. 4.:

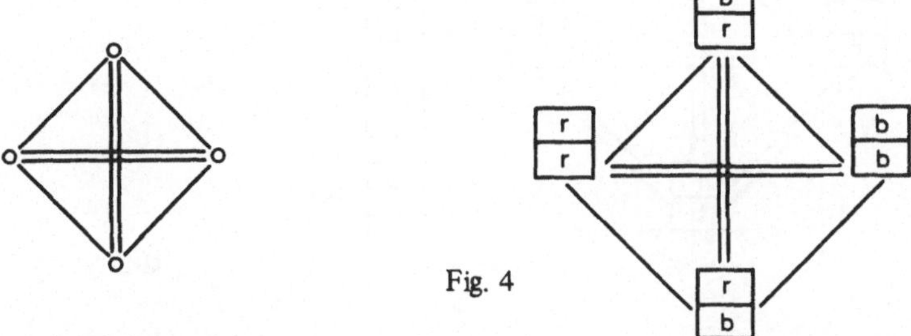

Fig. 3   Fig. 4

Die entscheidende Frage ist nun, wie aus einer Lösung weitere Lösungen entwickelt werden können. Experimentell finden auch schon Schüler der Primarstufe, daß durch Festlegung einer Verknüpfung in der Menge der 4 Türme andere Lösungen zu gewinnen sind. Bezeichnen wir mit T die Menge der vier Türme, so kann definiert werden:

Für alle a, b ∈ T: a □ b = c ∈ T, wobei c die folgenden Eigenschaften hat:
1. c ist in Etage x rot, wenn a und b in Etage x von gleicher Farbe sind.
2. c ist in Etage x blau, wenn a und b in Etage x nicht von gleicher Farbe sind.

Verknüpft man alle t ∈ T mit demselben Turm a ∈ T, so erhält man wieder eine Lösung des gestellten Problems. T □ $\frac{r}{b}$ ergibt z. B. Fig. 5. Die zu dieser Verknüpfung gehörige Verknüpfungstafel, die sich ebenfalls bereits auf der Primarstufe erarbeiten läßt, ist Tafel 8. Auch der dazugehörige Graph läßt sich schon mit 9- oder 10jährigen Schülern

Tafel 8

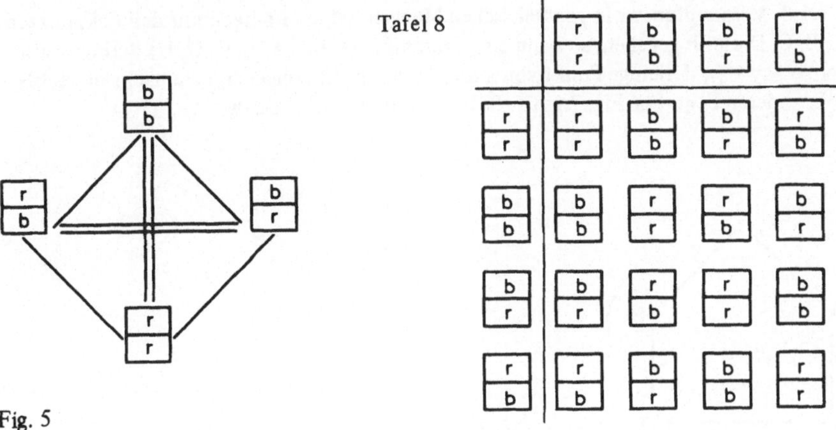

Fig. 5

C   entwickeln. Er hat die Gestalt der Fig. 6.

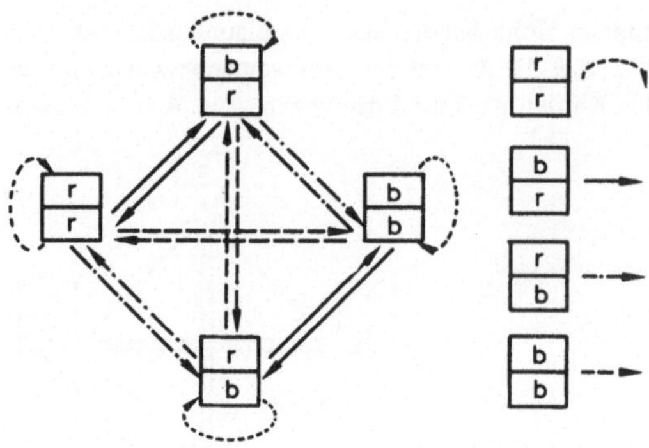

Fig. 6

1.3.1.2 Verknüpfungen in N Auf der Primarstufe lassen sich die folgenden Verknüpfungen in N erarbeiten:

$$a \square b =_{Df} a + b; \qquad a \square b = a \cdot b;$$
$$a \square b =_{Df} \max (a, b); \qquad a \square b =_{Df} \min (a, b);$$
$$a \square b =_{Df} ggT (a, b); \qquad a \square b =_{Df} kgV (a, b).$$

Natürlich kann auch schon untersucht werden, ob Teilmengen von N mit den oben genannten Verknüpfungen Verknüpfungsgebilde sind. Besonders gut lassen sich Überlegungen dieser Art bei der Behandlung von „Einmaleinsreihen" einflechten. Auch zur Erörterung der Eigenschaften einer Verknüpfung sollte jede Gelegenheit wahrgenommen werden [18]. Es ist selbstverständlich, daß solche Erörterungen auf diesen Altersstufen nur unter Verwendung von Arbeitsmitteln sinnvoll sein können.

1.3.1.3 Verknüpfungen in geometrischen Mengen Ist ein Fünfeck mit den Eckpunkten A, B, C, D und E gegeben, so kann als Verknüpfung $\square$ in {A, B, C, D, E} definiert werden: $x \square y =_{Df}$ derjenige Punkt von x und y, der im Uhrzeigersinn am nächsten rechts vom anderen liegt. Für Fig. 7 gilt z. B. $E \square B = B$, $A \square D = A$ usw.

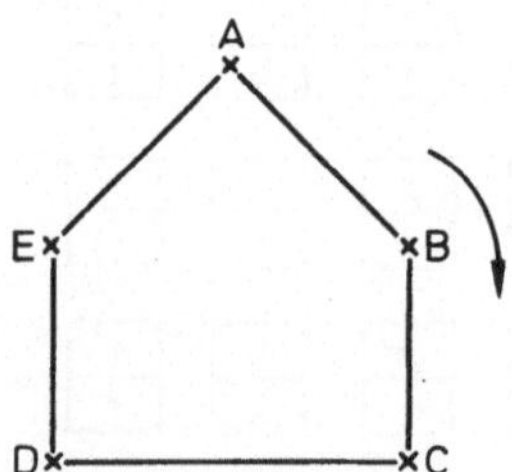

Fig. 7

1.3.2 Gruppoide als Unterrichtsgegenstand auf der Sekundarstufe I   C

1.3.2.1 Verknüpfungen in N und in einer Ebene E Hierzu schlägt H.-G. S t e i n e r
[58] u. a. die folgenden Verknüpfungen zur Behandlung in der Sekundarstufe I vor:

$a \square b =_{Df} a^b$; $a \square b =_{Df} (a + b)^2$;

$a \square b =_{Df} a^2 + b^2$; $a \square b =_{Df} 2 \cdot a \cdot b$;

$a \square b =_{Df}$ Stellenzahl von a + Stellenzahl von b;

$a \square b =_{Df}$ Zahl, deren Zifferndarstellung durch Hintereinandersetzen der Ziffern von
a (zuerst) und der Ziffern von b gewonnen wird.

Natürlich können noch viele andere Beispiele in der Sekundarstufe I behandelt werden.
„Sie auffinden zu lassen, regt die kombinatorische Phantasie der Schüler ungemein an.
Diese Phantasie ist für progressives mathematisches und mathematisierendes Denken
charakteristisch" [58].

Gleiches gilt für das Auffinden von Verknüpfungen in einer Punktmenge einer Ebene **E**.
Zur Behandlung auf dieser Stufe eignen sich Beispiele von der Art, wie sie in
Beispiel 1.2.3 aufgeführt sind.

1.3.2.2 Aufgaben zur Klammersetzung In dem bereits mehrfach genannten Aufsatz
[58] führt Steiner aus, daß bei der Erarbeitung von Verknüpfungen wichtige syntakti-
sche Fragen mit ins Blickfeld rücken können. Hierzu gehört z. B. „das wechselseitige
Umsetzen der Funktionsschreibweise (z. B. ggT (a, b)) in die Verknüpfungsschreibweise
$(a \square b)$, die Kombination von beiden und die entsprechende Klammersetzung". Als Beispiele seien genannt: kgV (ggT (51, 136), 7) = (51 T 136) $\perp$ 136) $\perp$ 7 oder
max (kgV (8, 12), ggT (8,12)) = (8 $\perp$ 12) $*$ (8 T 12), wobei $\perp$ das Zeichen für das Bestimmen des kgV, T das Zeichen für das Bestimmen des ggT und $*$ das Zeichen für das Bestimmen des Maximums sind. Im Bereich dieser Aufgaben können die Schüler auch bereits Zusammenhänge zwischen verschiedenen Verknüpfungen entdecken, z. B.
min(ggT(a, b), kgV(a,b)) = ggT(a, b) oder max $((a^2 + b^2), (a + b)^2) = (a + b)^2$.

1.3.2.3 Gleichungen in Gruppoiden Bei der Behandlung von Gleichungen können die
folgenden methodischen Schritte Berücksichtigung finden:

a) Die Verknüpfung variiert über derselben Trägermenge.
b) Die Trägermenge variiert, die Verknüpfungsvorschrift bleibt unverändert.

Als Beispiele seien genannt:
Zu a): Die Trägermenge sei **N**:

1. $9 T x = 3$;   2. $9 \perp x = 18$;   3. $8 * x = 8$
4. $3^2 + x^2 = 25$;   5. $3^2 + x^2 = 12$.

Lösungsmengen sind:

$L_1 = \{6, 3, 12, 15, 21, 24, .. \}$; $L_2 = \{2, 6\}$; $L_3 = \{1, 2, 3, 4, 5, 6, 7, 8\}$;
$L_4 = \{4\}$; $L_5 = \emptyset$.

Zu b): Die Verknüpfungsvorschrift sei $a * b =_{Df} \max (a, b)$.

1. Die Trägermenge sei 2 **N**; dann ist $L = \{2, 4, 6, 8\}$ Lösungsmenge von $8 * x = 8$.

2. Die Trägermenge sei 3 **N**; dann ist $L = \{3,6\}$ Lösungsmenge von $6 * x = 6$.

**C   1.3.2.4 Aufgaben zur Konstruktion von Erzeugnissen von Teilmengen eines
Verknüpfungsbildes** Bei der Behandlung von Untergruppoiden im Unterricht kann die
Untersuchung auf beliebige Teilmengen eines Gruppoids erweitert werden. Die Frage
nach dem, was sich ergibt, wenn die Verknüpfung auf die Elemente einer Teilmenge
eines Gruppoids wiederholt angewandt wird, kann schon bei der Konstruktion des
1. Erzeugnisses zu einer großen Anzahl interessanter Aufgabenstellungen führen. Dabei
soll unter dem 1. Erzeugnis einer Teilmenge T des Gruppoids $(M, \Box)$ die Menge
$T \cup \{x \Box y : x, y \in T\}$ verstanden werden. Als Beispiel zur Konstruktion des 1. Erzeugnisses sei aus der Fülle der von Steiner [58] angegebenen Aufgaben die folgende ausge-
wählt:

In der Menge aller Punkte **P** der Ebene **E** soll $P \Box Q$ für alle $P, Q \in \mathbf{P}$ bedeuten:
$P \Box Q =_{\mathrm{Df}}$ Spiegelpunkt von P an Q. Als Teilmenge T von **P** soll die Menge aller Punkte
einer Kreislinie gegeben sein. Die Konstruktion des 1. Erzeugnisses ergibt dann Figur 8,
in der die schraffierte Fläche das 1. Erzeugnis der Kreislinie T darstellt.

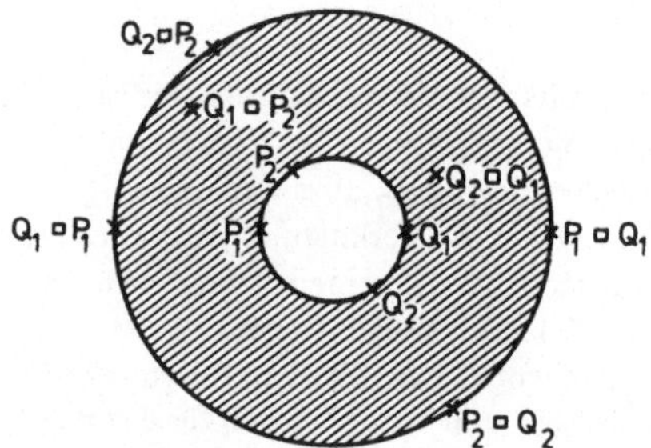

Fig. 8

Natürlich lassen sich auch im Bereich der Arithmetik eine große Anzahl Aufgaben zur
Konstruktion des ersten Erzeugnisses einer Teilmenge T von **N** aufstellen. Mit Hilfe der
in Beispiel 1.2.1 angegebenen Verknüpfungen kann der Leser sich selbst eine Aufgaben-
sammlung für seine Schularbeit anfertigen.

An die „bloße" Konstruktion von Erzeugnissen lassen sich auch schon auf der Sekundarstufe I Fragestellungen anknüpfen, die zu vertiefenden Beobachtungen und Vermutungen
führen können. So kann z. B. beim Vergleich von Erzeugnissen beobachtet werden, daß
das Erzeugnis der Schnittmenge zweier Teilmengen A und B eines Gruppoids $(G, \Box)$ eine
Teilmenge der Schnittmenge der Erzeugnisse von A und B ist. In Zeichen ausgedrückt
heißt das: $\epsilon(A \cap B) \subseteq \epsilon(A) \cap \epsilon(B)$, wobei „$\epsilon$" als Zeichen für „Erzeugnis von" gesetzt
ist.

Ebenso läßt sich die Gültigkeit von $\epsilon(A \cup B) \supseteq \epsilon(A) \cup \epsilon(B)$ induktiv einsehen. Als ein
Beispiel für die Gültigkeit der ersten Inklusion sei in $(\mathbf{N}, +)$ genannt:

Aus $\epsilon(\{2, 3\}) = \{2, 3, 4, 5, 6 \ldots\} = \mathbf{N} \setminus \{1\}$ und $\epsilon(\{2, 7\}) = \{2, 4, 6, 7, 8, 9, 10, \ldots\}$
$= \mathbf{N} \setminus \{1, 3, 5\}$ folgt: $\epsilon(\{2\}) = \{2, 4, 6, \ldots\} \subset \{2, 4, 6, 7, 8, 9, 10, \ldots\}$. Es gilt also:
$\epsilon(\{2, 3\} \cap \{2, 7\}) \subset \epsilon(\{2, 3\}) \cap \epsilon(\{2, 7\})$.

2 Homomorphismen

Nachdem wir die Gruppoidstruktur an Beispielen und in abstrakter Darstellung kennengelernt haben, soll es unsere nächste Aufgabe sein, vergleichende Betrachtungen von algebraischen Strukturen kennenzulernen. Diese Vergleiche sollen so beschaffen sein, daß sie es gestatten, von der Art der Elemente der Strukturen oder von der Schreibweise derselben abzusehen. Es wird dargestellt werden, daß solche Betrachtungen durch bijektive Abbildungen, die in bestimmter Weise strukturerhaltend sind, ermöglicht werden. Die Entwicklung des Begriffes strukturerhaltende oder i s o m o r p h e A b b i l d u n g wird zeigen, daß solche Abbildungen spezielle h o m o m o r p h e A b b i l d u n g e n sind und daß dieser Begriff in enger Beziehung steht zum Begriff K l a s s e n e i n t e i - l u n g oder P a r t i t i o n und damit zum Begriff Ä q u i v a l e n z r e l a t i o n. Zunächst jedoch sollen Beispiele homomorpher Abbildungen den anschaulichen Hintergrund für die spätere Begriffsgenese liefern.

2.1 Veranschaulichung von Homomorphismen

A

2.1.1 Ein Homomorphismus von einem endlichen auf ein endliches Gruppoid

In einem Aufsatz „Über die Veranschaulichung einfacher Gruppenhomomorphismen" [26] gibt K i r s c h Anregungen zur Behandlung homomorpher Abbildungen in der Schule. Das folgende Beispiel ist diesem Aufsatz entnommen.

Beispiel Auf zwei Zahnrädern, deren Radien sich wie 2 zu 1 verhalten, sind ein regelmäßiges Sechseck und ein gleichseitiges Dreieck jeweils mit einem Pfeil als Markierungszeichen angebracht (Fig. 9).

Fig. 9

Die Anordnung „übersetzt" die Deckdrehungen des Sechsecks in Deckdrehungen des Dreiecks. Sei $S = \{s_1, s_2, s_3, s_4, s_5, s_6 = e\}$ die Menge der dem Sechseck zugeordneten Sechsteldrehungen; dann ist $(S, \square)$ ein Gruppoid ($\square$ bedeute die Hintereinanderausführung von Drehungen). Bezeichnet $D = \{d_1, d_2, d_3 = e\}$ die Menge der dem Dreieck zugeordneten Dritteldrehungen, so vermittelt der Mechanismus eine Abbildung φ von S in D.

$$\varphi: S \longrightarrow D \quad \text{mit} \quad e \longmapsto e$$
$$s_1 \longmapsto d_1$$
$$s_2 \longmapsto d_2$$
$$s_3 \longmapsto e$$
$$s_4 \longmapsto d_1$$
$$s_5 \longmapsto d_2$$

A   Von der mechanischen Übersetzung her ist selbstverständlich, daß gilt

$$\bigwedge_{a,\,b\,\in\,S} \varphi(a \,\square\, b) = \varphi(a) \,\square\, \varphi(b)$$

$$[\text{z. B.:}\ \varphi(s_3 \,\square\, s_4) = \varphi(s_1) = d_1$$

$$\varphi(s_3) \,\square\, \varphi(s_4) = e \,\square\, d_1 = d_1\,]$$

Verknüpft man im Gruppoid S und bildet dann ab, so ergibt sich dasselbe Element, wie wenn man die Elemente zuerst abbildet und dann die Bilder in D verknüpft.

Diese Eigenschaft einer Abbildung heißt V e r k n ü p f u n g s t r e u e , und unter einem Homomorphismus werden wir eine verknüpfungstreue Abbildung verstehen. In unserem Fall ist die Abbildung φ nicht injektiv, aber surjektiv. Faßt man die Elemente aus S, die gleiche Bilder haben, zu Klassen zusammen, so zeigt sich:

$$K_n = {}_{Df}\{e, s_3\}\ \text{wird auf e}\ \ \text{abgebildet,}$$
$$K_1 = {}_{Df}\{s_1, s_4\}\ \text{wird auf } d_1\ \text{abgebildet,}$$
$$K_2 = {}_{Df}\{s_2, s_5\}\ \text{wird auf } d_2\ \text{abgebildet.}$$

Die Abbildung überträgt nicht genau, sondern „vergröbert" die Eigenschaften von S.

2.1.2 Ein Homomorphismus von $(N_0, +)$ auf ein endliches Gruppoid

In dem in Abschnitt 2.1.1 beschriebenen Homomorphismus sind die in S und D definierten Verknüpfungen durch das gleiche Zeichen bezeichnet worden. Der Grund hierfür ist natürlich, daß sie beide als „Hintereinanderausführen von Deckbewegungen" interpretierbar sind. Man beachte, daß die beiden Verknüpfungen als Abbildungen von S x S in S und von D x D in D verschieden sind. Natürlich lassen sich auch Homomorphismen zwischen solchen Gruppoiden konstruieren, deren Verknüpfungen verschieden beschrieben werden können. Das ist in dem folgenden Beispiel der Fall. Außerdem soll dieses Beispiel zeigen, daß auch zwischen einem unendlichen und einem endlichen Gruppoid eine homomorphe Abbildung definiert werden kann.

Beispiel Wir betrachten eine Kreisscheibe (Uhr) mit den Markierungen $\{\overline{0}, \overline{1}, \overline{2}, \overline{3}\}$. Die natürlichen Zahlen mit 0 stellen wir uns auf einem Zahlenstrahl angeordnet vor, wobei der Abstand zwischen zwei Zahlen gerade ein Viertel des Umfangs der Kreisscheibe beträgt. Wickeln wir jetzt unser Zahlenband um die Uhr, so wird eine Abbildung definiert, die jeder Zahl aus N_0 ihre Markierung auf der Kreisscheibe zuordnet.

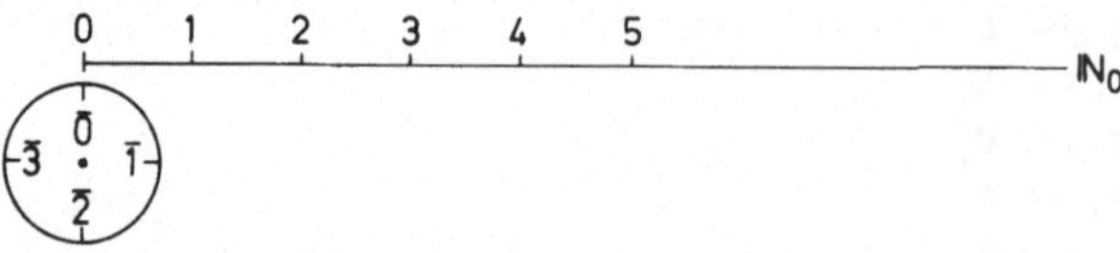

Fig. 10 (Nach [25])

$$\varphi: \mathbf{N}_0 \longrightarrow \{\bar{0}, \bar{1}, \bar{2}, \bar{3}\} \quad \text{mit} \quad n \longmapsto \quad \begin{array}{ll} \bar{0} & \text{falls } n = 4\,k, \quad\quad\; k \in \mathbf{N}_0 \\ \bar{1} & \text{falls } n = 4\,k + 1, \quad k \in \mathbf{N}_0 \\ \bar{2} & \text{falls } n = 4\,k + 2, \quad k \in \mathbf{N}_0 \\ \bar{3} & \text{falls } n = 4\,k + 3, \quad k \in \mathbf{N}_0 \end{array}$$

A

Wir betrachten nun zwei Verknüpfungsgebilde: Auf $\mathbf{N}_0$ wählen wir $+$ als Verknüpfung. Auf $\{\bar{0}, \bar{1}, \bar{2}, \bar{3}\}$ wählen wir $\oplus$ als Verknüpfung, wobei $\bar{a} \oplus \bar{b}$ bedeuten soll: gehe von der Markierung $\bar{a}$ um b Viertel weiter und lies die Markierung ab. Wiederum gilt, daß die durch „Herumwickeln" entstandene Abbildung $\varphi.: \mathbf{N}_0 \to \{\bar{0}, \bar{1}, \bar{2}, \bar{3}\}$ verknüpfungstreu ist und daher einen Homomorphismus darstellt.

Denn sei $m = 4\,k + s$, $s \in \{0, 1, 2, 3\}$ und $k \in \mathbf{N}_0$; $n = 4\,\ell + t$, $t \in \{0, 1, 2, 3\}$ und $\ell \in \mathbf{N}_0$.

Dann gilt:

$$\varphi(m + n) = \varphi(4(k + \ell) + s + t) = \begin{cases} \overline{(s + t)}, & \text{falls } s + t \leqslant 3 \\ \overline{(s + t - 4)}, & \text{falls } s + t \geqslant 4 \end{cases}$$

$$\varphi(m) = \bar{s}, \quad \varphi(n) = \bar{t}$$

$$\varphi(m) \oplus \varphi(n) = \bar{s} \oplus \bar{t} \quad = \begin{cases} \overline{s + t}, & \text{falls } s + t \leqslant 3 \\ \overline{(s + t - 4)}, & \text{falls } s + t \geqslant 4 \end{cases}$$

Wiederum wird durch die Abbildung φ die Menge $\mathbf{N}_0$ in Klassen (Teilmengen) zerlegt; und diese Klassen verhalten sich „analog" zu den Bildern $\bar{0}$, $\bar{1}$, $\bar{2}$ und $\bar{3}$:

$$\{0, 4, 8, 12, 16, \ldots\} = \{n : n = 4\,k \quad\quad\} \longmapsto \{\bar{0}\}$$
$$\{1, 5, 9, 13, \ldots\ldots\} = \{n : n = 4\,k + 1\} \longmapsto \{\bar{1}\}$$
$$\{2, 6, 10, \ldots\ldots\ldots\} = \{n : n = 4\,k + 2\} \longmapsto \{\bar{2}\}$$
$$\{3, 7, 11, \ldots\ldots\ldots\} = \{n : n = 4\,k + 3\} \longmapsto \{\bar{3}\}.$$

2.1.3 Ein Homomorphismus von $(\mathbf{N}_0, +)$ in $(\mathbf{N}_0, +)$

Wir betrachten die Abbildung $\varphi: \mathbf{N}_0 \to \mathbf{N}_0$ mit $n \longmapsto 2\,n$. Jeder Zahl wird das Doppelte zugeordnet. Als Bildmenge entsteht $\varphi(\mathbf{N}_0) = 2\,\mathbf{N}_0 \subset \mathbf{N}_0$. Auch diese Abbildung ist verknüpfungstreu, denn es gilt:

$$\bigwedge_{m,\, n \in \mathbf{N}_0} \varphi(m + n) = 2\,(m + n) = 2\,m + 2\,n = \varphi(m) + \varphi(n)$$

Dieser Homomorphismus ist nicht surjektiv, aber injektiv.

Kontrastbeispiel:

$$\varphi: \mathbf{N}_0 \to \mathbf{N}_0 \quad \text{mit} \quad \begin{array}{ll} n \longmapsto n, & \text{falls } n \text{ gerade} \\ n \longmapsto n + 1, & \text{falls } n \text{ ungerade} \end{array}$$

Wiederum gilt $\varphi(\mathbf{N}_0) = 2\,\mathbf{N}_0 \subsetneq \mathbf{N}_0$. Aber diese Abbildung in die geraden Zahlen ist nicht verknüpfungstreu, denn es gilt z. B.: $\varphi(1 + 3) = \varphi(4) = 4$; $\varphi(1) + \varphi(3) = 2 + 4 = 6$ und $4 \neq 6$.

A   2.1.4 Einige weitere Homomorphismen aus der Mathematik

(i) $\varphi: \mathbf{R} \longrightarrow \mathbf{R}^+$ mit $x \longmapsto a^x$, wobei a eine feste Zahl größer 0 ist. Hier wird ein Homomorphismus von $(\mathbf{R}, +)$ auf $(\mathbf{R}^+, \cdot)$ bewirkt, denn es gilt:

$$\bigwedge_{x,\, y \in \mathbf{R}} \varphi(x + y) = a^{x+y} = a^x \cdot a^y = \varphi(x) \cdot \varphi(y).$$

(ii) $\varphi: \mathbf{R}^+ \longrightarrow \mathbf{R}$ mit $x \longmapsto \log x$. Hier wird ein Homomorphismus von $(\mathbf{R}^+, \cdot)$ auf $(\mathbf{R}, +)$ bewirkt, denn es gilt:

$$\bigwedge_{x,\, y \in \mathbf{R}^+} \varphi(x \cdot y) = \log(x \cdot y) = \log x + \log y = \varphi(x) + \varphi(y).$$

(iii) Für die Menge $C(\mathbf{R})$ aller s t e t i g e n Funktionen über $\mathbf{R}$ sei festgelegt

$\varphi: C(\mathbf{R}) \longrightarrow \mathbf{R}$ mit $f \longmapsto \int_a^b f(\xi)\, d\xi$ (bestimmtes Integral, a, b fest). Hier wird ein Homomorphismus von $(C(\mathbf{R}), +)$ in $(\mathbf{R}, +)$ bewirkt, denn es gilt:

$$\bigwedge_{f,\, g \in C(\mathbf{R})} \varphi(f + g) = \int_a^b (f(\xi) + g(\xi))\, d\xi = \int_a^b f(\xi)\, d\xi + \int_a^b g(\xi)\, d\xi = \varphi(f) + \varphi(g).$$

(iv) Für die Menge F_k aller konvergenten Folgen $(a_n)_{n \in \mathbf{N}}$ reeller Zahlen sei definiert:
$\varphi: F_k \longrightarrow \mathbf{R}$ mit $(a_n)_{n \in \mathbf{N}} \longmapsto \lim_{n \to \infty} (a_n)$ (Der Folge wird ihr Grenzwert zugeordnet).
Hier wird ein Homomorphismus von $(F_k, +)$ in $(\mathbf{R}, +)$ bewirkt, denn es gilt:

$$\bigwedge_{(a_n),\, (b_n) \in F_k} \varphi((a_n) + (b_n)) = \lim_{n \to \infty} (a_n + b_n) = \lim_{n \to \infty} (a_n) + \lim_{n \to \infty} (b_n)$$

$$= \varphi((a_n)) + \varphi((b_n)).$$

B   2.2 Homomorphismen und Partitionen

Bevor wir den Begriff homomorphe Abbildung entwickeln und die Beziehung zwischen diesen Abbildungen und Partitionen darstellen, soll zunächst gezeigt werden, welche Eigenschaften von Gruppoiden bei Homomorphismen bzw. Isomorphismen erhalten bleiben. Damit wird zugleich die Bedeutung solcher Abbildungen für eine Theorie algebraischer Strukturen sichtbar werden.

2.1 Definition Unter einem H o m o m o r p h i s m u s bzw. einer homomorphen Abbildung) des Gruppoids $(G, \square)$ in das Gruppoid $(H, \circ)$ versteht man eine Abbildung $\varphi: G \longrightarrow H$, die verknüpfungstreu ist, d. h. es gilt $\bigwedge_{a,\, b \in G} \varphi(a \square b) = \varphi(a) \circ \varphi(b)$.

2.2 Definition Unter einem I s o m o r p h i s m u s des Gruppoids $(G, \square)$ auf das Gruppoid $(H, \circ)$ versteht man einen bijektiven Homomorphismus.
In den folgenden Sätzen werden nun Eigenschaften algebraischer Strukturen betrachtet, die bei homomorphen Abbildungen erhalten bleiben.

2.3 Satz Ist φ ein Homomorphismus von $(G, \square)$ in $(H, \circ)$ und ist H^* das homomorphe Bild von G, d. h. ist $H^* = \varphi(G)$, so ist $(H^*, \circ)$ ein Untergruppoid von $(H, \circ)$.

B e w e i s . Seien x, y beliebige Elemente aus H^*. Dann gibt es Elemente a, b in G mit $\varphi(a) = x$, $\varphi(b) = y$. Durch die folgende Gleichungskette, die die Verknüpfungstreue ausnutzt, ergibt sich die Aussage des Satzes: $x \circ y = \varphi(a) \circ \varphi(b) = \varphi(a \square b) \in H^*$, da $a \square b \in G$. ∎

B e m e r k u n g . Ebenso leicht läßt sich einsehen: Ist h ein Homomorphismus von $(G, \square)$, in $(H, \circ)$ und ist $(U, \circ)$ Untergruppoid von $(H, \circ)$ und $h^{-1}(U) = \{x : x \in G \wedge h(x) \in U\} \neq \emptyset$, so ist $h^{-1}(U)$ mit der in G definierten Verknüpfung $\square$ ein Gruppoid und damit ein Untergruppoid von G.

2.4 Satz Ist φ ein Homomorphismus von $(G, \circ)$ in $(H, \square)$ und ist H^* das homomorphe Bild von G, d. h. $H^* = \varphi(G)$, so gilt:

(i) $(G, \circ)$ ist assoziativ $\Rightarrow (H^*, \square)$ ist assoziativ.

(ii) $(G, \circ)$ ist kommutativ $\Rightarrow (H^*, \square)$ ist kommutativ.

(iii) $(G, \circ)$ besitzt ein neutrales Element $e \Rightarrow (H^*, \square)$ besitzt ein neutrales Element e^* mit $e^* = \varphi(e)$.

(iv) $(G, \circ)$ besitzt ein absorbierendes Element $a \Rightarrow (H^*, \square)$ besitzt ein absorbierendes Element a^* mit $a^* = \varphi(a)$.

(v) b ist invers zu a in $G \Rightarrow \varphi(b)$ ist invers zu $\varphi(a)$ in H^*.

B e w e i s .

(i) Seien $x, y, z \in H^*$. Dann gibt es a, b, $c \in G$ mit $\varphi(a) = x$, $\varphi(b) = y$, $\varphi(c) = z$; und es gilt: $x \square (y \square z) = \varphi(a) \square (\varphi(b) \square \varphi(c)) = \varphi(a) \square \varphi(b \circ c) = \varphi(a \circ (b \circ c)) = \varphi((a \circ b) \circ c) = \varphi(a \circ b) \square \varphi(c) = (\varphi(a) \square \varphi(b)) \square \varphi(c) = (x \square y) \square z$.

(ii) Seien $x, y \in H^*$. Dann gibt es a, $b \in G$ mit $\varphi(a) = x$, $\varphi(b) = y$; es gilt: $x \square y = \varphi(a) \square \varphi(b) = \varphi(a \circ b) = \varphi(b \circ a) = \varphi(b) \square \varphi(a) = y \square x$.

(iii) Sei e neutral in G und $e^* = \varphi(e)$. Ist dann x ein beliebiges Element aus H^*, so gibt es ein $a \in G$ mit $\varphi(a) = x$. Betrachten wir $x \square e^*$ bzw. $e^* \square x$, so gilt: $x \square e^* = \varphi(a) \square \varphi(e) = \varphi(a \circ e) = \varphi(a) = x$, $e^* \square x = \varphi(e) \square \varphi(a) = \varphi(e \circ a) = \varphi(a) = x$, d. h., e^* ist neutral in H^*.

(iv) Sei a absorbierend in G und $a^* = \varphi(a) \in H^*$. Für ein beliebiges $x \in H^*$ gilt $x = \varphi(b)$ mit $b \in G$ und $x \square a^* = \varphi(b) \square \varphi(a) = \varphi(b \circ a) = \varphi(a) = a^*$ und $a^* \square x = \varphi(a) \square \varphi(b) = \varphi(a \circ b) = \varphi(a) = a^*$, d. h., a^* ist absorbierend in H^*.

(v) Ist b invers zu a, so gilt $a \circ b = b \circ a = e$, wobei e neutral in G ist. Nach (iii) ist $\varphi(e) = e^*$ neutral in H^*, also gilt: $\varphi(a) \square \varphi(b) = \varphi(a \circ b) = \varphi(e) = e^*$ und $\varphi(b) \square \varphi(a) = \varphi(b \circ a) = \varphi(e) = e^*$, d. h., $\varphi(a)$ und $\varphi(b)$ sind zueinander invers. ∎

B e m e r k u n g . Nicht alle in Abschn. 1.2 definierten Eigenschaften eines Gruppoids übertragen sich auf das homomorphe Bild. So kann die Regularität bei der durch einen Homomorphismus bedingten Vergröberung verloren gehen. Wie die folgenden Beispiele zeigen, können auch Nullteiler beim homomorphen Bild entstehen und umgekehrt wieder verschwinden.

B

2.5 Beispiel Es seien K_0, K_1, K_2, K_3, K_4, K_5 Teilmengen von $\mathbf{N}_0$ von der Art, daß gilt: $x \in K_i \Longleftrightarrow x - i = q \cdot 6$ für ein $q \in \mathbf{N}_0$ (d. h. x und i ergeben bei Division durch 6 denselben Rest). Wie wir später (vgl. Satz 2.20) nachweisen werden, läßt sich in $R_6 = {}_{Df} \{K_0, \ldots, K_5\}$ eine Verknüpfung $\odot$ so definieren, daß $K_a \odot K_b$ diejenige Klasse ist, in der das Element $a \cdot b \in \mathbf{N}_0$ liegt. Da nun jedes $x \in \mathbf{N}_0$ Element genau eines $K_i \in R_6$ ist, wird durch die Zuordnung $x \longmapsto K_i$, falls $x \in K_i$, eine Abbildung $\varphi \colon \mathbf{N}_0 \longrightarrow R_6$ definiert. Wie in dem Kreisscheibenbeispiel zu Beginn dieses Abschnittes weist man nach, daß φ ein Homomorphismus von $(\mathbf{N}_0, \cdot)$ auf $(R_6, \odot)$ ist. Dann gilt: 2 ist kein Nullteiler in $(\mathbf{N}_0, \cdot)$, aber $K_2 = \varphi(2)$ ist Nullteiler in R_6, da $K_2 \odot K_3 = K_0$ und K_0 absorbierendes Element in $(R_6, \odot)$ ist.

2.6 Beispiel Die Gruppoide $(G, \square)$ und $(H^*, \circ)$ seien durch ihre Tafeln vorgegeben (Tafel 9 und Tafel 10).

<table>
<tr><td colspan="4">Tafel 9</td><td colspan="3">Tafel 10</td></tr>
<tr><td>$(G, \square)$:</td><td>$\square$</td><td>0   1   2</td><td></td><td>$(H^*, \circ)$</td><td>$\circ$</td><td>a   b</td></tr>
</table>

$\square$	0	1	2
0	0	0	0
1	0	0	0
2	0	0	2

$\circ$	a	b
a	a	a
b	a	b

Die Abbildung $\varphi \colon G \longrightarrow H^*$ mit $\varphi(0) = \varphi(1) = a$ und $\varphi(2) = b$ ist ein Homomorphismus, wie sich durch Überprüfung der Verknüpfungstreue bestätigen läßt. 2 ist Nullteiler in G, denn 0 ist absorbierend in G und $2 \square 1 = 1 \square 2 = 0$ mit $1 \neq 0$. $\varphi(2) = b$ ist dagegen kein Nullteiler in H^*.

Für Isomorphismen ist die strukturelle Ähnlichkeit der verglichenen Gruppoide nun noch wesentlich größer. Dies zeigen die folgenden beiden Sätze.

2.7 Satz Es seien $(G, \square)$ und $H, \circ)$ Gruppoide und $\varphi \colon G \longrightarrow H$ ein Isomorphismus. Dann ist auch die Umkehrabbildung $\varphi^{-1} \colon H \longrightarrow G$ ein Isomorphismus.

B e w e i s . Da φ bijektiv ist, existiert φ^{-1} und ist ebenfalls bijektiv. Zu zeigen bleibt, daß φ^{-1} auch verknüpfungstreu ist. Seien x, y beliebige Elemente aus H, dann gibt es eindeutig bestimmte Elemente a, b aus G mit $a = \varphi^{-1}(x)$, $b = \varphi^{-1}(y)$ bzw. $x = \varphi(a)$ und $y = \varphi(b)$. Betrachten wir $\varphi^{-1}(x \circ y)$, so gilt: $\varphi^{-1}(x \circ y) = \varphi^{-1}(\varphi(a) \circ \varphi(b))$ $= \varphi^{-1}(\varphi(a \square b)) = a \square b = \varphi^{-1}(x) \square \varphi^{-1}(y)$. $\blacksquare$

B e m e r k u n g . Wegen Satz 2.7 können wir, falls ein Isomorphismus von $(G, \square)$ auf $(H, \circ)$ existiert, auch formulieren „$(G, \square)$ und $(H, \circ)$ sind isomorph" oder anders ausgedrückt: die Isomorphie ist eine symmetrische Relation zwischen Gruppoiden. Ist $(G, \square)$ isomorph $(H, \circ)$, so schreiben wir: $(G, \square) \simeq (H, \circ)$.

2.8 Satz Die Gruppoide $(G, \square)$ und $(H, \circ)$ seien isomorph. Dann gilt:
  (i) $(G, \square)$ assoziativ $\Longleftrightarrow$ $(H, \circ)$ assoziativ.
  (ii) $(G, \square)$ kommutativ $\Longleftrightarrow$ $(H, \circ)$ kommutativ.
  (iii) $(G, \square)$ regulär $\Longleftrightarrow$ $(H, \circ)$ regulär.

(iv) $(G, \square)$ besitzt ein neutrales Element $n \iff (H, \circ)$ besitzt ein neutrales Element e und e ist Bild von n.

(v) $(G, \square)$ besitzt ein absorbierendes Element $a \iff (H, \circ)$ besitzt ein absorbierendes Element a^* und a^* ist Bild von a.

(vi) b ist invers zu a in $G \iff$ das Bild von b ist invers zum Bild von a in H.

(vii) g ist Nullteiler in $G \iff$ das Bild von g ist Nullteiler in H.

B e w e i s . In Verbindung mit Satz 2.7 folgen die Aussagen (i), (ii), (iv), (v) und (vi) unmittelbar aus Satz 2.4. Zum Beweis von (iii) erinnern wir uns, daß $(G, \square)$ regulär bedeutet: $a \square b = a \square c \Rightarrow b = c$ und $b \square a = c \square a \Rightarrow b = c$ für $a, b, c \in G$. Seien nun x, y, z beliebige Elemente aus H und φ ein Isomorphismus von G auf H. Dann gibt es Elemente $a, b, c \in G$ mit $\varphi(a) = x$, $\varphi(b) = y$, $\varphi(c) = z$. Ist nun $x \circ y = x \circ z$, so folgt $\varphi(a) \circ \varphi(b) = \varphi(a) \circ \varphi(c)$ und mit der Verknüpfungstreue von φ: $\varphi(a \square b) = \varphi(a \square c)$. Da φ ein Isomorphismus ist, ist φ injektiv. Damit folgt $a \square b = a \square c$, und wir können die Regularität in G anwenden, um auf $b = c$ und damit auf $\varphi(b) = y = z = \varphi(c)$ zu schließen. Entsprechend wird von $y \square x = z \square x$ auf $y = z$ geschlossen.

Zum Beweis von (vii) gehen wir davon aus, daß g Nullteiler in $(G, \square)$ ist, dessen absorbierendes Element wir a nennen. Da g Nullteiler ist, gibt es ein $h \in G \setminus \{a\}$ mit $g \square h = a$. Da $a \neq h$, ist wegen der Injektivität des Isomorphismus $\varphi: G \to H$ auch $\varphi(a) \neq \varphi(h)$. $\varphi(a) = a^*$ ist absorbierendes Element in H, und wir erhalten mit der Verknüpfungstreue von $\varphi(g) \circ \varphi(h) = \varphi(g \square h) = \varphi(a) = a^*$ mit $\varphi(h) \neq a^*$, d. h. $\varphi(g)$ ist Nullteiler in H. $\blacksquare$

B e m e r k u n g . Damit ist unser erstes Ziel erreicht. Isomorphe Abbildungen sind als solche Abbildungen erkannt, die alle in Abschn. 1.2 eingeführten algebraischen Eigenschaften übertragen. Wir werden in der Algebra isomorphe Gruppoide nicht unterscheiden, d. h., Gruppoide werden im abstrakten Sinne als „algebraisch gleich" betrachtet, wenn sie isomorph sind. Bei Homomorphismen haben wir gesehen, daß sie zwar einige Eigenschaften eines Gruppoids auf das homomorphe Bild übertragen, daß sie aber eine „Vergröberung" bewirken können.

Zur Durchführung der zweiten Aufgabe, der Genese des Begriffes Homomorphismus, sind die Begriffe Äquivalenzrelation und Klasseneinteilung oder Partition von zentraler Bedeutung. Wir definieren diese Begriffe wie folgt:

2.9 Definition Eine Relation $\sim$, definiert auf einer Menge $M \neq \emptyset$, heißt Ä q u i v a l e n z r e l a t i o n , wenn sie die folgenden drei Bedingungen erfüllt:

$$1. \quad \bigwedge_{a \in M} a \sim a \qquad\qquad\qquad (R e f l e x i v i t ä t).$$

$$2. \quad \bigwedge_{a \in M} \bigwedge_{b \in M} (a \sim b \Rightarrow b \sim a) \qquad (S y m m e t r i e).$$

$$3. \quad \bigwedge_{a \in M} \bigwedge_{b \in M} \bigwedge_{c \in M} (a \sim b \wedge b \sim c \Rightarrow a \sim c) \quad (T r a n s i t i v i t ä t).$$

2.10 Definition Ist M eine nicht-leere Menge, dann heißt eine Teilmenge $\mathfrak{Z}(M)$ von $\mathfrak{P}(M)$ K l a s s e n e i n t e i l u n g oder P a r t i t i o n von M, wenn die folgenden Bedingungen erfüllt sind:

B

1. Die Elemente von $\mathfrak{Z}(M)$ sind paarweise disjunkt.
2. Die Vereinigung der Elemente von $\mathfrak{Z}(M)$ ergibt M.
3. $\emptyset \notin \mathfrak{Z}(M)$.
Eine Partition von M bezeichnen wir künftig durch $\mathfrak{Z}(M)$.

Eine Partition einer Menge M ist demnach eine Menge von nicht-leeren Teilmengen von M mit der Eigenschaft, daß jedes Element $a \in M$ in einer und nur einer dieser Teilmengen liegt. Ist $\mathfrak{Z}(M)$ eine Partition von M, so heißen die Elemente von $\mathfrak{Z}(M)$ Klassen. Die Gleichheit der Partitionen derselben Menge M wird natürlich im mengentheoretischen Sinne verstanden. Sind $\mathfrak{Z}_1(M)$ und $\mathfrak{Z}_2(M)$ Partitionen von $M \neq \emptyset$, so gilt deshalb
$$[\mathfrak{Z}_1(M) = \mathfrak{Z}_2(M)] \Longleftrightarrow [A \in \mathfrak{Z}_1(M) \Longleftrightarrow A \in \mathfrak{Z}_2(M)].$$
Hieraus läßt sich als ein Kriterium für die Gleichheit zweier Partitionen der folgende Satz ableiten (Übung für den Leser):

2.11 Satz Zwei Partitionen $\mathfrak{Z}_1(M)$ und $\mathfrak{Z}_2(M)$ der nicht-leeren Menge M sind genau dann verschieden, wenn es wenigstens zwei verschiedene Elemente a, b aus M gibt, die bei der einen Partition in derselben Teilmenge von M, bei der anderen Partition aber in verschiedenen Teilmengen von M liegen.

Der folgende Satz legt nun eine für die Algebra wichtige Beziehung zwischen den Begriffen Partition und Äquivalenzrelation fest. Es gilt:

2.12 Satz (i) Zu jeder auf $M \neq \emptyset$ definierten Äquivalenzrelation $\sim$ gibt es eine Partition $\mathfrak{Z}(M)$ von M, so daß für alle a, $b \in M$ gilt: Ist $K_{(a)}$ diejenige Klasse von $\mathfrak{Z}(M)$, zu der a und $K_{(b)}$ diejenige Klasse von $\mathfrak{Z}(M)$, zu der b gehört, so sind diese Klassen genau dann gleich, wenn $a \sim b$ ist.
Das heißt: Zu einer vorgegebenen Äquivalenzrelation $\sim$ auf M existiert eine Partition $\mathfrak{Z}(M)$ von M, die so beschaffen ist, daß das Ersetzen der Elemente von M durch die Klassen, in denen sie liegen, ein Ersetzen der Äquivalenzrelation durch die Gleichheitsrelation bedeutet.
(ii) Ist umgekehrt eine Partition $\mathfrak{Z}(M)$ von M gegeben, so gibt es eine Äquivalenzrelation $\sim$ auf M, so daß gilt: Genau dann gehören a, $b \in M$ zu derselben Klasse von $\mathfrak{Z}(M)$, wenn $a \sim b$ ist.
Das heißt: Werden die Klassen aus $\mathfrak{Z}(M)$ wieder zu M vereinigt, so geht die Gleichheit von Klassen über in die Äquivalenz ihrer Elemente.

B e w e i s . (i) Es sei $M \neq \emptyset$ und $\sim$ eine auf M definierte Äquivalenzrelation. Wir ersetzen nun jedes $a \in M$ durch die Menge $K_{(a)}$ derjenigen $x \in M$, für die $a \sim x$ gilt. Es ist also: $K_{(a)} = \{x \in M : a \sim x\}$ und damit $K_{(a)} \subseteq M$.

Ist nun $a \sim b$ und $x \in K_{(b)}$, so folgt $x \sim a$ und damit $x \in K_{(a)}$. Also gilt $K_{(b)} \subseteq K_{(a)}$. Analog ergibt sich $K_{(a)} \subseteq K_{(b)}$ und damit $K_{(a)} = K_{(b)}$. Da wegen der Reflexivität von $\sim$ $a \in K_{(a)}$ gilt, folgt umgekehrt aus $K_{(a)} = K_{(b)}$ sofort $a \sim b$.
Es bleibt noch zu zeigen, daß die Menge aller Mengen $K_{(a)}$, sie soll mit P bezeichnet werden, eine Partition von M ist. Es ergibt sich nämlich:

1. Für alle $a \in M$ gilt $K_{(a)} \neq \emptyset$, da $a \in K_{(a)}$ ist.
2. Wegen $K_{(a)} \subseteq M$ und $a \in K_{(a)}$ für alle $a \in M$ gilt: $\bigcup_{a \in M} K_{(a)} = M$.

3. Sind $K_{(a)}$, $K_{(b)}$ Elemente aus P und ist $c \in K_{(a)} \cap K_{(b)}$, so gilt $c \sim a$, $c \sim b$ und damit wegen der Symmetrie und Transitivität von $\sim$: $a \sim b$. Daraus folgt: $K_{(a)} = K_{(b)}$.
Also gilt: Jedes $a \in M$ gehört zu höchstens einem Element von P.
(ii) Es sei nun eine Partition $\mathfrak{Z}(M)$ von M gegeben. Setzen wir $a \sim b$ genau dann, wenn
a und b derselben Klasse von $\mathfrak{Z}(M)$ angehören, so erfüllt $\sim$ offensichtlich die Bedingungen (1)–(3) von Definition 2.9. ∎

Diese durch (i) und (ii) dargestellten Verfahren des Ersetzens einer Äquivalenzrelation
$\sim$ auf einer Menge M durch die Gleichheitsrelation auf einer Partition $\mathfrak{Z}(M)$ und umgekehrt rechtfertigen es, die Begriffe „Äquivalenzrelation auf M" und „Partition von M"
als „im wesentlichen" gleichbedeutend anzusehen.
Es soll nun gezeigt werden, daß auch die Begriffe „Abbildung" und „Partition" in einer
engen Beziehung zueinander stehen. Diese Beziehung wird durch die beiden folgenden
Sätze beschrieben:

2.13 Satz Es sei h eine Abbildung einer Menge M in eine Menge N. Werden alle Elemente x aus M, die unter h das gleiche Bild haben, zu Teilmengen von M zusammengefaßt, so bilden diese Teilmengen eine Partition von M.

B e w e i s . Es sei $h(M) \subset N$ das Bild von M bezüglich der Abbildung $h : M \rightarrow N$. Fassen wir nun für jedes $y \in h(M)$ alle zu y gehörigen Urbilder aus M zu einer Teilmenge
von M zusammen. Sie soll mit $h^{-1}(y)$ bezeichnet werden. Es ist also $h^{-1}(y) =$
$\{x : x \in M \wedge h(x) = y\}$. Da $y \in h(M)$ ist, gilt: $h^{-1}(y) \neq \emptyset$. Wegen der Rechtseindeutig-
keit von h gilt weiter: Jedes $x \in M$ gehört zu genau einer der gebildeten Teilmengen
$h^{-1}(y)$ von M. Die Mengen $h^{-1}(y)$ bilden somit eine Partition von M. ∎

Liegt die Situation von Satz 2.13 vor, so sagt man, daß die durch die Mengen $h^{-1}(y)$
gebildete Partition zu der Abbildung h gehört.

2.14 Satz Es sei $\mathfrak{Z}(M)$ eine Partition der Menge M. Dann gibt es eine Menge N und
eine Abbildung h von M in N, so daß $\mathfrak{Z}(M)$ die zu der Abbildung h gehörige Partition
von M ist.

B e w e i s . Es sei $\mathfrak{Z}(M)$ eine Partition von M. Wir ordnen jedem $x \in M$ diejenige
Klasse aus $\mathfrak{Z}(M)$ zu, in der x als Element enthalten ist. Wegen der paarweisen Disjunkt-
heit der zu $\mathfrak{Z}(M)$ gehörigen Klassen ist diese Zuordnung rechtseindeutig und somit
eine Abbildung (kanonische Abbildung) von M in $\mathfrak{Z}(M)$ (sogar auf $\mathfrak{Z}(M)$). Bezeichnen
wir diese Abbildung mit h, so ist $\mathfrak{Z}(M)$ eine zu h gehörige Partition von M. Durch
$\mathfrak{Z}(M)$ ist auch die geforderte Existenz einer Menge N, in die M abgebildet werden soll,
nachgewiesen. ∎

Für h o m o m o r p h e Abbildungen zwischen Gruppoiden ist die Beziehung zwischen
Abbildung und Partition noch enger, da auch zwischen Partition und Verknüpfung ein
Zusammenhang in Form einer gewissen Verträglichkeit besteht. Es gilt der

2.15 Satz Es sei h eine homomorphe Abbildung des Gruppoids $(M, \square)$ in das Gruppoid
$(N, \circ)$. Dann gilt für alle Klassen $h^{-1}(a)$, $h^{-1}(b)$, die Elemente der durch h erzeugten
Partition $\mathfrak{Z}(M)$ von M sind: Sind x_1, x_2 zwei beliebige Elemente aus $h^{-1}(a)$ und y_1, y_2

B   zwei beliebige Elemente aus $h^{-1}(b)$, so sind $x_1 \square y_1$ und $x_2 \square y_2$ Element derselben Klasse von $\mathfrak{Z}(M)$. Man sagt: Die Verknüpfung $\square$ in M ist verträglich gegenüber der durch h erzeugten Partition $\mathfrak{Z}(M)$ von M.

B e w e i s . Es sei h eine homomorphe Abbildung von $(M, \square)$ in $(N, \circ)$. $h^{-1}(a)$ und $h^{-1}(b)$ seien beliebige Elemente der zu h gehörigen Partition $\mathfrak{Z}(M)$ von M. Für beliebige Elemente $x_1, x_2 \in h^{-1}(a)$ und beliebige Elemente $y_1, y_2 \in h^{-1}(b)$ gilt dann: $h(x_1 \square y_1) = h(x_1) \circ h(y_1)$ und $h(x_2 \square y_2) = h(x_2) \circ h(y_2)$. Aus $x_1, x_2 \in h^{-1}(a)$ und $y_1, y_2 \in h^{-1}(b)$ folgt: $h(x_1) = h(x_2)$ und $h(y_1) = h(y_2)$. Also gilt: $h(x_1) \circ h(y_1) =$ $= h(x_2) \circ h(y_2)$ und damit $h(x_1 \square y_1) = h(x_2 \square y_2)$. Gleichheit der Bilder bedeutet aber, daß die zugehörigen Urbilder in derselben Klasse der zu h gehörigen Partition von M liegen. Also gilt: $x_1 \square y_1$ und $x_2 \square y_2$ sind Elemente derselben Klasse. $\blacksquare$

Wie wir aus Satz 2.12 wissen, sind die Begriffe Partition und Äquivalenzrelation in dem Sinne gleichbedeutend, daß gilt:

$$m \sim n \Longleftrightarrow \bigvee_{K_{(a)} \in \mathfrak{Z}(M)} m \in K_{(a)} \wedge n \in K_{(a)}$$

Mit Hilfe dieser Äquivalenz läßt sich die Behauptung von Satz 2.15 auch wie folgt formulieren:

$$x_1 \sim x_2 \wedge y_1 \sim y_2 \Rightarrow x_1 \square y_1 \sim x_2 \square y_2.$$

Man spricht dann von der Verträglichkeit der Äquivalenzrelation $\sim$ und der Verknüpfung $\square$.

2.16 Definition Ist eine auf der Trägermenge G eines Gruppoids $(G, \square)$ definierte Äquivalenzrelation $\sim$ verträglich gegenüber der Verknüpfung $\square$, so heißt diese Relation K o n g r u e n z r e l a t i o n .

B e m e r k u n g . Ist $\sim$ eine Kongruenzrelation, so schreibt man für $a \sim b$ gelegentlich auch $a \equiv b$. Die durch die Relation $\sim$ auf G definierten Klassen werden für den Fall, daß $\sim$ eine Kongruenzrelation ist, K o n g r u e n z k l a s s e n genannt.

2.17 Beispiel (Restklassen als Kongruenzklassen) Die Relation „a restgleich b beim Teilen durch m" ist für jedes $m \in \mathbf{N}$ sowohl eine Kongruenzrelation auf $(\mathbf{N}_0, +)$ als auch auf $(\mathbf{N}_0, \cdot)$.

B e w e i s . Es muß die Verträglichkeit der Relation mit + und mit · im Sinne von Satz 2.15 gezeigt werden. Kürzen wir „a restgleich b beim Teilen durch m" zunächst mit $a \sim b$ ab, so gilt $x \sim a \Longleftrightarrow \bigvee_{q_1 \in \mathbf{Z}} x = q_1 \cdot m + a$ und $y \sim b \Longleftrightarrow \bigvee_{q_2 \in \mathbf{Z}} y = q_2 \cdot m + b$.

Dies ist lediglich eine präzise Fassung der Relationsvorschrift. Daraus folgt aber: $x + y = (q_1 + q_2) m + (a + b)$, $q_1 + q_2 \in \mathbf{Z}$, womit $x + y \sim a + b$ gezeigt ist. Damit ist die Verträglichkeit von $\sim$ mit + bewiesen und ebenso folgt aus

$$x \cdot y = q_1 \cdot q_2 \cdot m \cdot m + q_1 \cdot b \cdot m + q_2 \cdot a \cdot m + a \cdot b$$
$$= (q_1 \cdot q_2 \cdot m + q_1 \cdot b + q_2 \cdot a) \cdot m + a \cdot b, \quad q_1 \cdot q_2 \cdot m + q_1 \cdot b + q_2 \cdot a \in \mathbf{Z}$$

die Aussage $x \cdot y \sim a \cdot b$ und damit die Verträglichkeit von $\sim$ mit ·. Entsprechend der

Bemerkung zu Definition 2.16 schreibt man auch $a \equiv b(m)$ und liest „a kongruent b modulo m", wobei definiert wird

$$a \equiv b(m) \iff \bigvee_{q \in \mathbf{Z}} a = q \cdot m + b \quad \text{mit} \quad a, b \in \mathbf{N}_0.$$

Da $\equiv$ eine Kongruenzrelation auf $(\mathbf{N}_0, +)$ und auf $(\mathbf{N}_0, \cdot)$ ist, sind die Restklassen $K_a = \{x : x \in \mathbf{N}_0 \wedge x \equiv a(m)\}$ Kongruenzklassen auf den Gruppoiden $(\mathbf{N}_0, +)$ und $(\mathbf{N}_0, \cdot)$. $\blacksquare$

2.18 Beispiel Sei $(G, \square)$ ein Gruppoid, das durch die Tafel 11 festgelegt ist.

Tafel 11

$\square$	1	2	3	4
1	1	2	3	4
2	2	3	4	1
3	3	4	1	2
4	4	1	2	3

a) Betrachten wir die Klasseneinteilung, die durch $\mathfrak{Z}(G) = \{K_1, K_3\}$ mit $K_1 = \{1, 2\}$, $K_3 = \{3, 4\}$ gegeben ist, so erweist sie sich als n i c h t verträglich mit $\square$. Denn es gilt z. B. $2 \in K_1$ und $4 \in K_3$, aber $2 \square 4 = 1 \notin K_{1 \square 3} = K_3$.
b) Im Gegensatz dazu erweist sich die Klasseneinteilung, die durch $\mathfrak{Z}(G) = \{K_1, K_2\}$ mit $K_1 = \{1, 3\}$, $K_2 = \{2, 4\}$ gegeben ist, als verträglich mit $\square$ (Beweis durch Nachrechnen aller möglichen Kombinationen).

Mit Hilfe der Definition 2.16 erhalten wir nun eine dritte Formulierung der Behauptung von Satz 2.15: Es sei h eine homomorphe Abbildung von $(M, \square)$ in $(N, \bigcirc)$ und $\mathfrak{Z}(M)$ die zu h gehörige Partition von M. Dann ist die durch $\mathfrak{Z}(M)$ auf M definierte Äquivalenzrelation $\sim$ eine Kongruenzrelation.
Die Verträglichkeit einer Verknüpfung $\square$ in einer Menge M gegenüber einer Partition $\mathfrak{Z}(M)$ ermöglicht es, nun auch in $\mathfrak{Z}(M)$ mit Hilfe von $\square$ eine Verknüpfung zu definieren.

2.19 Definition Es sei $(M, \square)$ ein Gruppoid und $\mathfrak{Z}(M)$ eine Partition von M, die gegenüber $\square$ verträglich ist. Dann ist durch $(K_a, K_b) \longmapsto K_{a \square b}$ für alle $K_a, K_b \in \mathfrak{Z}(M)$ eine Relation von $\mathfrak{Z}(M) \times \mathfrak{Z}(M)$ nach $\mathfrak{Z}(M)$ definiert.
Wir zeigen, daß die durch Definition 2.19 definierte Relation eine Abbildung von $\mathfrak{Z}(M) \times \mathfrak{Z}(M)$ in $\mathfrak{Z}(M)$ ist. Es seien deshalb $K_{a'} = K_a$ und $K_{b'} = K_b$. Also ist $a' \equiv a$ und $b' \equiv b$. Daraus folgt $a' \square b' \equiv a \square b$. Damit gilt: $K_{a \square b} = K_{a' \square b'}$. Es hat sich ergeben: Ist $(K_a, K_b) = (K_{a'}, K_{b'})$, so gilt $K_{a \square b} = K_{a' \square b'}$. Damit ist gezeigt, daß die Relation rechtseindeutig und deshalb eine Abbildung von $\mathfrak{Z}(M) \times \mathfrak{Z}(M)$ in $\mathfrak{Z}(M)$ ist. Bezeichnen wir diese Abbildung durch $\circledcirc$, so ist dieses Ergebnis gleichbedeutend mit folgendem

2.20 Satz Es sei $(M, \square)$ ein Gruppoid und $\mathfrak{Z}(M)$ eine Partition von M, die gegenüber $\square$ verträglich ist. Dann ist durch $K_a \circledcirc K_b = K_{a \square b}$ für alle Elemente $K_a, K_b \in \mathfrak{Z}(M)$

B eine Verknüpfung auf $\mathfrak{Z}(M)$ definiert. Das wiederum bedeutet, daß ($\mathfrak{Z}(M)$, ⊚) ein Gruppoid ist.

Dieser Satz stiftet nun zugleich eine enge Beziehung zwischen Gruppoiden und solchen Partitionen, die zu homomorphen Abbildungen dieser Gruppoide gehören. Es gilt

2.21 Satz Es sei (M, □) ein Gruppoid und h eine homomorphe Abbildung von (M, □) in ein Gruppoid (N, ○). Dann gibt es eine homomorphe Abbildung ω von (M, □) auf ($\mathfrak{Z}(M)$, ⊚), wobei $\mathfrak{Z}(M)$ die zu h gehörige Partition von M und ⊚ die auf $\mathfrak{Z}(M)$ durch Definition 2.19 festgelegte Verknüpfung ist.

B e w e i s . Wir definieren ω wie folgt: $\omega:M \to \mathfrak{Z}(M)$ mit $\omega(x) = h^{-1}(a) \in \mathfrak{Z}(M)$, wenn $x \in h^{-1}(a)$ ($\Longleftrightarrow h(x) = a$) und $\mathfrak{Z}(M)$ die zu h gehörige Partition von M ist. Es seien nun x, y $\in$ M mit $\omega(x) = h^{-1}(a)$, $\omega(y) = h^{-1}(b)$. Dann gilt zunächst: $\omega(x) ⊚ \omega(y) = h^{-1}(a) ⊚ h^{-1}(b)$. Da $x \in h^{-1}(a)$ und $y \in h^{-1}(b)$ folgt: $h^{-1}(a) ⊚ h^{-1}(b)$ ist diejenige Klasse der zu h gehörigen Partitionen $\mathfrak{Z}(M)$ von M, in der x □ y liegt. Damit gilt: $h^{-1}(a) ⊚ h^{-1}(b) = \omega(x \;□\; y)$. Insgesamt hat sich ergeben: $\omega(x) ⊚ \omega(y) = \omega(x \;□\; y)$. Damit ist die Existenz einer homomorphen Abbildung von (M, □) auf ($\mathfrak{Z}(M)$, ⊚) nachgewiesen. ∎

Wir bemerken noch: Der in Satz 2.21 nachgewiesene Homomorphismus ist surjektiv. Ein solcher Homomorphismus von Gruppoiden heißt E p i m o r p h i s m u s . Durch $\omega:M \to \mathfrak{Z}(M)$ und $\omega(x) = h^{-1}(a)$ ist also ein Epimorphismus von (M, □) auf ($\mathfrak{Z}(M)$, ⊚) definiert worden. Man bezeichnet ω als die k a n o n i s c h e P r o j e k t i o n von M.

2.22 Beispiel Sei m $\in$ **N** und a $\equiv$ b(m) die Kongruenzrelation, die zur Klasseneinteilung R_m von $\mathbf{N}_0$ führt. Da die Restklasseneinteilung verträglich mit + und · auf $\mathbf{N}_0$ ist, können wir die Gruppoide (R_m, ⊕) und (R_m, ⊙) betrachten, wobei $K_a ⊕ K_b = K_{a+b}$ und $K_a ⊙ K_b = K_{a \cdot b}$ gilt. $\omega: \mathbf{N}_0 \to R_m$ mit $x \mapsto K_x$ ist ein Homomorphismus von ($\mathbf{N}_0$, +) in (R_m, ⊕) und von ($\mathbf{N}_0$, ·) in (R_m, ⊙). Satz 2.4 liefert uns: (R_m, ⊕) und (R_m, ⊙) sind assoziative, kommutative Gruppoide. K_0 ist neutral in (R_m, ⊕), K_0 ist absorbierend in (R_m, ⊙), K_1 ist neutral in (R_m, ⊙).

Ist nun h wiederum eine homomorphe Abbildung eines Gruppoids (M, □) in ein Gruppoid (N, ○), dann läßt sich für die zu h gehörige Partition $\mathfrak{Z}(M)$ auch eine strukturelle Beziehung zu h(M) herstellen. Es gilt der folgende

2.23 Satz Sind (M, □) und (N, ○) Gruppoide und ist h eine homomorphe Abbildung von (M, □) in (N, ○), so gibt es eine isomorphe Abbildung h* von ($\mathfrak{Z}(M)$, ⊚) auf (h(M), ○), wobei $\mathfrak{Z}(M)$ die zu h gehörige Partition von M und h(M) die Menge aller Bilder von M unter h ist.

B e w e i s . Nach Satz 2.3 wissen wir, daß der Ausdruck (h(M), ○) sinnvoll, d. h. Bezeichnung eines Gruppoids ist. Wir definieren eine Abbildung h* von $\mathfrak{Z}(M)$ auf h(M), die jeder Klasse $h^{-1}(x) \in \mathfrak{Z}(M)$ das Bild der Elemente aus $h^{-1}(x)$ bezüglich der Abbildung h zuordnet. Es soll also gelten: $h^*: \mathfrak{Z}(M) \to h(M)$ mit $h^*(h^{-1}(x)) = x$ für alle $x \in h(M)$. Da $\mathfrak{Z}(M)$ die zu h gehörige Partition von M ist, folgt sofort, daß h* eine bijektive Abbildung ist. Es bleibt lediglich nachzuweisen, daß h* verknüpfungstreu ist. Für zwei beliebige Klassen $h^{-1}(x_1)$, $h^{-1}(x_2) \in \mathfrak{Z}(M)$ ergibt sich:

a) $h^*(h^{-1}(x_1)) \circ h^*(h^{-1}(x_2)) = x_1 \circ x_2 \in h(M)$.

b) Gilt $a \in h^{-1}(x_1)$ und $b \in h^{-1}(x_2)$, so ist $h^{-1}(x_1) \circledcirc h^{-1}(x_2)$ diejenige Klasse $h^{-1}(x_3) \in \mathfrak{Z}(M)$, in der $a \square b$ liegt; d. h. es gilt: $h(a \square b) = x_3$. Aus der Verknüpfungstreue von h folgt aber auch: $h(a \square b) = h(a) \circ h(b) = x_1 \circ x_2$. Somit gilt $x_3 = x_1 \circ x_2$. Es ist deshalb $h^*(h^{-1}(x_1) \circledcirc h^{-1}(x_2)) = h^*(h^{-1}(x_1 \circ x_2)) = x_1 \circ x_2$.

a) und b) zusammen ergeben dann die Verknüpfungstreue von h^*:

$$h^*(h^{-1}(x_1)) \circ h^*(h^{-1}(x_2)) = h^*(h^{-1}(x_1) \circledcirc h^{-1}(x_2)). \quad \blacksquare$$

Das folgende Diagramm (Fig. 11) gewährt uns einen anschaulichen Überblick über die Sätze 2.21 und 2.23:

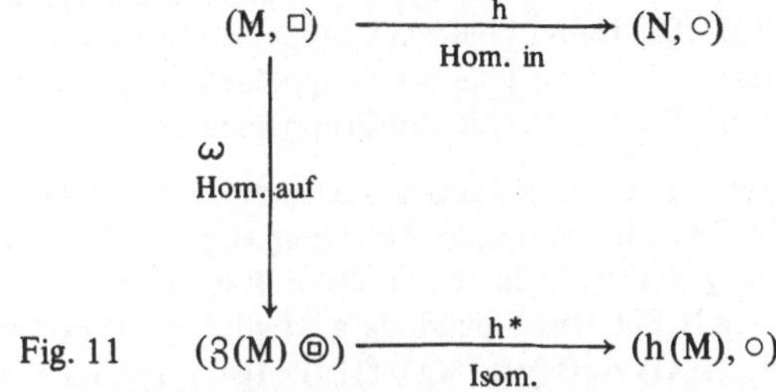

Fig. 11

Es ist leicht, dieses Diagramm zu schließen, indem wir die injektive und homomorphe Abbildung $\iota : h(M) \longrightarrow N$, mit $\iota(x) = x$, betrachten. Damit erhalten wir das Diagramm in Fig. 12, durch das veranschaulicht wird, daß sich h als Verkettung der Abbildungen ι, h^* und ω darstellen läßt, daß also gilt: $h = \iota \cdot h^* \cdot \omega$.

Man sagt auch: Durch die Einführung von ι wird bewirkt, daß das Diagramm von Fig. 11 kommutiert.

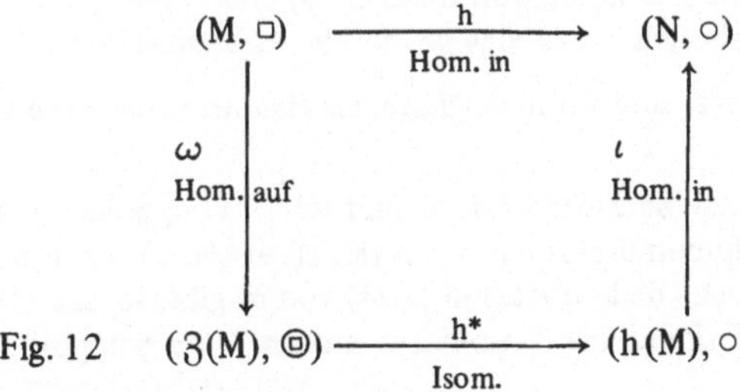

Fig. 12

Fassen wir nun diesen Sachverhalt in einem Satz zusammen:

2.24 Satz Ist h eine homomorphe Abbildung eines Gruppoids $(M, \square)$ in ein Gruppoid $(N, \circ)$, so läßt sich h darstellen in der Form $h = \iota \cdot h^* \cdot \omega$. Die Zeichen ι, h^*, ω bedeuten: ω ist die kanonische Projektion von M, d. i. diejenige epimorphe Abbildung von $(M, \square)$ auf $(\mathfrak{Z}(M), \circledcirc)$, für die gilt: Ist $x \in M$ und $h(x) = a$, so ist $\omega(x) = h^{-1}(a)$; h^* ist der von h induzierte Homomorphismus von $(\mathfrak{Z}(M), \circledcirc)$ auf $(h(M), \circ)$, d. h. h^* ist diejenige isomorphe Abbildung von $(\mathfrak{Z}(M), \circledcirc)$ auf $(h(M), \circ)$, für die gilt: Ist $h^{-1}(x) \in \mathfrak{Z}(M)$, mit $h^{-1}(x) = \{y \in M : h(y) = x\}$, so ist $h^*(h^{-1}(x)) = x$; ι bezeichnet die kanonische Einbettung von h(M) in N, d. h. ι ist derjenige injektive Homomorphismus von $(h(M), \circ)$ in $(N, \circ)$, für den $\iota(x) = x$ für alle $x \in h(M)$ gilt.

B B e m e r k u n g e n . (i) Ein injektiver Homomorphismus wird auch M o n o m o r - p h i s m u s genannt.

(ii) Der Satz 2.24 heißt in der Literatur gewöhnlich ,,H o m o m o r p h i e s a t z f ü r G r u p p o i d e".

Für den Beweis des folgenden Hauptsatzes über homomorphe Abbildungen von Gruppoiden sind noch einige grundlegende Eigenschaften homomorpher und isomorpher Abbildungen nachzuweisen. Es gilt

2.25 Satz (i) Die Komposition von Homomorphismen ist wieder ein Homomorphismus.

(ii)   Die Isomorphie von Gruppoiden ist transitiv.

(iii)   Die Isomorphie von Gruppoiden ist symmetrisch.

(iv)   Die Isomorphie von Gruppoiden ist reflexiv.

B e w e i s . (i) Vorgegeben seien drei Gruppoide $(G, \square)$, $(H, \triangle)$ und $(N, *)$. Weiterhin sei f eine homomorphe Abbildung von $(G, \square)$ in $(H, \triangle)$ und g eine homomorphe Abbildung von $(H, \triangle)$ in $(N, *)$. Dann ist $g \circ f$ mit $(g \circ f)(x) = g(f(x))$ eine Abbildung von G in N. Für diese Abbildung $g \circ f$ gilt: $(g \circ f)(x \square y) = g(f(x \square y)) = g(f(x) \triangle f(y)) = = g(f(x)) * g(f(y)) = (g \circ f)(x) * (g \circ f)(y)$ für alle $x, y \in G$. $g \circ f$ ist demnach eine homomorphe Abbildung von $(G, \square)$ in $(N, *)$.

(ii) Da die Verkettung bijektiver Abbildungen wieder eine bijektive Abbildung ist (der Leser mache sich das klar!) und die Komposition von Homomorphismen wieder ein Homomorphismus ist, ist die zweite Behauptung ebenfalls bewiesen.

(iii) Der Beweis der Symmetrie wurde bereits durch den Beweis von Satz 2.7 erbracht.

(iv) Für alle Gruppoide $(G, \square)$ und die identische Abbildung id gilt: a) id ist eine bijektive Abbildung von G auf G. b) $\mathrm{id}(x \square y) = x \square y = \mathrm{id}(x) \square \mathrm{id}(y)$ für alle $x, y \in G$. Also gilt: id ist eine isomorphe Abbildung von $(G, \square)$ auf $(G, \square)$. ■

Jetzt sind wir in der Lage, als Hauptsatz die folgende Aussage zu beweisen:

2.26 Satz Sind $(M, \square)$ und $(H, \circ)$ Gruppoide, so gibt es dann und nur dann einen Homomorphismus h von $(M, \square)$ in $(H, \circ)$, wenn es eine gegenüber der Verknüpfung $\square$ verträgliche Partition $\mathfrak{Z}(M)$ von M gibt, so daß $\mathfrak{Z}(M)$ mit der abgeleiteten Verknüpfung $\odot$ isomorph auf ein Untergruppoid $(U, \circ)$ von $(H, \circ)$ abbildbar ist.

B e w e i s . a) Vorgegeben seien zwei Gruppoide $(M, \square)$ und $(H, \circ)$ und eine homomorphe Abbildung h von $(M, \square)$ auf $(H, \circ)$. Nach Satz 2.13 gibt es dann eine Partition $\mathfrak{Z}(M)$ von M, nämlich die zu h gehörige Partition von M. Nach Satz 2.15 ist diese Partition verträglich gegenüber der in M definierten Verknüpfung $\square$. Das Gruppoid $(\mathfrak{Z}(M), \odot)$ ist schließlich nach Satz 2.23 isomorph zu $(h(M), \circ)$, wobei $(h(M), \circ)$ Untergruppoid von $(H, \circ)$ ist. b) Es sei nun $\mathfrak{Z}(M)$ eine Partition von M, die verträglich gegenüber $\square$ ist. Weiterhin sei $\mathfrak{Z}(M)$ mit der abgeleiteten Verknüpfung $\odot$ isomorph zu einem Untergruppoid $(U, \circ)$ von $(H, \circ)$. Wie der Beweis von Satz 2.21 zeigt, gibt es dann eine homomorphe Abbildung von $(M, \square)$ auf $(\mathfrak{Z}(M), \odot)$. Nennen wir diese Abbildung ,,ω" und den Isomorphismus von $(\mathfrak{Z}(M), \odot)$ auf $(U, \circ)$,,h^*", so ist nach Satz 2.25 (i) $h^* \cdot \omega$ eine homomorphe Abbildung von $(M, \square)$ in $(H, \circ)$. ■

Der Begriff „homomorphe Abbildung" läßt sich nun auch in Beziehung setzen zu gewissen Verfeinerungen von Gruppoidstrukturen. Betrachten wir hierfür ein Gruppoid $(M, *)$ und das Gruppoid $(M^M, \square)$, wobei (vgl. Übung 1.17) unter M^M die Menge aller Abbildungen von M in M verstanden werden soll. Als Verknüpfung „$\square$" soll die Verkettung von Abbildungen betrachtet werden. Ordnen wir nun jedem $m \in M$ diejenige Abbildung $_m f$ aus M^M zu, für die gilt: $_m f(x) = m * x$ für alle $x \in M$. Diese Zuordnung definiert eine Abbildung $h : M \longrightarrow M^M$ mit $m \longmapsto {}_m f$ und $_m f(x) = m * x$ für alle $m, x \in M$. Ist nun h eine homomorphe Abbildung von $(M, *)$ in $(M^M, \square)$, so ist zu fragen, welche Folgen diese Eigenschaft von h für die Gruppoidstruktur $(M, *)$ hat. Nehmen wir deshalb an, die Abbildung h sei ein Homomorphismus. Dann gilt:

a) $_{a*b} f = h(a * b) = h(a) \square h(b) = {}_a f \square {}_b f$ für alle $a, b \in M$.

b) $_{a*b} f(c) = (a * b) * c$ für alle $a, b, c \in M$.

c) $(_a f \square {}_b f)(c) = {}_a f(_b f(c)) = {}_a f(b * c) = a * (b * c)$ für alle $a, b, c \in M$.

Aus a), b), c) folgt somit: $(a * b) * c = a * (b * c)$ für alle $a, b, c \in M$; d. h. $(M, *)$ ist ein assoziatives Gruppoid. Ist umgekehrt $(M, *)$ ein assoziatives Gruppoid und h eine Abbildung von M in M^M mit $h(m) = {}_m f$ und $_m f(x) = m * x$ für alle $m, x \in M$, so folgt aus den Gleichungen b) und c) und der Assoziativität von $*$ in M sofort die Gültigkeit der Gleichung $h(a * b) = {}_{a*b} f = {}_a f \square {}_b f = h(a) \square h(b)$; d. h. h ist verknüpfungstreu und somit ein Homomorphismus. Das ergibt den folgenden

2.27 Satz $(M, *)$ ist ein assoziatives Gruppoid genau dann, wenn die Abbildung h, mit $h : M \longrightarrow M^M$ und $m \longmapsto {}_m f$ für alle $m \in M$ und $_m f(x) = m * x$ für alle $x \in M$, eine homomorphe Abbildung von $(M, *)$ in $(M^M, \square)$ ist.

In assoziativen Gruppoiden gilt nun in Verallgemeinerung der Assoziativregel der

2.28 Satz Ist $(G, \circ)$ ein assoziatives Gruppoid, so ist das Produkt zweier zusammengesetzter Produkte gleich dem zusammengesetzten Produkt aller ihrer Faktoren in derselben Reihenfolge (nach [61]). In Zeichen:

$$\prod_{\mu=1}^{m} a_\mu \circ \prod_{\nu=1}^{n} a_{m+\nu} = \prod_{\nu=1}^{m+n} a_\nu \, .$$

B e w e i s . (mit vollständiger Induktion)

a) Für $n = 1$ ist die Formel gültig.

b) Die Formel sei für einen Wert n gültig. Wir zeigen die Gültigkeit für $n + 1$:

$$\prod_{\mu=1}^{m} a_\mu \circ \prod_{\nu=1}^{n+1} a_{m+\nu} = \prod_{\mu=1}^{m} a_\mu \circ \left(\prod_{\nu=1}^{n} a_{m+\nu} \circ a_{m+n+1} \right) \quad \text{(Def. von } \Pi)$$

$$= \left(\prod_{\mu=1}^{m} a_\mu \circ \prod_{\nu=1}^{n} a_{m+\nu} \right) \circ a_{m+n+1} \quad \text{(Assoz.-Regel)}$$

$$= \prod_{\mu=1}^{m+n} a_\mu \circ a_{m+n+1} = \prod_{\nu=1}^{m+n+1} a_\nu \quad \text{(Ind.-Annahme;}$$
$$\text{Def. von } \Pi) \ \blacksquare$$

B

B B e m e r k u n g . Iterierte Anwendung der Regel aus Satz 2.28 ergibt, daß in einem assoziativen Gruppoid der Wert eines Produkts aus n Faktoren mit $n \geqslant 3$ unabhängig ist von der Art der Beklammerung.

2.29 Definition (i) Ein Gruppoid $(M, *)$, dessen Verknüpfung assoziativ ist, heißt H a l b g r u p p e .
(ii) Besitzt eine Halbgruppe $(M, *)$ ein neutrales Element, so heißt $(M, *)$ M o n o i d .
(iii) Ist in einer Halbgruppe $(M, *)$ die Verknüpfung $*$ kommutativ, so heißt $(M, *)$ kommutative oder a b e l s c h e Halbgruppe.
(iv) Gelten in einer Halbgruppe $(M, *)$ die Kürzungsregeln, so heißt die Halbgruppe r e g u l ä r .

Zur Anwendung und Vertiefung der in Abschn. 2.2 behandelten Begriffe und Sätze wird dem Leser empfohlen, sich mit den folgenden Übungen zu beschäftigen.

Übungen

2.1 Ist N_0 eingeteilt in Kongruenzklassen modulo n, so schreiben wir kurz für eine solche Partition $\mathfrak{Z}(N_0)$ von N_0: $N_0/_{(n)}$ (Partition von N_0 modulo n). Prüfen Sie nach, ob die Gruppoide $(N_0/_{(4)}, \oplus)$ und $(N_0/_{(5)} \setminus \{K_0\}, \odot)$ isomorph sind.

2.2 Es sei K_p die Menge aller Primzahlen von N und $\bar{K}_p$ die Menge aller Nicht-Primzahlen von N. Prüfen Sie nach, ob die Partition $\{K_p, \bar{K}_p\}$ von N bezüglich $+$ (bezüglich $\cdot$) eine Partition von N in Kongruenzklassen ist.

2.3 Es sei M eine Menge und $\mathfrak{P}(M)$ die Potenzmenge von M. Jedem $A \in \mathfrak{P}(M)$ werde die Differenzmenge $M \setminus A$ zugeordnet. Durch diese Zuordnung wird eine Abbildung „f" von $\mathfrak{P}(M)$ in $\mathfrak{P}(M)$ definiert. Prüfen Sie nach, ob f eine homomorphe Abbildung von $(\mathfrak{P}(M), \cap)$ in $(\mathfrak{P}(M), \cup)$ ist.

2.4 Beweisen Sie die folgende Äquivalenz: Das Gruppoid $(M, *)$ ist eine Halbgruppe $\Longleftrightarrow f_a \square {}_b f = {}_b f \square f_a$ für alle $a, b \in M$, mit $f_a(x) = x * a$, ${}_b f(x) = b * x$ für alle $x \in M$.

2.5 Es sei $M = N \times N$. Beweisen Sie, daß durch $(a, b) \sim (c, d) \Longleftrightarrow a + d = b + c$ eine Äquivalenzrelation auf M erklärt ist.

2.6 Auf $M = N \times N$ sei durch $(a, b) \oplus (c, d) = (a + c, b + d)$ eine innere Verknüpfung definiert. Prüfen Sie nach, ob die in Übung 2.5 erklärte Äquivalenzrelation mit der Verknüpfung verträglich ist.

2.7 Es sei $f : A \longrightarrow B$ eine Abbildung. Beweisen Sie, daß durch $a_1 \sim a_2 \Longleftrightarrow f(a_1) = f(a_2)$ eine Äquivalenzrelation auf A erklärt ist.

2.3 Homomorphismen von Gruppen

Im vorigen Abschnitt haben wir Beziehungen zwischen homomorphen Abbildungen von Gruppoiden und Partitionen untersucht. Am Ende dieser Untersuchungen gelang es uns im Satz 2.26, eine Aussage über die Existenz von Homomorphismen zwischen Gruppoiden zu beweisen. Durch diesen Satz wurde eine Beziehung zwischen der Existenz homomorpher Abbildungen und der Existenz verträglicher Partitionen spezieller Art hergestellt. Es liegt nahe zu versuchen, weitere Eigenschaften solcher verträglicher Partitionen

zu studieren. Das ist zum Beispiel möglich, wenn wir die Untersuchung auf Gruppoide **B**
spezieller Art, nämlich auf G r u p p e n einschränken.

In der Definition 2.29 haben wir assoziative Gruppoide als Halbgruppen bezeichnet. Mit
Hilfe dieses Begriffes definieren wir:

2.30 Definition Eine Halbgruppe G heißt G r u p p e , wenn jede Gleichung der Form
$a \,\square\, x = b$ und $y \,\square\, a = b$ mit $a, b \in G$ (mindestens) eine Lösung in G besitzt.

2.31 Beispiele **1.** Deckabbildungen des Rechtecks (Fig. 13). Seien i die identische Abbildung, s_1 und s_2 die Spiegelungen (Wenden) an den Achsen 1 und 2 und d die Punkt-
spiegelung am Mittelpunkt (halbe Drehung). Dann ist $(D_2, \square)$ mit $D_2 = \{i, s_1, s_2, d\}$
eine Gruppe, wobei $\square$ das Verketten der Deckabbildungen bedeutet.

Tafel 12

$\square$	i	s_1	s_2	d
i	i	s_1	s_2	d
s_1	s_1	i	d	s_2
s_2	s_2	d	i	s_1
d	d	s_2	s_1	i

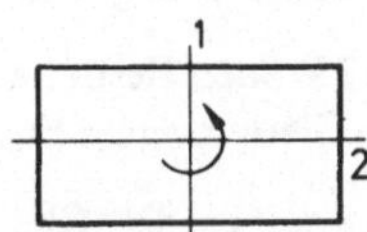

Fig. 13

Tafel 12 sichert, daß $\square$ eine Verknüpfung auf D_2 ist, und als Verketten von Abbildungen
ist $\square$ assoziativ. Da in jeder Zeile und in jeder Spalte jedes Element von D_2 vorkommt,
ist die Existenz der Lösungen zu den in Definition 2.30 genannten Gleichungen gesichert.

2. Restklassen unter der Addition $(R_n, \oplus)$. Im Beispiel 2.22 haben wir gezeigt, daß
$(R_n, \oplus)$ eine Halbgruppe ist. Es verbleibt die Lösbarkeit der Gleichungen zu zeigen.
Ist $a \leqslant b$, so ist K_{b-a} eine Lösung der Gleichungen $K_a \oplus X = K_b$ und $Y \oplus K_a = K_b$;
denn es gilt $b-a \in N_0$ und $K_a \oplus K_{b-a} = K_{a+(b-a)} = K_b$ und $K_{b-a} \oplus K_a =$
$= K_{(b-a)+a} = K_b$.
Wegen der Kommutativität von $(R_n, \oplus)$ hätte es genügt, eine der Gleichungen zu überprüfen. Ist $a > b$, so gibt es sicherlich ein $q \in N$ mit $a \leqslant b + qn$ und wir können mit
K_{b+qn-a} eine Lösung angeben, denn $b + qn - a \in N_0$ und $K_a + K_{b+qn-a} = K_{b+qn} =$
$= K_b$, da $b \equiv b + qn(n)$.

Bevor wir uns der Frage nach weiteren Eigenschaften verträglicher Partitionen wieder
zuwenden, sollen zur Vertiefung des Gruppenbegriffes zunächst einige einfache Sätze
über Gruppenstrukturen behandelt werden. Es gilt der

2.32 Satz Jede Gruppe $(G, \square)$ besitzt genau ein neutrales Element, und jedes Element
einer Gruppe besitzt genau ein Inverses in G.

B e w e i s . Sei $a \in G$. Die Gleichung $a \,\square\, x = a$ besitzt nach Definition 2.30 eine Lösung,
die wir e_r nennen. Wir zeigen, daß e_r rechtsneutral in G ist. Für ein beliebiges $g \in G$ muß
$g \,\square\, e_r$ betrachtet werden. Wählen wir $y \in G$ so, daß $y \,\square\, a = g$ ist, (möglich nach Definition 2.30), so gilt $g \,\square\, e_r = (y \,\square\, a) \,\square\, e_r = y \,\square\, (a \,\square\, e_r) = y \,\square\, a = \mathbf{g}$.

B Entsprechend kann gezeigt werden, daß in G ein linksneutrales Element e_ϱ existiert. Sei nämlich e_ϱ Lösung von $y \,\square\, a = a$ und wählen wir für ein beliebiges $g \in G$ das Element x so, daß $a \,\square\, x = g$, so gilt $e_\varrho \,\square\, g = e_\varrho \,\square\, (a \,\square\, x) = (e_\varrho \,\square\, a) \,\square\, x = a \,\square\, x = g$. Nach Satz 1.11 gibt es daher in G genau ein neutrales Element e mit $e = e_\varrho = e_r$. Um die Existenz von Inversen zu zeigen, betrachten wir die Gleichungen $g \,\square\, x = e$ und $y \,\square\, g = e$, deren Lösungen rechts- bzw. linksinverses Element von g sind. Da $(G, \square)$ assoziativ ist, sichert der Beweis zu Satz 1.18 sogar die Existenz genau eines Inversen. ■

B e m e r k u n g. Wir bezeichnen in Gruppen das inverse Element zu a mit a^{-1} und können aus der Definition des inversen Elements sofort schließen, daß $(a^{-1})^{-1} = a$ gilt.

In additiv geschriebenen Gruppen $(G, +)$ schreibt man in Anlehnung an $(\mathbf{Z}, +)$ für a^{-1} meist $-a$ und $a + (-b)$ kürzt man ab durch $a - b$. Wegen $(a^{-1})^{-1} = a$ gilt dann $-(-a) = a$.

Zu Satz 2.32 gilt auch die Umkehrung

2.33 Satz Besitzt eine Halbgruppe $(G, \square)$ ein neutrales Element und zu jedem Element in G ein inverses Element, so ist $(G, \square)$ eine Gruppe.

B e w e i s. Die Gleichungen $a \,\square\, x = b$ bzw. $y \,\square\, a = b$ besitzen die Lösungen $a^{-1} \,\square\, b$ bzw. $b \,\square\, a^{-1}$, wovon man sich durch Nachrechnen überzeugt. ■

2.34 Satz Gruppen sind regulär.

B e w e i s. Sei a ein beliebiges Element der Gruppe $(G, \square)$ und $a \,\square\, x_1 = a \,\square\, x_2$. Mit Satz 2.32 existiert a^{-1}, und es gilt $a^{-1} \,\square\, (a \,\square\, x_1) = x_1$ und $a^{-1} \,\square\, (a \,\square\, x_2) = x_2$, d. h. $x_1 = x_2$. Entsprechend folgt aus $y_1 \,\square\, a = y_2 \,\square\, a$, daß $y_1 = y_2$ gilt. Es ist also jedes Element aus der Gruppe kürzbar, und das wiederum bedeutet nach Definition 1.9, daß die Gruppe regulär ist. ■

B e m e r k u n g. Satz 2.34 in Verbindung mit der Gruppendefinition stellt sicher, daß in jeder Gruppe jede Gleichung der Form $a \,\square\, x = b$ bzw. $y \,\square\, a = b$ mit $a, b \in G$ genau eine Lösung besitzt.

2.35 Satz Das homomorphe Bild einer Gruppe $(G, \square)$ ist selbst eine Gruppe.

B e w e i s. Sei $(H^*, \circ)$ das homomorphe Bild von $(G, \square)$ unter dem Homomorphismus φ. Da $(G, \square)$ eine Halbgruppe mit neutralem Element e ist, folgt mit Satz 2.3 und Satz 2.4, daß $(H^*, \circ)$ eine Halbgruppe mit neutralem Element $\varphi(e)$ ist. Um mit Satz 2.33 schließen zu können, daß $(H^*, \circ)$ eine Gruppe ist, verbleibt zu zeigen, daß in H^* zu jedem Element ein Inverses existiert. Sei $h \in H^*$. Da H^* homomorphes Bild von G ist, gibt es (mindestens) ein $a \in G$ mit $\varphi(a) = h$. In G ist a^{-1} das Inverse zu a. Mit Satz 2.4 (v) folgt, daß $\varphi(a^{-1})$ inverses Element zu h ist. ■

Übungen

2.8 Beweisen Sie: $(G, \square)$ ist eine Gruppe $\Longleftrightarrow (G, \square)$ ist ein assoziatives Loop $\Longleftrightarrow (G, \square)$ ist ein Monoid, in dem alle Elemente invertierbar sind $\Longleftrightarrow (G, \square)$ ist eine Halbgruppe und für alle $a \in G$ sind $_af$ und f_a surjektive Abbildungen.

2.9 Beweisen Sie die Äquivalenz: $(G, \square)$ ist Monoid, in dem alle Elemente invertierbar sind genau dann, wenn gilt: $(G, \square)$ ist Halbgruppe mit links-neutralem Element, und alle Elemente aus G sind links-invertierbar.

2.10 Prüfen Sie, welche der in den Beispielen 1.2.1 bis 1.2.4 behandelten Strukturen Gruppen sind.

2.11 Beweisen Sie: Sind $(G, \square)$ und $(H, \circ)$ Gruppen und ist f eine homomorphe Abbildung von $(G, \square)$ in $(H, \circ)$, so ist das Bild des neutralen Elementes von $(G, \square)$ das neutrale Element von $(H, \circ)$, und für alle $a \in G$ gilt: $f(a)^{-1} = f(a^{-1})$.

2.12 Beweisen Sie, daß in Gruppen $(G, \square)$ gilt: Sind $a_1, a_2, \ldots, a_n$ Elemente aus G, so gilt:

$$(a_1 \square a_2 \square \ldots \square a_n)^{-1} = a_n^{-1} \square a_{n-1}^{-1} \square \ldots \square a_2^{-1} \square a_1^{-1}.$$

2.13 Es sei M eine Menge und F die Menge aller bijektiven Abbildungen von M auf M. Beweisen Sie, daß F mit der Verkettung von Abbildungen als Verknüpfung eine Gruppe ist.

2.14 Prüfen Sie, durch welche der folgenden Verknüpfungstafeln Gruppen definiert sind:

$\square$	e	a
e	e	a
a	a	e

$\square$	e	a	b
e	e	a	b
a	a	b	e
b	b	e	a

$\square$	e	a	b	c
e	e	a	b	c
a	a	e	c	b
b	b	c	a	e
c	c	b	e	a

$\square$	e	a	b	c
e	e	a	b	c
a	a	b	c	e
b	b	c	e	a
c	c	e	a	b

Analog zu Definition 1.4 gilt nun auch für Gruppen die

2.36 Definition Ist $(G, \square)$ eine Gruppe, so heißt $(U, \square)$ U n t e r g r u p p e von $(G, \square)$, wenn U eine nichtleere Teilmenge von G ist und U bezüglich der in G erklärten Verknüpfung eine Gruppe ist. Gilt $U \neq G$, so heißt $(U, \square)$ e c h t e U n t e r g r u p p e von $(G, \square)$.

2.37 Satz (U n t e r g r u p p e n k r i t e r i u m) Sei $(G, \square)$ eine Gruppe und U eine nichtleere Teilmenge von G. Dann sind die folgenden Bedingungen paarweise äquivalent:

(i) $(U, \square)$ ist Untergruppe.

(ii) Für beliebige Elemente $u, v \in U$ liegt $u \square v$ in U, und zu jedem $u \in U$ liegt das inverse Element u^{-1} in U.

(iii) Für beliebige Elemente $u, v \in U$ liegt $u \square v^{-1}$ in U.

B e w e i s : (i) $\Rightarrow$ (ii): Aus der eindeutigen Lösbarkeit von $a \square x = b$ und $y \square a = b$ folgt, daß das neutrale Element in $(U, \square)$ mit dem neutralen Element in $(G, \square)$ übereinstimmt. Aus dem gleichen Grunde stimmt die Inversenbildung in $(U, \square)$ mit der in $(G, \square)$ überein. Deshalb, und da $(U, \square)$ Gruppe ist, gilt (ii).

(ii) $\Rightarrow$ (iii): Seien $u, v \in U$. Nach (ii) gilt, daß auch v^{-1} in U liegt. Aus $u, v^{-1} \in U$ ergibt sich aber mit (ii): $u \square v^{-1} \in U$.

(iii) $\Rightarrow$ (i): Da $U \neq \emptyset$ ist, gibt es ein $u \in U$. Bedingung (iii) liefert mit dem (speziellen) Paar $u, u \in U$: $u \square u^{-1} \in U$. Da $u \square u^{-1} = e$ ist, wobei e das neutrale Element in G ist, liegt das neutrale Element in U. Wählen wir nun irgendein Element $u \in U$. Mit dem Paar $e, u \in U$ liefert

B (iii): $e \square u^{-1} = u^{-1} \in U$, d. h., auch das Inverse zu jedem Element aus U liegt in U. Um mit Satz 2.33 zu schließen, daß (U, $\square$) Gruppe ist, muß noch gezeigt werden, daß (U, $\square$) Halbgruppe ist. Dazu müssen wir zunächst zeigen, daß unter (iii) (U, $\square$) überhaupt ein Gruppoid ist. Seien deshalb u, v $\in$ U. Nach dem bereits Bewiesenen gilt auch $v^{-1} \in U$. Wir können daher von dem Paar u, $v^{-1} \in U$ ausgehen und mit (iii) auf $u \square (v^{-1})^{-1} = u \square v \in U$ schließen. Damit ist der Beweis abgeschlossen, da die Assoziativität in G und damit automatisch auch in U gegeben ist. ∎

Übungen

2.15 Es sei (G, $\square$) eine Gruppe und $U \neq \emptyset$ eine endliche Teilmenge von G. Dann ist (U, $\square$) Untergruppe von (G, $\square$) genau dann, wenn gilt: $a \square b \in U$ für alle a, b $\in$ U.

2.16 Beweisen oder widerlegen Sie die Aussagen:
a) Für alle Paare (U_1, U_2) von Untergruppen $(U_1, \square)$ und $(U_2, \square)$ einer Gruppe (G, $\square$) gilt:
(i) $(U_1 \cap U_2, \square)$ ist eine Untergruppe von (G, $\square$).
(ii) $(U_1 \cup U_2, \square)$ ist eine Untergruppe von (G, $\square$).
b) Ist h eine homomorphe Abbildung der Gruppe (G, $\square$) in die Gruppe (H, $\circ$) und ist (U, $\circ$) eine Untergruppe von (H, $\circ$), so ist die Menge M aller Urbilder von U mit der Verknüpfung von G eingeschränkt auf M eine Untergruppe von (G, $\square$).

Wir sind nun in der Lage, den Gang der Untersuchungen wieder aufzunehmen. Es ist die Frage gestellt, wie Partitionen von Gruppen beschaffen sein müssen, damit sie gegenüber der Gruppenverknüpfung verträglich sind. Es seien deshalb eine Gruppe (G, $\square$) und eine gegenüber der Gruppenverknüpfung $\square$ verträgliche Partition $\mathfrak{Z}$ (G) von G vorgegeben. Ist nun e das neutrale Element von G, so soll mit N diejenige Klasse von $\mathfrak{Z}$ (G) bezeichnet werden, in der e liegt oder, anders ausgedrückt, es soll gelten:
$N = \{g \in G : g \equiv e\}$.

Wir zeigen zunächst, daß (N, $\square$) eine Untergruppe von (G, $\square$) ist. Es gilt nämlich:
1. Sind a, b $\in$ N, so gilt $a \equiv e$ und $b \equiv e$ und damit wegen der Verträglichkeit von $\square$ gegenüber $\mathfrak{Z}$(G): $a \square b \equiv e \square e = e$. Daraus ergibt sich $a \square b \in N$.
2. Da $N \subset G$ ist, gilt die Assoziativität von $\square$ in N.
3. Gemäß Definition von N gilt: $e \in N$.
4. Ist g $\in$ N und g^{-1} das in G inverse Element von g, so folgt aus $g^{-1} \equiv g^{-1}$ und $e \equiv g$ die Beziehung $g^{-1} = g^{-1} \square e \equiv g^{-1} \square g = e$. Hieraus ergibt sich $g^{-1} \in N$.
1. bis 4. ergeben nach Satz 2.33 und Definition 2.36 die Behauptung.

Diese Untergruppe (N, $\square$) von (G, $\square$) hat nun noch eine besondere Eigenschaft. Es gilt nämlich für alle g $\in$ N und alle a $\in$ G: $a \square g \square a^{-1} \equiv e$. Diese Behauptung ergibt sich aus $a \equiv a$, $g \equiv e$ und $a^{-1} \equiv a^{-1}$ durch Verknüpfung der Kongruenzbeziehungen. Denn aus den drei Kongruenzbeziehungen folgt: $a \square g \square a^{-1} \equiv a \square e \square a^{-1} = a \square a^{-1} = e$ und damit die Behauptung. Wie wir wissen, ist $a \square g \square a^{-1} \equiv e$ gleichbedeutend mit $a \square g \square a^{-1} \in N$. Für ein beliebiges aber festes a $\in$ G gilt demnach die Inklusion:

$$\{x \in G : \bigvee_{g \in N} x = a \square g \square a^{-1} \} \subset N.$$

Zur Vereinfachung dieser Schreibweise treffen wir die

2.38 Definition Ist $(U, \square)$ eine Untergruppe von $(G, \square)$ und a ein beliebiges Element aus **B** G, dann sollen durch aU, Ua und aUa^{-1} die folgenden Mengen bezeichnet werden:

$$aU =_{Df} \{x \in G: \bigvee_{u \in U} x = a \square u\}; \qquad Ua =_{Df} \{x \in G: \bigvee_{u \in U} x = u \square a\};$$

$$aUa^{-1} =_{Df} \{x \in G: \bigvee_{u \in U} x = a \square u \square a^{-1}\}.$$

Diese Definition auf das bisherige Ergebnis $\{x \in G: \bigvee_{g \in N} x = a \square g \square a^{-1}\} \subset N$ angewandt, ergibt für alle $a \in G$ die Gültigkeit der Inklusion: $aNa^{-1} \subset N$.

Untergruppen mit dieser Eigenschaft tragen besondere Namen. Wir halten sie fest in folgender

2.39 Definition Eine Untergruppe $(U, \square)$ von $(G, \square)$ heißt N o r m a l t e i l e r oder i n v a r i a n t e   U n t e r g r u p p e von $(G, \square)$, wenn für jedes $a \in G$ gilt: $aUa^{-1} \subset U$.

2.40 Beispiel Durch die folgende Verknüpfungstafel ist eine Gruppe der Ordnung 6 gegeben. Es gilt: $N = (\{a_1, a_2, a_3\}, *)$ ist Normalteiler dieser Gruppe.

Tafel 13

*	a_1	a_2	a_3	a_4	a_5	a_6
a_1	a_1	a_2	a_3	a_4	a_5	a_6
a_2	a_2	a_3	a_1	a_6	a_4	a_5
a_3	a_3	a_1	a_2	a_5	a_6	a_4
a_4	a_4	a_5	a_6	a_1	a_2	a_3
a_5	a_5	a_6	a_4	a_3	a_1	a_2
a_6	a_6	a_4	a_5	a_2	a_3	a_1

Unser bisheriges Ergebnis lautet: Ist $(G, \square)$ eine Gruppe und $\mathfrak{Z}(G)$ eine gegenüber der Gruppenverknüpfung $\square$ verträgliche Partition von G, so ist $N = \{g \in G : g \equiv e\}$ mit der Verknüpfung von G ein Normalteiler von $(G, \square)$.

Es stellt sich nun sofort die Frage, in welcher Beziehung die anderen Elemente von $\mathfrak{Z}(G)$ zu dem Normalteiler N stehen. Zur Beantwortung dieser Frage betrachten wir zwei Elemente a und b aus G, die bezüglich der vorgegebenen Partition $\mathfrak{Z}(G)$ kongruent sind, d. h. in derselben Klasse von $\mathfrak{Z}(G)$ liegen. Dann gilt wegen $b^{-1} \equiv b^{-1}$ und $a^{-1} \equiv a^{-1}$:

1. $a \equiv b \iff a \square b^{-1} \equiv e \iff a \square b^{-1} \in N \iff (a \square b^{-1}) \square b \in Nb \iff a \in Nb$
    und

2. $a \equiv b \iff e \equiv b \square a^{-1} \iff b \square a^{-1} \in N \iff b \in Na$.

Aus $b \in Nb$ (da $b = e \square b$ und $e \in N$) und $a \in Na$ ergibt sich mit 1. und 2.:
$$a \equiv b \iff a, b \in Nb \iff a, b \in Na.$$
Können wir wegen $a \equiv b \iff a \in Nb$ noch vermuten, daß $\mathfrak{Z}(G)$ mit $\{X: \bigvee_{a \in G} X = Na\}$

B übereinstimmt, so scheint die Beziehung $a \equiv b \Longleftrightarrow a, b \in Na \Longleftrightarrow a, b \in Nb$ dieser Vermutung entgegenzustehen, es sei denn, es ergibt sich die Gleichheit von Na und Nb. Nun gilt in der Tat der

2.41 Satz Es sei $(G, \square)$ eine Gruppe und $(U, \square)$ eine Untergruppe von $(G, \square)$. Dann sind für alle $a, b \in G$ die Teilmengen Ua und Ub von G entweder elementfremd oder identisch.

B e w e i s . Angenommen es gibt ein $x \in G$, für das gilt: $x \in Ua$ und $x \in Ub$. Dann gilt: Es gibt ein $u_1 \in U$ und ein $u_2 \in U$ mit $x = u_1 \square a$ und $x = u_2 \square b$. Dann folgt $u_1 \square a = u_2 \square b$ und damit $a = u_1^{-1} \square u_2 \square b$. Also gilt für ein beliebiges $u \in U$: $u \square a = u \square u_1^{-1} \square u_2 \square b$. Wegen $u \square u_1^{-1} \square u_2 \in U$ ergibt sich schließlich $u \square a \in Ub$ und damit $Ua \subset Ub$.

Ebenso folgt aus $b = u_2^{-1} \square u_1 \square a$ und $u \square b = u \square u_2^{-1} \square u_1 \square a$ die Inklusion $Ub \subset Ua$. Aus $Ua \subset Ub$ und $Ub \subset Ua$ ergibt sich $Ua = Ub$. Es hat sich ergeben: $Ua \cap Ub \neq \emptyset \Rightarrow Ua = Ub$, und damit ist alles gezeigt. ∎

Deshalb, und wegen $g \in Ug$ für alle $g \in G$, gilt: Bei vorgegebener Untergruppe $(U, \square)$ von $(G, \square)$ bildet die Gesamtheit aller Mengen Ua, mit $a \in G$, eine Partition von G. Ebenso leicht läßt sich nachweisen: Die Gesamtheit aller Mengen aU, mit $a \in G$ und $(U, \square)$ Untergruppe von $(G, \square)$, bildet eine Partition von G.

2.42 Definition Ist $(G, \square)$ eine Gruppe, $(U, \square)$ eine Untergruppe von $(G, \square)$ und a ein beliebiges Element von G, so heißt

$$aU = \{x \in G: \bigvee_{u \in U} x = a \square u\} \text{ eine } L\,i\,n\,k\,s\,n\,e\,b\,e\,n\,k\,l\,a\,s\,s\,e \text{ von U in G und}$$

$$Ua = \{x \in G: \bigvee_{u \in U} x = u \square a\} \text{ eine } R\,e\,c\,h\,t\,s\,n\,e\,b\,e\,n\,k\,l\,a\,s\,s\,e \text{ von U in G.}$$

Die Antwort auf die Frage, in welcher Beziehung die Elemente unserer vorgegebenen Partition $\mathfrak{Z}(G)$ zu dem Normalteiler N stehen, lautet nun: Gilt gemäß der vorgegebenen Partition $a \equiv b$, so gehören a und b derselben Rechtsnebenklasse von N und nur dieser an. Umgekehrt gilt: Gehören zwei Elemente a und b aus G derselben Rechtsnebenklasse von N an, so sind sie kongruent im Sinne der vorgegebenen Partition. Damit hat sich ergeben: $\mathfrak{Z}(G) = \{X: \bigvee_{a \in G} X = Na\}$, d. h. die Kongruenzklassen von $\mathfrak{Z}(G)$, sind die Rechtsnebenklassen des Normalteilers N mit $N = \{g \in G : g \equiv e\}$. Da sich aus $a \equiv b$ ebenso leicht ableiten läßt: a und b gehören derselben Linksnebenklasse von N und nur dieser an, folgt zusammen mit den obigen Überlegungen sofort die Gültigkeit von $aN = Na$ für alle $a \in G$.

Natürlich folgt diese Gleichheit von aN und Na auch direkt aus der Definition des Normalteilers. Es gilt nämlich die Implikation: Wenn für alle $a \in G$ gilt: $aUa^{-1} \subset U$, so ist auch $aU = Ua$. Umgekehrt folgt aus $aU = Ua$ für alle $a \in G: aUa^{-1} \subset U$.

Den Beweis dieser Aussagen überlassen wir dem Leser.

Wir bemerken noch: Stimmen die Rechtsnebenklassen von U mit den Linksnebenklassen überein, so spricht man kurz von N e b e n k l a s s e n von U in G.

Fassen wir die Ergebnisse der letzten Überlegungen in einem Satz zusammen:

2.43 Satz Ist $(G, \square)$ eine Gruppe mit dem neutralen Element e und $\mathfrak{Z}\,(G)$ eine gegenüber der Gruppenverknüpfung $\square$ verträgliche Partition von G, so ist $N = \{g \in G : g \equiv e\}$ Normalteiler von $(G, \square)$, und die Kongruenzklassen von $\mathfrak{Z}\,(G)$ sind die Nebenklassen dieses Normalteilers.

Wir unterbrechen nun kurz den Gang unserer Untersuchungen, um zwei wichtige Sätze über Nebenklassen einer Untergruppe U von $(G, \square)$ zu beweisen.

2.44 Satz Sei $(G, \square)$ eine Gruppe und $(U, \square)$ eine Untergruppe. Alle Links- und Rechtsnebenklassen von U sind gleichmächtig zu U.

B e w e i s . Wir betrachten die Abbildungen $_a f : U \longrightarrow aU$ mit $u \longmapsto a \,\square\, u$ und $f_a : U \longrightarrow Ua$ mit $u \longmapsto u \,\square\, a$. Beide Abbildungen sind bijektiv für jedes a. Die Surjektivität folgt unmittelbar aus der Definition dieser Abbildungen und die Injektivität ergibt sich aus der Regularität von G. ∎

F o l g e r u n g . Sind $(G, \square)$ eine endliche Gruppe mit $|G| = n$ und $(U, \square)$ eine Untergruppe von $(G, \square)$ mit $|U| = m$, so haben alle Rechtsnebenklassen Ua von U in G die Mächtigkeit m. Deshalb und wegen der paarweisen Disjunktheit der Rechtsnebenklassen ist m ein Teiler von n, und es gibt $i = \dfrac{n}{m} = \dfrac{|G|}{|U|}$ Rechtsnebenklassen. Wegen

$Ua \sim U \sim bU$ für alle a, $b \in G$ ergibt sich analog: Es gibt $\dfrac{n}{m}$ Linksnebenklassen. Bezeichnen wir diese Anzahl durch I n d e x v o n U i n G $(= \mathrm{i\,n\,d}\,(U))$ und die Anzahl der Elemente einer endlichen Gruppe $(G, \square)$ durch O r d n u n g v o n G $(\mathrm{o\,r\,d}\,(G) = |G|)$, so läßt sich das letzte Ergebnis wie folgt formulieren:

2.45 Satz (S a t z v o n L a g r a n g e) Ist $(G, \square)$ eine endliche Gruppe und $(U, \square)$ eine Untergruppe von $(G, \square)$, so gilt: Die Ordnung von G ist gleich dem Produkt der Ordnung von U mit dem Index von U. In Zeichen: $\mathrm{ord}\,(G) = \mathrm{ord}\,(U) \cdot \mathrm{ind}\,(U)$.

Von dem Begriff „Ordnung einer Gruppe" zu unterscheiden ist der Begriff „Ordnung eines Elementes". Da mit Hilfe des Satzes von Lagrange eine Beziehung zwischen diesen Begriffen herstellbar ist, soll der zuletzt genannte Begriff an dieser Stelle behandelt werden. Dazu führen wir induktiv zunächst die folgende Schreibweise ein:

Ist $(G, \circ)$ eine Gruppe mit dem neutralen Element e und ist a ein beliebiges Element aus G, so setzen wir für $m \in \mathbf{N}$:

$$a^0 =_{\mathrm{Df}} e \qquad a^m = a \circ a^{m-1} \quad \text{und} \quad a^{-m} = (a^m)^{-1}$$

Das Element a^m soll m-te Potenz von a heißen. In additiv geschriebenen Gruppen $(G, +)$ schreibt man gewöhnlich ma statt a^m und nennt ma m-Faches von a. Für alle ganzen Zahlen m, n gelten dann die folgende Rechenregeln:

$$(a^m)^n = a^{m \cdot n} \quad \text{und} \quad a^m \circ a^n = a^{m+n}.$$

B e m e r k u n g . Die Beweise überlassen wir dem Leser, da sie mittels vollständiger Induktion leicht durchführbar sind. Für $m, n \in \mathbf{N}$ ist die zweite Regel eine direkte Folgerung aus Satz 2.28.

B

2.46 Definition Ist a ein Element der Gruppe $(G, \circ)$ und ist e das neutrale Element von $(G, \circ)$, so heißt $m \in \mathbf{N}$ die O r d n u n g v o n a , wenn m die kleinste natürliche Zahl ist, für die gilt: $a^m = e$. Gilt $a^m = e$ nur für $m = 0$, so heißt a ein Element von u n e n d - l i c h e r O r d n u n g . Wir schreiben: $\mathrm{ord}\,(a) = m$.

Um eine Beziehung dieses Begriffes zur Ordnung von G nachzuweisen, beweisen wir zunächst den

2.47 Satz (i) Sei $(G, \circ)$ eine Gruppe mit dem neutralen Element e und $a \in G$ ein Element der (endlichen) Ordnung m. Dann ist $(U, \circ)$ mit $U = \{a, a^2, \ldots, a^m\}$ eine Untergruppe von G mit $\mathrm{ord}\,(U) = m$.

(ii) Ist $(G, \circ)$ eine endliche Gruppe mit $|G| = n$ und ist $g \in G$, so ist die Ordnung von g ebenfalls endlich.

B e w e i s . (i) Zunächst zeigen wir: $\mathrm{ord}\,(U) = m$. Nehmen wir an, es gelte $a^x = a^y$ mit $1 \leqslant x, y \leqslant m$. Ohne Beschränkung der Allgemeinheit können wir $x \leqslant y$ annehmen. Dann folgt: $a^y \circ a^{-x} = e$ und damit $a^{y-x} = e$. Da m die Ordnung von a ist, folgt aus $y - x < m$ sofort $y - x = 0$ und damit $y = x$. Also gilt: $|U| = m = \mathrm{ord}\,U$. Zu zeigen bleibt noch: $(U, \circ)$ ist Untergruppe von $(G, \circ)$. Es seien a^p, a^q Elemente aus U. Für $a^p \circ a^q = a^{p+q}$ betrachten wir die Fälle $p + q \leqslant m$ und $p + q > m$. Ist $p + q \leqslant m$, so gilt: $a^{p+q} \in U$; ist $p + q > m$, so folgt: $a^{p+q} = a^{p+q-m+m} = a^{p+q-m} \circ a^m = a^{p+q-m} \circ e = a^{p+q-m}$; wegen $1 \leqslant p + q - m \leqslant m$ folgt: $a^{p+q-m} \in U$. Nach Übung 2.15 gilt damit: $(U, \circ)$ ist Untergruppe von $(G, \circ)$.

(ii) Sei $|G| = n$ und $g \in G$. Aus den oben dargestellten Potenzregeln ergibt sich unmittelbar: $U = \{g^k : k \in \mathbf{Z}\}$ ist eine Untergruppe von $(G, \circ)$. Nehmen wir nun an, es sei $g^m = e$ nur für $m = 0$. Dann folgt: $g^k = g^\ell \Longleftrightarrow k = \ell$. Das bedeutet aber im Widerspruch zur Endlichkeit von G und damit von U: U ist eine unendliche Menge. Also muß gelten: Es gibt ein $m \in \mathbf{Z}\setminus\{0\}$ mit $g^m = e$. Wegen $(g^m)^{-1} = g^{-m}$ gilt dann $g^{-m} = e$. Deshalb gibt es ein $p > 0$, $p \in \mathbf{Z}$, mit $g^p = e$. Daraus wiederum folgt: Es gibt eine kleinste positive Zahl q mit $g^q = e$, womit gezeigt ist, daß die Ordnung von g endlich ist. ∎

Mit Hilfe des Satzes von Lagrange (2.45) folgt aus diesem Satz unmittelbar der

2.48 Satz Ist $(G, \circ)$ eine endliche Gruppe der Ordnung n und ist a ein Element aus G, so ist die Ordnung von a ein Teiler von n.

2.49 Beispiel Wir betrachten $(R_6, \oplus)$ und bezeichnen mit $\bar{a}$ die Klasse aller $m \in \mathbf{N}_0$, für die gilt: $m \equiv a(6)$ (Tafel 14). Da 6 die Ordnung von R_6 ist, sind Untergruppen der Ordnung 1, 2, 3 und 6 möglich.

Tafel 14	$\oplus$	$\bar{0}$	$\bar{1}$	$\bar{2}$	$\bar{3}$	$\bar{4}$	$\bar{5}$
	$\bar{0}$	$\bar{0}$	$\bar{1}$	$\bar{2}$	$\bar{3}$	$\bar{4}$	$\bar{5}$
	$\bar{1}$	$\bar{1}$	$\bar{2}$	$\bar{3}$	$\bar{4}$	$\bar{5}$	$\bar{0}$
	$\bar{2}$	$\bar{2}$	$\bar{3}$	$\bar{4}$	$\bar{5}$	$\bar{0}$	$\bar{1}$
	$\bar{3}$	$\bar{3}$	$\bar{4}$	$\bar{5}$	$\bar{0}$	$\bar{1}$	$\bar{2}$
	$\bar{4}$	$\bar{4}$	$\bar{5}$	$\bar{0}$	$\bar{1}$	$\bar{2}$	$\bar{3}$
	$\bar{5}$	$\bar{5}$	$\bar{0}$	$\bar{1}$	$\bar{2}$	$\bar{3}$	$\bar{4}$

Untergruppen: $U_1 = \{\overline{0}\}$ bzw. R_6 haben die Ordnung 1 bzw. 6; $U_2 = \{\overline{0}, \overline{3}\}$ hat die
Ordnung 2; $U_3 = \{\overline{0}, \overline{2}, \overline{4}\}$ hat die Ordnung 3.
N e b e n k l a s s e n   b e z ü g l i c h U_2: $\overline{0}U_2 = \overline{3}U_2 = U_2$, $\overline{1}U_2 = \overline{4}U_2 = \{\overline{1}, \overline{4}\}$,
$\overline{2}U_2 = \overline{5}U_2 = \{\overline{2}, \overline{5}\}$.
K l a s s e n e i n t e i l u n g   b e z ü g l i c h U_2: $\overline{G} = \{\{\overline{0}, \overline{3}\}, \{\overline{1}, \overline{4}\}, \{\overline{2}, \overline{5}\}\}$.
N e b e n k l a s s e n   b e z ü g l i c h U_3: $\overline{0}U_3 = \overline{2}U_3 = \overline{4}U_3 = U_3 = \{\overline{0}, \overline{2}, \overline{4}\}$,
$\overline{1}U_3 = \overline{3}U_3 = \overline{5}U_3 = \{\overline{1}, \overline{3}, \overline{5}\}$.
K l a s s e n e i n t e i l u n g   b e z ü g l i c h U_3: $\overline{G} = \{\{\overline{0}, \overline{2}, \overline{4}\}, \{\overline{1}, \overline{3}, \overline{5}\}\}$.

Wir setzen nun den Gang unserer Untersuchungen wieder fort, indem wir in Anknüp-
fung an Satz 2.43 die Frage stellen, ob die Nebenklassen nach einem Normalteiler auch
stets eine Partition $\mathfrak{Z}(G)$ von G definieren, die gegenüber der Gruppenverknüpfung verträglich ist. Es gilt der

2.50 Satz Ist $(G, \square)$ eine Gruppe mit dem neutralen Element e und ist $(N, \square)$ ein Normalteiler von $(G, \square)$, so bilden die Nebenklassen von N in G eine Partition von G, die
gegenüber der Gruppenverknüpfung verträglich ist. Die Partition von G in Nebenklassen
von N bestimmt deshalb eine Kongruenzrelation $\equiv$ von der Art, daß gilt:
$$x \equiv y \Longleftrightarrow \bigvee_{g \in G} x, y \in gN.$$ N besteht deshalb aus allen $g \in G$ und nur aus diesen, die im
Sinne dieser Kongruenzrelation kongruent zu e sind.

B e w e i s . In Satz 2.41 ist bereits gezeigt worden, daß die Nebenklassen von N in G eine
Partition von G bilden. Es bleibt deshalb nur noch die Verträglichkeit dieser Partition gegenüber $\square$ zu zeigen. Es seien deshalb zwei Nebenklassen aN und bN von N in G vorgegeben. Wählen wir nun ein Element $a' \in aN$ und ein Element $b' \in bN$, so ergibt sich: Es
gibt ein $g_1 \in N$ und ein $g_2 \in N$, so daß gilt: $a' = a \square g_1$ und $b' = b \square g_2$.
Daraus folgt: $a' \square b' = a \square g_1 \square b \square g_2 = a \square (g_1 \square b) \square g_2 = a \square (b \square g_3) \square g_2$ mit $g_3 \in N$
(Der Leser möge beim letzten Schritt bedenken, daß gilt: Nb = bN!); weiteres Ausrech-
nen liefert: $a \square (b \square g_3) \square g_2 = (a \square b) \square (g_3 \square g_2) = (a \square b) \square g_4$ mit $g_4 \in N$. Also hat
sich ergeben: $a' \square b' = (a \square b) \square g_4$ mit $g_4 \in N$ und damit $a' \square b' \in (a \square b) N$. Damit haben wir bewiesen: Ist a' ein beliebiger Repräsentant von aN und b' ein beliebiger Reprä-
sentant von bN, so ist $a' \square b'$ ein Element der Nebenklasse $(a \square b) N$. Setzen wir
$$x \sim y \Longleftrightarrow \bigvee_{g \in G} x, y \in gN,$$ so hat sich ergeben: Ist $x \sim y$ und $u \sim v$, so gilt $x \square u \sim y \square v$.
Die durch die Nebenklassen von N in G bestimmte Äquivalenzrelation ist somit eine
Kongruenzrelation. Da $e \in N$, besteht N aus allen Elementen und nur aus diesen, die
im Sinne dieser Relation kongruent zu e sind. ∎

Die Sätze 2.43 und 2.50 zusammengenommen liefern nunmehr den wichtigen

2.51 Satz (Formulierung 1) Dann und nur dann ist $\mathfrak{Z}(G)$ eine Partition einer Gruppe
$(G, \square)$, die gegenüber der Gruppenverknüpfung $\square$ verträglich ist, wenn die Elemente von
$\mathfrak{Z}(G)$ Nebenklassen eines Normalteilers N von G sind. N besteht dabei aus genau allen
$g \in G$, die kongruent zum neutralen Element $e \in G$ sind.

Mit Hilfe der durch die Partition definierten Äquivalenzrelation formuliert, gilt:

2.51 Satz (Formulierung 2) Dann und nur dann ist auf einer Gruppe $(G, \square)$ eine Äquivalenzrelation eine Kongruenzrelation, wenn die Äquivalenzklassen Nebenklassen eines Normalteilers N von G sind. Dabei besteht N aus genau allen $g \in G$, die kongruent zum neutralen Element $e \in G$ sind.

Übungen

2.17 Beweisen Sie: Ist $(U, \square)$ eine Untergruppe der Gruppe $(G, \square)$, so ist die Menge der linken Nebenklassen von U in G gleich der Menge der rechten Nebenklassen von U in G genau dann, wenn für alle $a \in G$ gilt: $aU = Ua$.

2.18 Beweisen Sie: Sind für $i \in I$ die Untergruppen $(N_i, \square)$ von $(G, \square)$ Normalteiler, so ist $(\bigcap_{i \in I} N_i, \square)$ ebenfalls Normalteiler von $(G, \square)$.

2.19 Es sei $(U, \square)$ eine Untergruppe von $(G, \square)$. Beweisen Sie: (i) Wenn für alle $a \in G$ gilt: $aUa^{-1} \subset U$, so gilt auch $aU = Ua$. (ii) Ist U vom Index 2, so gilt für alle $g \in G$: $gU = Ug$.

2.20 Es seien $(H, \square)$ eine Untergruppe und $(N, \square)$ ein Normalteiler der Gruppe $(G, \square)$. Dann ist $H \circ N = \{x \in G: \bigvee_{a \in H} \bigvee_{b \in N} x = a \square b\}$ mit der Verknüpfung $\square$ von $(G, \square)$ eine Untergruppe von $(G, \square)$ und es gilt: $H \circ N = N \circ H$.

2.21 (i) Es sei $(G, \square)$ eine Gruppe und $(U, \square)$ eine Untergruppe von G. Beweisen Sie, daß der durch die Linksnebenklassen von U auf G definierten Partition die Äquivalenz

$$a \sim b \Longleftrightarrow a^{-1} \square b \in U$$

entspricht.

(ii) Es sei $(G, \square)$ eine Gruppe und M eine Teilmenge von G. Zeigen Sie: Wenn durch

$$a \sim b \Longleftrightarrow a^{-1} \square b \in M$$

eine Äquivalenzrelation auf G definiert wird, so ist $(M, \square)$ eine Untergruppe von $(G, \square)$.

Es soll nun im folgenden für den unter 2.24 formulierten Homomorphiesatz für Gruppoide eine auf Gruppenstrukturen eingeschränkte Formulierung erarbeitet werden. Hierfür beweisen wir zunächst den

2.52 Satz Ist $(G, \square)$ eine Gruppe und $(N, \square)$ ein Normalteiler von $(G, \square)$, so bildet die Menge aller Nebenklassen von N mit der abgeleiteten Verknüpfung $\circledcirc$ eine Gruppe. Man nennt diese Gruppe **F a k t o r g r u p p e** von G nach N und schreibt $(G/_N, \circledcirc)$ oder kürzer $G/_N$.

B e w e i s . Da $G/_N$, wie wir in Satz 2.50 nachgewiesen haben, eine Partition von G bildet, die gegenüber der Gruppenverknüpfung verträglich ist, ist durch $Na \circledcirc Nb = N(a \square b)$ für alle $Na, Nb \in G/_N$ nach Satz 2.20 eine Verknüpfung auf $G/_N$ definiert. Aus dem Beweis von Satz 2.21 wissen wir, daß die Abbildung $\omega: G \longrightarrow G/_N$ mit $\omega(a) = Na$ für alle $a \in G$ ein surjektiver Homomorphismus (Epimorphismus) ist. Dann gilt nach Satz 2.35 : $G/_N$ ist Gruppe. ∎

Wenden wir nun Ergebnisse der bisherigen Untersuchungen auf eine homomorphe Abbildung h von einer Gruppe $(M, \square)$ in eine Gruppe $(H, \circ)$ an, so ist einsichtig, daß die zu h gehörige Partition $\mathfrak{Z}(M)$ genau aus den Nebenklassen desjenigen Normalteilers $(N, \square)$ von $(M, \square)$ besteht, für den gilt: $N = \{x \in M : h(x) = h(e)\}$, wobei $e' =_{Df} h(e)$ neutrales Element von $(H, \circ)$ ist. Gemäß Satz 2.23 gilt dann: $M/_N \simeq (h(M), \circ)$. Für Gruppenhomomorphismen gilt somit der folgende Satz, in dem zugleich ein wichtiger Begriff der Gruppentheorie definiert wird:

2.53 Satz und Definition Sind $(M, \square)$ und $(H, \circ)$ Gruppen, ist e neutrales Element von $(M, \square)$ und ist h eine homomorphe Abbildung von $(M, \square)$ in $(H, \circ)$, so ist $N = \{x \in M : h(x) = h(e)\}$ mit der auf N eingeschränkten Verknüpfung $\square$ von M ein Normalteiler von $(M, \square)$. N heißt der K e r n d e s H o m o m o r p h i s m u s h. In Zeichen: N = Kern h.

Unter Berücksichtigung dieses Ergebnisses lautet dann der H o m o m o r p h i e s a t z f ü r G r u p p e n:

2.54 Satz Es sei h eine homomorphe Abbildung einer Gruppe $(M, \square)$ in eine Gruppe $(H, \circ)$ mit dem Kern N. Dann ist die kanonische Projektion von M eine epimorphe Abbildung ω von $(M, \square)$ auf die Faktorgruppe $M/_N$, und h läßt sich wie folgt faktorisieren: $h = \iota \cdot h^* \cdot \omega$. Dabei sind h^* der von h induzierte Isomorphismus von $M/_N$ auf $(h(M), \circ)$ und ι die kanonische Einbettung von $(h(M), \circ)$ in $(H, \circ)$.

Im Zusammenhang mit diesen Erörterungen ist nun auch der folgende Satz fast unmittelbar einsichtig (Beweis: Übung für Leser!).

2.55 Satz Ein Homomorphismus h einer Gruppe $(M, \square)$ auf die Gruppe $(H, \circ)$ ist genau dann ein Isomorphismus, wenn sein Kern K nur aus dem neutralen Element e von M besteht.

Zur Formulierung eines letzten Ergebnisses der Untersuchungen in diesem Paragraphen sei nochmals auf die folgenden Resultate hingewiesen:

1. Aus Satz 2.54 ergibt sich u. a.: Ist $(H, \circ)$ homomorphes Bild der Gruppe $(G, \square)$, so gilt: $(H, \circ) \simeq G/_N$, wobei N der Kern der homomorphen Abbildung ist.

2. Im Beweis von Satz 2.52 wurde u. a. gezeigt: Ist $(N, \square)$ ein Normalteiler einer Gruppe $(G, \square)$, so gilt: $G/_N$ ist homomorphes Bild von $(G, \square)$.

Fassen wir 1. und 2. zusammen, so heißt das:

2.56 Satz Genau die Faktorgruppen $G/_N$ einer Gruppe $(G, \square)$ liefern bis auf Isomorphie die sämtlichen homomorphen Bilder von $(G, \square)$.

Berücksichtigen wir noch, daß nach Satz 2.51 eine Äquivalenzrelation auf einer Gruppe $(G, \square)$ genau dann eine Kongruenzrelation ist, wenn die Äquivalenzklassen Nebenklassen eines Normalteilers $(N, \square)$ von $(G, \square)$ sind, so läßt sich das letzte Ergebnis auch wie folgt formulieren:

2.57 Satz Ist $(G, \square)$ eine Gruppe, so ergeben sich aus den Kongruenzrelationen die bis auf Isomorphie bestimmten sämtlichen homomorphen Bilder von $(G, \square)$.

B   Übungen

2.22 Es sei $(G, \square)$ eine Gruppe. Man bezeichnet $Z_G =_{Df} \{z \in G : z \square x = x \square z$ für alle $x \in G\}$ als das **Zentrum von G**. Beweisen Sie die folgenden Aussagen:
 (i)   Für jede Gruppe $(G, \square)$ ist $Z_G \neq \emptyset$.
 (ii) $(Z_G, \square)$ ist Untergruppe von $(G, \square)$.
 (iii) Ist $(S, \square)$ eine Untergruppe von $(Z_G, \square)$ so ist $(S, \square)$ ein Normalteiler von $(G, \square)$.

2.23 Es sei $(\mathbf{Z}, +)$ die additive Gruppe der ganzen Zahlen und $(H, \oplus)$ eine Gruppe der Ordnung 2. Definieren Sie eine surjektive Abbildung h von $\mathbf{Z}$ auf H, so daß $(H, \oplus)$ homomorphes Bild von $(\mathbf{Z}, +)$ ist.

2.24 Es sei $\mathbf{R}^3 = \{(x, y, z) : x, y, z \in \mathbf{R}\}$. Als Verknüpfung + sei in $\mathbf{R}^3$ definiert:
$(x_1, y_1, z_1) + (x_2, y_2, z_2) =_{Df} (x_1 + x_2, y_1 + y_2, z_1 + z_2)$ für alle Paare von Elementen aus $\mathbf{R}^3$.
Beweisen Sie, daß für ein fest gewähltes $a = (a_1, a_2, a_3) \in \mathbf{R}^3$ die folgenden Abbildungen Gruppenhomomorphismen sind:
 (i) $h_1 : (\mathbf{R}^3, +) \longrightarrow (\mathbf{R}, +)$ mit $h_1(x_1, x_2, x_3) = \sum\limits_{i=1}^{3} a_i \cdot x_i$ für alle $(x_1, x_2, x_3) \in \mathbf{R}^3$.
 (ii) $h_2 : (\mathbf{R}^3, +) \longrightarrow (\mathbf{R}^3, +)$ mit $h_2(x_1, x_2, x_3) = (a_2 \cdot x_3 - a_3 \cdot x_2, a_3 \cdot x_1 - a_1 \cdot x_3,$
 $a_1 \cdot x_2 - a_2 \cdot x_1)$ für alle $(x_1, x_2, x_3) \in \mathbf{R}^3$.

2.4 Spezielle Homomorphismen von Gruppen

2.4.1 Darstellung durch Transformationsgruppen

Wir beginnen mit

2.58 Definition Eine bijektive Abbildung einer Menge M auf sich heißt **T r a n s f o r - m a t i o n**. Eine Transformation einer endlichen Menge M heißt **P e r m u t a t i o n**. Die Menge aller Transformationen einer Menge M bezeichnen wir mit $\mathfrak{S}(M)$.

So ist z. B. durch die Zuordnungen $1 \longmapsto 2, 2 \longmapsto 3, 3 \longmapsto 1$ eine bijektive Abbildung der Menge $\{1, 2, 3\}$ auf sich definiert. Schreibt man die zu dieser Abbildung gehörigen Paare untereinander, so ergibt sich $\begin{pmatrix} 1 & 2 & 3 \\ 2 & 3 & 1 \end{pmatrix}$. Die folgenden 6 Permutationen liefern dann alle Permutationen der Menge $\{1, 2, 3\}$:

$$\begin{pmatrix} 1 & 2 & 3 \\ 1 & 2 & 3 \end{pmatrix}, \begin{pmatrix} 1 & 2 & 3 \\ 1 & 3 & 2 \end{pmatrix}, \begin{pmatrix} 1 & 2 & 3 \\ 2 & 1 & 3 \end{pmatrix}, \begin{pmatrix} 1 & 2 & 3 \\ 2 & 3 & 1 \end{pmatrix}, \begin{pmatrix} 1 & 2 & 3 \\ 3 & 1 & 2 \end{pmatrix}, \begin{pmatrix} 1 & 2 & 3 \\ 3 & 2 & 1 \end{pmatrix}$$

Vergleicht man die Bildmengen dieser Permutationen mit der Urbildmenge $\{1, 2, 3\}$ im Hinblick auf die Anordnungen der Elemente, so erkennt man, daß außer der ersten jede Permutation eine Änderung der natürlichen Anordnungen der Ziffern 1, 2, 3 ausdrückt. Das erklärt die Bezeichnung Permutation (permutare = vertauschen); denn die Anordnungen der Elemente in jeder dieser Bildmengen entsteht aus der natürlichen Anordnung durch Vertauschen von Elementen.

Da Transformationen Abbildungen sind, heißen zwei Transformationen τ_1 und τ_2 derselben Menge M gleich, wenn für alle $x \in M$ gilt: $\tau_1(x) = \tau_2(x)$. So gilt z. B.

$$\begin{pmatrix} 1 & 2 & 3 \\ 3 & 1 & 2 \end{pmatrix} = \begin{pmatrix} 2 & 3 & 1 \\ 1 & 2 & 3 \end{pmatrix}$$

Sind nun zwei Permutationen σ_1 und σ_2 der n verschiedenen Dinge $a_1, \ldots, a_n$ in der folgenden allgemeinen Gestalt gegeben:

$$\sigma_1 = \begin{pmatrix} a_1 & a_2 & \ldots & a_n \\ \sigma_1(a_1) & \sigma_1(a_2) \ldots \sigma_1(a_n) \end{pmatrix}, \quad \sigma_2 = \begin{pmatrix} a_1 & a_2 & \ldots & a_n \\ \sigma_2(a_1) & \sigma_2(a_2) \ldots \sigma_2(a_n) \end{pmatrix},$$

so lassen sich diese Abbildungen im Simme des Verkettens von Abbildungen durch $(\sigma_2 \circ \sigma_1)(a_i) = \sigma_2(\sigma_1(a_i))$ miteinander verknüpfen. Für $\sigma_2 \circ \sigma_1$ erhalten wir deshalb

$$\sigma_2 \circ \sigma_1 = \begin{pmatrix} a_1 & a_2 & \ldots & a_n \\ \sigma_2(\sigma_1(a_1)) & \sigma_2(\sigma_1(a_2)) \ldots \sigma_2(\sigma_1(a_n)) \end{pmatrix}.$$

Somit gilt z. B. für die folgenden zwei Permutationen aus der Menge $\mathfrak{S}(\{1, 2, 3\})$:

$$\begin{pmatrix} 1 & 2 & 3 \\ 3 & 2 & 1 \end{pmatrix} \circ \begin{pmatrix} 1 & 2 & 3 \\ 2 & 3 & 1 \end{pmatrix} = \begin{pmatrix} 1 & 2 & 3 \\ 2 & 1 & 3 \end{pmatrix}$$

Da in $\mathfrak{S}(M)$ bezüglich dieser Verknüpfung die identische Abbildung neutrales Element ist, zu jedem Element $\sigma \in \mathfrak{S}(M)$ ein inverses Element

$$\sigma^{-1} = \begin{pmatrix} \sigma(a_1) & \ldots & \sigma(a_n) \\ a_1 & \ldots & a_n \end{pmatrix}$$

existiert und die Verknüpfung als Verkettung von Abbildungen assoziativ ist, gilt zunächst für endliche Mengen $M = \{a_1, \ldots, a_n\}$: $(\mathfrak{S}(M), \circ)$ ist eine Gruppe. Diese Aussage ist auch für unendliche Mengen M richtig. Darüber hinaus gilt: Ist N eine Menge und existiert eine bijektive Abbildung $\varphi: N \longrightarrow M$, so sind die Gruppen $\mathfrak{S}(N)$ und $\mathfrak{S}(M)$ isomorph (den Beweis überlassen wir dem Leser). Dies gilt insbesondere für Mengen mit derselben Elementezahl n. Ist M eine solche Menge, so rechtfertigt die obige Bemerkung es, $\mathfrak{S}(M)$ d i e s y m m e t r i s c h e G r u p p e v o m G r a d n zu nennen und sie mit $\mathfrak{S}_n$ zu bezeichnen.

Übung 2.25 Beweisen Sie: Ist M eine endliche Menge der Mächtigkeit n, so gibt es n! verschiedene Permutationen dieser Menge.

Spezielle Permutationen sind die sog. Zyklen.

2.59 Definition Ein Element σ der symmetrischen Gruppe $\mathfrak{S}(X)$ vom Grad n heißt Z y k l u s , wenn es m Elemente $x_1, \ldots, x_m \in X$ $(m \leqslant n)$ gibt, so daß gilt: $\sigma(x_i) = x_{i+1}$ für alle $i \in \{1, \ldots, m-1\}$, $\sigma(x_m) = x_1$ und $\sigma(x) = x$ für alle $x \in X \setminus \{x_1, \ldots, x_m\}$.

Man schreibt $\sigma = \langle x_1, \ldots, x_m \rangle$ und nennt m die Länge des Zyklus. Ein Zyklus der Länge 2 heißt T r a n s p o s i t i o n . Zwei Zyklen $\langle x_1, \ldots, x_m \rangle$ und $\langle y_1, \ldots, y_n \rangle$ heißen e l e m e n t f r e m d , wenn die Mengen $\{x_1, \ldots, x_m\}$ und $\{y_1, \ldots, y_n\}$ disjunkt sind.

B   So ist beispielsweise

$$\langle 1234 \rangle = \begin{pmatrix} 1 & 2 & 3 & 4 \\ 2 & 3 & 4 & 1 \end{pmatrix}$$

ein Zyklus der Länge 4, die Permutationen $\langle 12 \rangle$ und $\langle 34 \rangle$ sind Transpositionen und darüber hinaus elementefremd.

Die nachfolgenden Überlegungen sollen plausibel machen, daß sich jede Permutation σ aus $\mathfrak{S}(M)$, mit $|M| = n$, als Produkt (Verkettung) elementfremder Zyklen schreiben läßt. Der Beweis dieser Aussage wird im Abschn. 2.4.3 nachgeholt. Es sei nun

$$M = \{a_1, \ldots, a_n\} \quad \text{und} \quad \sigma = \begin{pmatrix} a_1 & \cdots & a_n \\ \sigma(a_1) & \ldots & \sigma(a_n) \end{pmatrix} .$$

Dann gilt: Ist $a_1 = \sigma(a_1)$, so ist der Einerzyklus $\langle a_1 \rangle$ ein Faktor des Produktes. Ist $a_1 \neq \sigma(a_1)$ und $\sigma(\sigma(a_1)) = a_1$, so ist $\langle a_1, \sigma(a_1) \rangle$ ein Faktor in der gesuchten Zyklendarstellung. Andernfalls ist $\sigma(\sigma(a_1)) \neq a_1$, und man setzt das Verfahren fort, bis schließlich für ein Element $(\sigma \circ \ldots \circ \sigma)(a_1)$ gilt: $\sigma(\sigma \circ \ldots \circ \sigma)(a_1) = a_1$. Wegen der Endlichkeit von M können die $\sigma^i(a_1)$ nämlich nicht alle für $i = 1, 2, \ldots$ paarweise verschieden sein. Es gibt daher $m, n \in \mathbf{N}$, $m > n$, mit $\sigma^m(a_1) = \sigma^n(a_1)$. Wegen der Bijektivität von σ ergibt sich daraus: $\sigma^{m-n}(a_1) = a_1$.

Sind in dem Zyklus $\langle a_1, \sigma(a_1), \ldots, (\sigma \circ \ldots \circ \sigma)(a_1) \rangle$ alle Elemente aus M enthalten, so ist σ ein Zyklus. Ist das nicht der Fall, so suchen wir in $\{a_2, \ldots, a_n\}$ das Element a_i mit kleinstem Index i, welches nicht in dem bereits gebildeten Zyklus vorkommt. Mit a_i beginnend bilden wir nun einen zweiten Zyklus, der wegen der Injektivität von σ elementfremd zum 1. Zyklus ist. So fahren wir fort, bis alle Elemente von $\{a_1, \ldots a_n\}$ verbraucht sind, d. h. bis jedes $x \in M$ in genau einem der gebildeten Zyklen vorkommt. Das Produkt dieser Zyklen ergibt dann σ.

Ist z. B. $\quad \sigma = \begin{pmatrix} 1 & 2 & 3 & 4 & 5 & 6 & 7 & 8 \\ 3 & 4 & 8 & 2 & 7 & 5 & 6 & 1 \end{pmatrix} \in \mathfrak{S}_8,$

so gilt: $\sigma = \langle 5, 7, 6 \rangle \circ \langle 2, 4 \rangle \circ \langle 1, 3, 8 \rangle$. Aus den Definitionen von „Zyklus" und „Verkettung von Abbildungen" folgt: Zwei elementenfremde Zyklen σ_1 und σ_2 aus $\mathfrak{S}_n$ sind vertauschbar, d. h. es gilt: $\sigma_1 \circ \sigma_2 = \sigma_2 \circ \sigma_1$. Weiter gilt wegen $\langle a_1, \ldots, a_m \rangle = \langle a_1, a_m \rangle \circ \langle a_1, a_{m-1} \rangle \circ \ldots \circ \langle a_1, a_2 \rangle$, daß sich jeder Zyklus der Länge $m \geq 2$ als endliches Produkt von Transpositionen schreiben läßt. Verzichtet man in der Darstellung einer Permutation als Produkt elementenfremder Zyklen auf die Einerzyklen, so haben wir eingesehen, daß sich jede Permutation aus $\mathfrak{S}_n$ mit $n \geq 2$ als endliches Produkt von Transpositionen schreiben läßt.

Ist z. B. wie oben

$$\sigma = \begin{pmatrix} 1 & 2 & 3 & 4 & 5 & 6 & 7 & 8 \\ 3 & 4 & 8 & 2 & 7 & 5 & 6 & 1 \end{pmatrix},$$

so erhalten wir:

$$\sigma = \langle 5, 7, 6\rangle \circ \langle 2, 4\rangle \circ \langle 1, 3, 8\rangle$$
$$= \langle 5, 6\rangle \circ \langle 5, 7\rangle \circ \langle 2, 4\rangle \circ \langle 1, 8\rangle \circ \langle 1, 3\rangle.$$

Wie das Beispiel

$$\begin{pmatrix} 1 & 2 & 3 & 4 \\ 3 & 4 & 1 & 2 \end{pmatrix} = \langle 2, 4\rangle \circ \langle 1, 3\rangle = \langle 1, 3\rangle \circ \langle 1, 3\rangle \circ \langle 2, 4\rangle \circ \langle 1, 3\rangle$$

zeigt, ist die Darstellung einer Permutation als Produkt von Transpositionen nicht eindeutig. Es gilt aber der

2.60 Satz Jede Permutation läßt sich entweder nur aus einer geraden Anzahl oder nur aus einer ungeraden Anzahl von Transpositionen zusammensetzen.

Wir beweisen diese Aussage im Anschluß an den folgenden Hilfssatz, der die technischen Schwierigkeiten beseitigt.

2.61 Hilfssatz Es sei $\mathfrak{S}_n$ die Menge der Permutationen der Menge $M = \{1, \ldots, n\}$. Die Abbildung $P : \mathfrak{S}_n \longrightarrow \mathbf{Z}$ sei definiert durch

$$P(\sigma) =_{Df} \prod_{i=1}^{n-1} \prod_{j=i+1}^{n} [\sigma(i) - \sigma(j)].$$

Es sei τ eine Transposition. Dann gilt: $P(\sigma) = -P(\sigma \circ \tau)$.

B e w e i s . Es sei $\sigma \in \mathfrak{S}_n$ und $\tau = \langle k, \ell\rangle$ mit $k < \ell$ eine Transposition. $P(\sigma)$ sei wie oben definiert, also gilt für $\sigma \circ \tau$:

$$P(\sigma \circ \tau) = \prod_{i=1}^{n-1} \prod_{j=i+1}^{n} (\sigma(\tau(i)) - \sigma(\tau(j)))$$

Um zu einer etwas übersichtlicheren Schreibweise zu gelangen, setzen wir $\sigma_i =_{Df} \sigma(i)$ für $1 \leqslant i \leqslant n$. Die folgenden Überlegungen werden ferner etwas durchsichtiger, wenn wir uns das oben definierte Produkt $P(\sigma \circ \tau)$ wie in Fig. 14 veranschaulichen.
Wir beweisen nun die Gleichung $P(\sigma) = -P(\sigma \circ \tau)$. Dazu spalten wir das Produkt nach dem Schema auf, das durch die in Fig. 14 eingetragenen Hilfslinien gegeben ist und verglei-

chen es mit dem Produkt $P(\sigma) = \prod_{i=1}^{n-1} \prod_{j=i+1}^{n} [\sigma_i - \sigma_j]$, das wir ebenfalls diagrammartig

darstellen.
Dabei haben wir analoge „Blockbildungen" vorgenommen wie oben, um beide Produkte besser vergleichen zu können. Man beachte aber, daß der rein anschauliche Vergleich noch keinen Beweis liefert; die Diagramme erfassen z. B. die Transposition $\tau_0 = \langle 1, n\rangle$ nicht. Der folgende Beweis vermeidet diese Schwierigkeit, wenn das Produkt über eine

leere Indexmenge gleich 1 gesetzt wird (also z. B. $\prod_{i=1}^{0} 2i = 1$).

B

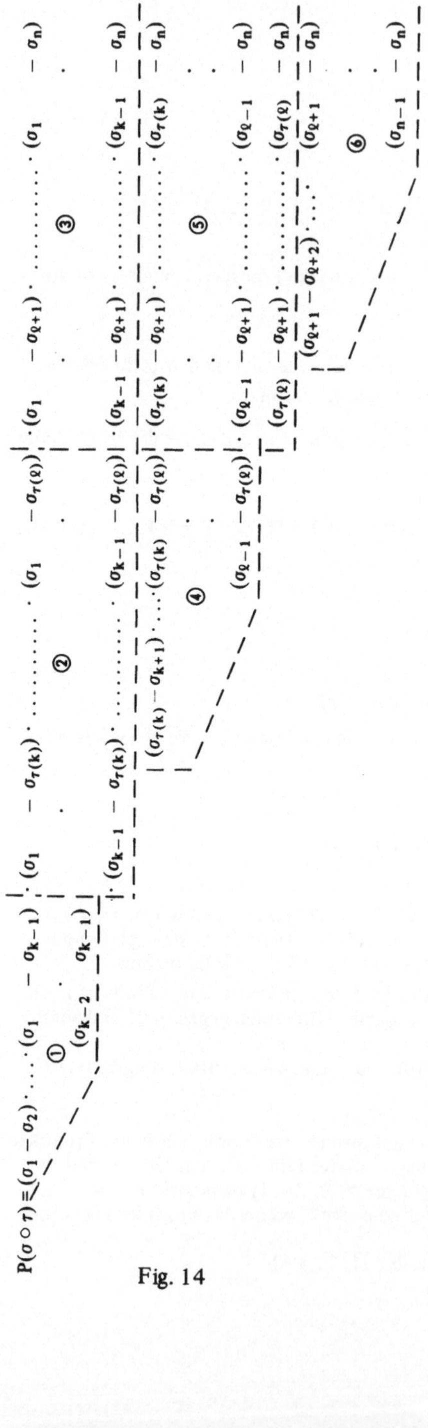

$$P(\sigma \circ \tau) = (\sigma_1 - \sigma_2) \cdots (\sigma_1 - \sigma_{k-1}) \mid \cdot (\sigma_1 - \sigma_{\tau(k)}) \cdots (\sigma_1 - \sigma_{\tau(\ell)}) \mid \cdot (\sigma_1 - \sigma_{\ell+1}) \cdots (\sigma_1 - \sigma_n)$$

$$\textcircled{1} \qquad (\sigma_{k-2} - \sigma_{k-1}) \mid \qquad \textcircled{2} \qquad \qquad \textcircled{3}$$

$$\mid \cdot (\sigma_{k-1} - \sigma_{\tau(k)}) \cdots (\sigma_{k-1} - \sigma_{\tau(\ell)}) \mid \cdot (\sigma_{k-1} - \sigma_{\ell+1}) \cdots (\sigma_{k-1} - \sigma_n)$$

$$\mid (\sigma_{\tau(k)} - \sigma_{k+1}) \cdots (\sigma_{\tau(k)} - \sigma_{\tau(\ell)}) \mid \cdot (\sigma_{\tau(k)} - \sigma_{\ell+1}) \cdots (\sigma_{\tau(k)} - \sigma_n)$$

$$\textcircled{4} \qquad \qquad \textcircled{5}$$

$$(\sigma_{\ell-1} - \sigma_{\tau(\ell)}) \mid \cdot (\sigma_{\ell-1} - \sigma_{\ell+1}) \cdots (\sigma_{\ell-1} - \sigma_n)$$

$$\mid (\sigma_{\tau(\ell)} - \sigma_{\ell+1}) \cdots (\sigma_{\tau(\ell)} - \sigma_n)$$

$$(\sigma_{\ell+1} - \sigma_{\ell+2}) \cdots (\sigma_{\ell+1} - \sigma_n)$$

$$\textcircled{6}$$

$$(\sigma_{n-1} - \sigma_n)$$

Fig. 14

$$P(\sigma) = (\sigma_1 - \sigma_2) \cdots (\sigma_1 - \sigma_{k-1}) \mid \cdot (\sigma_1 - \sigma_k) \cdots (\sigma_1 - \sigma_\ell) \mid \cdot (\sigma_1 - \sigma_{\ell+1}) \cdots (\sigma_1 - \sigma_n)$$

$$\textcircled{1} \qquad (\sigma_{k-2} - \sigma_{k-1}) \mid \qquad \textcircled{2} \qquad \qquad \textcircled{3}$$

$$\mid (\sigma_{k-1} - \sigma_k) \cdots (\sigma_{k-1} - \sigma_\ell) \mid \cdot (\sigma_{k-1} - \sigma_{\ell+1}) \cdots (\sigma_{k-1} - \sigma_n)$$

$$\mid (\sigma_k - \sigma_{k+1}) \cdots (\sigma_k - \sigma_\ell) \mid \cdot (\sigma_k - \sigma_{\ell+1}) \cdots (\sigma_k - \sigma_n)$$

$$\textcircled{4} \qquad \qquad \textcircled{5}$$

$$(\sigma_{\ell-1} - \sigma_\ell) \mid \cdot (\sigma_{\ell-1} - \sigma_{\ell+1}) \cdots (\sigma_{\ell-1} - \sigma_n)$$

$$\mid (\sigma_\ell - \sigma_{\ell+1}) \cdots (\sigma_\ell - \sigma_n)$$

$$\mid (\sigma_{\ell+1} - \sigma_{\ell+2}) \cdots (\sigma_{\ell+1} - \sigma_n)$$

$$\textcircled{6}$$

$$(\sigma_{n-1} - \sigma_n)$$

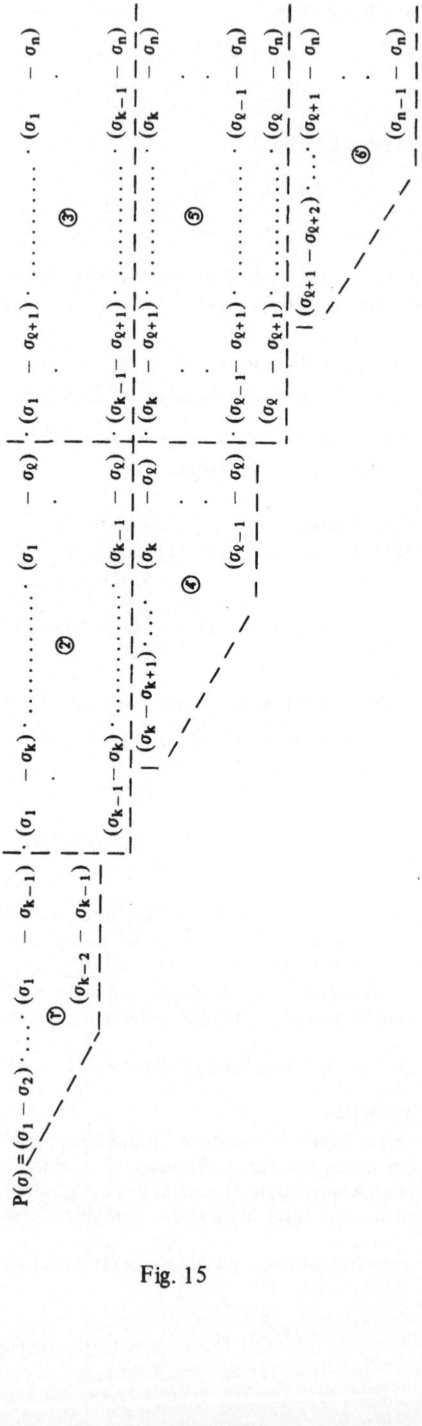

Fig. 15

B

Es ist $\quad P(\sigma \circ \tau) = \prod\limits_{i=1}^{n-1} \prod\limits_{j=i+1}^{n} [\sigma_{\tau(i)} - \sigma_{\tau(j)}]$

$$= \prod\limits_{i=1}^{k-1} \prod\limits_{j=i+1}^{n} [\sigma_{\tau(i)} - \sigma_{\tau(j)}] \qquad (\text{Blöcke ①, ② und ③})$$

$$\cdot \prod\limits_{i=k}^{\ell} \prod\limits_{j=i+1}^{n} [\sigma_{\tau(i)} - \sigma_{\tau(j)}] \qquad (\text{Blöcke ④ und ⑤})$$

$$\cdot \prod\limits_{i=\ell+1}^{n-1} \prod\limits_{j=i+1}^{n} [\sigma_{\tau(i)} - \sigma_{\tau(j)}] \qquad (\text{Block ⑥})$$

Analog kann man sich das Produkt $P(\sigma)$ aufgeschrieben denken.

Untersuchung der Blöcke ①, ② und ③:

Es ist

$$\prod\limits_{i=1}^{k-1} \prod\limits_{j=i+1}^{n} [\sigma_{\tau(i)} - \sigma_{\tau(j)}]$$

$$= \prod\limits_{i=1}^{k-1} \left\{ \prod\limits_{j=i+1}^{k-1} [\sigma_{\tau(i)} - \sigma_{\tau(j)}] \cdot \prod\limits_{j=k}^{\ell} [\sigma_{\tau(i)} - \sigma_{\tau(j)}] \cdot \prod\limits_{j=\ell+1}^{n} [\sigma_{\tau(i)} - \sigma_{\tau(j)}] \right\}$$

$$\qquad\qquad \text{Block ①} \qquad\qquad\quad \text{Block ②} \qquad\qquad\quad \text{Block ③}$$

$$= \prod\limits_{i=1}^{k-1} \left\{ \prod\limits_{j=i+1}^{k-1} [\sigma_i - \sigma_j] \cdot ([\sigma_i - \sigma_{\tau(k)}] \cdot \prod\limits_{j=k+1}^{\ell-1} [\sigma_i - \sigma_j] \cdot [\sigma_i - \sigma_{\tau(\ell)}]) \cdot \prod\limits_{j=\ell+1}^{n} [\sigma_i - \sigma_j] \right\}$$

denn für $i, j \leqslant k-1$	denn für $i \leqslant k-1$	denn für $i \leqslant k-1$
ist $\tau(i) = i$ und	ist $\tau(i) = i$ und	ist $\tau(i) = i$ und
$\tau(j) = j$.	für $k+1 \leqslant j \leqslant \ell-1$	für $\ell+1 \leqslant j$ ist
	ist $\tau(j) = j$.	$\tau(j) = j$.

Da $\tau(k) = \ell$ und $\tau(\ell) = k$ gilt, liefert ein Vertauschen der Faktoren $[\sigma_i - \sigma_{\tau(k)}] =$
$= [\sigma_i - \sigma_\ell]$ und $[\sigma_i - \sigma_{\tau(\ell)}] = [\sigma_i - \sigma_k]$ nach Zusammenfassen der Terme den Ausdruck $\prod\limits_{i=j}^{k-1} \prod\limits_{j=i+1}^{n} [\sigma_i - \sigma_j]$, der auch im Produkt $P(\sigma)$ auftaucht.

Untersuchung von Block ④ und ⑤:
Wir spalten zunächst Block ⑤ von Block ④ ab.

$$\prod\limits_{i=k}^{\ell} \prod\limits_{j=i+1}^{n} [\sigma_{\tau(i)} - \sigma_{\tau(j)}] =$$

$$= \prod\limits_{i=k}^{\ell} \left\{ \prod\limits_{j=i+1}^{\ell} [\sigma_{\tau(i)} - \sigma_{\tau(j)}] \cdot \prod\limits_{j=\ell+1}^{n} [\sigma_{\tau(i)} - \sigma_{\tau(j)}] \right\}$$

$$\qquad\qquad\quad \text{Block ④} \qquad\qquad\qquad \text{Block ⑤}$$

B Nun untersuchen wir Block ⑤, d. h.

$$\prod_{i=k}^{\ell} \prod_{j=\ell+1}^{n} [\sigma_{\tau(i)} - \sigma_{\tau(j)}]$$

$$= \prod_{i=k}^{\ell} \prod_{j=\ell+1}^{n} [\sigma_{\tau(i)} - \sigma_j], \quad \text{denn für } j \geqslant \ell + 1 \text{ ist } \tau(j) = j.$$

$$= \prod_{j=\ell+1}^{n} [\sigma_{\tau(k)} - \sigma_j] \cdot \prod_{i=k+1}^{\ell-1} \prod_{j=\ell+1}^{n} [\sigma_{\tau(i)} - \sigma_j] \cdot \prod_{j=\ell+1}^{n} [\sigma_{\tau(\ell)} - \sigma_j]$$

$$= \prod_{j=\ell+1}^{n} [\sigma_{\ell} - \sigma_j] \cdot \prod_{j=k+1}^{\ell-1} \prod_{j=\ell+1}^{n} [\sigma_i - \sigma_j] \cdot \prod_{j=\ell+1}^{n} [\sigma_k - \sigma_j]$$

$$= \prod_{i=k}^{\ell} \prod_{j=\ell+1}^{n} [\sigma_i - \sigma_j].$$

Dieser Wert taucht ebenfalls im Produkt $P(\sigma)$ auf; vgl. Block ⑤.
Block ④ werden wir im Anschluß an Block ⑥ untersuchen.

Für diesen gilt:

$$\prod_{i=\ell+1}^{n-1} \prod_{j=i+1}^{n} [\sigma_{\tau(i)} - \sigma_{\tau(j)}] = \prod_{i=\ell+1}^{n-1} \prod_{j=i+1}^{n} [\sigma_i - \sigma_j],$$

denn für $i, j \geqslant \ell + 1$ ist $\tau(i) = i$ und $\tau(j) = j$.
Dieses Produkt taucht ebenfalls als Faktor in $P(\sigma)$ auf; vgl. dazu Block ⑥ . Wir untersuchen nun Block ④ und zeigen, daß dieser den Vorzeichenwechsel bewirkt. Dazu haben wir noch das Produkt

$$\prod_{i=k}^{\ell} \prod_{j=i+1}^{\ell} [\sigma_{\tau(i)} - \sigma_{\tau(j)}]$$

zu berechnen, das wir gemäß der oben angedeuteten Weiterunterteilung von Block ④ wie folgt darstellen:

$$\prod_{i=k}^{\ell} \prod_{j=i+1}^{\ell} [\sigma_{\tau(i)} - \sigma_{\tau(j)}] = \prod_{i=k}^{\ell-1} \prod_{j=i+1}^{\ell} [\sigma_{\tau(i)} - \sigma_{\tau(j)}]$$

$$= \left\{ \prod_{i=k+1}^{\ell-1} \prod_{j=i+1}^{\ell-1} [\sigma_{\tau(i)} - \sigma_{\tau(j)}] \right\} \cdot \left\{ \prod_{i=k+1}^{\ell-1} [\sigma_{\tau(i)} - \sigma_{\tau(\ell)}] \right\} \cdot$$

$$\cdot \left\{ \prod_{j=k+1}^{\ell} [\sigma_{\tau(k)} - \sigma_{\tau(j)}] \right\}$$

$$= \left\{ \prod_{i=k+1}^{\ell-1} \prod_{j=i+1}^{\ell-1} [\sigma_i - \sigma_j] \right\} \cdot \left\{ \prod_{i=k+1}^{\ell-1} [\sigma_{\tau(i)} - \sigma_{\tau(\ell)}] \right\} \cdot$$

$$\cdot \left\{ \prod_{j=k+1}^{\ell-1} [\sigma_{\tau(k)} - \sigma_{\tau(j)}] \right\} \cdot (\sigma_{\tau(k)} - \sigma_{\tau(\ell)})$$

Es ist $(\sigma_{\tau(k)} - \sigma_{\tau(\ell)}) = (-1) \cdot (\sigma_k - \sigma_\ell)$ und $\tau(i) = i$ für $k + 1 \leqslant i \leqslant \ell - 1$ sowie $\tau(j) = j$ für $k + 1 \leqslant j \leqslant \ell - 1$. Die Gleichungskette kann also fortgesetzt werden durch:

$$= (-1) \cdot \left\{ \prod_{i=k+1}^{\ell-1} \prod_{j=i+1}^{\ell-1} [\sigma_i - \sigma_j] \right\} \cdot (\sigma_k - \sigma_\ell) \cdot \left\{ \prod_{i=k+1}^{\ell-1} [\sigma_i - \sigma_k] \right\} \cdot$$

$$\cdot \left\{ \prod_{j=k+1}^{\ell-1} [\sigma_\ell - \sigma_j] \right\}$$

$$= (-1) \cdot \left\{ \prod_{i=k+1}^{\ell-1} \prod_{j=i+1}^{\ell-1} [\sigma_i - \sigma_j] \right\} \cdot (\sigma_k - \sigma_\ell) \cdot \left\{ \prod_{i=k+1}^{\ell-1} [\sigma_i - \sigma_\ell] \right\} \cdot$$

$$\cdot \left\{ \prod_{j=k+1}^{\ell-1} [\sigma_k - \sigma_j] \right\}$$

$$= (-1) \cdot \prod_{i=k}^{\ell} \prod_{j=i+1}^{\ell} [\sigma_i - \sigma_j].$$

Dabei ergibt sich die letzte Gleichung, wenn man die Aufspaltungen des zu Block ④ gehörenden Produkts wieder rückgängig macht. Bis auf das Vorzeichen entspricht der letzte Term dem im Produkt $P(\sigma)$ auftauchenden, zu Block ④ gehörenden Produkt. Die Zusammenfassung unserer Überlegungen liefert also: $P(\sigma \circ \tau) = -P(\sigma)$. ∎

B e w e i s v o n S a t z 2.60 . Es sei $\sigma \in \mathfrak{S}_n$. Die obigen Plausibilitätsbetrachtungen haben deutlich gemacht, daß σ sich als Produkt von Zyklen schreiben läßt, die sich durch Transpositionen darstellen lassen. Ein Beweis dieser Aussage erfolgt in Satz 2.77. σ sei nun auf zwei Weisen als Produkt von Transpositionen dargestellt:

$$\sigma = \prod_{i=1}^{k} \tau_i = \prod_{i=1}^{\ell} \tau_i'.$$

Zunächst wenden wir auf σ sukzessive die Permutationen τ_i^{-1}, $i = k, \ldots, 1$, an. Bei jeder dieser Operationen ändert sich nach Hilfssatz 2.61 das Vorzeichen:

$$P(\sigma \circ \tau_k^{-1}) = -P(\sigma)$$
$$P(\sigma \circ \tau_k^{-1} \circ \tau_{k-1}^{-1}) = -P(\sigma \circ \tau_k^{-1})$$
$$\cdot$$
$$\cdot$$
$$\cdot$$
$$P(\mathrm{id}) = (-1)^k \cdot P(\sigma)$$

Ein analoges Vorgehen unter Benutzung der Darstellung $\sigma = \prod_{i=1}^{\ell} \tau_i'$ liefert $P(\mathrm{id}) =$

$= (-1)^\ell \cdot P(\sigma)$. Aus $P(\sigma) \neq 0$ folgt nun, daß k und ℓ entweder beide gerade oder beide ungerade sind; hieraus ergibt sich die Behauptung. ∎

Der zuletzt bewiesene Satz macht die folgende Definition sinnvoll.

2.62 Definition Es sei σ eine Permutation einer n-elementigen Menge M. Wir definieren das S i g n u m sgn σ durch

B

$$\text{sgn } \sigma = \begin{cases} +1, & \text{falls } \sigma \text{ das Produkt einer geraden Anzahl von Transpositionen} \\ & \text{ist} \\ -1, & \text{sonst.} \end{cases}$$

Eine Permutation σ mit sgn $\sigma = +1$ heißt **g e r a d e   P e r m u t a t i o n**; ist sgn $\sigma = -1$, so heißt σ **u n g e r a d e   P e r m u t a t i o n**.

Nach dieser Erörterung der Begriffe Transformation und Permutation können wir uns speziellen Gruppenhomomorphismen zuwenden. Wir beweisen zunächst einen Satz von **C a y l e y**[1]):

2.63 Satz Jede Gruppe $(G, *)$ ist einer Untergruppe $(T, \circ)$ der Gruppe $(\mathfrak{S}(G), \circ)$ isomorph.

B e m e r k u n g. Eine Untergruppe $(T, \circ)$ der Gruppe $(\mathfrak{S}(M), \circ)$ nennen wir **T r a n s - f o r m a t i o n s g r u p p e**. Ist M endlich, so soll $(T, \circ)$ **P e r m u t a t i o n s g r u p p e** heißen.

B e w e i s   d e s   S a t z e s 2.63 . Aus Satz 1.8 wissen wir, daß jedes Element a aus einer Quasigruppe $(G, *)$ eine bijektive Abbildung $_af : G \longrightarrow G$, mit $x \longmapsto a * x$, bestimmt. Es sei nun F die Menge aller dieser bijektiven Abbildungen $_af$, d. h. $F = \{_af : a \in G\}$. Die Elemente von F sind (vgl. Definition 2.58) Transformationen von G. Da es zu jedem $a \in G$ genau ein $_af \in F$ gibt, welches durch a bestimmt ist, wird durch die Zuordnungsvorschrift $a \longmapsto {_af}$ für alle $a \in G$ eine Abbildung φ von G in F definiert. Es sei also $\varphi : G \longrightarrow F$ mit $\varphi(a) = {_af}$ für alle $a \in G$. Dann folgt zunächst aus der Definition von φ: φ ist surjektiv. Ist $_af = {_bf}$, so gilt für das neutrale Element e von G: $_af(e) = {_bf(e)}$. Daraus folgt $a \circ e = b \circ e$ und damit $a = b$. Also gilt: φ ist injektiv. Die Verknüpfungstreue von φ ergibt sich wie folgt: Für alle $x \in G$ gilt: $_{a*b}f(x) =$ $= (a * b) * x = a * (b * x) = a * {_bf(x)} = {_af({_bf(x)})} = ({_af} \circ {_bf}) (x)$. Damit gilt: $_{a*b}f = {_af} \circ {_bf}$ und somit $\varphi(a * b) = \varphi(a) \circ \varphi(b)$. Insgesamt ist gezeigt worden: $(G, *) \cong (F, \circ)$. Als isomorphes Bild einer Gruppe ist $(F, \circ)$ wegen Satz 2.35 selbst eine Gruppe und damit eine Untergruppe von $(\mathfrak{S}(G), \circ)$. $(F, \circ)$ ist deshalb die gesuchte Transformationsgruppe $(T, \circ)$. ∎

Als Folgerung aus Satz 2.63 ergibt sich für endliche Gruppen die folgende Aussage.

2.64 Satz Jede endliche Gruppe ist einer Permutationsgruppe isomorph.

Die Darstellbarkeit einer endlichen Gruppe durch eine Permutationsgruppe läßt sich mit Hilfe eines Pfeildiagrammes veranschaulichen. Ist z. B. $(M, \circ)$ eine endliche Gruppe mit $M = \{a_1, a_2, \ldots, a_n\}$, so können wir, nachdem wir die n Elemente etwa kreisförmig angeordnet haben, zum Ausdruck bringen, daß ein Paar $(a_i, {_{a_k}f(a_i)})$ zu einer Permutation $_{a_k}f$ gehört, indem wir einen roten Pfeil von a_i nach $_{a_k}f(a_i)$ zeichnen. Verfahren wir so mit allen Elementen a_i, $1 \leqslant i \leqslant n$, dann ist durch die Menge aller roten Pfeile $_{a_k}f$ bestimmt. Da $_{a_k}f$ eine Permutation von M ist, geht von jedem Element von M genau ein roter Pfeil aus; ferner kommt bei jedem Element von M genau ein roter Pfeil an. Die

---

[1]) Englischer Mathematiker, 1821 bis 1895: Mitbegründer der Gruppentheorie.

Wirkung einer von $_{a_k}f$ verschiedenen Permutation $_{a_h}f$ kann durch andersfarbige Pfeile, **B**
z. B. blaue, gekennzeichnet werden. Verfahren wir so mit allen Permutationen $_af$ mit
$a \in M$, so erhalten wir n Farbklassen von jeweils n Pfeilen, wobei diese Klassen die Elemente der zu $(M, \circ)$ isomorphen Permutationsgruppe darstellen.

Wir erläutern dieses Verfahren am Beispiel der durch die Tafel 13 definierten Gruppe
der Ordnung 6.

Kennzeichnen wir

$$_{a_1}f \text{ durch } \frown, \quad _{a_2}f \quad \text{durch} \longrightarrow, \quad _{a_3}f \text{ durch } ----\!\!\rightarrow,$$

$$_{a_4}f \text{ durch } \cdots\!\!\rightarrow, \quad _{a_5}f \quad \text{durch } \cdot\!-\!\cdot\!\rightarrow, \quad _{a_6}f \text{ durch } \sim\!\sim\!\sim\!\rightarrow,$$

so erhalten wir das Diagramm in Fig. 16.

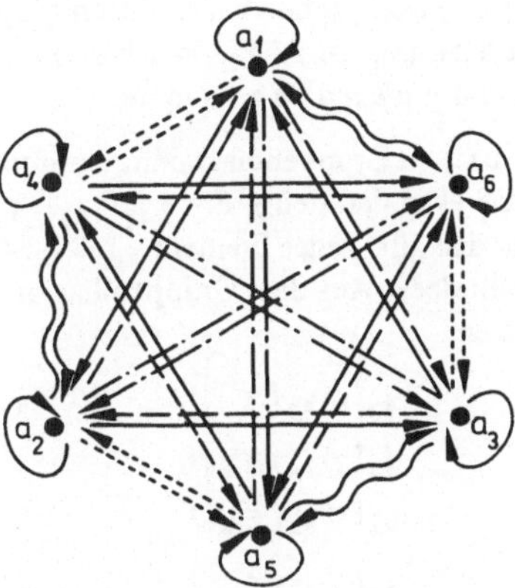

Fig. 16

Die in Satz 2.63 bewiesene Isomorphie zwischen einer beliebigen Gruppe $(G, *)$ und
der Transformationsgruppe $(F, \circ)$, mit $F = \{_af : a \in G\}$, gestattet es, die Verknüpfungsergebnisse von $(G, *)$ aus dem Diagramm abzulesen, wenn man das Verknüpfen von
Abbildungen auf das Verknüpfen von Pfeilen überträgt.

Gilt z. B. $(_{a_2}f \circ {}_{a_4}f)(a_6) = {}_{a_2}f(_{a_4}f(a_6)) = {}_{a_2}f(a_3) = a_1 = {}_{a_6}f(a_6)$, so bedeutet das in
der Menge der Pfeile:

1. Von a_6 führt $\cdots\!\!\rightarrow$ nach a_3 und von a_3 führt $\longrightarrow$ nach a_1

2. Von a_6 führt $\sim\!\sim\!\sim\!\rightarrow$ direkt nach a_1.

Deshalb können wir setzen: $\cdots\!\!\rightarrow \circ \longrightarrow = \sim\!\sim\!\sim\!\rightarrow$. Da die Verkettung von Abbildungen
eine Verknüpfung in F ist, folgt die Unabhängigkeit der Gleichung vom Ausgangspunkt.

Die folgenden Ausführungen sollen diese Einsichten präzisieren.

2.65 Definition (i) Unter einem G r a p h e n H soll ein Tripel (E, K, v) verstanden
werden, wobei E und K disjunkte Mengen sind und v eine Vorschrift bedeutet, die
jedem Element $k \in K$ genau zwei Elemente (verschiedene oder gleiche) von E zuord
net. Die Elemente von E sollen E c k e n und die von K K a n t e n heißen.

(ii) Wird in einem Graphen $H = (E, K, v)$ auf jeder Kante k eine Ecke als Anfangs- und
die andere Ecke als Endpunkt ausgezeichnet, so heißt H g e r i c h t e t e r G r a p h

B oder **D i g r a p h** . Ist i Anfangs- und j Endpunkt der Kante k, so schreiben wir
$k : i \longrightarrow j$.

B e m e r k u n g . Ist $E \neq \emptyset$ eine Menge, so bestimmt für jedes $T \subset E \times E$, mit $T \neq \emptyset$,
bereits (E, T) einen Graphen, denn es gilt $E \cap T = \emptyset$ und jedes $k \in T$ besteht aus genau zwei Elementen aus E, so daß v durch die Angabe von T geliefert wird.

2.66 Definition (i) Ein **D i a g r a m m** über einer endlichen Gruppe $(G, \square)$ der Ordnung n ist ein gerichteter Graph D, dessen Eckenmenge G ist und dessen Kantenmenge
K eine Teilmenge von $G \times G$ ist.
(ii) Ist die Kantenmenge K gleich $G \times G$ und ist K im Sinne von 1.1.2.2 so in Klassen P_i,
$i \in \{1, \ldots, n\}$, zerlegt, daß gilt: Zu jedem P_i gibt es genau ein Element $_{a_i}f$ aus der zu
$(G, \square)$ isomorphen Permutationsgruppe $(F, \circ)$ (im Sinne von Satz 2.63), mit der Eigenschaft: $(a_m, a_n) \in P_i \Longleftrightarrow {}_{a_i}f(a_m) = a_n$, so heißt das Diagramm (**v o l l s t ä n d i g e s**)
G r u p p e n d i a g r a m m .

Aus dem Gruppendiagramm der durch die Tafel 13 definierten Gruppe ist zu ersehen,
daß es in der Menge $F = \{_{a_1}f, {}_{a_2}f, {}_{a_3}f, {}_{a_4}f, {}_{a_5}f, {}_{a_6}f\}$ Elemente gibt, z. B. $_{a_3}f, {}_{a_4}f,$
so daß gilt: Jedes Element $_{a_i}f \in F$ läßt sich als Produkt (Verkettung) dieser Elemente
schreiben. Aus dem Gruppendiagramm lassen sich sofort die folgenden Gleichungen ab-
lesen:

$$\begin{aligned}
{}_{a_3}f \circ {}_{a_3}f &= {}_{a_2}f, & {}_{a_3}f \circ {}_{a_3}f \circ {}_{a_3}f \circ {}_{a_3}f &= {}_{a_3}f, \\
{}_{a_3}f \circ {}_{a_4}f &= {}_{a_5}f, & {}_{a_4}f \circ {}_{a_4}f \circ {}_{a_4}f &= {}_{a_4}f. \\
{}_{a_4}f \circ {}_{a_4}f &= {}_{a_1}f, & & \\
{}_{a_4}f \circ {}_{a_3}f &= {}_{a_2}f, & &
\end{aligned}$$

Teilmengen wie $\{_{a_3}f, {}_{a_4}f\}$ zeichnen wir aus in der folgenden

2.67 Definition Eine Teilmenge E eine Gruppe $(G, \circ)$ heißt ein **E r z e u g e n d e n -
s y s t e m** von G, wenn G die Menge aller endlichen Produkte aus Elementen von
$E \cup \{x^{-1} : x \in E\}$ ist. Die Elemente von E heißen **E r z e u g e n d e** von G.

Achtung! Der hier definierte Begriff ist zu unterscheiden von dem Erzeugendenbegriff,
wie er für Gruppoide in Definition 1.6 festgelegt worden ist.

Aus diesen Erörterungen wird einsichtig, daß zur Darstellung einer Gruppe $(G, *)$ nicht
das vollständige Gruppendiagramm notwendig ist. Es genügt die Angabe einer Teilmenge
T der Partition $\mathfrak{Z}(K)$ der Kantenmenge K von der Art, daß T ein bezüglich Mächtigkeit
minimales Erzeugendensystem der zu $(G, *)$ isomorphen Permutationsgruppe $(F, \circ)$
repräsentiert. Ein auf ein solches minimales Erzeugendensystem reduziertes Gruppendiagramm heißt **C a y l e y d i a g r a m m** .

Da es verschiedene minimale Erzeugendensysteme einer Gruppe geben kann, gibt es
Gruppen, die durch verschiedene Cayleydiagramme darstellbar sind. So sind die folgenden Diagramme (Fig. 17 bis Fig. 20) Cayleydiagramme der durch die Tafel 13 definierten $\mathfrak{S}_3$-Gruppe.

B

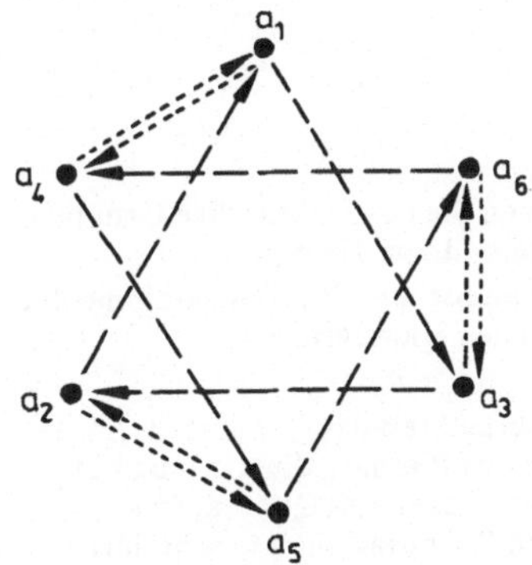

Fig. 17 Cayleydiagramm der $\mathfrak{S}_3$
   mit den Erzeugenden $_{a_3}f$
   und $_{a_4}f$

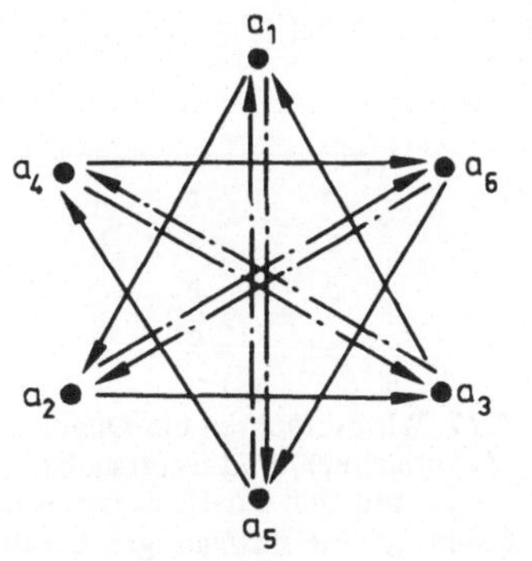

Fig. 18 Caleydiagramm der $\mathfrak{S}_3$
   mit den Erzeugenden $_{a_2}f$
   und $_{a_5}f$

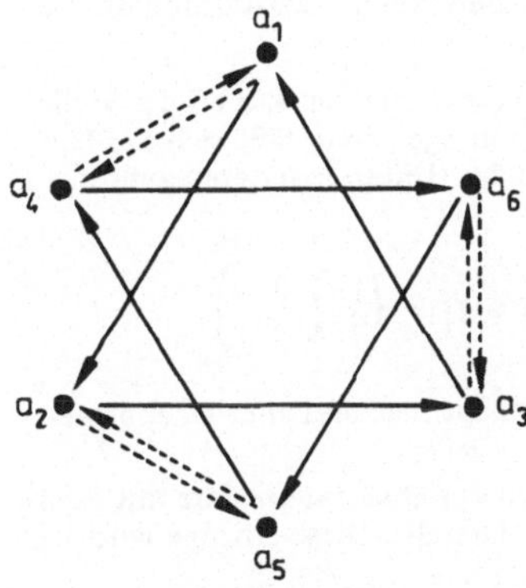

Fig. 19 Cayleydiagramm der $\mathfrak{S}_3$
   mit den Erzeugenden $_{a_2}f$
   und $_{a_4}f$

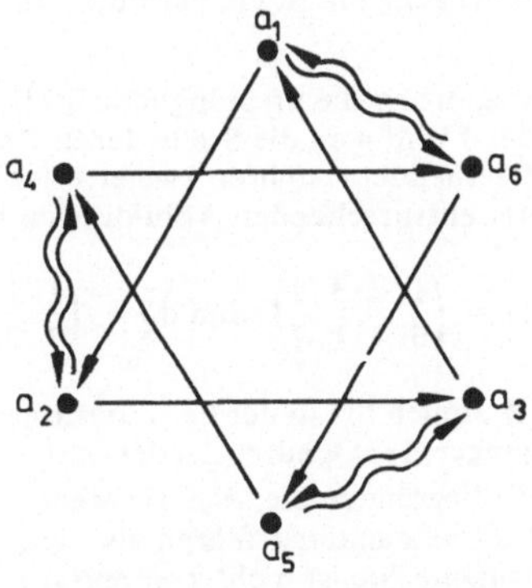

Fig. 20 Cayleydiagramm der $\mathfrak{S}_3$
   mit den Erzeugenden $_{a_2}f$
   und $_{a_6}f$

Weitere minimale Erzeugendensysteme der zu $\mathfrak{S}_3$ isomorphen Untergruppe von $\mathfrak{S}(\mathfrak{S}_3)$
sind zum Beispiel $\{_{a_3}f, \,_{a_6}f \}$ und $\{_{a_3}f, \,_{a_5}f\}$.

Übungen

2.26 Durch die Verknüpfungstafel 15 ist eine Gruppe der Ordnung 4 gegeben, in der
alle Elemente zu sich selbst invers oder, wie man auch sagt, in der alle Elemente
involutorisch sind. Sie heißt K l e i n s c h e   V i e r e r g r u p p e . siehe
Tafel 12).

B   Tafel 15

	n	a	b	c
n	n	a	b	c
a	a	n	c	b
b	b	c	n	a
c	c	b	a	n

(i) Zeichnen Sie das vollständige Gruppen-diagramm dieser Gruppe.

(ii) Zeichnen Sie alle Cayleydiagramme der Kleinschen Vierergruppe.

2.27 Wir betrachten ein Quadrat im Raum, d. h., wir betrachten das Quadrat als Dieder (Zweiflächner) und untersuchen sämtliche Bewegungen des Raumes, die das Quadrat wieder mit sich zur Deckung bringen. Numerieren wir die Ecken des Quadrates, so lassen sich die Bewegungen auf die folgende Weise durch Permutationen beschreiben.

Ist $\begin{smallmatrix}4 & 3\\ & \\ 1 & 2\end{smallmatrix}$ die Ausgangslage und $\begin{smallmatrix}2 & 1\\ & \\ 3 & 4\end{smallmatrix}$ die Lage nach der Bewegung, so wird diese

Bewegung durch die Permutation $\begin{pmatrix} 1 & 2 & 3 & 4 \\ 3 & 4 & 1 & 2 \end{pmatrix}$ beschrieben, denn 1 wird durch die Be-

wegung an die ursprüngliche Stelle der 3 gebracht, 2 an die Stelle der 4, 3 an die Stelle der 1 und 4 an die Stelle der 2. Da Permutationen Abbildungen sind, läßt sich das Hintereinanderausführen zweier Deckbewegungen auch als das Hintereinanderausführen der entsprechenden Abbildungen beschreiben. Ist z. B.

$$d_1 = \begin{pmatrix} 1 & 2 & 3 & 4 \\ 3 & 4 & 1 & 2 \end{pmatrix} \text{ und } d_2 = \begin{pmatrix} 1 & 2 & 3 & 4 \\ 3 & 2 & 1 & 4 \end{pmatrix} \text{, so ergibt } d_2 \circ d_1 = \begin{pmatrix} 1 & 2 & 3 & 4 \\ 1 & 4 & 3 & 2 \end{pmatrix}.$$

(i) Stellen Sie in der Permutationsschreibweise die Verknüpfungstafel aller Deckbewegungen des Quadrat-Dieders auf.

(ii) Begründen Sie, daß die Menge aller Deckbewegungen des Quadrat-Dieders mit dem Hintereinanderausführen als Verknüpfung eine Gruppe darstellt. Diese Gruppe wird D_4 genannt. Sie ist nicht kommutativ.

2.28 Schreiben Sie alle Permutationen der Menge $\{1, 2, 3, 4\}$ als Produkt elementenfremder Zyklen und dann als Produkt von Transpositionen.

2.29 Stellen Sie die Verknüpfungstafeln der Diedergruppen des gleichseitigen Dreicks, des regelmäßigen Fünfecks und des regelmäßigen Sechsecks auf. Die Diedergruppe des regelmäßigen n-Ecks wird mit D_n bezeichnet. Aufzustellen sind also die Verknüpfungstafeln der Gruppen D_3, D_5 und D_6.

2.4.2 Isomorphismen zwischen zyklischen Gruppen und Restklassengruppen

2.68 Definition Eine Gruppe $(G, \circ)$ heißt z y k l i s c h e   G r u p p e oder z y k l i s c h , wenn sie ein einelementiges Erzeugendensystem besitzt, das heißt wenn jedes $x \in G$ sich als Potenz des erzeugenden Elementes darstellen läßt.

Mit Hilfe des Satzes 2.48 überlegt man sich leicht, daß die Ordnung eines jeden erzeugenden Elementes einer zyklischen Gruppe mit der Gruppenordnung übereinstimmt.

In den folgenden Erörterungen wird gezeigt werden, daß zyklische Gruppen gleicher
Ordnung isomorph sind. Für diesen Nachweis spielen die im Beispiel 2.17 behandelten
Restklassen modulo $n \in \mathbf{N}$ eine wesentliche Rolle. Für unseren jetzigen Zweck müssen
wir lediglich noch $\mathbf{Z}$ statt $\mathbf{N}_0$ zur Grundmenge der Partition machen. Ist dann $n \in \mathbf{N}$
vorgegeben, so erhalten wir Klassen $K_0, \ldots, K_{n-1}$, für die gilt:

$$x \in K_i \iff \bigvee_{q \in Z} x - i = q \cdot n \quad \text{mit } x \in \mathbf{Z} \text{ und } i \in \{0, 1, \ldots, n-1\}$$

Wie im Beispiel 2.17 bewiesen wurde, ist die durch diese Partition definierte Äquivalenzrelation eine Kongruenzrelation. Dann gilt nach Satz 2.51: Die Klassen sind Nebenklas-
sen eines Normalteilers N von $(\mathbf{Z}, +)$, der aus allen $x \in \mathbf{Z}$ besteht, für die gilt: $x \equiv 0 \bmod n$.
Somit ist $N = (\{x : x = q \cdot n \text{ mit } q \in \mathbf{Z}\}, +) = (K_0, +)$. Wir bezeichnen diesen Normalteiler, da er aus allen Vielfachen von n besteht, mit (n). Dann gilt nach Satz 2.52:
$(\mathbf{Z}/(n), \oplus)$ ist eine Gruppe, wobei $\oplus$ diejenige Verknüpfung in $\mathbf{Z}/(n)$ ist, die jedem Paar
$(K_a, K_b) \in \mathbf{Z}/(n) \times \mathbf{Z}/(n)$ die Klasse $K_{a+b} \in \mathbf{Z}/(n)$ (vgl. Beispiel 2.22 und
Def. 2.19) zuordnet. Diese Faktorgruppe $(\mathbf{Z}/(n), \oplus)$ wird auch additive Restklassengruppe modulo n genannt und der Einfachheit halber oft mit $\mathbf{Z}_n$ bezeichnet. Sie hat
die Ordnung n. Für $n \geqslant 2$ gilt: K_1 ist erzeugendes Element von $(\mathbf{Z}/(n), \oplus)$. Für $n = 1$
gilt: $\mathbf{Z}/(n) = \mathbf{Z}/(1) = \{\mathbf{Z}\}$: damit ist $\mathbf{Z}$ erzeugendes Element von $\mathbf{Z}/(1)$; somit gilt der

2.69 Satz Zu jeder natürlichen Zahl $n > 0$ gibt es eine zyklische Gruppe der Ordnung
n, nämlich die additive Restklassengruppe von $\mathbf{Z}$ modulo n.

B e m e r k u n g . Da $(\mathbf{Z}, +)$ mit $\{+1\}$ und $\{-1\}$ einelementige Erzeugendensysteme
besitzt, gilt: Es gibt eine Gruppe unendlicher Ordnung, die zyklisch ist. Es wird sich
zeigen, daß es zu jeder natürlichen Zahl n bis auf Isomorphie nur eine zyklische Gruppe der Ordnung n gibt. Für diesen Nachweis benötigen wir noch den

2.70 Satz Jede Untergruppe einer zyklischen Gruppe ist zyklisch.

B e w e i s . Sei $(G, \circ)$ zyklisch, a erzeugendes Element von G und $(H, \circ)$ Untergruppe
von G. Ist $H = \{e\}$ und e neutrales Element von G, so ist H wegen $e = a^0$ zyklisch. Ist
$H \neq \{e\}$, so gibt es in H ein Element a^m mit kleinstem positivem Exponenten. Wir
zeigen: a^m ist erzeugendes Element von H. Sei deshalb $a^\nu \in H$, so gilt: $\nu = qm + r$
mit $q \in \mathbf{Z}$ und $0 \leqslant r < m$. Dann folgt: $a^\nu = a^{qm+r} = a^{qm} \circ a^r$; wegen $a^\nu, a^{qm} \in H$ folgt
$a^r \in H$ und somit $r = 0$.
Damit gilt: $a^\nu = a^{qm} = (a^m)^q$. ∎

2.71 Satz (nach [19]) Ist $(G, \circ)$ eine zyklische Gruppe, a ein erzeugendes Element von
G und $m =_{Df} \operatorname{ord}(G)$, so gilt:

(i) Ist $m = \infty$, so ist die Abbildung $\varphi : \mathbf{Z} \longrightarrow G$, $k \longmapsto a^k$ ein Isomorphismus.

(ii) Ist $m < \infty$, so wird durch $\psi(k + (m)) =_{Df} a^k$, mit $(m) =_{Df} \{x \in \mathbf{Z} : \bigvee_{q \in Z} x = q \cdot m\}$

und $k + (m) =_{Df} \{z \in \mathbf{Z} : \bigvee_{y \in (m)} z = k + y\}$, ein Isomorphismus $\psi : \mathbf{Z}/(m) \longrightarrow G$ erklärt.

B e w e i s . (i) Nehmen wir an, es sei für $j \neq i$, $j, i \in \mathbf{Z}$ und $i \neq 0$, $a^j = a^i$.
Dann folgt aber: $a^{j-i} = a^{i-j} = e$ mit $j - i \neq 0$ und somit auch $i - j \neq 0$. Dann
gilt jedoch: $\operatorname{ord}(G) = \operatorname{ord}(a) \leqslant |j - i|$ und damit $\operatorname{ord}(G) < \infty$. Also folgt aus $j \neq i$ und

B $\mathrm{ord}(G) = \infty$ stets $a^j \neq a^i$; das aber bedeutet: φ ist injektiv. Da φ nach Definition surjektiv ist, gilt: φ ist bijektiv. Sind m, n Elemente aus $\mathbf{Z}$, so gilt weiterhin: $\varphi(m + n) = a^{m+n} = a^m \circ a^n = \varphi(m) \circ \varphi(n)$; somit haben wir: φ ist verknüpfungstreu und bijektiv, also ein Isomorphismus.

(ii) Ist $m < \infty$, so ist der Homomorphismus $\varphi: \mathbf{Z} \longrightarrow G$ mit $k \longmapsto a^k$, $k \in \mathbf{Z}$, nicht injektiv. Dann gilt nach Satz 2.55: Kern $\varphi \neq \{0\}$. Deshalb und da Kern φ als Untergruppe von $(\mathbf{Z}, +)$ zyklisch ist, gilt: Es gibt ein $b \in \mathbf{N}$, so daß Kern $\varphi = \{x \in \mathbf{Z} : x = q \cdot b, q \in \mathbf{Z}\}$ $= (b)$ ist. Nach dem Homomorphiesatz (Satz 2.54) gibt es einen Isomorphismus $\psi: \mathbf{Z}/_{(b)} \longrightarrow G$ mit $\psi(k + (b)) = a^k$. Hieraus und aus $\mathrm{ord}(G) = m$ folgt: $\mathrm{ord}(\mathbf{Z}/_{(b)}) = m$. Da auch $\mathrm{ord}(\mathbf{Z}/_{(b)}) = b$ gilt, folgt $b = m$. ∎

Damit haben wir die folgenden Aussagen bewiesen:

(i) Alle unendlichen zyklischen Gruppen sind isomorph zu $(\mathbf{Z}, +)$ und damit zueinander isomorph.

(ii) Alle zyklischen Gruppen endlicher Ordnung m sind isomorph zur additiven Restklassengruppe $(\mathbf{Z}/_{(m)}, \oplus)$ und damit zueinander isomorph.

Dies berechtigt uns, von d e r zyklischen Gruppe der Ordnung m zu sprechen.

Übungen

2.30 Beweisen Sie: Ist G eine endliche Gruppe, e ihr neutrales Element, $a \in G$ und $k \in \mathbf{Z}$, so gilt:

$$a^k = e \Longleftrightarrow \mathrm{ord}(a) \text{ teilt } k.$$

2.31 Ist G von endlicher Ordnung und e neutrales Element von G, so gilt für jedes $a \in G : a^{\mathrm{ord}(G)} = e$

2.32 Beweisen Sie:

(i) Ist G zyklisch, so ist G kommutativ.
(ii) Eine jede Gruppe von Primzahlordnung ist zyklisch.

2.33 Beweisen Sie: Es gibt bis auf Isomorphie genau 2 Gruppen der Ordnung 4, nämlich die Gruppe $\mathbf{Z}_4$ und die durch die Tafel 15 dargestellte sog. Kleinsche Vierergruppe.

2.4.3 Isomorphismen zwischen konjugierten Untergruppen

2.72 Definition Zwei Untergruppen U und V einer Gruppe $(G, \circ)$ heißen k o n j u - g i e r t , wenn es in G ein Element a gibt, so daß $U = aVa^{-1}$ gilt.

Entsprechend definiert man für Elemente u, w aus G: u und w heißen k o n j u g i e r t , wenn ein $g \in G$ existiert, so daß gilt: $u = g \circ w \circ g^{-1}$.

Der Leser überlegt sich leicht, daß diese beiden Relationen Äquivalenzrelationen sind. Es gilt nun der

2.73 Satz Sind U und V konjugierte Untergruppen einer Gruppe $(G, \circ)$ so gilt: $U \simeq V$.

B e w e i s . Da U und V konjugiert sind, gilt: Es gibt ein $a \in G$ mit $V = aUa^{-1}$. Mit Hilfe dieses Elementes $a \in G$ wird nun eine Abbildung f von U in V wie folgt definiert:

f(u) = aua^{-1} für alle u $\in$ U. Wegen V = aUa^{-1} gilt: f ist eine surjektive Abbildung von U auf V. Zum Nachweis der Injektivität von f nehmen wir an, es sei $au_1a^{-1} = au_2a^{-1}$; dann folgt: $a^{-1}(au_1a^{-1})a = a^{-1}(au_2a^{-1})a$; daraus ergibt sich:

$(a^{-1}a)u_1(a^{-1}a) = (a^{-1}a)u_2(a^{-1}a)$ und damit $u_1 = u_2$; also gilt die Implikation: $f(u_1) = f(u_2) \Rightarrow u_1 = u_2$ und damit die Injektivität von f. Weiterhin gilt: $f(u_1 \circ u_2) = a(u_1u_2)a^{-1} = a(u_1(a^{-1}a)u_2)a^{-1} = (au_1a^{-1})(au_2a^{-1}) = f(u_1) \circ f(u_2)$. Insgesamt gilt also: $U \simeq aUa^{-1} = V$. ∎

Wie man sich in Anlehnung an diesen Beweis sofort überlegt, ist φ_a: G $\longrightarrow$ G, x $\longmapsto axa^{-1}$ eine isomorphe Abbildung von (G, $\circ$) auf (G, $\circ$). Unter diesem Isomorphismus ist somit aUa^{-1} das Bild der Untergruppe (U, $\circ$) von (G, $\circ$) und deshalb selbst Untergruppe.

B e m e r k u n g . Ein Isomorphismus φ von einer Gruppe (G, $\circ$) auf sich heißt A u t o - m o r p h i s m u s . φ heißt i n n e r e r A u t o m o r p h i s m u s , wenn es ein a $\in$ G gibt, für das $\varphi_a = \varphi$ gilt.

Für gruppentheoretische Überlegungen von Bedeutung sind bei einer Untergruppe (U, $\circ$) einer Gruppe (G, $\circ$), falls sie nicht Normalteiler von (G, $\circ$) ist, häufig diejenigen Elemente a $\in$ G, für die aUa^{-1} = U gilt. Man definiert:

2.74 Definition Ist U eine Untergruppe von (G, $\circ$) und $N_G(U)$ die Menge aller a $\in$ G mit aUa^{-1} = U, so heißt $N_G(U)$ der N o r m a l i s a t o r v o n U i n G. Entsprechend heißt für ein Element g $\in$ G die Menge M = $\{m \in G: mgm^{-1} = g\}$ der N o r m a l i s a t o r v o n g $\in$ G.

B e m e r k u n g . Es gilt:

    1. $U \subset N_G(U)$
    2. $N_G(U)$ = G $\Leftrightarrow$ U ist Normalteiler.

Wir wollen die Bildung konjugierter Gruppen noch aus einer etwas anderen Sicht betrachten. Hierzu zunächst die folgende

2.75 Definition[1]) Es sei (G, $*$) eine Gruppe mit Elementen a, b, c, ... und M eine Menge mit Elementen α, β, γ, ... Weiter sei eine äußere Verknüpfung $\circ$: G x M $\longrightarrow$ M so definiert, daß die folgenden Bedingungen erfüllt sind:

    1. Für alle a, b $\in$ G und alle $\alpha \in$ M gilt: $a \circ (b \circ \alpha) = (a * b) \circ \alpha$
    2. Für alle $\alpha \in$ M gilt, wenn e das neutrale Element von G ist: $e \circ \alpha = \alpha$

Erfüllt eine Verknüpfung G x M $\longrightarrow$ M diese beiden Bedingungen, so sagt man: Die Gruppe G o p e r i e r t a u f d e r M e n g e M.

Aus der Sicht dieser Definition läßt sich das Bilden konjugierter Untergruppen wie folgt beschreiben: Es sei (G, $*$) eine Gruppe und M die Menge aller Untergruppen U von G. Durch $a \circ U =_{Df} aUa^{-1} = \{a * u * a^{-1}: u \in U\}$ für alle (a, U) $\in$ G x M wird dann eine äußere Verknüpfung G x M $\longrightarrow$ M definiert. Für diese Verknüpfung gilt:

---

[1]) Nach [23], S. 66

B   1. Für alle a, b $\in$ G und alle U $\in$ M:

$$a \circ (b \circ U) = a \circ (bUb^{-1}) = a(bUb^{-1})a^{-1}$$
$$= \{a * (b * u * b^{-1}) * a^{-1} : u \in U\}$$
$$= \{(a * b) * u * (b^{-1} * a^{-1}) : u \in U\}.$$
$$= \{(a * b) * u * (a * b)^{-1} : u \in U\}$$
$$= (a * b) \circ U;$$

damit ist die Bedingung 1 von Definition 2.75 erfüllt.

2. Ist e das neutrale Element von G, so gilt für alle U $\in$ M:

$$e \circ U = eUe^{-1} = U;$$

Die Bedingung 2 von Definition 2.75 ist demnach auch erfüllt.

Das Bilden der konjugierten Untergruppen von G bedeutet somit ein Operieren von G auf der Menge aller Untergruppen. Wie der Leser sich im Anschluß an Definition 2.72 überlegen sollte, ist die Relation „k o n j u g i e r t" eine Äquivalenzrelation. Durch das Operieren von G auf der Menge aller Untergruppen wird diese Menge deshalb in Äquivalenzklassen zerlegt. Daß j e d e s Operieren einer Gruppe G auf einer Menge M zu einer Partition von M in Äquivalenzklassen führt, überlegt man sich wie folgt: Es sei (G, $*$) eine Gruppe, die auf einer Menge M operiert. Setzen wir für alle $\alpha, \beta \in M : \alpha \sim \beta: \iff \bigvee_{a \in G} \beta = a \circ \alpha$, so ist $\sim$ eine Äquivalenzrelation auf M. Es gilt nämlich:

I. $\alpha \sim \alpha$, da $\alpha = e \circ \alpha$ (e bezeichnet das neutrale Element von (G, $*$).)

II. $\alpha \sim \beta \Rightarrow \bigvee_{a \in G} \beta = a \circ \alpha \Rightarrow \bigvee_{a \in G} a^{-1} \circ \beta = a^{-1} \circ (a \circ \alpha) \Rightarrow \bigvee_{a \in G} a^{-1} \circ \beta = \alpha \Rightarrow$

$\Rightarrow \beta \sim \alpha$

III. $\alpha \sim \beta \wedge \beta \sim \gamma \Rightarrow \bigvee_{a \in G} \beta = a \circ \alpha \wedge \bigvee_{b \in G} \gamma = b \circ \beta$

$\Rightarrow \bigvee_{a,b \in G} \gamma = b \circ (a \circ \alpha) = (b * a) \circ \alpha \Rightarrow \alpha \sim \gamma$

Damit gilt: Die Relation $\sim$ erzeugt auf M eine Partition. Man trifft in diesem Zusammenhang die folgende

2.76 Definition Operiert die Gruppe G auf der Menge M, so heißen die durch $\alpha \sim \beta \iff \bigvee_{a \in G} \beta = a \circ \alpha$ definierten Äquivalenzklassen von M T r a n s i t i v i t ä t s -

g e b i e t e oder B a h n e n.

Eine Bahn K(α) ist demnach die Klasse aller $\kappa \in M$, für die gilt: Es gibt ein a $\in$ G mit $\kappa = a \circ \alpha$. Es wird die Mächtigkeit einer Bahn, also $|K(\alpha)|$, gewöhnlich die L ä n g e d e r B a h n von α genannt. Die Menge aller zu einer Untergruppe U von G konjugierten Untergruppen von G läßt sich somit als Bahn von U beschreiben.

In Abschn. 2.4.1 haben wir uns überlegt, daß sich jede Permutation $\sigma \in \mathfrak{S}_n$ als Produkt elementfremder Zyklen schreiben läßt. Diese Aussage können wir jetzt mit Hilfe der

Begriffe „eine Gruppe G operiert auf einer Menge M" und „Bahn" auf eine recht ele-   **B**
gante Weise beweisen (in Anlehnung an [19]).

2.77 Satz Jede Permutation $\pi \in \mathfrak{S}_n$, $\pi \neq$ id, läßt sich als Produkt elementfremder
Zyklen schreiben.

B e w e i s . Es sei $\pi \in \mathfrak{S}_n$ und ord $(\pi) = m$. Dann gilt nach Satz 2.47:
$H = \{\pi^0, \ldots, \pi^{m-1}\}$ ist mit der Verknüpfung „$\circ$" von $\mathfrak{S}_n$ eine Untergruppe von $\mathfrak{S}_n$.
Wir betrachten nun die äußere Verknüpfung $*: H \times \{1, \ldots, n\} \longrightarrow \{1, \ldots, n\}$ mit
$(\pi^k, i) \longmapsto \pi^k(i)$ für alle $\pi^k \in H$ und alle $i \in \{1, \ldots, n\}$. Wir zeigen zunächst: $*$ ist eine
Operation von $(H, \circ)$ auf der Menge $\{1, \ldots, n\}$.
Sind π^ℓ und π^k Elemente aus H und ist $i \in \{1, \ldots, n\}$, so gilt: $\pi^\ell * (\pi^k * i) =$
$= \pi^\ell * \pi^k(i) = \pi^\ell(\pi^k(i)) = (\pi^\ell \circ \pi^k)(i) = (\pi^\ell \circ \pi^k) * i$. Damit ist die Bedingung 1
von Definition 2.75 erfüllt. Die Bedingung 2 von Definition 2.75 ist erfüllt, da für
die identische Permutation (= id) gilt: $\text{id} * i = \text{id}(i) = i$ für alle $i \in \{1, \ldots, n\}$. Wir betrachten nun die zu der Operation $*$ gehörenden Bahnen (Definition 2.76). Dazu wäh-
len wir $a_1, \ldots, a_r \in \{1, \ldots, n\}$ so, daß $H(a_1), \ldots, H(a_r)$ diese Bahnen sind, d. h.
daß gilt: Ist $i \in \{1, \ldots, n\}$, so gibt es genau ein $a_j \in \{a_1, \ldots, a_r\}$ und ein Element
$\pi^k \in H$, so daß $i = \pi^k * a_j$ ist. Für jedes $i \in \{1, \ldots, r\}$ gilt dann: $H(a_i) =$
$= \{\pi^k(a_i): k \in \{0, \ldots, m-1\}\}$.
Wir definieren nun Permutationen $\sigma_i \in \mathfrak{S}_n$ durch $\sigma_i(j) = \pi(j)$ für $j \in H(a_i)$ und $\sigma_i(j) = j$
für $j \notin H(a_i)$. Dann sind diese σ_i Zyklen und im Falle, daß $H(a_i)$ nur aus einem Element
besteht, ist $\sigma_i =$ id. Ohne Beschränkung der Allgemeinheit seien $H(a_1), \ldots, H(a_s)$ die
mehr als einelementigen Bahnen. Dann sind die $\sigma_1, \ldots, \sigma_s$ wegen der paarweisen Dis-
junktheit der Bahnen paarweise elementfremd. Können wir noch zeigen, daß
$\pi = \sigma_1 \circ \ldots \circ \sigma_s$ gilt, so ist alles bewiesen. Hierfür ist nachzuweisen, daß für alle
$x \in \{1, \ldots, n\}$ gilt: $\pi(x) = (\sigma_1 \circ \ldots \circ \sigma_s)(x)$.
Sei deshalb $x \in \{1, \ldots, n\}$. Dann gibt es genau eine Bahn $H(a_i)$, in der x liegt. Es gibt
also ein $k \in \{0, \ldots, m-1\}$, so daß gilt: $x = \pi^k(a_i)$. Somit ist $\sigma_i(x) = \sigma_i(\pi^k(a_i)) =$
$= \pi^{k+1}(a_i)$, sowie $\sigma_j(x) = x$ und $\sigma_j(\sigma_i(x)) = \sigma_i(x)$ für alle $j \neq i$ und $j \in \{1, \ldots, s\}$.
Also gilt: $(\sigma_1 \circ \ldots \circ \sigma_s)(x) = \sigma_i(x) = \sigma_i(\pi^k(a_i)) = \pi^{k+1}(a_i) = \pi(\pi^k(a_i)) = \pi(x)$. ∎

B e m e r k u n g . Die soeben bewiesene Produktdarstellung von $\pi \in \mathfrak{S}_n$ ist bis auf die
Reihenfolge der Faktoren eindeutig. Den Beweis hierfür überlassen wir dem Leser.

Übungen

2.34 Beweisen Sie: Ist U eine Untergruppe der Gruppe G und D der Durchschnitt aller
Konjugierten von U, so ist D ein Normalteiler von G.

2.35 Es sei g ein Element der Gruppe G und M der Normalisator von $g \in G$. Beweisen
Sie:

(i) M ist Untergruppe von G.
(ii) Die Kardinalzahl der Menge der Konjugierten von g ist gleich dem Index von M in G.

2.36 Es sei a ein Element aus dem Zentrum Z_G einer Gruppe G. Beweisen Sie, daß
dann die Klasse aller zu a konjugierten Elemente nur aus a besteht. Gilt auch die Umkehrung des Satzes?

B

2.37 Beweisen Sie: Ist g ein Element der endlichen Gruppe (G, ○), so ist die Anzahl der Konjugierten von g ein Teiler der Ordnung von G.

2.38 Definition Eine endliche Gruppe G heißt p - G r u p p e , wenn die Ordnung von G eine Potenz von p und p Primzahl ist.

Beweisen Sie: Ist G eine p-Gruppe und Z ihr Zentrum, dann ist $Z \neq \{e\}$, wobei e das neutrale Element von G ist.

C

2.5 Die Bedeutung homomorpher Abbildungen für den Erkenntnisprozeß

Wir haben bereits in Abschn. 2.1 einige für den mathematischen Schulstoff relevante Beispiele von Gruppoid- und Gruppenhomomorphismen angegeben. Die bereits erwähnte Arbeit von A. Kirsch „Gruppenhomomorphismen im mathematischen Schulstoff" [27] zeigt, daß im Mathematikunterricht beinahe auf jeder Altersstufe homomorphe Abbildungen Gegenstand des Mathematikunterrichtes sind, auch wenn sie nicht immer als solche behandelt werden. So kann z. B. die schon auf der Primarstufe zu behandelnde Distributivregel in $(\mathbf{N}, +, \cdot)$ als Homomorphieeigenschaft einer Abbildung h der Halbgruppe $(\mathbf{N}, +)$ in $(\mathbf{N}, +)$ gedeutet werden, wenn h: $\mathbf{N} \longrightarrow \mathbf{N}$ definiert wird durch $h(x) = a \cdot x$ für ein festes $a \in \mathbf{N}$. Dann gilt: $h(x_1 + x_2) = a \cdot (x_1 + x_2) = a \cdot x_1 + a \cdot x_2 = h(x_1) + h(x_2)$. Betrachtet man die Menge der reellen Zahlen ohne die Null, so läßt sich z. B. das Quadrieren als homomorphe Abbildung h der Gruppe $(\mathbf{R} \setminus \{0\}, \cdot)$ in $(\mathbf{R}^+, \cdot)$ beschreiben, da ja gilt $h(x \cdot y) = (x \cdot y)^2 = x^2 \cdot y^2 = h(x) \cdot h(y)$.

Ebenso läßt sich die Betragsbildung $x \longmapsto |x|$ als homomorphe Abbildung h von $(\mathbf{R} \setminus \{0\}, \cdot)$ in $(\mathbf{R}^+, \cdot)$ auffassen. Bekanntlich gilt hierfür: $h(x \cdot y) = |x \cdot y| = |x| \cdot |y| = h(x) \cdot h(y)$. Kirsch führt in der o. g. Arbeit 24 Beispiele für homomorphe Abbildungen aus der Algebra, der Analysis und der Geometrie an, die im Mathematikunterricht behandelt werden. Dieser Überblick zeigt, daß der Begriff homomorphe Abbildung eine für das mathematische Denken fundamentale Bedeutung eingenommen hat, so daß seine systematische Behandlung im Mathematikunterricht zu empfehlen ist. Anregungen zu einer solchen Behandlung gibt ebenfalls A. K i r s c h in einer Arbeit „Über die Veranschaulichung einfacher Gruppenhomomorphismen"[26]. In dieser Arbeit werden die Homomorphismen der zyklischen Gruppen mit Hilfe der Deckdrehungen regelmäßiger n-Ecke auf eine sehr anschauliche Weise entwickelt. Dabei beabsichtigt Kirsch, neben der Entwicklung wichtiger Begriffe wie Kern, Untergruppe, Bildgruppe, usw., zugleich einen Beitrag zum Verständnis des Gruppenhomomorphismus als Abstraktionsprozeß zu liefern. Wie Kirsch ausführt, handelt es sich dabei nicht (oder nicht nur) um das Abstrahieren von speziellen Eigenschaften der Elemente konkreter Gruppen, d. h. nicht um den Übergang zur abstrakten mathematischen Struktur. Vielmehr abstrahiert man jetzt innerhalb dieser Struktur nochmals, indem man sie durch Zusammenfassen von Elementen zu Klassen (den Nebenklassen des Kerns) vergröbert, wobei aber dafür gesorgt wird, daß die Klassen wieder eine Struktur gleichen Typs (nämlich die Faktorgruppe) bilden.

Somit wird durch den Umgang mit Gruppenhomomorphismen ein Abstraktionsprozeß in Gang gesetzt, in dem das Identifizieren der Gegenstände, d. h. das Zusammenfassen derselben zu einer Klasse, durch den gleichen funktionalen Bezug dieser Gegenstände

ausgelöst wird. Auf die Rolle, die einer solchen Abstraktion bei Prozessen der Begriffsbildung zukommen kann, haben O l v e r und H o r n s b y , Mitarbeiter von
J. S. B r u n e r , hingewiesen. Die Ergebnisse ihrer Untersuchungen der Rolle der
f u n k t i o n a l e n Ä q u i v a l e n z bei Identifizierungen hat D. R i n k e n s [49]
wie folgt zusammengefaßt: „Die funktionale Äquivalenz basiert auf der Verwendungs-
fähigkeit der betrachteten Objekte: das Kind identifiziert solche Dinge, mit denen es
dasselbe tut oder tun kann." Dabei nimmt die Häufigkeit der funktionalen Äquivalenz
vom 6. Lebensjahr an ständig zu — „von 49% aller Reaktionen bei Siebenjährigen bis
zu 73% im 20. Lebensjahr. Vor allem bei den jüngeren Kindern tritt der Funktionalis-
mus in egozentrischer Form auf. Das Kind unterscheidet nicht zwischen dem Gegenstand und den Handlungen, die es damit anstellen kann".

Nun kann die Beschäftigung mit Homomorphismen noch einen weiteren Beitrag zur
Entwicklung von Fähigkeiten liefern, die im Erkenntnisprozeß von Bedeutung sind. Wie
D i e n e s und J e e v e s [15] ausführen, handelt es sich beim Erkennen eines Isomorphismus zwischen zwei Strukturen um eine Art von T r a n s f e r . Dieser Fähigkeit
kommt bei der Entwicklung des scheinbaren Chaos unserer Umwelt insofern eine wichtige Funktion zu, als das erkennende Subjekt durch sie in die Lage versetzt wird, neue
Situationen durch das Schema einer bereits erkannten Struktur an seine Tätigkeit zu
assimilieren. Natürlich ist es für den Lehrer wichtig zu wissen, unter welchen Bedingungen Transfer zwischen Strukturen stattfindet. Dienes und Jeeves sind auch dieser Frage
nachgegangen. Die Ergebnisse ihrer Untersuchungen lassen erkennen, daß sowohl bei
Erwachsenen als auch bei Kindern Transfer nicht nur in der Richtung vom Einfachen
zum Komplizierten stattfindet, sondern auch in der umgekehrten Richtung. Dabei ist
besonders bei Kindern ein ausgesprochener Hang zum Partikularisieren festgestellt worden, also ein Hang, von komplizierten Aufgaben auszugehen und die einfacheren als in
die bereits bekannten komplizierten Strukturen eingebettete kennenzulernen. Diese Hinweise müssen im Rahmen dieses Buches genügen, um deutlich zu machen, daß die Beschäftigung mit Homomorphismen im Mathematikunterricht zur Entwicklung von Fähigkeiten beitragen kann, die im Erkenntnisprozeß eine wichtige Funktion innehaben.

3   Endliche Gruppen

3.1 Weiße Flecken

Wir haben im vorigen Kapitel bei der Behandlung spezieller Gruppenhomomorphismen
alle Gruppen von Primzahlordnung kennengelernt. Außerdem wissen wir, daß es genau
zwei Gruppen der Ordnung 4 gibt, nämlich die Kleinsche Vierergruppe und die Z_4. Damit sind uns für gewisse Ordnungen $n \in N$ die Gruppen dieser endlichen Ordnung bekannt. In diesem Paragraphen wollen wir für „kleine" natürliche Zahlen n die Gruppen
dieser Ordnung bestimmen. Diese Vorgehensweise ist aus zwei Gründen sinnvoll. Zum
einen spielen endliche Gruppen (kleiner Ordnung) im Unterricht eine ausgezeichnete

A Rolle, zum andern ist die Bestimmung aller Gruppen einer vorgegebenen Ordnung eine Aufgabe, die die Gruppentheoretiker in aller Welt auch heute noch beschäftigt und bisher nicht gelöst ist. Den Stand von 1977 der Untersuchungen in dieser Richtung schildert ein Artikel aus dem SPIEGEL [70], den wir wiedergeben. Zu seinem Verständnis sei erwähnt, daß eine Gruppe G mit mehr als einem Element e i n f a c h heißt, wenn sie außer G und $\{e\}$ (e bezeichne dabei das neutrale Element von G) keine Normalteiler besitzt. Uns ist bekannt, daß die Gruppen von Primzahlordnung einfach sind; ferner weiß man, daß jede einfache Gruppe ungerader Ordnung isomorph zu einer solchen ist. Problematisch ist die Bestimmung der einfachen Gruppen gerader Ordnung; hierauf verweist auch der unten zitierte Artikel, der eine Motivation für die weiteren Untersuchungen in diesem Paragraphen darstellt.

Weiße Flecken

Eines der bedeutendsten Ideengebäude der modernen Mathematik soll nun – nach anderthalb Jahrhunderten Forschung – abgeschlossen werden.

Als politischer Heißsporn wurde der junge Republikaner mehrfach eingekerkert. Und seinen wissenschaftlichen Ruhm begründete der Franzose Evariste Galois nicht minder ungestüm.

Schon als 18jähriger beschrieb der geniale Mathematiker den Kern einer Theorie der algebraischen Gleichungen. Sein Hauptwerk aber wurde zugleich sein Vermächtnis.

Am Abend des 30. Mai 1832 notierte Galois in fiebernder Hast auf 60 Seiten in einem Brief an einen Freund fundamentale Sätze eines neuartigen mathematischen Konzepts, der sogenannten Gruppentheorie. Tags darauf traf er sich in Paris zu einem Duell; er wurde dabei, 20 Jahre alt, getötet.

Was so stürmisch vor anderthalb Jahrhunderten begann, soll nun mit vereinter Anstrengung von rund 60 Experten in aller Welt vollendet werden: Für die Lösung der wohl wichtigsten Teilfrage der Gruppentheorie, die Bestimmung der „endlichen Gruppen", haben sich die darauf spezialisierten Mathematiker sogar eine Frist gesetzt – nur mehr fünf Jahre.

„Es wird dabei kein Hilfsmittel für Krebs abfallen", erklärte US-Professor Daniel Gorenstein. Aber der Abschluß eines bedeutenden Problems sei denn doch „ein großer Moment in der Geschichte der Mathematik".

Auch bisher schon hatte sich das von Galois mitbegründete Ideengebäude zu einem der fruchtbarsten mathematischen Arbeitsgebiete und zu einer Grundlage der modernen Naturwissenschaften entwickelt.

Nicht nur, daß sich damit algebraische und geometrische Strukturen gleicherweise fassen lassen. Die Gruppentheorie ist auch ein Schlüssel zur Quantenmechanik und zur Physik der Elementarteilchen, ein Hilfsmittel der Kristallographie wie der Kybernetik und der Codierungstheorie.

Nach gruppentheoretisch ermitteltem Code beispielsweise wurden die ersten Photos vom Mars zur Erde gefunkt. Solche Codes dienten allerdings auch Militärwissenschaftlern im Zweiten Weltkrieg, Muster für das Minenlegen zu entwickeln, so daß feindliche Schiffe mit großer Wahrscheinlichkeit auflaufen mußten.

Die rein mathematische Gruppentheorie jedoch blieb bis heute lückenhaft – eine Herausforderung für die Glasperlenspieler mathematischer Abstraktion. „Die Hauptaufgabe der Gruppentheorie ist ebenso einfach zu stellen wie schwer zu behandeln", heißt es etwa im „Fischer Lexikon Mathematik": „Man möchte alle Gruppen kennen."

Unter „Gruppe" verstehen die Mathematiker dabei eine Menge von Elementen, die sich auf streng definierte Weise miteinander verknüpfen lassen. Das können die Dezimalzahlen sein, verknüpft durch die Addition; es können Spiegelungen von geometrischen Figuren sein oder auch die Anordnungen der Atome in einem Molekül – interessant ist die jeweilige, mathematisch zu beschreibende Art der Verknüpfung.

Das für den Laien paradox anmutende Problem besteht nun gerade darin, die „einfach" genannten Gruppen zu bestimmen. Aus ihnen nämlich sind alle Gruppen aufgebaut. Noch vor einem Jahrzehnt schien dieses Problem unlösbar. „Man muß sich damit begnügen", konstatierte das „Fischer Lexikon" damals, „mit möglichst vielen Gruppen bekannt zu werden und bei einer konkret gegebenen Gruppe zu prüfen, ob sie in irgendeiner Weise aus solchen bekannten Gruppen aufgebaut ist."

Mittlerweile arbeiten jedoch insbesondere amerikanische Mathematiker, wie einst die Entdecker die weißen Flecken der Landkarten auszufüllen trachteten, mit optimistischem Sammeleifer an der Vollendung des Gruppen-Katalogs. „Die vorherrschende Meinung ist", berichtete die „New York Times" kürzlich, „daß man alle einfachen Gruppen nicht nur finden kann, sondern auch finden wird."

So hatte der französische Mathematiker Emile Mathieu 1861 fünf verwandte Gruppen beschrieben. Bis die sechste bekannt wurde, dauerte es genau ein Jahrhundert; seither aber ist diese Familie – mit Hilfe von Computer-Analysen – auf 26 Mitglieder angewachsen.

Die Wende beim Erschließen dieses schwierigen Gedanken-Terrains brachte eine Arbeit der US-Mathematiker John G. Thompson und Walter Feit, ein Standardwerk neuer, verfeinerter Methoden. Es lieferte auch die Erkenntnis, daß alle noch gesuchten einfachen Gruppen eine gerade Anzahl von Elementen haben.

Professor Gorenstein, der an der Rutgers University in New Brunswick (New Jersey) lehrt, hatte für den Gipfelsturm bereits 1972 ein 32-Stufen-Programm entworfen. Sein Kollege Michael Aschbacher vom California Institute of Technology verbesserte diesen Forschungsplan noch zu einer eleganten Strategie.

Mitunter helfen Zufall und Intuition weiter. Einer der bundesdeutschen Gruppentheoretiker, der Bielefelder Professor Bernd Fischer, fand 1969 bei einer Arbeit über ein scheinbar fernab liegendes Thema aus der Geometrie gleich drei der gesuchten Gruppen. Doch Gorenstein setzt auf seine Systematik. Nur noch vier oder fünf Stufen eines Programms seien zu bewältigen; und „wenn ich sage, daß wir es in fünf Jahren geschafft haben, meine ich: Wenn jemand ernsthaft diese fünf Stufen angeht, werden sie sich kaum als schwieriger erweisen als die 27 vorherigen".

Der mathematische Nachwuchs jedenfalls scheint seine Überzeugung zu teilen. Offenbar weil die Studenten erwarten, daß die derzeit forschenden Koryphäen ihr Ziel bald selber erreichen, so beobachtete Professor Fischer, „verlegen sich viele bereits auf Folgeprobleme".

Dieser Artikel läßt erkennen, daß das in der Einleitung zu diesem Paragraphen formulierte Problem der Bestimmung aller Gruppen einer vorgelegten Ordnung von nicht zu unterschätzender Schwierigkeit ist. Bereits zur Bestimmung aller Gruppen der Ordnung 6 ist es zweckmäßig, die theoretischen Kenntnisse zu vertiefen. Wir behandeln deshalb zunächst das sogenannte direkte Produkt von Gruppen und verfahren dabei in Anlehnung an [19].

B   3.2 Das direkte Produkt von Gruppen

Wir betrachten zunächst

3.1 Beispiel Wir gehen aus von den Gruppen Z_2 und Z_3, also von den zyklischen Gruppen der Ordnung 2 und der Ordnung 3. Sie sind bestimmt durch die folgenden Verknüpfungstafeln:

Tafel 16

$\circ$	e	d
e	e	d
d	d	e

$\circ$	n	a	b
n	n	a	b
a	a	b	n
b	b	n	a

Nun bilden wir das kartesische Produkt der Trägermengen von Z_2 und Z_3. Wir erhalten dann eine Menge

$$K = \{(e, n), (e, a), (e, b), (d, n), (d, a), (d, b)\}.$$

In K definieren wir die innere Verknüpfung

$$\cdot : K \times K \longrightarrow K$$

durch $((x_1, y_1), (x_2, y_2)) \longmapsto (x_1 x_2, y_1 y_2),$

wobei $x_1 x_2$ das Verknüpfungsergebnis von x_1 mit x_2 in Z_2 und $y_1 y_2$ das Verknüpfungsergebnis von y_1 mit y_2 in Z_3 bedeutet.

Wegen der Assoziativität der Verknüpfungen in Z_2 und Z_3 ist diese in K definierte Verknüpfung „·" ebenfalls assoziativ. Weiter gilt: Es gibt in $(K, \cdot)$ ein neutrales Element, nämlich (e, n), und zu jedem $(x, y) \in K$ ist (x^{-1}, y^{-1}) inverses Element, wobei x^{-1} invers zu x in Z_2 und y^{-1} invers zu y in Z_3 ist: $(K, \cdot)$ ist also eine Gruppe. Man nennt sie das **ä u ß e r e   d i r e k t e   P r o d u k t** der Gruppen Z_2 und Z_3 und schreibt: $(K, \cdot) = Z_2 \times Z_3$. Natürlich ist dieses Verfahren der Konstruktion einer Gruppe aus vorgegebenen Gruppen auf jede beliebige endliche Menge von Gruppen anwendbar. Es gilt

3.2 Satz Es seien $G_1, \ldots, G_n$ Gruppen und K das kartesische Produkt der Trägermengen dieser Gruppen. Dann ist K zusammen mit der inneren Verknüpfung

$$\cdot : K \times K \longrightarrow K,$$

definiert durch $((x_1, \ldots, x_n), (y_1, \ldots, y_n)) \longmapsto (x_1 y_1, \ldots, x_n y_n)$, eine Gruppe. Man nennt $(K, \cdot)$ das äußere direkte Produkt der Gruppen $G_1, \ldots, G_n$ und schreibt: $(K, \cdot) = G_1 \times \ldots \times G_n$.

Man beachte: Das Zeichen „×" wird sowohl für die Bildung des kartesischen Produktes von Mengen als auch für die Bildung des direkten Produktes von Gruppen verwandt.

In Unterscheidung zum äußeren direkten Produkt von Gruppen gibt es die Aussage „eine Gruppe G ist (i n n e r e s) d i r e k t e s P r o d u k t bestimmter Untergruppen". Wir bereiten die Definition dieses Begriffes durch ein Beispiel vor.

3.3 Beispiel Gegeben seien wiederum die zyklischen Gruppen Z_2 und Z_3 mit den wie im Beispiel 3.1 definierten Trägermengen $\{e, d\}$ und $\{n, a, b\}$. Es sollen nun Z_2 und Z_3 als Untergruppen von Z_6 aufgefaßt werden.

Die Trägermenge von Z_6 sei die Menge der Restklassen modulo 6 von Z. Dann ist die Gruppe Z_6 durch die Tafel 14 definiert. Identifizieren wir nun e und n mit $\bar{0}$, d mit $\bar{3}$, a mit $\bar{2}$ und b mit $\bar{4}$, so lassen sich in Z_6 d $\cdot$ b und d $\cdot$ a bilden, und wir erhalten schließlich in $\{e, d, a, b, da, db\}$ die durch die Tafel 17 bestimmte innere Verknüpfung.

Tafel 17

$\circ$	e	a	b	d	da	db
e	e	a	b	d	da	db
a	a	b	e	da	db	d
b	b	e	a	db	d	da
d	d	da	db	e	a	b
da	da	db	d	a	b	e
db	db	d	da	b	e	a

Durch diese Tafel ist ein zur Gruppe Z_6 isomorphes Verknüpfungsgebilde definiert, in dem da und db erzeugende Elemente und Z_2 und Z_3 Untergruppen sind. Durch $(x, y) \longmapsto xy$ für alle $(x, y) \in Z_2 \times Z_3$ (äußeres direktes Produkt von Z_2 und Z_3) ist eine Abbildung $f: Z_2 \times Z_3 \longrightarrow Z_6$ definiert. Diese Abbildung ist bijektiv, und es gilt

$$f((x_1, y_1) \cdot (x_2, y_2)) = f((x_1 x_2, y_1 y_2)) = x_1 x_2 y_1 y_2 =$$
$$= (x_1 y_1) \cdot (x_2 y_2) = f(x_1, y_1) \cdot f(x_2, y_2)$$

für alle Paare von Elementen aus $Z_2 \times Z_3$.

Durch $(x, y) \longmapsto xy$ ist also ein Isomorphismus zwischen $Z_2 \times Z_3$ und Z_6 definiert. Wir verallgemeinern dieses Beispiel zu der folgenden

3.4 Definition Ist $(G, \cdot)$ eine Gruppe und sind $U_1, \ldots, U_n$ Untergruppen von G, so heißt G das (i n n e r e) d i r e k t e P r o d u k t d e r U n t e r g r u p p e n $U_1, \ldots, U_n$, wenn die Abbildung $U_1 \times \ldots \times U_n \longrightarrow G$,

definiert durch

$$(a_1, \ldots, a_n) \longmapsto a_1 \cdot \ldots \cdot a_n,$$

ein Isomorphismus ist. Dabei ist $U_1 \times \ldots \times U_n$ das äußere direkte Produkt der Gruppen $U_1, \ldots, U_n$.

B e m e r k u n g e n . 1. Das Adjektiv „innere" wird in der Definition des direkten Produktes von Untergruppen gewöhnlich weggelassen.

2. Aus der in der Definition 3.4 geforderten Isomorphie von G und $U_1 \times \ldots \times U_n$ folgt unmittelbar: Ist eine endliche Gruppe G das direkte Produkt der Untergruppen $U_1, \ldots, U_n$, so gilt: $|G| = |U_1| \cdot \ldots \cdot |U_n|$. Mittels Definition 3.4 läßt sich nun der

B folgende Satz beweisen, der in der Literatur häufig zur Definition des direkten Produktes benutzt wird.

3.5 Satz Sind $U_1, \ldots, U_n$ $(n \geq 2)$ Untergruppen einer Gruppe $(G, \cdot)$ und ist e das neutrale Element von G, so ist G genau dann das direkte Produkt der Untergruppen $U_1, \ldots, U_n$, wenn gilt:

1. $a_i \cdot a_j = a_j \cdot a_i$ für alle $a_i \in U_i$, $a_j \in U_j$ und alle $i, j \in \{1, \ldots, n\}$ mit $i \neq j$.
2. $G = U_1 \cdot \ldots \cdot U_n = \{a_1 \cdot \ldots \cdot a_n \in G : a_i \in U_i, i \in \{1, \ldots, n\}\}$.
3. Ist $g \in G$ und $g = a_1 \cdot \ldots \cdot a_n = a_1^* \cdot \ldots \cdot a_n^*$ mit $a_i, a_i^* \in U_i$ für alle $i \in \{1, \ldots, n\}$, so gilt $a_i = a_i^*$; d. h. die Darstellung von g als Produkt $a_1 \cdot \ldots \cdot a_n$ mit $a_i \in U_i$ ist eindeutig.

B e w e i s . Es sei h die durch $h : (a_1, \ldots, a_n) \longmapsto a_1 \cdot \ldots \cdot a_n$ definierte Abbildung von $U_1 \times \ldots \times U_n$ in G.

a) Ist h surjektiv, so folgt unmittelbar: $G = U_1 \cdot \ldots \cdot U_n$; umgekehrt folgt aus $G = U_1 \cdot \ldots \cdot U_n$ sofort: h ist surjektiv. Bedingung 2 ist also genau dann erfüllt, wenn h surjektiv ist.

b) h sei ein Gruppenhomomorphismus, und es seien $a_i \in U_i$ und $a_j \in U_j$ mit $i, j \in \{1, \ldots, n\}$ und $i \neq j$. Ohne Beschränkung der Allgemeinheit können wir $i < j$ annehmen. Dann gilt, wenn e_i das neutrale Element von U_i und somit gleich e ist:

$$
\begin{aligned}
a_i \cdot a_j \\
&= h(e_1, \ldots, e_{i-1}, a_i, e_{i+1}, \ldots, e_n) \cdot h(e_1, \ldots, e_i, \ldots, e_{j-1}, a_j, e_{j+1}, \ldots, e_n) \\
&= h((e_1, \ldots, e_{i-1}, a_i, e_{i+1}, \ldots, e_n) \cdot (e_1, \ldots, e_i, \ldots, e_{j-1}, a_j, e_{j+1}, \ldots, e_n)) \\
&= h(e, \ldots, e, a_i, e, \ldots, e, a_j, e, \ldots, e) \\
&= h((e_1, \ldots, e_{j-1}, a_j, e_{j+1}, \ldots, e_n) \cdot (e_1, \ldots, e_{i-1}, a_i, e_{i+1}, \ldots, e_n)) \\
&= h(e_1, \ldots, e_{j-1}, a_j, e_{j+1}, \ldots, e_n) \cdot h(e_1, \ldots, e_{i-1}, a_i, e_{i+1}, \ldots, e_n) \\
&= a_j \cdot a_i.
\end{aligned}
$$

Gilt umgekehrt die Bedingung 1, so zeigt man durch vollständige Induktion, daß für $a_i, b_i \in U_i$ stets die Gleichung $(a_1 \cdot \ldots \cdot a_n) \cdot (b_1 \cdot \ldots \cdot b_n) = (a_1 \cdot b_1) \cdot \ldots \cdot (a_n \cdot b_n)$ richtig ist; sie besagt gerade, daß h ein Homomorphismus ist.

c) Es sei h injektiv und für $g \in G$ gelte $g = a_1 \cdot \ldots \cdot a_n = a_1^* \cdot \ldots \cdot a_n^*$. Dann folgt $(a_1, \ldots, a_n) = (a_1^*, \ldots, a_n^*)$ und damit $a_i = a_i^*$ für alle $i \in \{1, \ldots, n\}$. Es sei umgekehrt die Eigenschaft 3) erfüllt, und es sei $(a_1, \ldots, a_n) \neq (a_1^*, \ldots, a_n^*)$; dann gibt es ein $i \in \{1, \ldots, n\}$ mit $a_i \neq a_i^*$. Es folgt $a_1 \cdot \ldots \cdot a_n \neq a_1^* \cdot \ldots \cdot a_n^*$ und damit die Injektivität von h. ∎

1. B e m e r k u n g zu Satz 3.5. In Satz 3.5 kann die Bedingung 1 ersetzt werden durch die Bedingung: $U_1, \ldots, U_n$ sind Normalteiler von G.

B e w e i s . a) Sei $G \cong U_1 \times \ldots \times U_n$ und seien $x \in U_1$ and $a \in G$. Wie wir gezeigt haben, gilt dann: $G = U_1 \cdot \ldots \cdot U_n$. Daraus folgt: Es gibt Elemente $a_1 \in U_1, \ldots, a_n \in U_n$, so daß $a = a_1 \cdot \ldots \cdot a_n$ gilt. Damit erhalten wir

$$
a \, x \, a^{-1} = (a_1 \cdot \ldots \cdot a_n) \, x \, (a_1 \cdot \ldots \cdot a_n)^{-1} = (a_1 \cdot \ldots \cdot a_n) \, x \, (a_n^{-1} \cdot \ldots \cdot a_1^{-1}).
$$

Da $x \in U_1$, gilt wegen der Eigenschaft 1): $x \cdot a_i^{-1} = a_i^{-1} \cdot x$ für alle

$i \in \{2, \ldots, n\}$. Sukzessives Vertauschen von x mit diesen Elementen a_i^{-1} ergibt:
$(a_1 \cdot \ldots \cdot a_n) \, x \, (a_n^{-1} \cdot \ldots \cdot a_1^{-1}) = a_1 \, x \, a_1^{-1} \in U_1$. Das aber heißt: U_1 ist Normalteiler
von G. Für $x \in U_i$ mit $i > 1$ bringt man a_i durch sukzessives Vertauschen mit a_j, $j < i$,
an die erste Stelle der ersten Klammer und a_i^{-1} durch Vertauschen mit a_j^{-1}, $j < i$, an
die letzte Stelle der 2. Klammer und schließt dann analog zum 1. Schritt.

b) Ist $G = U_1 \, x \ldots x \, U_n$ und gilt für alle $k \in \{1, \ldots, n\}$, daß U_k ein Normalteiler von
G ist, so ist nun umgekehrt zu zeigen, daß für alle $i, j \in \{1, \ldots, n\}$ mit $i \neq j$ gilt: Sind
$a_i \in U_i$ und $a_j \in U_j$, so ist $a_i a_j = a_j a_i$. Wegen der Normalteilereigenschaft von U_j
gilt: $a_i a_j a_i^{-1} \in U_j$; daraus folgt: $(a_i a_j a_i^{-1}) \, a_j^{-1} \in U_j$; wegen der Normalteilereigenschaft von U_i gilt aber auch: $a_j a_i^{-1} a_j^{-1} \in U_i$ und damit $a_i(a_j a_i^{-1} a_j^{-1}) \in U_i$. Somit gilt:
$a_i a_j a_i^{-1} a_j^{-1} \in U_i \cap U_j$. Hätten wir nun noch die Gültigkeit von $U_i \cap U_j = \{e\}$, so ergäbe sich $a_i a_j a_i^{-1} a_j^{-1} = e$ und damit $(a_i a_j)(a_j a_i)^{-1} = e$ und somit die Gleichung
$a_i a_j = a_j a_i$, womit alles bewiesen wäre. Nehmen wir deshalb an es sei $x \in U_i \cap U_j$,
$i < j$ und $x \neq e$. Dann besitzt x zwei verschiedene Darstellungen als Produkt $u_1 \cdot \ldots \cdot u_n$
mit $u_k \in U_k$, nämlich:

$$x = e_1 \cdot \ldots \cdot e_{i-1} \cdot x \cdot e_{i+1} \cdot \ldots \cdot e_j \cdot \ldots \cdot e_n$$

und $$x = e_1 \cdot \ldots \cdot e_i \cdot \ldots \cdot e_{j-1} \cdot x \cdot e_{j+1} \cdot \ldots \cdot e_n,$$

wobei für alle $k \in \{1, \ldots, n\}$ e_k neutrales Element von U_k und damit gleich e ist. Aus
diesem Widerspruch zur Eigenschaft 3. folgt: $U_i \cap U_j = \{e\}$. Damit ist alles gezeigt. ∎

Diese letzten Überlegungen veranlassen uns zu der Frage, ob auch die Eigenschaft 3 des
Satzes 3.5 durch eine noch zu formulierende Schnittmengeneigenschaft ersetzt werden
kann. Wir beantworten sie durch eine

2. **B e m e r k u n g** zu Satz 3.5. Die Eigenschaft 3 ist ersetzbar durch die Beziehung:
Für alle $i \in \{1, \ldots, n\}$ gilt:

$$U_i \cap (U_1 \cdot \ldots \cdot U_{i-1} \cdot U_{i+1} \cdot \ldots \cdot U_n) = \{e\}.$$

B e w e i s. a) Aus der Gültigkeit der Eigenschaft 3 folgt zunächst $U_i \cap (U_1 \cdot \ldots \cdot U_{i-1} \cdot$
$U_{i+1} \cdot \ldots \cdot U_n) = \{e\}$. Denn angenommen es sei $a \in U_i \cap (U_1 \cdot \ldots \cdot U_{i-1} \cdot U_{i+1} \cdot \ldots \cdot U_n)$
und $a \neq e$. Dann läßt sich a darstellen durch $a = e_1 \cdot \ldots \cdot e_{i-1} \cdot a \cdot e_{i+1} \cdot \ldots \cdot e_n$ mit
$e_k = e$ und $a = x_1 \cdot \ldots \cdot x_{i-1} \cdot e \cdot x_{i+1} \cdot \ldots \cdot x_n$ mit $x_k \in U_k$ für alle $k \neq i$, im Widerspruch zur vorausgesetzten eindeutigen Darstellbarkeit. b) Wird umgekehrt
$U_i \cap (U_1 \cdot \ldots \cdot U_{i-1} \cdot U_{i+1} \cdot \ldots \cdot U_n) = \{e\}$ vorausgesetzt, so ergibt sich aus der Annahme der Existenz eines $a \in G$ mit $a = x_1 \cdot \ldots \cdot x_n = x_1^* \cdot \ldots \cdot x_n^*$ und $x_i, x_i^* \in U_i$ für
alle $i \in \{1, \ldots, n\}$ und $x_j \neq x_j^*$ für mindestens ein j die folgende Schlußkette:
Wegen der Eigenschaft 1 folgt zunächst die Gleichung

$$x_j \cdot (x_1 \cdot \ldots \cdot x_{j-1} \cdot x_{j+1} \cdot \ldots \cdot x_n) = x_j^* \cdot (x_1^* \cdot \ldots \cdot x_{j-1}^* \cdot x_{j+1}^* \cdot \ldots \cdot x_n^*).$$

Wegen $x_j \neq x_j^*$ folgt $x_j^{-1} \cdot x_j^* \neq e$; außerdem ist $x_j^{-1} \cdot x_j^* \in U_j$.
Somit erhalten wir die Gleichung

$$x_j^{-1} \cdot x_j^* \cdot (x_1^* \cdot \ldots \cdot x_{j-1}^* \cdot x_{j+1}^* \cdot \ldots \cdot x_n^*) = (x_1 \cdot \ldots \cdot x_{j-1} \cdot x_{j+1} \cdot \ldots \cdot x_n)$$

B   und damit

$$x_j^{-1} \cdot x_j^* = (x_1 \cdot \ldots \cdot x_{j-1} \cdot x_{j+1} \cdot \ldots \cdot x_n) \cdot (x_n^{*-1} \cdot \ldots \cdot x_{j+1}^{*-1} \cdot x_{j-1}^{*-1} \cdot \ldots \cdot x_1^{*-1}).$$

Wegen $x_k x_k^{*-1} \in U_k$ und der Gültigkeit der Eigenschaft 1 ergibt sich für $x_j^{-1} \cdot x_j^*$ eine Darstellung der folgenden Gestalt:

$$x_j^{-1} \cdot x_j^* = y_1 \cdot \ldots \cdot y_{j-1} \cdot y_{j+1} \cdot \ldots \cdot y_n$$

mit $y_k = x_k x_k^{*-1} \in U_k$ für alle $k \in \{1, \ldots, j-1, j+1, \ldots, n\}$. Daraus folgt wegen $x_j^{-1} \cdot x_j^* \in U_j : x_j^{-1} \cdot x_j^* \in U_j \cap (U_1 \cdot \ldots \cdot U_{j-1} \cdot U_{j+1} \cdot \ldots \cdot U_n)$.

Wegen $x_j^{-1} \cdot x_j^* \neq e$ erhalten wir somit einen Widerspruch zur Voraussetzung. Also gilt: Ist $a \in G$, so ist die Darstellung $a = x_1 \cdot \ldots \cdot x_n$ mit $x_i \in U_i$ eindeutig. ∎

Diese Ergebnisse fassen wir im folgenden Satz zusammen.

3.6 Satz Sind $U_1, \ldots, U_n$ $(n \geq 2)$ Untergruppen einer Gruppe $(G, \cdot)$ und ist e das neutrale Element von G, so ist G genau dann das direkte Produkt der Untergruppen $U_1, \ldots, U_n$, wenn gilt:

1. Die Untergruppen $U_1 \cdot \ldots \cdot U_n$ sind Normalteiler von G.
2. Es gilt $G = U_1 \cdot \ldots \cdot U_n$.
3. Es gilt $U_i \cap (U_1 \cdot \ldots \cdot U_{i-1} \cdot U_{i+1} \cdot \ldots \cdot U_n) = \{e\}$ für $1 \leq i \leq n$.

Übungen

3.1 Bilden Sie die äußeren direkten Produkte $\mathbf{Z}_2 \times \mathbf{Z}_2 \times \mathbf{Z}_2$ und $\mathbf{Z}_2 \times \mathbf{Z}_4$ und zeichnen Sie die Cayleygraphen dieser Gruppen.

3.2 Beweisen Sie: Sind $U_1, \ldots, U_n$ abelsche Untergruppen von G und ist $G = U_1 \times \ldots \times U_n$, so ist G ebenfalls abelsch.

3.3 Stellen Sie fest, ob die Gruppe $\mathfrak{S}_3$ das direkte Produkt zweier echter Untergruppen ist.

3.4 Es seien $G_1, \ldots, G_n$ Gruppen und für jedes $i \in \{1, \ldots, n\}$ sei e_i das neutrale Element von G_i. Ist G das äußere direkte Produkt der Gruppen $G_1, \ldots, G_n$ so gilt:
a) Für jedes $i \in \{1, \ldots, n\}$ ist $H_i =_{Df} \{(e_1, \ldots, e_{i-1}, a, e_{i+1}, \ldots, e_n): a \in G_i\}$ eine zu G_i isomorphe Untergruppe von G.
b) G ist das direkte Produkt der Untergruppen $H_1, \ldots, H_n$.

3.3 Gruppen der Ordnung 6

Um uns einen Überblick über die Gruppen der Ordnung 6 zu verschaffen, benötigen wir einen für die Theorie der abelschen Gruppen wichtigen Satz. Als sog. H a u p t s a t z ü b e r e n d l i c h   e r z e u g t e   a b e l s c h e   G r u p p e n gilt:

3.7 Satz Eine abelsche Gruppe G, die von endlich vielen Elementen erzeugt wird, ist das direkte Produkt zyklischer Untergruppen.

Der Beweis dieses Satzes erfolgt gewöhnlich mittels vollständiger Induktion. Da er jedoch relativ viel Aufwand erfordert, soll er hier nicht geführt werden, obwohl die bisher erarbeitete Theorie ausreicht, ihn zu führen. Der Leser, der ihn kennenlernen möchte, sei auf unsere Literaturangaben, z. B. auf [23], verwiesen.

Wir wenden die Aussage von Satz 3.7 an, um den folgenden Satz über die Anzahl der Gruppen der Ordnung 6 zu beweisen.

3.8 Satz Es gibt bis auf Isomorphie genau 2 Gruppen der Ordnung 6.

B e w e i s . α) Zunächst überlegen wir uns, welche abelschen Gruppen der Ordnung 6 existieren: Wir wissen bereits, daß Z_6 eine abelsche Gruppe der Ordnung 6 ist. Nehmen wir nun an, es sei $(G, \circ)$ eine weitere abelsche Gruppe der Ordnung 6. Wenden wir Satz 3.7 an, so muß G das direkte Produkt zyklischer Untergruppen sein. Da jedoch $Z_1 \times Z_6 = Z_6$ und nach Beispiel 3.3 auch $Z_2 \times Z_3$ isomorph zu Z_6 gilt, folgt: Es gibt keine abelsche Gruppe der Ordnung 6, die nicht isomorph zur Z_6 ist.

β) Es bleibt nun noch zu untersuchen, welche nicht-abelschen Gruppen der Ordnung 6 existieren. Durch die Tafel 13 ist bereits eine nicht-abelsche Gruppe der Ordnung 6, die sog. $\mathfrak{S}_3$-Gruppe, definiert worden. Wir werden sehen, daß es (bis auf Isomorphie) nur diese nicht-abelsche Gruppe der Ordnung 6 gibt. Sei also $(G, \circ)$ eine nicht-abelsche Gruppe mit $|G| = 6$. Wir überlegen uns zunächst, von welcher Ordnung die Elemente von G sein können. Da G nicht zyklisch ist, folgt: Es gibt kein Element der Ordnung 6. Nach Satz 2.48 gilt: Ist d die Ordnung eines Elementes $g \in G$, so gilt $d \mid 6$. Somit ergibt sich: Ist $g \neq e$ ein Element aus G, so gilt: ord $g = 2$ oder ord $g = 3$. Fragen wir uns, ob alle Elemente von G, die ungleich e sind, die Ordnung 2 besitzen können. Angenommen es wäre so, dann gilt für $a \neq e$ und $b \neq e$: $(a \circ b) \circ (a \circ b) = e$; es folgt:
$a \circ a \circ b \circ a \circ b \circ b = a \circ (a \circ b \circ a \circ b) \circ b = a \circ b$ und $a \circ a \circ b \circ a \circ b \circ b =$
$= (a \circ a) \circ (b \circ a) \circ (b \circ b) = b \circ a$, somit gilt: $a \circ b = b \circ a$. Im Widerspruch zur Voraussetzung hat sich ergeben: $(G, \circ)$ ist abelsch. Also muß es mindestens ein Element $a \in G$ der Ordnung 3 geben. Die von a erzeugte Untergruppe U von G hat deshalb die Ordnung 3 und ist somit von Index 2. Dann gilt für alle $g \in G$: $gU = Ug$; d. h. U ist ein Normalteiler in G (vgl. Übung 2.19). Sei $G/U = \{U, bU\}$ die Faktorgruppe von G nach U. Dann gilt: $(bU)^2 = b^2 U = U$ und $(bU)^3 = b^3 U = bU$; hieraus ergibt sich: b hat die Ordnung 2, da aus der Annahme, b habe die Ordnung 3, folgen würde: $b^3 U = U$ und damit $bU = U$ im Widerspruch zu $bU \neq U$. Da $U = \{e, a, a^2\}$ und $bU = \{b, ba, ba^2\}$ sind, besteht $G = U \cup bU$ aus den Elementen e, a, a^2, b, ba, ba^2. Wegen $a^3 = e$ und $b^2 = e$ ist eine Verknüpfungs-Tafel für G festgelegt, wenn wir ab kennen. Welche Möglichkeiten gibt es für ab?

α) Da $b \notin U$ folgt: $ab \neq a^k$.

β) Da $a \neq e$ folgt: $ab \neq b$.

γ) $ab \neq ba$, da sonst, wie man durch Nachrechnen sofort einsieht, G kommutativ wäre. Es bleibt somit nur noch die Möglichkeit, daß $ab = ba^2$ ist. Damit hat sich ergeben, daß es höchstens eine nicht-abelsche Gruppe der Ordnung 6 geben kann. Wir kennen die $\mathfrak{S}_3$-Gruppe als nicht-abelsche Gruppe der Ordnung 6. Also gibt es genau eine nicht-abelsche und genau eine abelsche Gruppe der Ordnung 6, d. h. die Gruppen $\mathfrak{S}_3$ und Z_6 sind die einzigen Gruppen der Ordnung 6. ∎

B 3.4 Gruppen der Ordnung 8

Der folgende Satz ist für die weiteren Untersuchungen von Wichtigkeit.

3.9 Satz Das direkte Produkt zweier endlicher zyklischer Gruppen der Ordnungen m und n ist zyklisch genau dann, wenn m und n teilerfremd sind. (Schreibweise: $(m, n) = 1$).
B e w e i s . a) Es seien G_1, G_2 zyklische, endliche Gruppen mit $|G_1| = m$ und $|G_2| = n$ und $(m, n) = 1$. g_1 sei ein erzeugendes Element von G_1 und g_2 ein erzeugendes Element von G_2. Dann ist (g_1, g_2) ein Element aus $G_1 \times G_2$ (äußeres direktes Produkt von G_1 und G_2). Ebenso sind $(g_1, g_2)^0$, $(g_1, g_2)^1 = (g_1, g_2), (g_1, g_2)^2, \ldots, (g_1, g_2)^{m \cdot n - 1}$ Elemente aus $G_1 \times G_2$. Offenbar ist dann $(g_1, g_2)^k = (g_1^k, g_2^k)$ für alle $k \in \mathbb{N}_0$; insbesondere ist $(g_1, g_2)^0 = (e_1, e_2)$, wobei e_i das neutrale Element in G_i bezeichnet. Sind die oben aufgeführten $m \cdot n$ Elemente paarweise verschieden, so ergibt sich unter Berücksichtigung von $|G_1 \times G_2| = m \cdot n : G_1 \times G_2$ ist zyklisch. Wir untersuchen deshalb, ob es unter diesen Elementen zwei mit verschiedenen Exponenten geben kann, die gleich sind. Angenommen es sei $(g_1, g_2)^s = (g_1, g_2)^r$ mit $0 \leqslant r \leqslant s < m \cdot n$.

Dann folgt: $(g_1^{s-r}, g_2^{s-r}) = (e_1, e_2)$ und damit $g_1^{s-r} = e_1$ und $g_2^{s-r} = e_2$. Nach Übung 2.30 und wegen $\operatorname{ord} g_1 = m$ und $\operatorname{ord} g_2 = n$ ergibt sich dann: $m \mid s-r$ und $n \mid s-r$. Hieraus und aus $(m, n) = 1$ folgt schließlich $m \cdot n \mid s-r$. Da $0 \leqslant r \leqslant s < m \cdot n$ ist, gilt $m \cdot n \mid s-r$ nur für den Fall $r = s$. Also gibt es unter den Elementen $(g_1, g_2)^0$, $(g_1, g_2)^1, \ldots, (g_1, g_2)^{m \cdot n - 1}$ keine zwei mit verschiedenen Exponenten, die gleich sind. (g_1, g_2) ist deshalb ein erzeugendes Element von $G_1 \times G_2$, d. h. $G_1 \times G_2$ ist zyklisch. b) Wir nehmen nun für die Ordnungen m und n der Gruppen G_1 und G_2 an, es sei $(m, n) = d > 1$. Dann gilt:

$$\frac{m \cdot n}{d} = \nu \in \mathbb{N} \quad \text{und} \quad \nu < m \cdot n.$$

Sind wiederum g_1 und g_2 erzeugende Elemente der Gruppen G_1 und G_2, so läßt sich jedes Element $(a, b) \in G_1 \times G_2$ darstellen in der Form (g_1^k, g_2^ℓ) mit $k, \ell \in \mathbb{Z}$. Dann gilt:

$$(g_1^k, g_2^\ell)^\nu = (g_1^{k\nu}, g_2^{\ell\nu}) = \left(g_1^{m\frac{k \cdot n}{d}}, g_2^{n\frac{\ell \cdot m}{d}} \right) = (e_1, e_2).$$

Aus dieser Beziehung und der Ungleichung $\nu < m \cdot n$ ergibt sich, daß $G_1 \times G_2$ kein einelementiges Erzeugendensystem besitzt, also nicht zyklisch ist. ∎

Dieser Satz impliziert: Ist $n \in \mathbb{N}$ und $p_1^{\alpha_1} \cdot p_2^{\alpha_2} \cdot \ldots \cdot p_r^{\alpha_r}$ die eindeutige Primfaktorzerlegung von n, so läßt sich $\mathbb{Z}_n$ darstellen als direktes Produkt von $\mathbb{Z}_{p_1^{\alpha_1}}, \mathbb{Z}_{p_2^{\alpha_2}}, \ldots,$ $\mathbb{Z}_{p_r^{\alpha_r}}$: Denn die $p_i^{\alpha_i}$ sind paarweise teilerfremd, so daß wiederholte Anwendung von Satz 3.9 ergibt: $\mathbb{Z}_{p_1^{\alpha_1}} \times \mathbb{Z}_{p_2^{\alpha_2}} \times \ldots \times \mathbb{Z}_{p_r^{\alpha_r}}$ ist zyklisch und somit bis auf Isomorphie gleich $\mathbb{Z}_n$. Diese Folgerung ergibt zusammen mit Satz 3.7 den

3.10 Satz Jede von $\{e\}$ verschiedene endliche abelsche Gruppe G ist das direkte Produkt zyklischer Untergruppen von Primzahlpotenzordnung.

B e m e r k u n g . Da jede der zyklischen Gruppen des direkten Produktes, welches G nach Satz 3.7 darstellt, als direktes Produkt zyklischer Gruppen von Primzahlpotenzordnung darstellbar ist, können in der endgültigen Darstellung von G als direktes Produkt zyklischer Gruppen mit Primzahlpotenzordnungen Gruppen auftreten, deren Ordnungen Potenzen der gleichen Primzahl sind.

B

Ist nun eine natürliche Zahl n vorgegeben, so lassen sich aufgrund dieses Satzes und der Bemerkung alle abelschen Gruppen dieser Ordnung n finden, wenn man alle direkten Produkte zyklischer Gruppen von Primzahlpotenzordnung $Z_{p_1^{\alpha_1}} \times Z_{p_2^{\alpha_2}} \times \ldots \times Z_{p_r^{\alpha_r}}$ mit $p_1^{\alpha_1} \cdot \ldots \cdot p_r^{\alpha_r} = n$ aufstellt, wobei $p_i = p_j$ sein kann. Die voneinander verschiedenen direkten Produkte liefern dann die gesuchten abelschen Gruppen. Dieses Verfahren auf den Fall n = 8 angewandt, ergibt: $Z_2 \times Z_2 \times Z_2 = G_1$, $Z_2 \times Z_4 = G_2$ und $Z_8 = G_3$ liefern alle abelschen Gruppen der Ordnung 8. Es bleibt allerdings noch zu untersuchen, ob die Gruppen G_1, G_2 und G_3 paarweise verschieden sind. Da G_1 und G_2 nicht zyklisch sind, folgt: G_3 ist verschieden von G_1 und von G_2. Weiter gilt: In $Z_2 \times Z_2 \times Z_2$ sind alle von e verschiedenen Elemente von der Ordnung 2; in $Z_2 \times Z_4$ gibt es mindestens ein Element, welches von der Ordnung 4 ist. Also gilt: $G_1 \neq G_2$. Damit ergibt sich

3.11 Satz Es gibt genau drei abelsche Gruppen der Ordnung 8, und zwar $Z_2 \times Z_2 \times Z_2$, $Z_2 \times Z_4$ und Z_8.

Von den nicht-abelschen Gruppen der Ordnung 8 kennen wir bereits die Gruppe D_4 (vgl. Übung 2.27). Es gibt nun noch eine weitere nicht-abelsche Gruppe der Ordnung 8, die sog. Quaternionengruppe. Um sie zu konstruieren, gehen wir aus von einer Menge G, deren Elemente die Symbole 1, −1, i, −i, j, −j, k und −k sind. In G definieren wir eine Verknüpfung wie in Tafel 18. Aus dieser Verknüpfungstafel ist ablesbar:

Tafel 18

	1	−1	i	−i	j	−j	k	−k
1	1	−1	i	−i	j	−j	k	−k
−1	−1	1	−i	i	−j	j	−k	k
i	i	−i	−1	1	k	−k	−j	j
−i	−i	i	1	−1	−k	k	j	−j
j	j	−j	−k	k	−1	1	i	−i
−j	−j	j	k	−k	1	−1	−i	i
k	k	−k	j	−j	−i	i	−1	1
−k	−k	k	−j	j	i	−i	1	−1

1. $\bigwedge_{g \in G}$ $1 \cdot g = g \cdot 1$; d. h. 1 ist neutrales Element.

2. $\bigwedge_{g \in G} \bigvee_{g^{-1} \in G}$ $g \cdot g^{-1} = g^{-1} \cdot g = 1$; d. h. zu jedem Element aus G existiert ein inverses Element.

3. Die Verknüpfung ist nicht kommutativ, da z. B. ij $\neq$ ji ist.

4. G besitzt nur ein Element der Ordnung 2, nämlich −1.

5. Zum Nachweis der Assoziativität ist es günstig, G bijektiv auf eine Menge M von Matrizen mit

B

$$M = \left\{ \ {\pm} \begin{pmatrix} 1 & 0 \\ 0 & 1 \end{pmatrix}, \ {\pm} \begin{pmatrix} i & 0 \\ 0 & -i \end{pmatrix}, \ {\pm} \begin{pmatrix} 0 & 1 \\ -1 & 0 \end{pmatrix}, \ {\pm} \begin{pmatrix} 0 & i \\ i & 0 \end{pmatrix} \right\}$$

abzubilden, wobei die komplexen Zahlen 0, ± 1, $\pm i$ Komponenten der Matrizen sind. Durch die folgenden Zuordnungen ist eine bijektive Abbildung f definiert:

$$1 \ \longmapsto \ \begin{pmatrix} 1 & 0 \\ 0 & 1 \end{pmatrix} \qquad j \ \longmapsto \ \begin{pmatrix} 0 & 1 \\ -1 & 0 \end{pmatrix}$$

$$-1 \ \longmapsto \ \begin{pmatrix} 1 & 0 \\ 0 & 1 \end{pmatrix} \qquad -j \ \longmapsto -\begin{pmatrix} 0 & 1 \\ -1 & 0 \end{pmatrix}$$

$$i \ \longmapsto \ \begin{pmatrix} i & 0 \\ 0 & -i \end{pmatrix} \qquad k \ \longmapsto \ \begin{pmatrix} 0 & i \\ i & 0 \end{pmatrix}$$

$$-i \ \longmapsto -\begin{pmatrix} i & 0 \\ 0 & -i \end{pmatrix} \qquad -k \ \longmapsto -\begin{pmatrix} 0 & i \\ i & 0 \end{pmatrix}$$

Daß diese Abbildung verknüpfungstreu ist, erkennt man, wenn man die Gleichung $f(x \cdot y) = f(x) \circ f(y)$ für die Paare aus $\{i, -i, j, -j, k, -k\} \times \{i, -i, j, -j, k, -k\}$ bestätigt, wobei in M die Multiplikation von Matrizen als Verknüpfung $\circ$ genommen wird.

Es gilt z. B.

$$f(k \cdot i) = f(j) = \begin{pmatrix} 0 & 1 \\ -1 & 0 \end{pmatrix} = \begin{pmatrix} 0 & i \\ i & 0 \end{pmatrix} \circ \begin{pmatrix} i & 0 \\ 0 & -i \end{pmatrix} = f(k) \circ f(i)$$

Durch Rechnungen dieser Art bestätigt man, daß $(G, \cdot) \simeq (M, \circ)$ ist. Da die Multiplikation von Matrizen assoziativ ist, folgt: Die Verknüpfung in G ist assoziativ. Insgesamt ergibt sich also: $(G, \circ)$ ist eine nicht-abelsche Gruppe der Ordnung 8. Diese Gruppe heißt Q u a t e r n i o n e n g r u p p e[1]). Da die Quaternionengruppe nur ein Element der Ordnung 2 besitzt, ist sie nicht isomorph zur ebenfalls nicht-abelschen Gruppe D_4.

Übung 3.5 Beweisen Sie, daß durch die Quaternionengruppe und D_4 alle nicht-abelschen Gruppen der Ordnung 8 gegeben sind. Führen Sie den Beweis in Anlehnung an den Beweis des Satzes 3.8.

3.5 Gruppen der Ordnung 9, 10 und 12

Mit Hilfe der zwei folgenden Sätze, die hier nicht bewiesen werden sollen, lassen sich nun sehr schnell auch die Gruppen der Ordnungen 9 und 10 bestimmen.

3.12 Satz Ist $p > 3$ eine Primzahl, so gibt es genau zwei Gruppen der Ordnung $2 \cdot p$, nämlich die Gruppen $Z_{2 \cdot p}$ und die Gruppe D_p.

---

[1]) Die Elemente von G wurden 1843 von dem irischen Mathematiker W. R. Hamilton entdeckt. Ihm gelang es, auf dem reellen 4-dimensionalen Vektorraum V_4, dessen Elemente Quaternionen genannt werden, eine multiplikative Struktur so zu definieren, daß $(V_4, +, \cdot)$ Schiefkörper wird. $1, i, j, k$ sind Einheitsvektoren von V_4.

B e w e i s . Vgl. H o r n f e c k [23]. ■

3.13 Satz Ist p eine Primzahl, so gibt es genau zwei Gruppen der Ordnung p^2, nämlich Z_{p^2} und $Z_p \times Z_p$.

B e w e i s . Vgl. H o r n f e c k [23]. ■

Also gilt für $p^2 = 9$: Die Gruppen Z_9 und $Z_3 \times Z_3$ sind die einzigen Gruppen der Ordnung 9. (Warum sind sie nicht isomorph?) Ist p = 5 und somit 2p = 10, so gilt wegen Satz 3.12: Z_{10} und D_5 sind die einzigen Gruppen der Ordnung 10. (Warum sind sie nicht isomorph?)

Wir wissen, daß es nur eine Gruppe der Ordnung 11 gibt. Um abschließend auch Gruppen der Ordnung 12 kennenzulernen, beweisen wir den folgenden Satz.

3.14 Satz Ist $\mathfrak{S}_n$ die symmetrische Gruppe vom Grad $n \geqslant 2$, so gibt es in ihr $\dfrac{n!}{2}$ gerade und damit auch $\dfrac{n!}{2}$ ungerade Permutationen.

B e w e i s . Wir wissen, daß durch das Signum von Permutationen eine Abbildung von $\mathfrak{S}_n$ auf $\{+1, -1\}$ definiert ist: sgn: $\mathfrak{S}_n \longrightarrow \{+1, -1\}$. Wir zeigen zunächst, daß die Abbildung sgn eine homomorphe Abbildung der Gruppe $\mathfrak{S}_n$ in die Gruppe $(\{+1, -1\}, \cdot)$ ist. Sind nämlich π_1, π_2 gerade Permutationen, so auch $\pi_2 \circ \pi_1$. Deshalb gilt:

$$\text{sgn } \pi_2 \cdot \text{sgn } \pi_1 = (+1) \cdot (+1) = +1 = \text{sgn } (\pi_2 \circ \pi_1).$$

Sind σ_1, σ_2 ungerade Permutationen, so ist $\sigma_2 \circ \sigma_1$ gerade. Somit gilt: sgn $\sigma_2 \cdot$ sgn $\sigma_1 =$ $= (-1) \cdot (-1) = +1 = \text{sgn } (\sigma_2 \circ \sigma_1)$. Sind die Permutationen π gerade und σ ungerade, so ist $\pi \circ \sigma$ ungerade. Deshalb gilt:

$$\text{sgn } \pi \cdot \text{sgn } \sigma = (+1) \cdot (-1) = -1 = \text{sgn } (\pi \circ \sigma).$$

Analog gilt für den Fall π ungerade und σ gerade: sgn $\pi \cdot$ sgn $\sigma = (-1) \cdot (+1) = -1 =$ $= \text{sgn } (\pi \circ \sigma)$.

Bezeichnen wir die Menge aller geraden Permutationen aus $\mathfrak{S}_n$ mit $\mathfrak{A}_n$, so gilt für die homomorphe Abbildung sgn: $\mathfrak{S}_n \longrightarrow \{+1, -1\}$: $\mathfrak{A}_n$ ist der Kern von sgn und damit Normalteiler von $\mathfrak{S}_n$. Betrachten wir nun die Faktorgruppe $\mathfrak{S}_n/\mathfrak{A}_n$. Ist $\sigma \in \mathfrak{S}_n$ ungerade, so gilt $\sigma \circ \mathfrak{A}_n \neq \mathfrak{A}_n$. Ist $\pi \in \mathfrak{S}_n$ gerade, so gilt $\pi \circ \mathfrak{A}_n = \mathfrak{A}_n$. Ist nun $\alpha \in \mathfrak{S}_n$ ungerade und $\alpha \neq \sigma$, so gilt: sgn $(\alpha^{-1} \circ \sigma) = \text{sgn } \alpha^{-1} \cdot \text{sgn } \sigma = (-1) \cdot (-1) = +1$ und damit $\alpha^{-1} \circ \sigma \in \mathfrak{A}_n$. Daraus folgt: $\sigma \in \alpha \circ \mathfrak{A}_n$ und deshalb $\sigma \circ \mathfrak{A}_n = \alpha \circ \mathfrak{A}_n$. Damit hat sich ergeben:

$$\mathfrak{S}_n/\mathfrak{A}_n = \{\mathfrak{A}_n, \sigma \circ \mathfrak{A}_n\}.$$

Aus ord $\mathfrak{S}_n = n!$ und ind $\mathfrak{A}_n = 2$ folgt nach dem Satz von Lagrange: ord $\mathfrak{A}_n = \dfrac{n!}{2}$. ■

Aus dem letzten Beweis hat sich mitergeben, daß $\mathfrak{A}_n$ Normalteiler von $\mathfrak{S}_n$ ist. Es gilt deshalb der

3.15 Satz Die Menge $\mathfrak{A}_n$ der geraden Permutationen aus $\mathfrak{S}_n$, $n \geqslant 2$, ist eine Untergruppe von $\mathfrak{S}_n$. $\mathfrak{A}_n$ heißt alternierende Gruppe vom Grad n.

B   Für n = 4 gilt also: Die Gruppe $\mathfrak{A}_4$ ist eine Untergruppe der Gruppe $\mathfrak{S}_4$ mit $|\mathfrak{A}_4| = 12$ Elementen.

Übungen

3.6 Beweisen Sie die Isomorphie der Gruppe $\mathfrak{A}_4$ mit der Gruppe aller Deckbewegungen eines Tetraeders im Raum. Die Gruppe $\mathfrak{A}_4$ heißt deshalb auch T e t r a e d e r - g r u p p e.

3.7 Zeigen Sie: Die Gruppe $\mathfrak{A}_4$ ist nicht kommutativ.

3.8 Beweisen Sie: Die Gruppe D_6 ist eine zur Gruppe $\mathfrak{A}_4$ nicht isomorphe nicht-abelsche Gruppe der Ordnung 12.

3.9 Welche abelschen Gruppen der Ordnung 12 gibt es?

3.10 Man zeige, daß die Gruppe D_6 das direkte Produkt von $\mathbf{Z}_2$ und $\mathfrak{S}_3$ ist.

Satz 3.15 und die Übungen 3.9 und 3.10 haben gezeigt, daß es mindestens vier verschiedene Gruppen der Ordnung 12 gibt. Darüber hinaus existiert noch genau eine weitere (nichtkommutative) Gruppe dieser Ordnung, die wir kurz beschreiben wollen.

3.16 Beispiel Es sei $\mathfrak{S}_{12}$ die symmetrische Gruppe vom Index 12. Wir betrachten die (Zyklendarstellung der) Permutationen

$$\alpha = \langle 1\ 2\ 3\ 4\ 5\ 6 \rangle \langle 7\ 8\ 9\ 10\ 11\ 12 \rangle$$

und $$\beta = \langle 1\ 7\ 4\ 10 \rangle \langle 3\ 11\ 6\ 8 \rangle \langle 2\ 12\ 5\ 9 \rangle.$$

Die Permutationen α und β erzeugen eine Untergruppe U von $\mathfrak{S}_{12}$; da $\mathfrak{S}_{12}$ eine endliche Gruppe ist, ist die von α und β erzeugte Untergruppe identisch mit dem von diesen Elementen erzeugten Untergruppoid. Dieses Untergruppoid besteht aus allen endlichen Produkten mit Faktoren α und β.

Durch elementare Rechnungen bestätigt man zunächst die Gleichungen (e bezeichne das neutrale Element in $\mathfrak{S}_{12}$)

$$\alpha^6 = e, \qquad \beta^4 = e, \qquad \alpha^5 \circ \beta = \beta \circ \alpha.$$

Die dritte Gleichung hat eine besondere Bedeutung; man entnimmt ihr, daß jedes endliche Produkt p mit Faktoren α und β auf die Form

$$p = \alpha^n \circ \beta^m \quad \text{mit} \quad n, m \in \mathbf{N}_0$$

gebracht werden kann, so daß $U = \{\alpha^n \circ \beta^m : n, m \in \mathbf{N}_0\}$ gilt. Wegen $\alpha^6 = \beta^4 = e$ sind ferner nur Produkte $\alpha^n \circ \beta^m$ mit $n \leq 5$ und $m \leq 3$ zu untersuchen. Es stellt sich heraus, daß unter diesen formal verschieden geschriebenen Elementen gleiche sind und daß das Erzeugnis U von α und β gerade

$$U = \{e, \alpha, \alpha^2, \alpha^3, \alpha^4, \alpha^5, \beta, \alpha \circ \beta, \alpha^2 \circ \beta, \alpha^3 \circ \beta, \alpha^4 \circ \beta, \alpha^5 \circ \beta\}$$

ist. Für die Ordnungen der Elemente von U gilt: α^3 hat die Ordnung 2, α^2 und α^4 haben die Ordnung 3, α und α^5 die Ordnung 6; die übrigen sechs Elemente haben sämtlich die Ordnung 4.

B e m e r k u n g . Die abschließenden Anmerkungen über die Ordnungen der Elemente   **B**
von U zeigen, daß U weder isomorph zur $\mathfrak{A}_4$ — in der $\mathfrak{A}_4$ existieren genau 8 Elemente
der Ordnung 3 — noch zur D_6 ist, denn allgemein gibt es in D_n mindestens n Elemente
der Ordnung 2. Also ist U tatsächlich eine weitere Gruppe der Ordnung 12, die nicht
isomorph zu den bisher bekannten ist. Wir verzichten hier auf den Beweis dafür, daß
uns mit Z_{12}, $Z_2 \times Z_6$, D_6, $\mathfrak{A}_4$ und U (bis auf Isomorphien) alle Gruppen der Ordnung 12
bekannt sind.

Übungen

3.11 Stellen Sie anhand der in Abschn. 2 und 3 erworbenen Kenntnisse tabellarisch
dar, welche paarweise nicht-isomorphen Gruppen der Ordnung 1 bis 14 existieren.

3.12 Bestimmen Sie alle abelschen Gruppen der Ordnungen 15 bis 20.

3.6 Endliche Gruppen als Gegenstand für Übungen des Mathematisierens und   **C**
Formalisierens [56]

Die Behandlung von Begriffen und Aussagen der Gruppentheorie im Mathematikunterricht läßt sich unter drei Lernziele subsumieren:

1. Traditionelle Stoffe des Mathematikunterrichts werden gruppentheoretisch beschrieben und strukturiert. Das geschieht insbesondere im Bereich der Geometrie (Abbildungs-
geometrie) und auf dem Gebiet der Zahlbereiche.

2. Die gruppentheoretische Betrachtungsweise mathematischer Objekte bildet eine
Grundlage, auf der neue Objekte (z. B. Vektorräume) konstruiert werden. Das geschieht
insbesondere im Bereich der linearen Algebra (Vektorrechnung) und im Bereich der
geometrischen Algebra [3].

3. Endliche Gruppen dienen als Gegenstände, an denen Übungen des Mathematisierens
und Axiomatisierens durchgeführt werden. So heißt es in einem Schulbuch für Gymnasien [34] sinngemäß: Die axiomatische Methode ist nicht nur in der Geometrie, sondern in jedem anderen Teilgebiet der Mathematik anwendbar. Ein Gebiet, welches über-
schaubarer ist als die Geometrie und auf dem man deshalb die axiomatische Methode
einfacher darlegen kann, ist die Gruppentheorie.

Wir sind der Meinung, daß dem zuletzt genannten Lernziel bei der Behandlung von
Gruppen im Mathematikunterricht eine hervorragende didaktische Bedeutung zukommt.
Bevor wir diese Meinung begründen, soll zunächst auf eine Konkretisierung dieses Lern-
zieles hingewiesen werden, die nach unserer Ansicht nicht geeignet ist, die Schüler zu
produktivem Denken anzuregen. Es handelt sich um die Benutzung der Gruppenaxiome
zum Nachweis trivialer Aussagen, z. B. der folgenden:

α) Das rechtsneutrale Element ist auch linksneutral.

β) Das neutrale Element ist zu sich selbst invers.

γ) Es gilt: $(a^{-1})^{-1} = a$ usw.

C   Wir haben beobachtet, daß Unterrichtsgegenstände dieser Art geeignet sind, den lebendigen Geist aus der Mathematik zu vertreiben und die Schüler zum bloßen Nachäffen anzuleiten. Kein Wunder, daß das Beweisen, das ja gelernt werden soll, gar nicht als ein solches begriffen wird. Daß es möglich ist, auch produktive und schöpferische Übungen des Mathematisierens und Axiomatisierens an endlichen Gruppen durchzuführen, zeigen in ausgezeichneter Weise Arbeiten, die von F r e u n d und S o r g e r [20] und von K i r s c h [24] zu diesem Thema geschrieben worden sind. In dem von H. D i t t m a n n herausgegebenen Schulbuch „Algebraische Strukturen und Gleichungen" [16] findet man ebenfalls eine Fülle von Anregungen zu einer fruchtbaren Arbeit mit diesem Gegenstand. Wie lassen sich nun Übungen des Mathematisierens und Axiomatisierens didaktisch rechtfertigen? Die Tatsache, daß die Wissenschaft Mathematik axiomatisch-deduktiv Theorien entwirft, ist sicher kein ausreichender didaktischer Rechtfertigungsgrund für eine Aufnahme dieses Gegenstandes in den Stoffplan. Nun ist aber der Schweizer Psychologe und Erkenntnistheoretiker Jean P i a g e t nicht müde geworden, immer wieder darauf hinzuweisen, daß die axiomatische Form der Mathematik als höchste Gleichgewichtsform der Intelligenz begriffen werden kann. Diese Auffassung ist eine Folgerung aus der sog. Äquilibrationstheorie. Dieser Theorie liegt die Grundvorstellung zugrunde, daß das Individuum in einem ständigen Wechselbezug mit seiner Umwelt lebt. Die Umwelt übt Zwänge, Forderungen, Widerstände auf das Individuum aus und wirkt, sich ständig verändernd, auf die Sinnesorgane des Individuums ein. Andererseits wirkt das Individuum auf die Umwelt zurück und auf sie ein, indem es versucht, sie in seinem Sinne zu verändern. Diese Wechselwirkung dient insgesamt dazu, Spannungsfälle zwischen Individuum und Umwelt auszugleichen, d. h., das Individuum ist bestrebt, seine Produkte, die Vorstellungsbilder und Schemata an die Umwelt anzupassen (Akkomodation) und umgekehrt die Umwelt seinen Bildern anzupassen (Assimilation). Dieser Prozeß der Adaption bezweckt schließlich die Herbeiführung von Gleichgewichtszuständen zwischen dem erkennenden Subjekt und den Gegenständen dieser Umwelt (vgl. [46], [69]).

Wenn nun Piaget das axiomatische Stadium als die höchste Stufe dieses Äquilibrationsprozesses ansieht, dann geschieht das, weil die axiomatischen Schemata wegen ihrer Abstraktheit, Allgemeinheit und Dezentriertheit von größter Anpassungsfähigkeit sind; sie sind, wie es bei Piaget heißt, jeder möglichen Erfahrung adäquat, so daß die axiomatische Denkweise von größter Mobilität und Flexibilität ist. Bezeichnet man die Erweiterung des Bildes der Wirklichkeit als Lernen, so ist axiomatisierte Mathematik ein gewisser Endzustand dieses Bildes, da unter dieses axiomatische Schema jede Form von Wirklichkeit subsumierbar sein kann.

Soll nun der genetische Prozeß zur Erreichung der höchsten Gleichgewichtsform des Denkens in der Schule eingeleitet werden, so gelangt dieser Prozeß keineswegs aus sich heraus zur ausgewogensten Form, sondern nur dann, wenn fundamentale Prinzipien der Endform schon in den genetischen Prozeß einfließen können. Mathematisieren, Formalisieren, lokales Ordnen, d. h. Herstellen lokaler, logischer Bezüge (Implikationen, Äquivalenzen), sind solche fundamentalen Prinzipien, die sich, wie wir meinen, am Gegenstand endlicher Gruppen in vorzüglicher Weise, d. h. altersgemäß, entwickeln lassen, und zwar von der konkret operativen Stufe über die Stufe der formalen Operationen bis hin zur axiomatischen Stufe.

C

3.7 Gruppoide – Übersicht und Gegenbeispiele

B

Unsere Untersuchungen über algebraische Strukturen mit nur einer Verknüpfung stehen nun vor ihrem Abschluß. Ausgangspunkt waren im Kapitel 1 einfache Verknüpfungsgebilde, die Gruppoide. An die Eigenschaften der in ihnen gegebenen Operationen wurden im Verlauf der Untersuchungen zunehmend stärkere Forderungen gestellt, die schließlich zur Definition der Gruppe und zum Begriff der abelschen Gruppe führten. In diesem Kapitel haben wir durch die Forderung der Endlichkeit der Trägermengen unsere Untersuchungen auf noch speziellere Strukturen eingeschränkt.

Dieser Weg, welcher auch innerhalb der heutigen Mathematik typisch für die Gewinnung zumindest halbwegs befriedigender Aussagen ist, soll in der folgenden Übersicht schematisch nachgezeichnet werden. Sind dabei zwei Strukturen durch Linien verbunden, so umfaßt die höher angeordnete Struktur die andere. So ist jede abelsche Gruppe sowohl eine Gruppe als auch eine kommutative Halbgruppe mit neutralem Element. Die Gegenbeispiele 3.17. ⑮ und 3.17. ⑯ zeigen, daß die Umkehrungen dieser Implikationen falsch sind. Auf gleicher Höhe eingetragene spezielle Gruppoidstrukturen stehen nicht in einer derartigen Beziehung.

Die folgende Beispielsammlung beweist, daß es sich bei den weiter unten stehenden Gruppoidstrukturen um wirkliche Spezialisierungen handelt; die in einem Kreis ○ angegebene Zahl verweist auf das entsprechende Gegenbeispiel.

3.17 Beispielsammlung (s. Fig. 21)

① (**N**, ggT).

② Das durch die folgende Tafel gelieferte Gruppoid G ist nicht assoziativ:

□	0	1	2	3	4
0	0	1	2	3	4
1	1	4	3	2	0
2	2	3	4	0	1
3	3	0	1	4	2
4	4	2	0	1	3

③ Das Gruppoid $(A^A, \circ)$ aus Beispiel 1.2.4 ist für eine Menge A mit mindestens zwei Elementen nicht kommutativ.

④ (**N**, +).

⑤ (2**N**, +).

⑥ (2**N**, +).

B

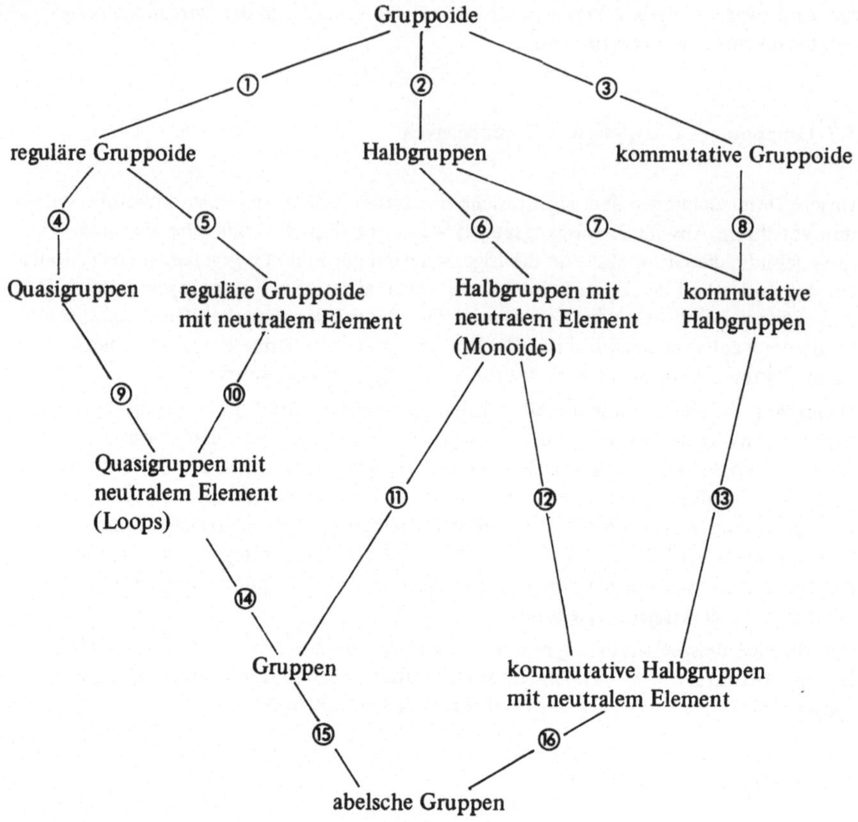

Gruppoide

① ② ③

reguläre Gruppoide   Halbgruppen   kommutative Gruppoide

④ ⑤   ⑥ ⑦ ⑧

Quasigruppen   reguläre Gruppoide   Halbgruppen mit   kommutative
               mit neutralem Element   neutralem Element   Halbgruppen
                                        (Monoide)

⑨ ⑩

Quasigruppen mit
neutralem Element   ⑪   ⑫   ⑬
(Loops)

⑭

Gruppen   kommutative Halbgruppen
                           mit neutralem Element

⑮   ⑯

abelsche Gruppen

Fig. 21   **Gruppoidstrukturen**

⑦ Vgl. Beispiel ③ .

⑧ Das durch die folgende Tafel gelieferte Gruppoid ist kommutativ, aber nicht assoziativ:

□	1	2	3
1	3	2	1
2	2	1	3
3	1	3	2

⑨ Vgl. Beispiel ⑧ .

⑩ $(\mathbf{N}_0, +)$.

⑪ $(\mathbf{N}_0, +)$.

⑫ $(A^A, \circ)$ aus Beispiel 1.2.4, wenn A mindestens zwei Elemente besitzt.   **B**

⑬ $(\mathbf{N}, +)$.

⑭ Vgl. Beispiel ② ; die eindeutige Lösbarkeit von Gleichungen des Typs $a \,\square\, x = b$ und $y \,\square\, a = b$ ist daraus erkennbar, daß jedes Element in jeder Zeile und in jeder Spalte genau einmal auftaucht. Wegen $(1 \,\square\, 2) \,\square\, 3 \neq 1 \,\square\, (2 \,\square\, 3)$ ist $(G, \square)$ keine Gruppe.

⑮ Die Menge der bijektiven Abbildungen einer mindestens dreielementigen Menge bildet bezüglich der Hintereinanderausführung von Abbildungen eine nicht-kommutative Gruppe.

⑯ $(\mathbf{N}_0, +)$.

Übungen

3.13 Verifizieren Sie die Behauptungen in den Beispielen ① bis ⑯.

3.14 Zeigen Sie, daß jedes Loop mit weniger als fünf Elementen eine abelsche Gruppe ist.

4 Ringe   **A**

Bisher haben wir uns explizit nur mit algebraischen Strukturen mit einer inneren Verknüpfung, den Gruppoiden, beschäftigt. Implizit ist dabei jedoch häufig auch von algebraischen Strukturen mit mehreren Verknüpfungen die Rede gewesen, ohne daß dieser Sachverhalt besonders hervorgehoben wurde oder Beziehungen zwischen den verschiedenen Verknüpfungen aufgedeckt wurden. Aus dem Oberstufenunterricht oder einer einführenden Vorlesung über Zahlbereiche dürfte aber bekannt sein, daß etwa die komplexen Zahlen $\mathbf{C}$, die reellen Zahlen $\mathbf{R}$, die rationalen Zahlen $\mathbf{Q}$, die ganzen Zahlen $\mathbf{Z}$ und die natürlichen Zahlen $\mathbf{N}$, also die Zahlbereiche des (fast) alltäglichen Lebens, zwei innere Verknüpfungen $+$ und $\cdot$ tragen, die im Vergleich mit dem in einem Gruppoid geltenden Axiom – der Abgeschlossenheit – recht starken Eigenschaften genügen. So liegen mit

$$(\mathbf{C}, +), (\mathbf{R}, +), (\mathbf{Q}, +) \text{ und } (\mathbf{Z}, +) \text{ kommutative Gruppen,}$$

mit $(\mathbf{N}, +)$ eine reguläre und kommutative Halbgruppe,

mit $(\mathbf{C}\backslash\{0\}, \cdot), (\mathbf{R}\backslash\{0\}, \cdot), (\mathbf{Q}\backslash\{0\}, \cdot)$ kommutative Gruppen

mit $(\mathbf{Z}\backslash\{0\}, \cdot)$ und $(\mathbf{N}, \cdot)$ reguläre und kommutative Halbgruppen

vor; darüber hinaus sind in allen Bereichen $+$ und $\cdot$ durch die Distributivgesetze miteinander verkoppelt, die besagen, daß für $a, b, c \in R$ ($= \mathbf{C}, \mathbf{R}, \mathbf{Q}, \mathbf{Z}, \mathbf{N}$) stets

$$a \cdot (b + c) = a \cdot b + a \cdot c$$

gilt und als Konsequenz der kommutativen Multiplikationen auch die Gleichung

$$(a + b) \cdot c = a \cdot c + b \cdot c$$

allgemeingültig ist.

A Derartige Strukturen mit zwei auf diese Weise in Beziehung gesetzten Verknüpfungen werden in den folgenden Kapiteln Gegenstand unserer Erörterungen sein. Zuvor beschäftigen wir uns in Abschn. 4.1 mit einem Zahlbereich, der eine Art des alltäglichen Rechnens beschreibt.

4.1 Abbrechende Dezimalzahlen

Schulbücher und Vorlesungen beschränken sich häufig darauf, die oben genannten Zahlbereiche einzuführen und ihre strukturellen Eigenschaften zu untersuchen; das alltägliche Rechnen wird durch die Untersuchung allein dieser Strukturen nicht erklärt. „Ebenso müßte man auch, will man nicht inkonsequent sein, deutlich werden lassen, daß die Gesetzmäßigkeiten der rationalen oder reellen Zahlen beim ‚praktischen' Rechnen oft nicht weiterhelfen. Denn nicht einmal mit unendlichen Dezimal- oder Dualbrüchen, den für Rechenzwecke wohl wichtigsten Repräsentanten, kann man Additionen oder Multiplikationen durchführen. Man ist gezwungen, sich auf Näherungswerte, etwa abbrechende Dezimalbrüche, zu beschränken." (vgl. B l a n k e n a g e l [7]). Diese Aussage trifft gleichermaßen für Handrechnungen, sogenannte Taschenrechner und aufwendigere Rechenanlagen zu und soll an einem einfachen Beispiel erläutert werden. Will man etwa für die reelle Zahl

$$\pi = 3{,}14159\ 2653\ \ldots\ ,$$

die sich nicht durch einen periodischen oder gar endlichen Dezimalbruch darstellen läßt, das Produkt $2 \cdot \pi$ numerisch angeben, so ist man gezwungen, sich auf endlich viele Stellen ihrer Dezimaldarstellung — etwa die oben angegebene — zu beschränken und davon ausgehend

$$2 \cdot \pi = 6{,}28318\ 5306\ \ldots$$

zu ermitteln. (Wir merken hier nur an, daß die Ziffernfolge für $2 \cdot \pi$ falsch ist; es gilt $\pi = 3{,}14159\ 26535\ \ldots$, also ist $2 \cdot \pi = 6{,}28318\ 53\underline{07}\ \ldots$). In Wirklichkeit haben wir die abbrechenden Dezimalzahlen 2 und 3,14159 2653 miteinander multipliziert und mit den Pünktchen gewisse Vermutungen angestellt, die jedoch nicht mehr als exakt zu bezeichnen sind.

Wenn wir auch das ‚praktische' Rechnen — besser gesagt, einen Weg des praktischen Rechnens — axiomatisch erklären und uns dabei der gleichen Exaktheit befleißigen wollen, die unsere Untersuchungen in den vorhergehenden Abschnitten geleitet hat, müssen wir eine neue Struktur einführen, die einerseits ‚hinreichend' wenig von den theoretischen Gebilden **C**, **R**, **Q**, **Z** abweicht und auf der anderen Seite möglichst viele der dort gegebenen Rechenregeln beibehält. Als Trägermenge dieser Struktur wählen wir die oben bereits erwähnten abbrechenden Dezimalzahlen, also spezielle rationale Zahlen; als Verknüpfungen betrachten wir die vom Rechnen in **Q** oder **R** bekannten Operationen + und $\cdot$. Wir fassen dies zusammen in

4.1 Definition Es sei

$$D =_{Df} \left\{ \frac{a}{10^n} \in Q : a \in Z \text{ und } n \in N_0 \right\}.$$

Ist d Element von **D**, so bezeichnen wir d als D e z i m a l z a h l (oder a b b r e -
c h e n d e n D e z i m a l b r u c h). Als Verknüpfungen + und · auf **D** definieren wir
die Einschränkungen der entsprechenden Verknüpfungen von **Q**.

Man bestätigt sofort — wir überlassen dies als Aufgabe dem Leser —, daß (**D**, +) ebenfalls eine abelsche Gruppe und (**D**, ·) eine kommutative Halbgruppe mit dem neutralen
Element $\dfrac{1}{10^0}$ ist. Darüber hinaus ist

$$h_1 : Z \to D \quad \text{mit } h_1(z) = \frac{z}{10^0}$$

ein injektiver Gruppoidhomomorphismus, und zwar sowohl zwischen (**Z**, +) und (**D**, +)
als auch zwischen (**Z**, ·) und (**D**, ·). Gleiches gilt für

$$h_2 : D \to Q \quad \text{mit } h_2(d) = d.$$

Mit (**D**, +) und (**D**, ·) haben wir zwei Strukturen gefunden, die sich wie folgt in die
bekannten Inklusionen einfügen:

$$(Z, +) \subset (D, +) \subset (Q, +) \qquad (Z, \cdot) \subset (D, \cdot) \subset (Q, \cdot)$$

Die verwendete Paarschreibweise in diesen Inklusionen ist dabei durch die Homomor-
phieeigenschaften von h_1 und h_2 gerechtfertigt; die Einschränkung der Verknüpfungen
von **Q** auf **D** liefert die Kompositionen in **D**, die Einschränkung der von **D** auf **Z** liefert die von **Z**. Man bestätigt sofort, daß beide in **D** definierten Operationen ebenfalls
über das Distributivgesetz

$$d_1 \cdot (d_2 + d_3) = d_1 \cdot d_2 + d_1 \cdot d_3$$

miteinander verkoppelt sind und auf diese Weise ein Rechenbereich entstanden ist, in dem
ähnlich wie in **Z** gerechnet werden darf.

Führt man die Strukturuntersuchungen von **D** fort, so ergibt sich, daß die Division
nicht uneingeschränkt durchführbar ist. So gibt es etwa zu $\dfrac{a}{10^n}$, $a \in Z$, $n \in N_0$, nur

genau dann ein bezüglich der Multiplikation inverses Element in **D**, wenn der Zähler
a in **Z** ein Teiler einer Zehnerpotenz ist. Für rationale Zahlen $q \neq 0$ gibt es aber stets
ein inverses Element in **Q**, und dies stellt einen wesentlichen Unterschied zwischen den
Strukturen **D** und **Q** dar.

Wir wollen uns hier auf die Betrachtung der elementaren algebraischen Eigenschaften
von **D** beschränken und nicht näher auf die Ordnungsstruktur und die topologische
Struktur eingehen, die von **Q** auf **D** übertragen werden. Eine interessante Darstellung
dieses Themenkreises insbesondere im Zusammenhang mit der Annäherung reeller Zahlen durch Elemente von **D** gibt B. W i n k e l m a n n [65].

A Dem Leser wird nicht entgangen sein, daß man beim praktischen Rechnen nicht immer so verfährt, wie es die in **D** gegebenen Operationen vorschreiben; insbesondere bei Multiplikationen beschränkt man sich häufig darauf, das Ergebnis zum Beispiel „auf zwei Stellen nach dem Komma" zu ermitteln und die Rechnung dann abzubrechen oder aber Rundungen vorzunehmen. Versucht man, diese Art des Rechnens axiomatisch, d. h. durch algebraische Strukturen, zu beschreiben, so stößt man auf überraschende Sachverhalte wie etwa auf den, daß beim Multiplizieren abgebrochener Dezimalzahlen nicht mehr mit der Gültigkeit des Assoziativgesetzes gerechnet werden darf oder auf die Tatsache, daß die Distributivgesetze nicht mehr gelten. J. B l a n k e n a g e l [7] versucht in seiner Arbeit „Zum Rechnen mit Näherungszahlen", einen Überblick über diese Eigentümlichkeiten zu geben. Uns sollen im folgenden nur die abbrechenden Dezimalzahlen **D**, die erwähnten Abweichungen zwischen **D** und **Q**, aber auch die offenkundigen Gemeinsamkeiten zwischen **Z** und **D** interessieren. Wir fassen letztere am Beginn des folgenden Abschnitts in der Definition eines Ringes zusammen.

B **4.2 Grundlegende Begriffe und Regeln für das Rechnen in Ringen**

In diesem Abschnitt werden wir elementare Begriffsbildungen vornehmen und uns anhand einer Reihe von Beispielen mit den Axiomen eines Rings und den Rechenregeln, die in Ringen gelten, vertraut machen. Dabei ergeben sich bereits erste Untersuchungen über die feinere Struktur von Ringen, die in Analogie zu den entsprechenden Untersuchungen über Gruppoide stehen und durch den Hinweis auf die unterschiedlichen multiplikativen Strukturen von **D** und **Q** bereits angedeutet wurden. Wir merken noch einmal an, daß wir im folgenden die Kenntnis der Zahlbereiche **N**, **Z**, **D**, **Q**, **R** und **C**, das Rechnen in ihnen und die in **N**, **Z**, **Q**, **D** und **R** gegebenen Ordungsrelationen „$\leqq$" und „$<$" als bekannt voraussetzen.

Wir wollen nun von den jeweiligen Besonderheiten der in Abschnitt 4.1 erwähnten Strukturen absehen und die uns bereits bekannten strukturellen Gemeinsamkeiten zusammenfassen in der folgenden

4.2 Definition Eine algebraische Struktur $(R, +, \cdot)$ mit mindestens einem Element sowie einer additiv und einer multiplikativ geschriebenen Verknüpfung heißt R i n g , wenn gilt:

(i) $(R, +)$ ist eine abelsche Gruppe.

(ii) $(R, \cdot)$ ist eine Halbgruppe.

(iii) Für $a, b, c \in R$ gelten die D i s t r i b u t i v g e s e t z e

$$a \cdot (b + c) = (a \cdot b) + (a \cdot c)$$

und $(a + b) \cdot c = (a \cdot c) + (b \cdot c)$.

(Wir vereinbaren, daß die Multiplikation stärker bindet als die Addition, wir die Klammern auf der rechten Seite in (iii) also weglassen dürfen.)

B

Ist $(R, \cdot)$ eine kommutative Halbgruppe, so heißt $(R, +, \cdot)$ k o m m u t a t i v e r
R i n g . Ist $(R, \cdot)$ eine Halbgruppe mit neutralem Element 1, so heißt $(R, +, \cdot)$ R i n g
m i t E i n s . Die 1 wird als E i n s e l e m e n t von $(R, +, \cdot)$ bezeichnet. Zur Vereinfachung der Schreibweise werden wir statt $(R, +, \cdot)$ meist einfach R schreiben, wenn
die zu betrachtenden Verknüpfungen + und · außer Frage stehen.

Die algebraischen Strukturen $(\mathbf{N}_0, +, \cdot)$ und $(\mathbf{N}, +, \cdot)$ genügen nicht den Eigenschaften
eines Ringes; $(\mathbf{N}_0, +)$ und $(\mathbf{N}, +)$ sind Halbgruppen, aber keine Gruppen. Es gibt weitere algebraische Strukturen mit zwei Verknüpfungen, die nicht den starken Bedingungen
genügen, die in Definition 4.2 gefordert sind. Wir benennen sie in

4.3 Definition Eine algebraische Struktur $(S, +, \cdot)$ mit mindestens einem Element sowie
einer additiv und einer multiplikativ geschriebenen Verknüpfung heißt S e m i r i n g ,
wenn gilt:

(i) $(S, +)$ ist eine abelsche Halbgruppe.

(ii) $(S, \cdot)$ ist eine Halbgruppe.

(iii) Es gelten beide Distributivgesetze.

Natürlich ist jeder Ring ein Semiring; einige Beispiele für Semiringe, welche keine Ringe
sind, werden wir unten kennenlernen.

Die oben genannten Zahlbereiche stellen nur die Standardbeispiele für Semiringstruktu-
ren dar; in den folgenden Abschnitten werden uns weitere Semiringe und Ringe begegnen. Insbesondere werden wir dabei immer wieder aus uns bereits geläufigen Objekten
Semiringe konstruieren. Einen Anhaltspunkt dafür, wie dies geschehen kann, liefern
auch die folgenden

4.4 Beispiele

1. $(\mathbf{N}, +, \cdot)$ und $(\mathbf{N}_0, +, \cdot)$ sind Semiringe, jedoch keine Ringe.

2. $(\mathbf{Z}, +, \cdot)$, $(\mathbf{D}, +, \cdot)$, $(\mathbf{Q}, +, \cdot)$, $(\mathbf{R}, +, \cdot)$ und $(\mathbf{C}, +, \cdot)$ bilden sämtlich kommutative
Ringe mit Eins.

3. Ist $k \in \mathbf{N}$ fest gewählt, so bildet

$$k \cdot \mathbf{Z} =_{\text{Df}} \{k \cdot z : z \in \mathbf{Z}\}$$

mit den Operationen von $(\mathbf{Z}, +, \cdot)$ einen kommutativen Ring, der nur für $k = 1$ und
$k = 0$ ein Ring mit Eins ist.

4. Der N u l l r i n g (also der nur aus einem Element 0 bestehende Ring) bildet mit
den einzig möglichen inneren Verknüpfungen + und · einen kommutativen Ring mit
Eins.

5. Die in Beispiel 2.17 behandelte Menge der Restklassen modulo einer natürlichen
Zahl m sei fortan mit $\mathbf{Z}_m$ bezeichnet; man vergleiche hierzu die Anmerkungen vor
Satz 2.69. $\mathbf{Z}_m$ läßt sich gemäß Satz 2.20 mit zwei abgeleiteten Verknüpfungen $\oplus$
und $\odot$ versehen; man sieht leicht ein, daß $(\mathbf{Z}_m, \oplus)$ eine abelsche Gruppe ist, daß
$(\mathbf{Z}_m, \odot)$ eine kommutative Halbgruppe mit neutralem Element ist und daß die Distri-

B butivgesetze gelten. $(\mathbf{Z}_m, \oplus, \odot)$ ist also ein kommutativer Ring mit Eins; er heißt
R e s t k l a s s e n r i n g   m o d u l o   m.
Als Beispiel geben wir die Verknüpfungstafeln von $\mathbf{Z}_4$ und $\mathbf{Z}_5$ (Tafel 19) an. Wir bezeichnen dabei die Klasse K_i einfach mit i.

Tafel 19

$\mathbf{Z}_4$

$\oplus$	0	1	2	3
0	0	1	2	3
1	1	2	3	0
2	2	3	0	1
3	3	0	1	2

$\odot$	0	1	2	3
0	0	0	0	0
1	0	1	2	3
2	0	2	0	2
3	0	3	2	1

$\mathbf{Z}_5$

$\oplus$	0	1	2	3	4
0	0	1	2	3	4
1	1	2	3	4	0
2	2	3	4	0	1
3	3	4	0	1	2
4	4	0	1	2	3

$\odot$	0	1	2	3	4
0	0	0	0	0	0
1	0	1	2	3	4
2	0	2	4	1	3
3	0	3	1	4	2
4	0	4	3	2	1

6. Es sei R ein Ring und

$$M_2 =_{Df} \{A = (a_{11}, a_{12}, a_{21}, a_{22}) : a_{ij} \in R\}.$$

Wir schreiben die Elemente $A \in M_2$ in der Form

$$A = \begin{pmatrix} a_{11} & a_{12} \\ a_{21} & a_{22} \end{pmatrix}$$

und nennen ein so dargestelltes Element (2×2) - M a t r i x   m i t   E l e m e n t e n
a u s R. M_2 ist mit den unten festgelegten Verknüpfungen $+_M$ und $\cdot_M$ („Matrizenaddition" und „Matrizenmultiplikation") ein Ring, der zum Beispiel im Fall $R = \mathbf{Z}$ ein
Einselement besitzt, aber nicht kommutativ ist.
Für $A, B \in M_2$ sei

$$A +_M B = \begin{pmatrix} a_{11} & a_{12} \\ a_{21} & a_{22} \end{pmatrix} +_M \begin{pmatrix} b_{11} & b_{12} \\ b_{21} & b_{22} \end{pmatrix} =_{Df} \begin{pmatrix} a_{11} + b_{11} & a_{12} + b_{12} \\ a_{21} + b_{21} & a_{22} + b_{22} \end{pmatrix}$$

und

$$A \cdot_M B =_{Df} \begin{pmatrix} a_{11}b_{11} + a_{12}b_{21} & a_{11}b_{12} + a_{12}b_{22} \\ a_{21}b_{11} + a_{22}b_{21} & a_{21}b_{12} + a_{22}b_{22} \end{pmatrix}.$$

$(M_2, +_M, \cdot_M)$ heißt **R i n g   d e r   (2 x 2) - M a t r i z e n   m i t   E l e m e n t e n   a u s** R.

7. Der soeben beschriebene Prozeß zur Konstruktion von Matrizenringen läßt sich in naheliegender Weise verallgemeinern. Ist R ein Ring, so kann man für $n \in \mathbf{N}$ Zahlenschemata der Form

$$A = \begin{pmatrix} a_{11} & \cdots & a_{1n} \\ \vdots & & \vdots \\ a_{n1} & \cdots & a_{nn} \end{pmatrix}, \qquad a_{ij} \in R \text{ für } 1 \leqslant i, j \leqslant n,$$

betrachten. Die Menge all dieser Schemata, die wir nun **(n x n) - M a t r i z e n** nennen wollen, bildet mit den unten definierten Verknüpfungen den **R i n g   d e r   (n x n) - M a t r i z e n   m i t   E l e m e n t e n   a u s** R und wird gewöhnlich mit M_n bezeichnet. Schreiben wir ein Schema der obigen Form der Kürze halber in der Form $A = (a_{ij})_{1 \leqslant i, j \leqslant n}$ oder einfach $A = (a_{ij})$, so sei für $A, B \in M_n$

$$A +_M B = (a_{ij}) +_M (b_{ij}) =_{Df} (a_{ij} + b_{ij})$$

und

$$A \cdot_M B = (a_{ij}) \cdot_M (b_{ij}) =_{Df} (c_{ij}) \text{ mit } c_{ij} = \sum_{k=1}^{n} a_{ik} \cdot b_{kj}.$$

Obwohl wir im folgenden Matrizenringe nur noch in Beispielen und Übungen betrachten werden, sei daran erinnert, daß sie in der Linearen Algebra bei der Lösung linearer Gleichungssysteme eine zentrale Rolle spielen. Man vergleiche dazu etwa das Buch von H.-J. K o w a l s k y [29].

Wir wollen anhand eines weiteren Beispiels aufzeigen, daß es neben dem Ring in Beispiel 4.4.4 weitere „kleine" Ringe gibt, deren Eigenschaften man tabellarisch erfassen kann. Wie bei endlichen Gruppoiden, so kann man auch bei endlichen Ringen (prinzipiell) die Verknüpfungsergebnisse in Tafeln darstellen. Hier benötigen wir natürlich zwei Tafeln, nämlich je eine für + und $\cdot$. Dies sei verdeutlicht in

4.5 Beispiel Es sei $(R, +)$ die (bis auf Isomorphie) eindeutig bestimmte (abelsche) Gruppe mit der Trägermenge $\{0, a\}$. Die Gruppentafel hat dann die Gestalt

+	0	a
0	0	a
a	a	0

Wir wollen versuchen, auf R eine Verknüpfung $\cdot$ so zu definieren, daß $(R, +, \cdot)$ zu einem Ring wird. Wir haben also dafür zu sorgen, daß mit $(R, \cdot)$ eine Halbgruppe entsteht und daß die Distributivgesetze gelten. Setzt man deren Gültigkeit voraus, so ist

$$0 \cdot 0 = 0 \cdot (0 + 0) = 0 \cdot 0 + 0 \cdot 0 \ .$$

B   Indem wir $0 \cdot 0$ (das uns noch nicht bekannt ist) auf beiden Seiten abziehen (wir rechnen dabei in der abelschen Gruppe $(R, +)$.), erhalten wir $0 = 0 \cdot 0$. Auf die gleiche Weise bekommt man

$$a \cdot 0 = a \cdot (0 + 0) = a \cdot 0 + a \cdot 0 ,$$

also ist notwendig $0 = a \cdot 0$. Da auch das zweite Distributivgesetz gelten soll, ist notwendig auch $0 = 0 \cdot a$. Wenn die Distributivgesetze erfüllt sein sollen, erhält die Multiplikationstafel also notwendig die Gestalt

$\cdot$	0	a
0	0	0
a	0	

,

und wir haben lediglich noch das Produkt $a \cdot a$ festzulegen. Setzen wir einfach $a \cdot a =_{Df} 0$, so ist $(R, +, \cdot)$ sicher ein Ring. Wir wollen überprüfen, ob $(R, +, \cdot)$ auch ein Ring wird, wenn wir als Produkt von a mit sich a definieren. Sicher ist auch in diesem Fall $(R, \cdot)$ abgeschlossen und sicher gilt für alle Produkte, in denen mindestens einmal die 0 auftaucht, das Assoziativgesetz. Da $a = a \cdot (a \cdot a) = (a \cdot a) \cdot a = a$ ist, wird $(R, \cdot)$ eine Halbgruppe, die mit a sogar ein neutrales Element besitzt und kommutativ ist. Offenbar brauchen wir also nur die Gültigkeit eines Distributivgesetzes nachzuweisen. Die Überprüfung der acht zu untersuchenden Fälle sei dem Leser überlassen. Resultat ist, daß es (bis auf Isomorphie) genau zwei Ringe mit zwei Elementen gibt. Die erste Fallunterscheidung bei der Definition des Produktes $a \cdot a$ in Beispiel 4.5 ist typisch für die Konstruktion einer ganzen Klasse von Ringen, die jedoch kaum interessant zu nennen ist. Man verdeutliche sich dies bei der Bearbeitung von Aufgabe 4.4 .

Übungen

4.1 Man zeige, daß die abbrechenden Dezimalzahlen bezüglich der Addition und Multiplikation reeller Zahlen einen Ring bilden.

4.2 Man verifiziere die Aussagen in den Beispielen 4.4.1 und 4.4.2.

4.3 Man zeige, daß für $n \in \mathbf{N}$ der Ring $(M_n, +_M, \cdot_M)$ im Fall $R = \mathbf{Z}$ ein Ring mit Eins ist, der genau dann nicht-kommutativ ist, wenn $n \geqslant 2$ ist.

4.4 Man zeige, daß jede abelsche Gruppe $(G, +)$ durch Definition einer geeigneten Verknüpfung $\cdot$ zu einem kommutativen Ring gemacht werden kann.

4.5 Man bestimme alle Ringe mit drei Elementen.

4.6 Ist M eine Menge, so kann die Potenzmenge $\mathfrak{P}(M)$, d. h. die Menge aller Teilmengen von M, durch folgende Verknüpfungen zu einem kommutativen Ring mit Eins gemacht werden. Es sei für $A, B \in \mathfrak{P}(M)$

$$A \, \triangle \, B =_{Df} (A \cup B) \setminus (A \cap B) .$$

($A \triangle B$ heißt s y m m e t r i s c h e   D i f f e r e n z   v o n   A   u n d   B.) Als zweite (multiplikative) Verknüpfung in $\mathfrak{P}(M)$ betrachten wir den Durchschnitt $A \cap B$ von zwei Mengen A und B. Man beweise die obige Behauptung unter Benutzung der als bekannt vorausgesetzten Rechenregeln für die Mengenoperationen $\cup, \cap$ und $\setminus$.

In Abschn. 1.2 haben wir Unterstrukturen von Gruppoiden betrachtet; in Beispiel 4.4.3
wurde festgestellt, daß auch Teilmengen von Ringen $(R, +, \cdot)$ mit den in R definierten
Verknüpfungen wieder Ringe sein können. Solche Unterstrukturen zeichnen wir aus in

4.6 Definition Es sei $(R, +, \cdot)$ ein Ring und S eine nicht-leere Teilmenge von R. Ist S
mit den in R definierten Verknüpfungen selbst ein Ring, so heißt S U n t e r r i n g
oder T e i l r i n g von R; R heißt O b e r r i n g von S.

Analog definiert man Unter- und Obersemiringe. Wir weisen darauf hin, daß diese Begriffe nicht nur das Vorhandensein einer mengenmäßigen Inklusion zum Ausdruck
bringen, sondern daß zusätzlich eine Aussage über die Einschränkungen der Verknüpfungen von R auf S gemacht wird.

Wir lernen nun derartige Unterstrukturen kennen.

4.7 Beispiele

1. Für festes $k \in \mathbf{N}$ ist $k \cdot \mathbf{N} =_{Df} \{k \cdot n : n \in \mathbf{N}\}$ ein Untersemiring von $\mathbf{N}$.

2. Für festes $k \in \mathbf{N}$ ist $k \cdot \mathbf{Z}$ ein Unterring von $\mathbf{Z}$, $\mathbf{Z}$ ist ein Unterring von $\mathbf{D}$, $\mathbf{D}$ von $\mathbf{Q}$,
$\mathbf{Q}$ von $\mathbf{R}$ und $\mathbf{R}$ von $\mathbf{C}$.

3. Im Ring der (2×2)-Matrizen über einem Ring R bildet die Menge aller Matrizen der
Gestalt

$$\begin{pmatrix} a & b \\ 0 & c \end{pmatrix} \quad \text{mit } a, b, c \in R$$

einen Teilring.

Die folgende Aussage zeigt, daß man sich bei der Beantwortung der Frage, ob eine Teilmenge eines Ringes R ein Unterring ist, nicht der Mühe unterziehen muß, die Gültigkeit
aller Ringaxiome zu überprüfen. Bezüglich der Schreibweise $a - b$ erinnern wir dazu an
die Bemerkung vor Satz 2.33. Es gilt

4.8 Satz Eine nicht-leere Teilmenge U eines Ringes $(R, +, \cdot)$ ist ein Unterring von R
genau dann, wenn gilt:

(i) $a - b \in U$ für alle $a, b \in U$.

(ii) $a \cdot b \in U$ für alle $a, b \in U$.

B e w e i s . Ist U ein Unterring von R, so ist mit b auch $-b$ und damit auch $a - b =$
$= a + (-b) \in U$. Da U abgeschlossen hinsichtlich $\cdot$ ist, ist mit a und b auch $a \cdot b \in U$.
Gelten umgekehrt (i) und (ii), so folgt zunächst $0 = a - a \in U$, wobei $a \in U$ beliebig
gewählt sei und 0 das neutrale Element von $(R, +)$ ist. Ist $a \in U$, so ist wiederum wegen
Bedingung (i) $-a = 0 - a \in U$, und sind $a, b \in U$, so ist auch $a + b = a - (-b) \in U$. Da
für $a, b, c \in U$ trivialerweise $a + (b + c) = (a + b) + c$ gilt, ist $(U, +)$ eine abelsche Gruppe; Kommutativität liegt ja sogar in ganz R vor. $(U, \cdot)$ ist wegen (ii) ein Gruppoid, und
da das Assoziativgesetz in ganz R, also insbesondere in U gilt, ist $(U, \cdot)$ eine Halbgruppe.
Die Gültigkeit beider Distributivgesetze überträgt sich ebenso von R auf U. ∎

B Man verdeutliche sich die Wirksamkeit des in Satz 4.8 angegebenen Kriteriums bei der Bearbeitung der folgenden Aufgabe.

Übung 4.7

Es sei R ein Ring und $Z =_{Df} \{a \in R : \bigwedge_{r \in R} a \cdot r = r \cdot a\}$. Z heißt Z e n t r u m   v o n R.
Man zeige: Z ist ein kommutativer Unterring von R.

Für das Rechnen in den bekannten Ringen **Z**, **Q**, **R** und **C** gelten gewisse Vorzeichenregeln, die sich zum Teil auf beliebige Ringe verallgemeinern lassen. Wir werden uns nun mit ihnen befassen und gleichzeitig bereits bekannte Ringstrukturen näher untersuchen, um einen Überblick über Unterschiede und Gemeinsamkeiten zu erhalten.

Erste Informationen über allgemeingültige Rechenregeln enthält der

4.9 Satz Für das Rechnen in einem Ring $(R, +, \cdot)$ gelten die folgenden Regeln (0 bezeichnet dabei das neutrale Element von $(R, +)$). Für alle $a, b, c \in R$ ist

(i) $0 \cdot a = a \cdot 0 = 0$ (0 ist absorbierendes Element in $(R, \cdot)$).

(ii) $a \cdot (-b) = (-a) \cdot b = -(a \cdot b)$.

(iii) $(-a) \cdot (-b) = a \cdot b$.

(iv) $a \cdot (b - c) = a \cdot b - a \cdot c$.

(v) $(b - c) \cdot a = b \cdot a - c \cdot a$.

Den Beweis von Satz 4.9 führen wir mit Hilfsatz 4.10, der uns zugleich eine Interpretation der Distributivgesetze liefert.

4.10 Hilfssatz Es sei $(R, +, \cdot)$ ein Ring und $a \in R$. Dann liefern Links- und Rechtsmultiplikation mit a E n d o m o r p h i s m e n (d. h. homomorphe Selbstabbildungen) der abelschen Gruppe $(R, +)$, d. h. die Abbildungen

$$_a f : (R, +) \to (R, +) \quad \text{mit} \quad _a f(x) = a \cdot x$$

und $$f_a : (R, +) \to (R, +) \quad \text{mit} \quad f_a(x) = x \cdot a$$

sind Homomorphismen von $(R, +)$ in sich.

B e w e i s . Für $x, y \in R$ gilt wegen der Gültigkeit des ersten Distributivgesetzes:

$$_a f(x + y) = a \cdot (x + y) = a \cdot x + a \cdot y = {_a f(x)} + {_a f(y)} \, .$$

Die Aussage über f_a ist eine Konsequenz des zweiten Distributivgesetzes. ∎

B e w e i s von Satz 4.9. Wir erinnern zunächst daran (Übung 2.11), daß Homomorphismen zwischen Gruppen das neutrale Element auf das neutrale Element abbilden und Inverse in Inverse überführen. Diese Eigenschaften nutzen wir im folgenden aus.

Zu (i): Es ist $0 \cdot a = f_a(0) = 0$, denn f_a ist ein Endomorphismus; ebenso ergibt sich $a \cdot 0 = 0$.

Zu (ii): Es ist $a \cdot (-b) = {}_a f(-b) = -({}_a f(b)) = -(a \cdot b)$ und $(-a) \cdot b = f_b(-a) = -(f_b(a)) = -(a \cdot b)$.

Zu (iii): Es ist $(-a) \cdot (-b) = -(-a) \cdot b = -(-a \cdot b) = a \cdot b$.

Zu (iv): Es ist $a \cdot (b - c) = a \cdot b + a \cdot (-c) = a \cdot b - a \cdot c$.

Zu (v): Es ist $(b - c) \cdot a = b \cdot a + (-c) \cdot a = b \cdot a - c \cdot a$. ∎

Für das Rechnen in Ringen gelten einige weitere Regeln, die Inhalt der folgenden Aufgaben sind.

Übungen

4.8 Ist $(R, +, \cdot)$ ein Ring mit Eins, so ist das Einselement eindeutig bestimmt.

4.9 Besitzt ein vom Nullring verschiedener Ring ein Einselement 1, so ist $1 \neq 0$.

4.10 Ist $(R, +, \cdot)$ ein Ring, so erklären wir Potenzen von Ringelementen wie folgt: Es sei für $a \in R$ $a^1 =_{Df} a$ und für $n \in \mathbf{N}$, $n \geqslant 2$, sei $a^n =_{Df} a \cdot a^{n-1}$.
Ist R ein Ring mit dem Einselement 1, so sei zusätzlich $a^0 =_{Df} 1$ für alle $a \in R$. Dann gelten für alle $m, n \in \mathbf{N} \cup \{0\}$ und alle $a \in R$ die P o t e n z r e g e l n

$$a^m \cdot a^n = a^{m+n} = a^n \cdot a^m \quad \text{und} \quad (a^m)^n = a^{m \cdot n}.$$

4.11 Ist R ein kommutativer Ring, so gilt für alle $a, b \in R$ und alle $n \in \mathbf{N}$:

$$(a \cdot b)^n = a^n \cdot b^n.$$

Man beachte, daß die Aussagen in den Übungen 4.10 und 4.11 im Grunde Aussagen über Rechenregeln in einer Halbgruppe $(R, \cdot)$ sind.

Zur weiteren Vereinfachung der Schreibweisen treffen wir die folgende

4.11 Definition Es sei $(R, +, \cdot)$ ein Ring. Wir definieren die folgende „Multiplikationsabbildung"

$$M : \mathbf{Z} \times R \to R \quad \text{mit} \quad M(z, x) =_{Df} z \cdot x.$$

Dabei sei $M(0, x) =_{Df} 0 \cdot x =_{Df} 0 \in R$ für alle $x \in R$; für $n \in \mathbf{N}$ sei

$$M(n, x) =_{Df} (n - 1) \cdot x + x \in R \quad \text{für alle } x \in R$$

und $\quad M(-n, x) =_{Df} -(n \cdot x) \in R \quad$ für alle $x \in R$.

Statt $(-n) \cdot x$ oder $-(n \cdot x)$ wollen wir kurz $-n \cdot x$ schreiben und dabei gelegentlich auch den Punkt fortlassen.

Die so definierte Vielfachenbildung in der additiven Gruppe $(R, +)$ entspricht gerade dem Potenzieren in einer multiplikativ geschriebenen Gruppe. Man vergleiche hierzu den Hinweis im Text nach Satz 2.45. Rechenregeln für die die Vielfachenbildung beschreibende Abbildung M stellen wir in der nächsten Übung zusammen.

Übung 4.12 Man beweise durch vollständige Induktion: Ist $(R, +, \cdot)$ ein Ring, so gelten für alle $m, n \in \mathbf{Z}$ und alle $a, b \in R$ die Aussagen

100   4 Ringe

B   (i) $m \cdot a + n \cdot a = (m + n) \cdot a$,

   (ii) $m \cdot (n \cdot a) = (m \cdot n) \cdot a$,

   (iii) $n \cdot (a + b) = n \cdot a + n \cdot b$.

Die in Übung 4.10 und Definition 4.11 eingeführten Schreibweisen gestatten es nun, eine weitere Regel für das Rechnen in kommutativen Ringen mit Eins anzugeben, die verallgemeinerte Binomische Formel.

4.12 Satz Es sei R ein kommutativer Ring mit Eins. Für alle $a, b \in R$ und alle $n \in \mathbf{N} \cup \{0\}$ gilt:

$$(a + b)^n = \sum_{k=0}^{n} \binom{n}{k} \cdot a^{n-k} \cdot b^k.$$

Dabei ist

$$\binom{n}{k} =_{\mathrm{Df}} \frac{n!}{(n-k)! \, k!}, \qquad 0! =_{\mathrm{Df}} 1 \qquad \text{und} \qquad n! =_{\mathrm{Df}} \prod_{k=1}^{n} k \quad \text{für } n \geqslant 1.$$

B e w e i s . Wir führen den Beweis durch Induktion über n. Induktionsanfang ($n = 0$): Es ist

$$(a + b)^0 = 1 = \frac{0!}{0! \, 0!} \cdot a^{0-0} \cdot b^0 = \sum_{k=0}^{0} \binom{0}{k} \cdot a^{0-k} \cdot b^k.$$

Induktionsvoraussetzung: Für $n \in \mathbf{N}$ gelte

$$(a + b)^n = \sum_{k=0}^{n} \binom{n}{k} \cdot a^{n-k} \cdot b^k.$$

Induktionsbehauptung: Dann gilt die Aussage auch für $n + 1$. Es ist

$$(a + b)^{n+1} = (a + b) \cdot (a + b)^n = (a + b) \cdot \sum_{k=0}^{n} \binom{n}{k} a^{n-k} \cdot b^k$$

$$= a \cdot \sum_{k=0}^{n} \binom{n}{k} a^{n-k} \cdot b^k + b \cdot \sum_{k=0}^{n} \binom{n}{k} a^{n-k} \cdot b^k$$

$$= \sum_{k=0}^{n} \binom{n}{k} a^{n+1-k} \cdot b^k + \sum_{k=0}^{n} \binom{n}{k} a^{n-k} \cdot b^{k+1}$$

$$= \sum_{k=0}^{n} \binom{n+1-1}{k} \cdot a^{n+1-k} \cdot b^k + \sum_{k=0}^{n} \binom{n+1-1}{k+1-1} \cdot a^{n+1-(k+1)} \cdot b^{k+1}$$

Dabei haben wir beim zweitletzten Gleichheitszeichen Gebrauch davon gemacht, daß in Verallgemeinerung des ersten Distributivgesetzes für $a, b_1, \ldots, b_n \in R$ stets

$$a \cdot \sum_{k=0}^{n} b_k = \sum_{k=0}^{n} a \cdot b_k$$

gilt. Wir setzen nun in der ersten der zuvor betrachteten Summen $m =_{Df} k$, in der
zweiten $m =_{Df} k + 1$ und erhalten:

$$= \sum_{m=0}^{n} \binom{n+1-1}{m} a^{n+1-m} \cdot b^{m} + \sum_{m=1}^{n+1} \binom{n+1-1}{m-1} a^{n+1-m} \cdot b^{m}$$

$$= a^{n+1} \cdot b^{0} + \sum_{m=1}^{n} \left(\left[\binom{n+1-1}{m} + \binom{n+1-1}{m-1} \right] a^{n+1-m} \cdot b^{m} \right) + a^{0} \cdot b^{n+1}$$

Aus der Definition von $\binom{n}{k}$ folgt für $1 \leqslant m \leqslant n$ die Gleichung

$$\binom{n-1}{m} + \binom{n-1}{m-1} = \binom{n}{m} \quad .$$

Also gilt weiter:

$$= a^{n+1} \cdot b^{0} + \sum_{m=1}^{n} \left[\binom{n+1}{m} a^{n+1-m} \cdot b^{m} \right] + a^{0} \cdot b^{n+1}$$

$$= \sum_{m=0}^{n+1} \binom{n+1}{m} a^{n+1-m} \cdot b^{m} . \quad \blacksquare$$

Aus den vorangegangenen Beispielen kennen wir bereits eine Reihe von Ringen, die sich
jedoch bezüglich gewisser Eigenschaften voneinander unterscheiden, die die ‚feinere‘
Struktur der betrachteten Ringe betreffen.

Offenbar ist $(R, \cdot)$ stets ein Gruppoid mit dem absorbierenden Element 0, das hinsichtlich der Existenz von Nullteilern untersucht werden kann. Dazu wollen wir die
folgende Sprechweise vereinbaren.

4.13 Definition Ein Element a eines Ringes $(R, +, \cdot)$ heißt L i n k s n u l l t e i l e r
von R genau dann, wenn a Linksnullteiler im Gruppoid $(R, \cdot)$ ist. a heißt R e c h t s -
n u l l t e i l e r von R genau dann, wenn a Rechtsnullteiler in $(R, \cdot)$ ist. Ist a Links-
oder Rechtsnullteiler des Ringes R, so heißt a N u l l t e i l e r . Ist a kein Nullteiler,
so heißt a N i c h t n u l l t e i l e r .

4.14 Beispiele

1. Die Ringe **Z**, **D**, **Q**, **R** und **C** besitzen keine Nullteiler.

2. $k \cdot$ **Z** besitzt keine Nullteiler für alle $k \in$ **N** .

3. Der Nullring besitzt keine Nullteiler.

Das erste Beispiel eines Ringes mit Nullteilern lernen wir kennen in

4. Der Ring $(M_2, +_M, \cdot_M)$ besitzt sowohl Nullteiler als auch nichttriviale Nichtnullteiler. Nullteiler (sogar Links- und Rechtsnullteiler) sind beispielsweise die Elemente

$$\begin{pmatrix} 1 & 0 \\ 0 & 0 \end{pmatrix} \text{ und } \begin{pmatrix} 0 & 0 \\ 0 & 1 \end{pmatrix} ,$$

B   denn es ist

$$\begin{pmatrix} 1 & 0 \\ 0 & 0 \end{pmatrix} \cdot_M \begin{pmatrix} 0 & 0 \\ 0 & 1 \end{pmatrix} = \begin{pmatrix} 0 & 0 \\ 0 & 0 \end{pmatrix} = \begin{pmatrix} 0 & 0 \\ 0 & 1 \end{pmatrix} \cdot_M \begin{pmatrix} 1 & 0 \\ 0 & 0 \end{pmatrix} \ .$$

Das Element $\begin{pmatrix} 1 & 0 \\ 0 & 1 \end{pmatrix}$, also das neutrale Element von $(M_2, \cdot_M)$, ist Nichtnullteiler; dies ergibt sich unmittelbar aus der Definition.

5. Der Ring $(\mathfrak{P}(M), \Delta, \cap)$ aus Übung 4.6 besitzt für eine mindestens zweielementige Menge M Nullteiler.

Wie sich unten zeigen wird, sind die Ringe in den Beispielen 4.14.1 und 4.14.2 Vertreter einer wichtigen Klasse algebraischer Strukturen, in denen man weniger vorsichtig rechnen darf als etwa in $(M_2, +_M, \cdot_M)$. Wir zeichnen sie aus in

4.15 Definition Ein Ring $(R, +, \cdot)$, der keine Nullteiler besitzt, heißt **n u l l t e i l e r - f r e i** .

Ein Kriterium für die Nullteilerfreiheit von Ringen liefert

4.16 Satz Ein Ring R ist nullteilerfrei genau dann, wenn für alle a, b $\in$ R aus a $\cdot$ b $= 0$ stets a $= 0$ oder b $= 0$ folgt.

B e w e i s . Ist R nullteilerfrei und a $\cdot$ b $= 0$, so können nicht a und b verschieden von 0 sein, denn sonst wäre a Links- oder b Rechtsnullteiler. Folgt aus a $\cdot$ b $= 0$ notwendig a $= 0$ oder b $= 0$, so ist R nullteilerfrei. ∎

Die Sprechweise „weniger vorsichtig rechnen" von oben soll nun präzisiert werden in

4.17 Satz Ist R ein nullteilerfreier Ring, so gelten in $(R, \cdot)$ die Kürzungsregeln

      (i) a $\cdot$ x $=$ a $\cdot$ y $\Rightarrow$ x $=$ y

und   (ii) x $\cdot$ a $=$ y $\cdot$ a $\Rightarrow$ x $=$ y

für alle a, x, y $\in$ R mit a $\neq 0$.

B e w e i s . Zu (i): Ist a $\cdot$ x $=$ a $\cdot$ y, so folgt a $\cdot$ x $-$ a $\cdot$ y $=$ a $\cdot$ (x $-$ y) $= 0$. Wegen a $\neq 0$ muß nach Satz 4.16 daher x $-$ y $= 0$, also x $=$ y sein. Die zweite Aussage ergibt sich genauso. ∎

Ähnlich wie im Beweis von Satz 4.17 argumentiert man beim Beweis der Aussagen in den folgenden

Übungen

4.13 Es sei R ein Ring, in dem eine der Kürzungsregeln aus Satz 4.17 gilt. Man zeige, daß R dann nullteilerfrei ist.

4.14 Als C h a r a k t e r i s t i k eines nullteilerfreien Ringes R $\neq \{0\}$ mit dem Einselement 1 bezeichnet man die kleinste natürliche Zahl n, für die n $\cdot$ 1 $= 0$ gilt. Existiert keine solche Zahl (wie etwa in **Z**), so sagt man, die Charakteristik von R sei 0. Sie wird mit $\chi(R)$ bezeichnet.

Man zeige: Die Charakteristik eines nullteilerfreien Ringes $R \neq \{0\}$ mit Eins ist entweder 0 oder eine Primzahl.

Die Ringe in Beispiel 4.14.1 haben über die Nullteilerfreiheit hinaus noch drei weitere Gemeinsamkeiten: Sie sind vom Null-Ring verschieden, kommutativ und besitzen ein Einselement. Wir benennen derartige Ringe und zugleich eine größere Klasse von Ringen in

4.18 Definition Ein vom Nullring verschiedener, nullteilerfreier und kommutativer Ring heißt I n t e g r i t ä t s b e r e i c h . Besitzt der Ring darüber hinaus eine Eins, so heißt er I n t e g r i t ä t s r i n g .

Integritätsringe und damit auch Integritätsbereiche sind in den von uns bisher betrachteten Beispielen etwa $\mathbf{Z}, \mathbf{D}, \mathbf{Q}, \mathbf{R}$ und $\mathbf{C}$. Für $k \geqslant 2$ ist $k \cdot \mathbf{Z}$ ein Integritätsbereich, jedoch kein Integritätsring. Wir werden später aus vorgelegten Ringen neue Ringe konstruieren, daß sich strukturelle Eigenschaften der Ausgangsringe auf die Konstruktionsergebnisse übertragen und dabei in speziellen Fällen weitere Integritätsringe erhalten. Beispiele enthalten auch die

Übungen

Man zeige:

4.15 Für $p \geqslant 2$, $p \in \mathbf{N}$, ist $\mathbf{Z}_p$ genau dann ein Integritätsring, wenn p eine Primzahl ist.

4.16 Im Ring der (2×2)-Matritzen über $\mathbf{R}$ bildet die Menge der Matrizen der Gestalt

$$\begin{pmatrix} a & b \\ -b & a \end{pmatrix} , \qquad a, b \in \mathbf{R},$$

einen Teilring, der ein Integritätsring ist.

4.17 Es sei $(R, +, \cdot)$ ein Integritätsring der Primzahlcharakteristik p. Dann ist für jedes $n \in \mathbf{N}_0$ die Abbildung

$$f_p n : R \to R \quad \text{mit} \quad f_p n(x) =_{Df} x^{(p^n)}$$

ein Homomorphismus der abelschen Gruppe $(R, +)$. (Man führe den Beweis durch vollständige Induktion nach n und benutze im Fall $n = 1$ die Tatsache, daß für $1 \leqslant i \leqslant p - 1$ die Zahl p ein Teiler von $\binom{p}{i}$ ist.)

4.18 Für $d \in \mathbf{N}$ ist $\mathbf{Z}[\sqrt{d}] =_{Df} \{a + b\sqrt{d} : a, b \in \mathbf{Z}\} \subset \mathbf{R}$ mit den in $\mathbf{R}$ gegebenen Verknüpfungen + und $\cdot$ ein Integritätsring.

In Gruppoiden mit neutralem Element hatten wir die Elemente auf Invertierbarkeit untersucht. In Analogie zur Definition des Nullteilers treffen wir die

4.19 Definition Ein Element eines Ringes R mit Eins heißt E i n h e i t oder i n v e r t i e r b a r , wenn a im Gruppoid $(R, \cdot)$ ein inverses Element a^{-1} besitzt. Die Menge aller Einheiten des Ringes R sei mit R^* bezeichnet.

Daß ein Ring sowohl Einheiten als auch Nichteinheiten besitzen kann, zeigen die anschließenden

B 4.20 Beispiele

1. Im Ring der ganzen Zahlen $\mathbf{Z}$ sind nur 1 und -1 Einheiten, in $\mathbf{Q}$, $\mathbf{R}$ und $\mathbf{C}$ ist jedes von 0 verschiedene Element eine Einheit.

2. Im Ring der (2×2)-Matrizen über $\mathbf{Z}$ mit den in Beispiel 4.4.6 definierten Verknüpfungen ist das Einselement $\begin{pmatrix} 1 & 0 \\ 0 & 1 \end{pmatrix}$ eine Einheit, denn

$$\begin{pmatrix} 1 & 0 \\ 0 & 1 \end{pmatrix} \cdot_M \begin{pmatrix} 1 & 0 \\ 0 & 1 \end{pmatrix} = \begin{pmatrix} 1 & 0 \\ 0 & 1 \end{pmatrix} ;$$

$\begin{pmatrix} 1 & 1 \\ 0 & 0 \end{pmatrix}$ ist hingegen keine Einheit, wie die Unlösbarkeit der Gleichung

$$\begin{pmatrix} 1 & 1 \\ 0 & 0 \end{pmatrix} \cdot_M \begin{pmatrix} a & b \\ c & d \end{pmatrix} = \begin{pmatrix} 1 & 0 \\ 0 & 1 \end{pmatrix}$$

mit a, b, c, $d \in \mathbf{Z}$ zeigt.

3. Jeder Ring mit $1 \neq 0$ besitzt mindestens ein Element, das keine Einheit ist, nämlich die 0.

Auskunft über die Struktur der Menge der Einheiten gibt

4.21 Satz In einem Ring mit Eins bildet die Menge aller Einheiten R^* mit der Multiplikation von R eine Gruppe.

B e w e i s . Offenbar gilt für die Multiplikation von Einheiten das Assoziativgesetz. Sind r und s Einheiten im Ring R, so besitzen r und s inverse Elemente r^{-1} und s^{-1}. Wegen $(r \cdot s) \cdot (s^{-1} \cdot r^{-1}) = r \cdot (s \cdot s^{-1}) \cdot r^{-1} = r \cdot 1 \cdot r^{-1} = 1$ ist auch $r \cdot s$ eine Einheit. Wegen $1 \cdot 1 = 1$ gibt es in R^* ein neutrales Element, und da mit r auch r^{-1} ein Element von R^* ist, ist $(R^*, \cdot)$ eine Gruppe. ∎

Beispiel 4.20.3 zeigt, daß es in einem Ring mit Eins, der mindestens zwei Elemente enthält, stets ein Element — nämlich die 0 — gibt, welches keine Einheit ist. Ringe, in denen dies für andere Elemente nie der Fall ist, bezeichnen wir in

4.22 Definition Ein Ring $(S, +, \cdot)$ mit Eins, der vom Nullring verschieden ist, heißt S c h i e f k ö r p e r , wenn gilt: $S^* = S \setminus \{0\}$. Ist S darüber hinaus ein kommutativer Ring, so heißt S K ö r p e r .

Eine kleine Umformulierung von Definition 4.22 unter Berücksichtigung von Satz 4.21 liefert

4.23 Satz Eine algebraische Struktur S mit einer additiv geschriebenen Verknüpfung + und einer multiplikativ geschriebenen Verknüpfung · ist ein Schiefkörper genau dann, wenn gilt:

(i) $(S, +)$ ist eine abelsche Gruppe mit neutralem Element 0.

(ii) $(S \setminus \{0\}, \cdot)$ ist eine Gruppe.

(iii) Es gelten die Distributivgesetze.

Beispiele für (Schief-)Körper haben wir oben bereits kennengelernt; $\mathbf{Q}$, $\mathbf{R}$ und $\mathbf{C}$ sind Körper, also auch Schiefkörper. Weitere Beispiele erhalten wir durch die folgende Aussage; um zu ihr zu gelangen, haben wir im Beweis lediglich Eigenschaften von $(R \setminus \{0\}, \cdot)$ zu untersuchen (vgl. Satz 1.15).

4.24 Satz Jeder endliche, vom Nullring verschiedene und nullteilerfreie Ring R ist ein Schiefkörper.

B e w e i s . Ist $a \in R \setminus \{0\}$, so betrachten wir $a \cdot R =_{Df} \{a \cdot s : s \in R\}$. Wir nehmen an, daß $s_1, s_2 \in R$ sind mit $a \cdot s_1 = a \cdot s_2$, also $a \cdot (s_1 - s_2) = 0$ gilt.

Wegen der Nullteilerfreiheit von R und $a \neq 0$ ist also $s_1 = s_2$. Alle Produkte in $a \cdot R$ fallen also verschieden aus, so daß $|a \cdot R| = |R|$ gilt. Analog ergibt sich $|R \cdot a| = |R|$. Damit sind Gleichungen der Typen $a \cdot x = b$ und $x \cdot a = b$ mit $a, b \in R \setminus \{0\}$ in $R \setminus \{0\}$ lösbar, so daß $(R \setminus \{0\}, \cdot)$ eine Gruppe ist. ∎

Die Schiefkörper aus Satz 4.24 lassen sich nicht als Beispiele für Schiefkörper heranziehen, die keine Körper sind. W e d d e r b u r n (1882–1948) hat gezeigt (vgl. Hornfeck [23]), daß jeder endliche Schiefkörper bereits ein Körper ist. Einen Schiefkörper, der kein Körper ist, werden wir erst in Beispiel 4.32.15 konstruieren. Wie aus dieser Bemerkung hervorgeht, wird es sich dabei notwendig um eine unendliche algebraische Struktur handeln.

Wie das Beispiel $R = \mathbf{Z}$ zeigt, ist die Aussage von Satz 4.24 für unendliche, vom Nullring verschiedene und nullteilerfreie Ringe falsch; wir werden aber an späterer Stelle einsehen, daß es zu jedem Integritätsring I einen kleinsten I enthaltenden Körper, den Quotientenkörper von I, gibt. Man vergleiche dazu Satz 5.32.

Übungen

Man zeige:

4.19 Ist M eine Menge, so ist im Ring $(\mathfrak{P}(M), \Delta, \cap)$ aus Übung 4.6 die Eins die einzige Einheit.

4.20 Man bestimme die Menge der Einheiten im Ring $(\mathbf{D}, +, \cdot)$.

4.21 Ist M eine Menge, so ist $\mathfrak{P}(M)$ ein Körper genau dann, wenn $|M| = 1$ ist.

4.22 Das Zentrum Z eines Schiefkörpers S ist ein Unterkörper von S, d. h. ein Unterring von S, der bezgl. der in S erklärten Verknüpfungen ein Körper ist.

4.23 In einem Körper K ist eine Gleichung des Typs $a \cdot x = b$ mit $a, b \in K$ und $a \neq 0$ stets mit $x = a^{-1} \cdot b$ eindeutig lösbar. Wir setzen

$$\frac{b}{a} =_{Df} a^{-1} \cdot b$$

und nennen diesen Ausdruck den Quotienten von b und a. Man zeige, daß für beliebige $a, b \in K$ und $c, d \in K \setminus \{0\}$ die Regeln

$$(i) \quad \frac{a}{c} = \frac{b}{d} \quad \text{genau dann, wenn } a \cdot d = b \cdot c,$$

B

$$\text{(ii)} \quad \frac{a}{c} + \frac{b}{d} = \frac{ad + bc}{cd} \; ,$$

$$\text{(iii)} \quad \frac{a}{c} - \frac{b}{d} = \frac{ad - bc}{cd} \; ,$$

$$\text{(iv)} \quad \frac{ad}{cd} = \frac{a}{c} \; ,$$

$$\text{(v)} \quad \frac{a}{c} \cdot \frac{b}{d} = \frac{ab}{cd} \; ,$$

$$\text{(vi)} \quad \frac{\dfrac{a}{c}}{\dfrac{b}{d}} = \frac{ad}{bc} \quad (\text{für } b \neq 0)$$

gelten.

Wir haben bisher nur Rechenregeln in Ringen betrachtet, die die algebraische Struktur betreffen. Es ist aber bereits erwähnt worden, daß im Semiring N_0 und in den Ringen N, D, Q und R Ordnungsrelationen „$\leqslant$" und „$<$" definiert sind. Wir erinnern an die Eigenschaften von „$\leqslant$" in

4.25 Definition Eine Relation „$\sqsubset$" in einer Menge M heißt H a l b o r d n u n g , wenn für alle x, y, z $\in$ M gilt:

(i) $\qquad$ $x \sqsubset x$ $\qquad\qquad\qquad\qquad\qquad$ (R e f l e x i v i t ä t)

(ii) $\qquad$ Ist $x \sqsubset y$ und $y \sqsubset x$, so folgt $x = y$ $\quad$ (A n t i s y m m e t r i e)

(iii) $\qquad$ Ist $x \sqsubset y$ und $y \sqsubset z$, so folgt $x \sqsubset z$ $\quad$ (T r a n s i t i v i t ä t)

Das Paar $(M, \sqsubset)$ heißt h a l b g e o r d n e t e M e n g e . Gilt außerdem für alle x, y $\in$ M

(iv) $\qquad$ $x \sqsubset y$ oder $y \sqsubset x$ $\qquad\qquad\qquad$ (L i n e a r i t ä t),

so heißt „$\sqsubset$" l i n e a r e O r d n u n g und $(M, \sqsubset)$ l i n e a r g e o r d n e t e M e n g e .

Beispiele für linear geordnete Mengen sind die oben erwähnten Mengen mit der Relation „$\leqslant$" , die die positiven Elemente besonders auszeichnet; für ein positives Element gilt ja gerade $0 \leqslant x$ und $x \neq 0$. Darüber hinaus ist das Verknüpfen positiver Elemente verträglich mit der Ordnungsstruktur. Wir benennen solche Ringe in folgender

4.26 Definition Es sei $(R, +, \cdot)$ ein von $\{0\}$ verschiedener Ring und P eine Teilmenge von R, so daß gilt:

(i) Für alle $x \in R$ gilt entweder $x = 0$, $x \in P$ oder $-x \in P$.

(ii) Für $x, y \in P$ sind auch $x + y \in P$ und $x \cdot y \in P$.

Dann heißt R a n g e o r d n e t e r R i n g . P heißt P o s i t i v b e r e i c h von R, die Elemente von P heißen p o s i t i v . Ist R ein Körper, so heißt R a n g e o r d n e t e r K ö r p e r .

4.27 Satz Es sei R ein angeordneter Ring mit dem Positivbereich P. Definiert man auf R eine zweistellige Relation „$\leqslant$" durch

$$x \leqslant y \text{ genau dann, wenn } y - x \in P \text{ oder } y - x = 0 \; ,$$

so ist $(R, \leqslant)$ eine linear geordnete Menge.

B e w e i s . Reflexivität: Es ist $x - x = 0$, also $x \leqslant x$.

Antisymmetrie: Es sei $x \leqslant y$ und $y \leqslant x$. Im Fall $y - x = 0$, also $x = y$, sind wir fertig. Wären $y - x$ und $x - y$ Elemente von P, so ergäbe sich ein Widerspruch dazu, daß nur entweder $y - x$ oder $-(y - x) = x - y$ in P iiegt.

Transitivität: Es sei $x \leqslant y$ und $y \leqslant z$. Im Falle $y - x = z - y = 0$ gilt $x = z$, also insbesondere $x \leqslant z$. Sind $y - x$ und $z - y$ Elemente von P, so ist $(y - x) + (z - y) = z - x \in P$, also gilt $x \leqslant z$. Ist $y - x = 0$ und $z - y \in P$, so ist $z - x \in P$, also $x \leqslant z$. Den noch verbliebenen Fall untersucht man analog.

Linearität: Sind $x, y \in R$, so ist entweder $x - y = 0$ (also $x \leqslant y$), oder $x - y \in P$ (also $y \leqslant x$) oder $-(x - y) = y - x \in P$ (also $x \leqslant y$). ∎

Den bekannten Monotoniebeziehungen beim Addieren und Multiplizieren reeller Zahlen entnimmt man, daß **Z** und **D** angeordnete Ringe und **Q** und **R** sogar angeordnete Körper sind; insbesondere ist jeder vom Nullring verschiedene Teilring eines angeordneten Ringes wieder angeordnet.

Wir definieren auf R eine weitere zweistellige Relation „$<$" durch

$$x < y \text{ genau dann, wenn } y - x \in P.$$

Man erhält so eine · s t r e n g e O r d n u n g auf R; das heißt, daß für Elemente x, y mit $x < y$ nicht $y < x$ gilt, und daß nach wie vor die Transitivitätsbeziehung $(x < y \wedge y < z) \Rightarrow x < z$ erfüllt ist.

Außerdem legen wir für $x, y \in R$ die folgenden Schreibweisen fest: Es sei $x \geqslant y$ genau dann, wenn $y \leqslant x$ ist und $x > y$ genau dann, wenn $y < x$ ist.

Mit diesen Bezeichnungen formulieren wir

4.28 Satz Ist $x \neq 0$ Element eines angeordneten Ringes R, so ist $x^2 > 0$.

B e w e i s . Ist $x > 0$, also $x \in P$, so ist nach Definition 4.26 $x^2 = x \cdot x \in P$, also $x^2 > 0$. Ist $x < 0$, so ist $-x > 0$, also $x^2 = (-x) \cdot (-x) > 0$. ∎

Als Konsequenz ergibt sich, daß der Körper **C** der komplexen Zahlen nicht angeordnet werden kann; gäbe es einen Positivbereich $P_\mathbf{C}$ von **C**, so wäre $1 = 1^2 \in P_\mathbf{C}$, hingegen $-1 \notin P_\mathbf{C}$ im Widerspruch zu der Tatsache, daß für die imaginäre Einheit $i \neq 0$ die Gleichung $i^2 = -1$ gilt.

Oben ist eine erste Regel für das Rechnen in angeordneten Ringen angegeben worden, weitere fassen wir zusammen in

4.29 Satz Sind x, y, z Elemente eines angeordneten Ringes R, so gilt

(i)   Ist $x < y$, so ist $x + z < y + z$.

(ii)   Ist $x < y$, so ist $-y < -x$.

(iii)   Ist $x < y$ und $z > 0$, so ist $x \cdot z < y \cdot z$.

(iv)   Ist $x < y$ und $z < 0$, so ist $y \cdot z < x \cdot z$.

B   Ist R ein Körper, so gilt außerdem

(v)   Ist $0 < x$, so ist $0 < x^{-1}$.

(vi)   Ist $0 < x < y$, so ist $0 < y^{-1} < x^{-1}$.

(vii)   Es ist $0 < 1$.

B e w e i s . Zu (i): Es ist $y - x \in P$, also auch $(y + z) - (x + z) = y - x$.

Zu (ii): Es ist $y - x \in P$, also auch $(-x) - (-y) = y - x$.

Zu (iii): Es sind $y - x,\ z \in P$, nach Definition 4.26 also auch $(y - x) \cdot z =$
$= y \cdot z - x \cdot z$.

Zu (iv): Es sind $y - x,\ -z \in P$, also auch $(y - x) \cdot (-z) = x \cdot z - y \cdot z$.

Zu (v): Aus $x^{-1} \leqslant 0$ folgte $1 = x \cdot x^{-1} \leqslant x \cdot 0 = 0$ im Widerspruch zu Satz 4.28, nach dem $1 = 1^2 > 0$ gilt.

Zu (vi): Wäre $x^{-1} \leqslant y^{-1}$, so folgte wegen $0 < x < y$ die Beziehung
$1 = x^{-1} \cdot x < y^{-1} \cdot x < y^{-1} \cdot y = 1$, insgesamt also die widersprüchliche Beziehung $1 < 1$.

(vii) wurde bereits unter (v) gezeigt. ∎

Eine weitere Eigenschaft der bekannten Zahlbereiche ist die, daß in ihnen nach gewissen Regeln mit Beträgen gerechnet werden kann, die man dann als Längen der Zahlen interpretiert. Daß dies nach bestimmten Regeln in jedem angeordneten Ring möglich ist, zeigen die folgende Definition und die anschließenden Rechenregeln.

4.30 Definition Es sei R ein angeordneter Ring. Die Abbildung

$$| \ | : R \to R \ \text{ mit } \ |x| =_{\text{Df}} \begin{cases} x, & \text{falls } x \geqslant 0 \\ -x, & \text{falls } x < 0 \end{cases}$$

heißt B e t r a g s f u n k t i o n von R, $|x|$ B e t r a g von x.

4.31 Satz Ist R ein angeordneter Ring und $|\ |$ die zugehörige Betragsfunktion, so gelten für alle $x, y \in R$ die Regeln

(i) $|x| = 0$ genau dann, wenn $x = 0$

(ii) $-|x| \leqslant x \leqslant |x|$

(iii) $|y - x| = |x - y|$

(iv) $|x \cdot y| = |x| \cdot |y|$

(v) $|x + y| \leqslant |x| + |y|$ (Dreiecksungleichung)

(vi) $||x| - |y|| \leqslant |x \pm y|$ (2. Dreiecksungleichung)

B e w e i s . Aussage (i) ist klar.

Zu (ii): Für $x = 0$ ist $|x| = 0$, die Aussage also richtig. Ist $x > 0$, so ist $|x| = x$, so daß $-x = -|x| < 0 < x = |x|$ gilt; im Fall $x < 0$ ergibt sich die Behauptung analog.

Zu (iii): Es sei o.B.d.A. $y - x > 0$. Dann ist $|y - x| = y - x = -(x - y)$; dabei ist $x - y < 0$, und es gilt $|x - y| = -(x - y)$.

Zu (iv): Ist x oder y gleich 0, so ergibt sich die Behauptung aus (i). Gilt $x > 0 < y$, so ist $|x \cdot y| = x \cdot y = |x| \cdot |y|$, ist $x > 0 > y$, so ist $|x \cdot y| = x \cdot (-y) = |x| \cdot |y|$; die verbleibenden Fälle untersucht man analog.

Zu (v): Wir unterscheiden zwei Fälle. Ist $x + y \geqslant 0$, so ist $|x + y| = x + y \leqslant |x| + |y|$ nach (ii). Ist $x + y < 0$, so gilt $|x + y| = -(x + y) = -x - y \leqslant |x| + |y|$ ebenfalls nach (ii).

Zu (vi): Nach (v) gilt $|x| = |x + y - y| \leqslant |x + y| + |y|$, also $|x| - |y| \leqslant |x + y|$ und $|y| = |y + x - x| \leqslant |y + x| + |x|$, also $|y| - |x| \leqslant |x + y|$. Damit ist $||x| - |y|| \leqslant |x + y|$. Ebenso erhält man $||x| - |y|| \leqslant |x - y|$. ∎

Damit ist eine Reihe von Regeln zusammengestellt, die z. B. vom Rechnen im angeordneten Körper **R** bekannt sind.

Weitere Aussagen über angeordnete Ringe enthalten die

Übungen

4.24 Es sei R ein vom Nullring verschiedener Ring. Auf R sei eine lineare Ordnung „$\leqslant$" so erklärt, daß

$\qquad$ (i) für $x, y, z \in R$ mit $x \leqslant y$ stets $x + z \leqslant y + z$

und $\qquad$ (ii) für $x, y, z \in R$ mit $x \leqslant y$ und $z \geqslant 0$ stets $x \cdot z \leqslant y \cdot z$

folgt. Man zeige: Ist R nullteilerfrei, so ist R ein angeordneter Ring.

4.25 Man zeige, daß jeder angeordnete Ring nullteilerfrei ist.

4.26 Man zeige, daß ein angeordneter Ring stets unendlich viele Elemente enthält und daß für die Charakteristik $X(R)$ eines angeordneten Ringes mit Eins stets $X(R) = 0$ gilt.

Wir schließen an dieser Stelle unsere Untersuchungen über Ringe mit einer Ordnungsstruktur ab, und verweisen nur auf die Tatsache, daß auch im Körper **C** Längen gemessen werden können, wenn man sich einer anderen Definition des Betrages bedient als dies oben geschehen ist. Wir gehen hierauf nicht näher ein, sondern beenden diesen Abschnitt mit den folgenden

Bemerkungen zu Aufbau und Charakterisierung der Zahlbereiche

Wir haben uns im vorhergehenden mit elementaren Begriffen und Beispielen beschäftigt und in letzteren immer wieder auf die bekannten Zahlbereiche N_0, **Z**, **D**, **Q**, **R** und **C** zurückgegriffen, diese aber weder konstruiert noch irgendwie charakterisiert.

Eine axiomatische Charakterisierung der Menge **N** der natürlichen Zahlen stammt von Peano. Betrachtet man N_0, so lassen sich diese Axiome in der folgenden Form angeben.

$\quad$ (P1) 0 ist eine natürliche Zahl.

$\quad$ (P2) Zu jeder natürlichen Zahl n gibt es eine natürliche Zahl n' als Nachfolger von n.

$\quad$ (P3) 0 ist nicht Nachfolger einer natürlichen Zahl.

$\quad$ (P4) Natürliche Zahlen mit gleichem Nachfolger sind gleich.

$\quad$ (P5) Enthält eine Teilmenge M von N_0 die Zahl 0 und mit jeder natürlichen Zahl auch deren Nachfolger, so ist $M = N_0$. (Induktionsaxiom)

Die Addition natürlicher Zahlen definiert man induktiv durch

$$n + 0 =_{Df} n \quad \text{und} \quad n + m' =_{Df} (n + m)',$$

B   die Multiplikation durch

$$n \cdot 0 =_{Df} 0 \quad \text{und} \quad n \cdot m' =_{Df} n \cdot m + n \, .$$

Unter Zuhilfenahme der Peanoschen Axiome kann man zeigen, daß $(\mathbf{N}_0, +, \cdot)$ ein Semiring mit kommutativer Multiplikation ist, auf dem durch

$$n \leqslant m \quad \text{genau dann, wenn es ein } k \in \mathbf{N}_0 \text{ gibt mit } n + k = m,$$

eine lineare Ordnung „$\leqslant$" definiert werden kann, die mit den Operationen + und $\cdot$ verträglich ist.

Ausgehend von dieser Struktur kann man nun die anderen Zahlbereiche konstruieren; wie dies geschehen kann, wird zum Beispiel von H o r n f e c k [23] und R e i f f e n - T r a p p [47] dargestellt. Dabei ergibt sich mit Hilfe der oben definierten Begriffe die folgende Charakterisierung von $\mathbf{Z}$, die sowohl die algebraische als auch die Ordnungsstruktur heranzieht:

$\mathbf{Z}$ ist (bis auf Isomorphien) der kleinste angeordnete Ring mit Eins.

$\mathbf{D}$ entsteht durch einen Erweiterungsprozeß aus $\mathbf{Z}$; eine rein algebraische Beschreibung ist wie folgt möglich:

Die abbrechenden Dezimalzahlen $\mathbf{D}$ bilden den kleinsten Oberring von $\mathbf{Z}$, in dem alle ganzen Zahlen der Form 10^n, $n \in \mathbf{N}_0$, Einheiten sind.

Ähnlich wie oben zeigt man, daß für die rationalen Zahlen $\mathbf{Q}$, die aus $\mathbf{Z}$ durch einen weiter unten beschriebenen Prozeß entstehen, gilt:

$\mathbf{Q}$ ist (bis auf Isomorphien) der kleinste angeordnete Körper.

Die reellen Zahlen $\mathbf{R}$ kann man auf verschiedene Weise konstruieren, etwa auf dem Weg über sogenannte Cauchy-Folgen, wie dies ausführlich bei H o r n f e c k [23] beschrieben ist. Diese Konstruktion greift auf den oben definierten Betrag von Elementen eines angeordneten Körpers K und den Begriff der Vollständigkeit zurück, der in enger Beziehung zur Ordnungsstruktur von K steht und eine topologische Eigenschaft von K ist. Fordert man neben der Vollständigkeit außerdem das Vorliegen einer sogenannten archimedischen Ordnung, so ergibt sich die folgende Aussage (vgl. H o r n f e c k [23]).

Es gibt, von Isomorphien abgesehen, genau einen archimedisch angeordneten vollständigen Körper, den Körper $\mathbf{R}$ der reellen Zahlen.

Die Existenz und Eindeutigkeit des Körpers $\mathbf{C}$ der komplexen Zahlen wird in der Regel durch einen Erweiterungsprozeß nachgewiesen, der von $\mathbf{R}$ ausgehend einen kleinsten Oberkörper von $\mathbf{R}$ konstruiert, in dem die Gleichung $x^2 + 1 = 0$ lösbar ist; dieses Verfahren läßt sich statt für $\mathbf{R}$ für einen beliebigen Körper K anwenden. Charakterisieren kann man $\mathbf{C}$ also rein algebraisch durch die Aussage

$\mathbf{C}$ ist der kleinste Oberkörper von $\mathbf{R}$, in dem die Gleichung $x^2 + 1 = 0$ lösbar ist.

Man konstruiert diesen Körper, indem man das kartesische Produkt $\mathbf{R} \times \mathbf{R}$ mit den folgenden Verknüpfungen versieht. Für (a, b), $(c, d) \in \mathbf{R} \times \mathbf{R}$ sei

$$(a, b) + (c, d) =_{Df} (a + c, b + d) \quad \text{und} \quad (a, b) \cdot (c, d) =_{Df} (ac - bc, ad + bc) \, .$$

Identifiziert man reelle Zahlen r mit Paaren der Gestalt (r, 0), so erhält man mit
$\{(r, 0) : r \in \mathbf{R}\}$ einen Unterkörper von **C**, der sich nur durch die Schreibweise von **R**
unterscheidet. Die Gleichung $x^2 = -1$ wird durch die Elemente $i = (0, 1)$ und
$-i = (0, -1)$ gelöst; die bekannte Veranschaulichungsmöglichkeit von **C** durch die
Punkte der euklidischen Ebene rechtfertigt es, das Element i als i m a g i n ä r e E i n -
h e i t zu bezeichnen. Insbesondere ist jede komplexe Zahl z in der Form $z = z_1 + z_2 \cdot i$
mit $z_1, z_2 \in \mathbf{R}$ darstellbar: $z = (z_1, z_2) = (z_1, 0) + (z_2, 0) \cdot (0, 1)$. Der erwähnte Prozeß wird bei H o r n f e c k [23] und R e i f f e n - T r a p p [47] eingehend beschrieben.

Übungen

4.27 Man zeige, daß die abbrechenden Dezimalzahlen mit den Verknüpfungen reeller
Zahlen den kleinsten Oberring von **Z** bilden, in dem alle Zahlen der Form 10^n, $n \in \mathbf{N}_0$,
Einheiten sind.

4.28 Man zeige, daß die am Ende von Abschn. 4.2 definierten Verknüpfungen eine
Körperstruktur auf **R** x **R** liefern.

4.3 Ringe – Übersicht und Gegenbeispiele

In der folgenden Übersicht wollen wir eine Reihe der bisher definierten grundlegenden
Begriffe noch einmal zusammenfassen und anschließend einen Katalog von Gegenbei-
spielen zusammenstellen, zugleich die Rechtfertigung dafür, daß die vorgenommenen
Begriffsbildungen überhaupt sinnvoll waren. Dabei werden weitere Ringe konstruiert
werden.

Ist im folgenden Diagramm eine Struktur höher angeordnet als eine andere, so bedeutet
dies, daß sie sämtliche darunter stehenden Strukturtypen umfaßt, mit denen sie durch
eine Linie verbunden ist. So ist etwa jeder Körper ein Schiefkörper; Gegenbeispiel
4.32. ⑮ zeigt, daß die Umkehrung dieser Aussage falsch ist. Auf gleichem Niveau be-
findliche Strukturtypen stehen in keiner derartigen Beziehung zueinander; so ist weder
jeder Ring mit Eins kommutativ, noch besitzt jeder kommutative Ring ein Einselement.

Die anschließenden Beispiele zeigen, daß es sich bei den tiefer angeordneten Strukturen
um wirkliche Spezialisierungen handelt. Die in einem Kreis ○ angegebene Zahl verweist
auf das entsprechende Gegenbeispiel.

4.32 Beispielsammlung (s. Fig. 22)

① $(\mathbf{N}, +, \cdot)$, $(\mathbf{N}_0, +, \cdot)$.

② Man wähle $R = \{0, a\}$ mit den in den folgenden Tafeln angegebenen Verknüpfungen:

+	0	a		$\cdot$	0	a
0	0	a		0	0	0
a	a	0		a	0	0

③ / ④ Es sei $(R, +, \cdot)$ ein beliebiger vom Nullring verschiedener Ring mit Eins. Auf
die folgende Art gewinnt man aus R einen nicht-kommutativen Ring, der kein Eins-

B element besitzt. Auf der Trägermenge $R \times R =_{Df} \{(a, b) : a, b \in R\}$ seien Verknüpfungen $\oplus$ und $\odot$ erklärt durch

$$(a_1, a_2) \oplus (b_1, b_2) =_{Df} (a_1 + b_1, a_2 + b_2)$$

und $$(a_1, a_2) \odot (b_1, b_2) =_{Df} (a_1 \cdot b_1, a_1 \cdot b_2).$$

Durch elementare Rechnungen bestätigt man sofort die Richtigkeit der oben gemachten Aussage.

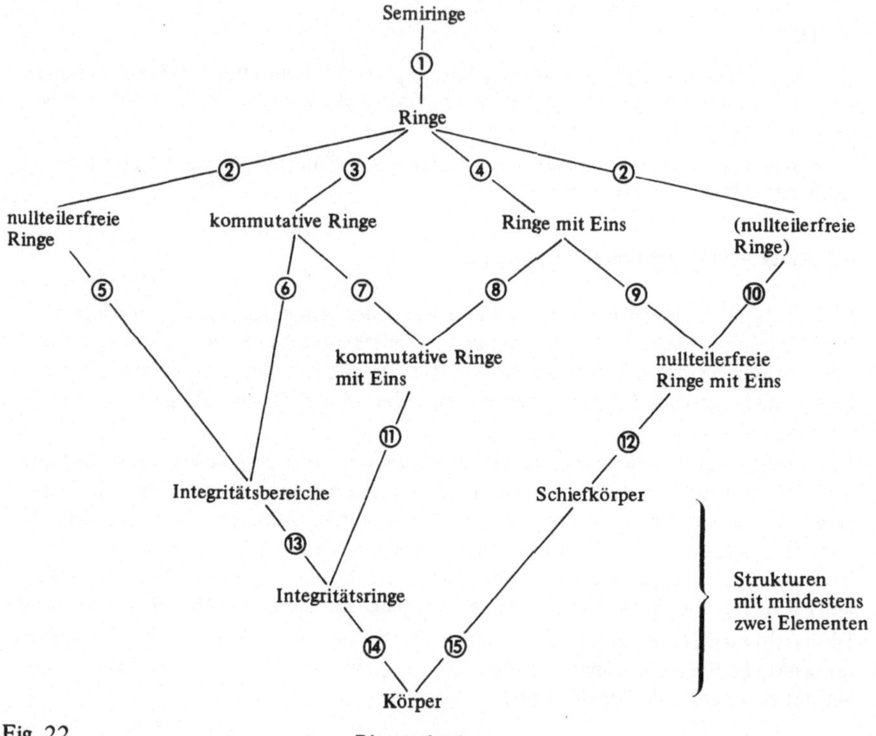

Fig. 22   **Ringstrukturen**

⑤ Vgl. Beispiel 4.32.15.

⑥ Vgl. Beispiel 4.32.2.

⑦ $(k \cdot \mathbf{Z}, +, \cdot)$ mit $k \geqslant 2$.

⑧ Um ein Beispiel eines Ringes mit Eins anzugeben, der nicht kommutativ ist, werden wir mit einem Verfahren einen Ring konstruieren, das in Abschn. 5.1 und 5.2 von besonderer Bedeutung sein wird und hier nur an einem Beispiel angedeutet werden soll. Aus Übung 2.26 ist uns die Kleinsche Vierergruppe $G = \{e, a, b, c\}$ bekannt. Sind h

und g zwei Homomorphismen, die G in sich abbilden, so kann man h und g mit Hilfe
der in G gegebenen Komposition $\square$ miteinander vermöge

$$(h \circledcirc g)\,(x) =_{Df} h(x) \mathbin{\square} g\,(x)$$

verknüpfen, um auf diese Weise neue Homomorphismen zu erhalten. Für x, y $\in$ G gilt
ja die Gleichungskette

$$(h \circledcirc g)\,(x \mathbin{\square} y) = h(x \mathbin{\square} y) \mathbin{\square} g(x \mathbin{\square} y) = h(x) \mathbin{\square} g(x) \mathbin{\square} h(y) \mathbin{\square} g(y) =$$
$$= (h \circledcirc g)\,(x) \mathbin{\square} (h \circledcirc g)\,(y),$$

in der die Kommutativität von G wesentlich eingeht.

Als zweite innere Verknüpfung auf der Menge der Homomorphismen von G in sich betrachten wir die Hintereinanderausführung von Abbildungen, die mit einem „$\circ$" bezeichnet wird. Man bestätigt – wir werden dies in Abschn. 5.2 ausführlich diskutieren
–, daß die Menge der Homomorphismen von G in sich mit diesen Verknüpfungen ein
Ring mit Eins ist.

Betrachten wir die folgenden Abbildungen von G in sich:

$$f : \begin{array}{l} e \longmapsto e \\ a \longmapsto a \\ b \longmapsto a \\ c \longmapsto e \end{array} \quad \text{und} \quad g : \begin{array}{l} e \longmapsto e \\ a \longmapsto e \\ b \longmapsto b \\ c \longmapsto b \end{array}$$

Man rechnet sofort nach, daß f und g tatsächlich Homomorphismen sind, für die
$(f \circ g)\,(c) = a$ und $(g \circ f)\,(c) = e$ gilt. Also liegt ein nicht-kommutativer Ring vor, der
mit der identischen Abbildung jedoch ein Einselement besitzt.

⑨ Ist R ein Ring mit $1 \neq 0$, so ist der Ring M_2 der (2×2)-Matrizen mit Elementen
aus R ein Ring mit Eins, der nicht nullteilerfrei ist.

⑩ Vgl. Beispiel 4.32.7.

⑪ Für eine Menge M mit $|M| \geqslant 2$ ist $\mathfrak{P}(M)$ mit den Verknüpfungen aus Aufgabe 4.6
ein kommutativer Ring mit Eins, der nicht nullteilerfrei ist.

⑫ $(\mathbf{Z}, +, \cdot)$.

⑬ Vgl. Beispiel 4.32.7.

⑭ $(\mathbf{Z}, +, \cdot)$, $(\mathbf{D}, +, \cdot)$.

⑮ Wir kommen nun auf die Bemerkungen im Anschluß an den Beweis von Satz 4.24
zurück und werden einen notwendigermaßen unendlichen Schiefkörper konstruieren,
der kein Körper ist und in engem Zusammenhang mit der in Abschn. 3.4 behandelten
Quaternionengruppe steht. Dieser Schiefkörper spielt auch in anderer Hinsicht eine
ausgezeichnete Rolle. Zur Erläuterung dieses Sachverhalts erinnern wir daran, daß der
Körper $\mathbf{C}$ durch die Definition geeigneter Verknüpfungen auf $\mathbf{R} \times \mathbf{R}$ entsteht. Versucht
man, ein kartesisches Produkt $\mathbf{R}^n$ mit $n \geqslant 3$ so mit Verknüpfungen + und $\cdot$ zu versehen,
daß $\mathbf{R}^n$ damit wenigstens zu einem Schiefkörper wird, dessen Zentrum $\mathbf{R}$ (bis auf die

B Schreibweise) enthält, so liefert ein Satz von Frobenius (1849–1917), daß $n = 4$ ist und das entstehende Verknüpfungsgebilde bis auf Ringisomorphismen (vgl. dazu die unten getroffene Definition 4.33) mit der im folgenden beschriebenen Struktur übereinstimmt.

Für $(a_1, \ldots, a_4)$ und $(b_1, \ldots, b_4) \in \mathbf{R}^4$ sei

$$(a_1, \ldots, a_4) +_Q (b_1, \ldots, b_4) =_{Df} (a_1 + b_1, \ldots, a_4 + b_4)$$

und $\quad (a_1, \ldots, a_4) \cdot_Q (b_1, \ldots, b_4) =_{Df} (a_1 b_1 - a_2 b_2 - a_3 b_3 - a_4 b_4,$

$$a_1 b_2 + a_2 b_1 + a_3 b_4 - a_4 b_3,$$

$$a_1 b_3 + a_3 b_1 + a_4 b_2 - a_2 b_4,$$

$$a_1 b_4 + a_4 b_1 + a_2 b_3 - a_3 b_2).$$

Dann ist $(\mathbf{R}^4, +_Q, \cdot_Q)$ ein Schiefkörper, der kein Körper ist und als Q u a t e r n i o n e n - s c h i e f k ö r p e r bezeichnet wird; seine Elemente heißen Q u a t e r n i o n e n .

Übungen

4.29 Man verifiziere die Behauptung in Beispiel 4.32.4.

4.30 Man zeige, daß $(\mathbf{R}^4, +_Q, \cdot_Q)$ aus Beispiel 4.32.15 ein Schiefkörper, aber kein Körper ist, der die Körper $\mathbf{R}$ und $\mathbf{C}$ bis auf die Schreibweise enthält.

4.31 Man weise durch die Lösung des folgenden Problems nach, daß nicht alle algebraischen Strukturen mit zwei inneren Verknüpfungen Semiringe sind: Geben Sie auf $\mathbf{N}$ zwei Verknüpfungen $\oplus$ und $\odot$ an, so daß $(\mathbf{N}, \oplus)$ eine kommutative Halbgruppe und $(\mathbf{N}, \odot)$ eine Halbgruppe ist, die Distributivgesetze aber nicht gelten.

B **4.4 Ringhomomorphismen und Partitionen**

Der enge Zusammenhang zwischen Gruppoidhomomorphismen und Partitionen ist in Abschn. 2.3 deutlich herausgearbeitet worden und hat uns dort unter anderem zum Homomorphiesatz für Gruppoide geführt. Wir wollen in diesem Abschnitt aufzeigen, daß für Semiringe eine Parallelentwicklung möglich ist und so unter Benutzung analoger Begriffe und Methoden im sogenannten „Ersten Homomorphiesatz für Ringe" abschließend alle homomorphen Bilder von Ringen einheitlich beschreiben. Die hier vorgenommenen Begriffsbildungen werden auch in späteren Abschnitten von Bedeutung sein; grundlegend ist dabei

4.33 Definition Unter einem H o m o m o r p h i s m u s (einer h o m o m o r p h e n A b b i l d u n g) des Semirings $(S_1, +, \cdot)$ in den Semiring $(S_2, +, \cdot)$ versteht man eine Abbildung h von S_1 in S_2, die in dem folgenden Sinne verknüpfungstreu ist: Für alle $x, y \in S_1$ gilt

$$h(x + y) = h(x) + h(y) \quad \text{und} \quad h(x \cdot y) = h(x) \cdot h(y).$$

Die bijektiven Semiringhomomorphismen heißen I s o m o r p h i s m e n oder i s o -
m o r p h e   A b b i l d u n g e n .

B

Semiringhomomorphismen werden bei der Betrachtung von Ringen S_1 und S_2 als Ring-homomorphismen bezeichnet.

Zur Veranschaulichung der so definierten Begriffe wollen wir einige Beispiele von (Semi-) Ringhomomorphismen angeben, die auf früher betrachteten (Semi-) Ringen definiert sind.

4.34 Beispiele

1. $h : (\mathbf{N}_0, +, \cdot) \longrightarrow (\mathbf{N}_0, +, \cdot)$ mit $h(n) = 0$ für alle $n \in \mathbf{N}_0$.

2. $h : (\mathbf{N}, +, \cdot) \longrightarrow (\mathbf{N}, +, \cdot)$ mit $h(n) = n$ für alle $n \in \mathbf{N}$.

3. $h : (\mathbf{R}, +, \cdot) \longrightarrow (\mathbf{C}, +, \cdot)$ mit $h(r) = r + 0 \cdot i$ für alle $r \in \mathbf{R}$.

4. $h : (\mathbf{C}, +, \cdot) \longrightarrow (\mathbf{C}, +, \cdot)$ mit $h(z) = \bar{z}$ für alle $z \in \mathbf{C}$.

(Dabei bezeichnet für eine komplexe Zahl $z = a + bi$ das Symbol $\bar{z}$ die konjugiert komplexe Zahl $a - bi$.)

5. Es seien $k, m \in \mathbf{N}$ fest gewählt und m ein Teiler von k. Dann sei h definiert durch $h : k \cdot \mathbf{Z} \longrightarrow m \cdot \mathbf{Z}$ mit $h(k \cdot z) = k \cdot z$ für alle $k \cdot z \in k \cdot \mathbf{Z}$.

Übung 4.32 Man zeige, daß es sich bei den in Beispiel 4.34 angegebenen Abbildungen um Semiringhomomorphismen handelt.

Ein wie oben definierter Semiringhomomorphismus h ist also in zweifacher Hinsicht ein Halbgruppenhomomorphismus, nämlich einerseits ein solcher zwischen $(S_1, +)$ und $(S_2, +)$ als auch einer zwischen $(S_1, \cdot)$ und $(S_2, \cdot)$. Da es sich bei den Teilstrukturen $(S, +)$ und $(S, \cdot)$ um Halbgruppen handelt, behält die gesamte in Kapitel 2 entwickelte Theorie über den Zusammenhang zwischen Gruppoidhomomorphismen und Partitionen der Urbildgruppoide natürlich ihre Gültigkeit. In Analogie zu Satz 2.15 gilt für Semiringhomomorphismen.

4.35 Satz Es sei h eine homomorphe Abbildung des Semirings $(S_1, +, \cdot)$ in den Semiring $(S_2, +, \cdot)$. Dann gilt für alle Klassen $h^{-1}(a), h^{-1}(b)$, die Elemente der von h erzeugten Partition $\mathfrak{Z}(S_1)$ von S_1 sind:

Sind $x_1, x_2 \in h^{-1}(a)$ und $y_1, y_2 \in h^{-1}(b)$, so sind $x_1 + y_1$ und $x_2 + y_2$ Elemente derselben Klasse von $\mathfrak{Z}(S_1)$. Ebenso sind $x_1 \cdot y_1$ und $x_2 \cdot y_2$ Elemente derselben Klasse von $\mathfrak{Z}(S_1)$.

Der Beweis verläuft wie der von Satz 2.15.

Die Verknüpfungen + und $\cdot$ in S_1 sind also verträglich mit der durch h erzeugten Partition $\mathfrak{Z}(S_1)$ von S_1, die wiederum einer Äquivalenzrelation auf S_1 entspricht. Zur Vereinfachung der folgenden Sprechweisen wollen wir — in Analogie zu Definition 2.16 — hier ebenfalls den Begriff der Kongruenzrelation einführen.

B **4.36 Definition** Ist eine auf der Trägermenge S eines Semirings (S, +, ·) definierte Äquivalenzrelation $\sim$ verträglich mit den Verknüpfungen + und ·, d. h. folgt aus $x_1 \sim x_2$ und $y_1 \sim y_2$ stets

$$x_1 + y_1 \sim x_2 + y_2 \quad \text{und} \quad x_1 \cdot y_1 \sim x_2 \cdot y_2,$$

so heißt diese Relation K o n g r u e n z r e l a t i o n .

Gewöhnlich ersetzt man auch in dieser Situation $\sim$ durch $\equiv$.

Mit dem so definierten Begriff übertragen und verschärfen wir die Aussage von Satz 2.20 in

4.37 Satz Es sei (S, +, ·) ein Semiring und $\mathfrak{Z}(S)$ eine Partition von S mit den Äquivalenzklassen $\{K(a) : a \in S\}$. Genau dann werden durch die Gleichungen

$$K(a) \oplus K(b) = K(a + b) \quad \text{und} \quad K(a) \odot K(b) = K(a \cdot b)$$

zwei Verknüpfungen auf $\mathfrak{Z}(S)$ definiert, wenn die die Partition liefernde Äquivalenzrelation sogar eine Kongruenzrelation ist.

B e w e i s . Daß innere Verknüpfungen vorliegen, falls eine Kongruenzrelation gegeben ist, zeigt man wie im Gedankengang vor Satz 2.20.

Wir beschränken uns hier daher darauf, nachzuweisen, daß eine Kongruenzrelation vorliegt, falls die beiden Gleichungen innere Verknüpfungen auf $\mathfrak{Z}(S)$ liefern. Dazu bezeichne * im folgenden simultan die Verknüpfungen + und · . Es seien also $x_1 \sim x_2$ und $y_1 \sim y_2$. Dann ist $K(x_1) = K(x_2)$ und $K(y_1) = K(y_2)$. Es folgt:

$$K(x_1 * y_1) = K(x_1) \circledast K(y_1) = K(x_2) \circledast K(y_2) = K(x_2 * y_2).$$

Also ist $x_1 * y_1 \sim x_2 * y_2$, mithin $\sim$ sogar eine Kongruenzrelation auf dem Semiring S. ∎

B e m e r k u n g . Der Beweis von Satz 4.37 ebenso wie die Überlegungen vor Satz 2.20 zeigen, daß es überflüssig ist, S als Semiring vorauszusetzen, um die gewünschte Aussage zu erhalten. Erforderlich ist lediglich das Vorliegen innerer Verknüpfungen. Um bei einer einheitlichen Darstellung zu bleiben, haben wir S dennoch als Semiring vorausgesetzt.

Genau die Kongruenzrelationen auf einem Semiring S sorgen also dafür, daß durch die beiden obigen Gleichungen auf $\mathfrak{Z}(S)$ innere Verknüpfungen definiert werden. Satz 4.35 hat gezeigt, daß Homomorphismen zwischen Semiringen S_1 und S_2 derartige Kongruenzrelationen liefern. Umgekehrt kann man auch hier die Frage danach stellen, ob nicht jede Kongruenzrelationen $\equiv$ auf einem Semiring S_1 durch einen geeigneten Homomorphismus in einen „geschickt" gewählten Semiring S_2 geliefert wird. Eine positive Antwort auf diese Frage gibt

4.38 Satz Es sei $\equiv$ eine Kongruenzrelation auf dem Semiring (S, +, ·).

$$(S_{/\equiv}, \oplus, \odot) =_{Df} (\{K(a) : a \in S\}, \oplus, \odot)$$

bezeichne die Menge der Kongruenzklassen mit den oben definierten Verknüpfungen $\oplus$ und $\odot$.

Dann ist $S_{/\equiv}$ ein Semiring und es existiert ein surjektiver Semiringhomomorphismus $\omega : S \longrightarrow S_{/\equiv}$ so, daß die durch ω gelieferte Partition von S und die durch $\equiv$ gegebene übereinstimmen.

B e w e i s . Durch $K(a) \oplus K(b) =_{Df} K(a + b)$ und $K(a) \odot K(b) =_{Df} K(a \cdot b)$ sind nach Satz 4.37 zwei Verknüpfungen auf $S_{/\equiv}$ gegeben. Bezeichnet $*$ simultan die Verknüpfungen $+$ und $\cdot$ in S, so gilt für a, b, c $\in$ S: $(K(a) \circledast K(b)) \circledast K(c) = K(a * b) \circledast K(c) =$ $= K((a * b) * c) = K(a * (b * c)) = K(a) \circledast (K(b) \circledast K(c))$, d. h. $+$ und $\cdot$ sind assoziativ.

Auf die gleiche Weise ergibt sich die Kommutativität von $(S_{/\equiv}, \oplus)$ und die Gültigkeit beider Distributivgesetze: $S_{/\equiv}$ ist also ein Semiring.

Den Homomorphismus ω geben wir wie folgt an:

$$\omega : S \ni a \longmapsto \omega(a) =_{Df} K(a) \in S_{/\equiv}.$$

Man bestätigt sofort, daß es sich um einen Semiringhomomorphismus handelt, der offenbar auch surjektiv ist. Wir betrachten nun die durch ω gelieferte Partition

$$\mathfrak{Z}(S, \omega) =_{Df} \{\omega^{-1}(K) : K \in S_{/\equiv}\}$$

von S und haben noch zu zeigen: $\mathfrak{Z}(S, \omega) = S_{/\equiv}$. Ist $\omega^{-1}(K) \in \mathfrak{Z}(S, \omega)$, so ist $\omega^{-1}(K) = \{r \in S : \omega(r) = K\} = \{r \in S : K(r) = K\}$.

Da ω surjektiv ist, ist $\omega^{-1}(K) \neq \emptyset$. Es existiert also ein $r_0 \in S$ mit $\omega^{-1}(K) = K(r_0) \in S_{/\equiv}$. Ist umgekehrt $r \in S$ und $K(r) \in S_{/\equiv}$, so ist $\omega^{-1}(K(r)) = \{s \in S : \omega(s) = K(r)\} =$ $= \{s \in S : K(s) = K(r)\} = K(r)$. Also ist $K(r) \in \mathfrak{Z}(S, \omega)$. Insgesamt ergibt sich: $\mathfrak{Z}(S, \omega) = S_{/\equiv}$. ∎

Wir wollen unsere Untersuchungen über den Zusammenhang zwischen Partitionen und Homomorphismen von Semiringen hier kurz unterbrechen und zunächst einige weitere einfache Aussagen über Semiringhomomorphismen sammeln.

4.39 Satz Ist $(S_1, +, \cdot)$ ein Semiring, S_2 bezüglich zweier Verknüpfungen „$+$" und „$\cdot$" ein Gruppoid und h: $(S_1, +) \longrightarrow (S_2, +)$, h : $(S_1, \cdot) \longrightarrow (S_2, \cdot)$ ein Homomorphismus, so ist $h(S_1) =_{Df} \{h(r) : r \in S_1\} \subset S_2$ ein Semiring.

B e w e i s . $(h(S_1), +)$ und $(h(S_1), \cdot)$ sind nach Abschnitt 2.2 Halbgruppen; $(h(S_1), +)$ ist darüberhinaus kommutativ. Wir haben also nur noch die Gültigkeit beider Distributivgesetze nachzuweisen.

Sind $x_i \in h(S_1)$, $1 \leqslant i \leqslant 3$, so existieren $r_i \in S_1$ mit $h(r_i) = x_i$. Es ist $x_1 \cdot (x_2 + x_3) =$ $= h(r_1) \cdot (h(r_2) + h(r_3)) = h(r_1) \cdot h(r_2 + r_3) = h(r_1 \cdot (r_2 + r_3)) = h(r_1 \cdot r_2 + r_1 \cdot r_3) =$ $= h(r_1 \cdot r_2) + h(r_1 \cdot r_3) = (h(r_1) \cdot h(r_2)) + (h(r_1) \cdot h(r_3)) = x_1 \cdot x_2 + x_1 \cdot x_3$.

Das zweite Distributivgesetz weist man völlig analog nach. ∎

Weitere Permanenzeigenschaften von Homomorphismen stellen wir zusammen in den folgenden

Übungen

4.33 Ist R ein Ring und sind S_2 und h wie in Satz 4.39 gegeben, so ist $h(R)$ ein Ring.

B   **4.34** Ist R ein kommutativer Ring, und sind S_2 und h wie in Satz 4.39 gegeben, so ist h(R) ein kommutativer Ring.

4.35 Ist R ein Ring mit Eins und sind S_2 und h wie in Satz 4.39 gegeben, so ist h(R) ein Ring mit Eins.

4.36 Sind R_1 und $R_2 \neq \{0\}$ Ringe mit Eins und ist h : $R_1 \longrightarrow R_2$ ein Homomorphismus derart, daß ein a $\in R_1$ existiert, für das h(a) $\neq 0$ und kein Nullteiler in R_2 ist, so bildet h das Einselement von R_1 auf das von R_2 ab.

4.37 In Analogie zu Satz 2.25 gilt für Homomorphismen von Semiringen: Die Komposition von Semiringhomomorphismen ist ein Semiringhomomorphismus. Die Isomorphie von Semiringen ist eine Äquivalenzrelation.

Bisher wurden einige Bemerkungen darüber gemacht, welche Eigenschaften die Bilder von Semiringen bzw. Ringen unter homomorphen Abbildungen „behalten". Wir wollen uns der Frage zuwenden, welche Gestalt die Urbilder von Semiringen unter Homomorphismen haben. Eine erste einfache Aussage darüber beinhaltet

4.40 Satz Ist h ein Homomorphismus des Semirings S_1 in den Semiring S_2, ist U ein Untersemiring von S_2, und ist $h^{-1}(U) = \{x \in S_1 : h(x) \in U\} \neq \emptyset$, so ist $h^{-1}(U)$ ein Untersemiring von S_1. Sind R_1 und R_2 Ringe und ist U ein Teilring von R_2, so ist $h^{-1}(U)$ ein Teilring von R_1.

B e w e i s . Aufgrund der Bemerkung nach Satz 2.3 sind $(h^{-1}(U), +)$ und $(h^{-1}(U), \cdot)$ Untergruppoide von $(S_1, +)$ bzw. $(S_1, \cdot)$, in denen offenbar das Assoziativgesetz gilt, so daß es sich um Halbgruppen handelt. Da $(h^{-1}(U), +)$ kommutativ ist und die Distributivgesetze in ganz S_1 gelten, ist $h^{-1}(U)$ ein Semiring.

Zum Nachweis der zweiten Aussage ist nur noch zu zeigen, daß unter den angenommenen Voraussetzungen $(h^{-1}(U), +)$ eine abelsche G r u p p e ist: Übung 2.16 b) liefert diese Aussage. ∎

Wir werden im folgenden nur noch Ringstrukturen untersuchen, um auf diese Weise den Zusammenhang zwischen Homomorphismen und Partitionen deutlicher darstellen zu können. Jeder Ring enthält als speziellen Teilring den nur aus dem bezüglich der Addition neutralen Element 0 bestehenden Nullring, dessen Urbild wir näher untersuchen wollen.

4.41 Definition Es seien R_1 und R_2 Ringe und h : $R_1 \longrightarrow R_2$ ein Ringhomomorphismus. Dann heißt

$$\text{Kern } h =_{Df} \{r \in R_1 : h(r) = 0\} = h^{-1}(\{0\})$$

K e r n v o n h .

Der Kern eines Ringhomomorphismus h ist also nichts anderes als der Kern des Gruppenhomomorphismus h: $(R_1, +) \longrightarrow (R_2, +)$. Nach Satz 4.40 ist Kern h ein Teilring von R_1, der jedoch eine wichtige zusätzliche Eigenschaft besitzt. Wählt man nämlich r $\in R_1$ beliebig und k $\in$ Kern h, so gilt

$$h(r \cdot k) = h(r) \cdot h(k) = h(r) \cdot 0 = 0$$

und ebenso

$$h(k \cdot r) = h(k) \cdot h(r) = 0 \cdot h(r) = 0.$$

Also gilt: Ist $r \in R_1$ beliebig, so sind $r \cdot$ Kern $h \subset$ Kern h und Kern $h \cdot r \subset$ Kern h.

B

Derartige Unterringe eines Ringes zeichnen wir aus in

4.42 Definition Eine Teilmenge T eines Ringes R heißt I d e a l , wenn gilt:

   (i) (T, +) ist eine Untergruppe von (R, +).
   (ii) Für alle $r \in R$ ist $r \cdot T \subset T$ und $T \cdot r \subset T$.

Selbstverständlich ist jedes Ideal ein Unterring von R. Der Kern eines Ringhomomorphismus ist nach den oben angestellten Überlegungen stets ein Ideal. Weitere Beispiele werden geliefert durch den Unterring, der nur aus der 0 besteht, und den Ring R selbst. Mehr Anschauungsmaterial enthalten die folgenden

Übungen

4.38 Man zeige: Für $k \in \mathbf{N}$ ist $k \cdot \mathbf{Z}$ ein Ideal im Ring **Z**.

4.39 Man beweise oder widerlege: Sind T_1, T_2 Ideale eines Ringes R, so sind auch $T_1 \cap T_2$ und $T_1 \cup T_2$ Ideale von R.

4.40 Man zeige: Sind für $n \in \mathbf{N}$ T_n Ideale eines Ringes R mit $n < m \Rightarrow T_n \subseteq T_m$, so ist $\underset{n \in \mathbf{N}}{\cup} T_n$ ein Ideal von R.

4.41 Man zeige: In einem Schiefkörper gibt es genau zwei Ideale.

Wir wenden uns nun wieder der Untersuchung über den Zusammenhang von Partitionen und Homomorphismen zu und beweisen

4.43 Satz Es sei R ein Ring und „$\equiv$" eine Äquivalenzrelation auf R. Genau dann wird durch „$\equiv$" sogar eine Kongruenzrelation auf R geliefert, wenn die Äquivalenzklassen die Nebenklassen $r + T$ eines Ideals T sind. Dabei ist T die Menge aller $t \in R$ mit $t \equiv 0$.

B e w e i s . Ist die gegebene Äquivalenzrelation eine Kongruenzrelation in R, insbesondere also verträglich mit der Verknüpfung + in R, so sind nach Satz 2.43 die Kongruenzklassen Nebenklassen eines Normalteilers T, insbesondere also Nebenklassen einer Untergruppe von (R, +). Dabei ist T die Menge aller $s \in R$ mit $s \equiv 0$. Wir haben noch zu zeigen: Ist $r \in R$ beliebig, so ist $r \cdot T \subset T$ und $T \cdot r \subset T$.

Ist $r \in R$ und $t \in T$, so gilt $r \equiv r$ und $t \equiv 0$. Damit ergibt sich $r \cdot t \equiv r \cdot 0 = 0$, also $r \cdot t \in T$ und $t \cdot r \equiv 0 \cdot r = 0$, also $t \cdot r \in T$. T ist also ein Ideal in R.

Sind die Äquivalenzklassen Nebenklassen eines Ideals T, also insbesondere eines Normalteilers der abelschen Gruppe (R, +), so ist nach Satz 2.50 die durch die Äquivalenzklassen gelieferte Partition von R verträglich mit der Verknüpfung + und es ist $T = \{s \in R : s \equiv 0\}$.

Es seien nun $r_1, r_2, s_1, s_2 \in R$ mit $r_1 \equiv r_2$ und $s_1 \equiv s_2$. Wir müssen zeigen, daß $r_1 \cdot s_1 \equiv r_2 \cdot s_2$ ist. Wegen $r_1 \equiv r_2$ gilt: Es existiert $r \in R$ mit $r_1, r_2 \in r + T$. Ebenso gibt es ein $s \in R$ mit $s_1, s_2 \in s + T$. Damit gibt es $t_1, t_1' \in T$, so daß gilt:

$$r_1 \cdot s_1 = (r + t_1) \cdot (s + t_1')$$
$$= r \cdot s + t_1 \cdot s + r \cdot t_1' + t_1 \cdot t_1' \in r \cdot s + T \cdot s + r \cdot T + T \cdot T \subset r \cdot s + T.$$

B Analog erhält man $r_2 \cdot s_2 \in r \cdot s + T$, und damit ergibt sich $r_1 \cdot s_1 \equiv r_2 \cdot s_2$; „ $\equiv$ " ist also eine Kongruenzrelation. ∎

Die in Sätzen 4.35 bis 4.38 und 4.43 gemachten Aussagen zeigen, daß Ideale, die „zum Beispiel" als Kerne von Ringhomomorphismen auftauchen (vgl. die Bemerkungen vor Definition 4.42), in der Theorie der Ringe für Partitionen die gleiche Rolle spielen wie Normalteiler in der Gruppentheorie (vgl. dazu Kapitel 2). Dort hatten wir ferner gesehen, daß sich jeder Normalteiler als Kern eines geeigneten Gruppenhomomorphismus darstellen läßt. Für Ringe und ihre Ideale gilt eine analoge Aussage:

4.44 Satz Ist R ein Ring und T ein Ideal in R, so existieren ein Ring S und ein surjektiver Homomorphismus $\omega : R \longrightarrow S$ mit $T = \text{Kern } \omega$.

B e w e i s . Ist T ein Ideal von R, so liefert T eine Kongruenzrelation $\equiv$ von R. Die Menge der Kongruenzklassen $R_{/\equiv}$ beschreibt sich nach Satz 4.43 so:

$$R_{/\equiv} = \{r + T : r \in R\}.$$

Nach Satz 4.38 ist $R_{/\equiv}$ mit den oben definierten Verknüpfungen $\oplus$ und $\odot$ ein Semiring; man überlegt sich leicht, daß unter den Voraussetzungen von Satz 4.44 sogar ein Ring vorliegt. Wir setzen $S =_{Df} R_{/\equiv}$; nach Satz 4.38 existiert der surjektive Homomorphismus $\omega : R \longrightarrow S$, dessen Kern noch zu bestimmen ist. Für $r \in R$ gelte $\omega(r) = K(r) = 0 \in R_{/\equiv}$. Das bezüglich der Addition $\oplus$ neutrale Element $0 \in R_{/\equiv}$ ist wegen $\omega(0) = 0$ (ω ist ein Homomorphismus) gleich $K(0) = \{s \in R : s \equiv 0\} = T$ (vgl. Satz 4.43). Also ergibt sich: Gilt für $r \in R$ die Gleichung $\omega(r) = 0$, so ist $\omega(r) = r + T = T$, und dies gilt genau dann, wenn $r \in T$ ist. Also: $\text{Kern } \omega = T$. ∎

Die in Abschnitt 4.4 gefundenen Ergebnisse sammeln und erweitern wir im folgenden Satz. Er ist das ringtheoretische Analogon zu den Aussagen der Sätze 2.24 und 2.54 und wird auch als e r s t e r H o m o m o r p h i e s a t z f ü r R i n g e bezeichnet.

4.45 Satz (i) Sind R_1 und R_2 Ringe und ist h eine homomorphe Abbildung von R_1 in R_2, so ist Kern h ein Ideal in R_1.
(ii) Kern h liefert eine Kongruenzrelation $\equiv$ auf R_1, und die kanonische Projektion ω von $(R_1, +, \cdot)$ ist eine epimorphe Abbildung auf den Ring $(R_{1/\equiv}, \oplus, \odot)$.
(iii) Der gegebene Ringhomomorphismus h läßt sich wie folgt faktorisieren: $h = \iota \circ h^* \circ \omega$. Dabei ist $h^* : R_{1/\equiv} \longrightarrow h(R_1)$ ein Ringisomorphismus, und ι bezeichnet die kanonische Einbettung von $h(R_1)$ in R_2.
Eine schematische Darstellung (vgl. Satz 2.24) zeigt Fig. 23.

B e w e i s . Zu (i): Diese Aussage ist im Anschluß an Definition 4.41 bewiesen worden.
Zu (ii): Siehe Satz 4.39.
Zu (iii): Nach Satz 4.43 ist $R_{1/\equiv} = \{r + \text{Kern } h : r \in R_1\}$.
Wir geben $h^* : R_{1/\equiv} \longrightarrow h(R_1)$ wie folgt an:

$$h^*(r + \text{Kern } h) =_{Df} h(r).$$

Man erkennt, daß h^* gerade die Abbildung ist, die auch im Beweis des Homomorphiesatzes für Gruppoide bzw. Gruppen benutzt wurde. Daraus ergeben sich die Wohldefi-

niertheit von h*, die Isomorphieeigenschaft von $h^* : (R_{1/\equiv}, \oplus) \longrightarrow (h(R_1), +)$ und die
behauptete Faktorisierbarkeit von h. Um die Aussage unter (iii) vollständig zu beweisen,
ist also noch zu zeigen, daß h* auch mit den Multiplikationen in $R_{1/\equiv}$ und $h(R_1)$ verträglich ist. Sind $r, s \in R_1$, so ist (Kern h ist ein Ideal) $h^* ((r + \text{Kern } h) \odot (s + \text{Kern } h)) =$
$= h^* (r \cdot s + \text{Kern } h) = h(r \cdot s) = h(r) \cdot h(s) = h^* (r + \text{Kern } h) \cdot h^* (s + \text{Kern } h).$ ∎

B

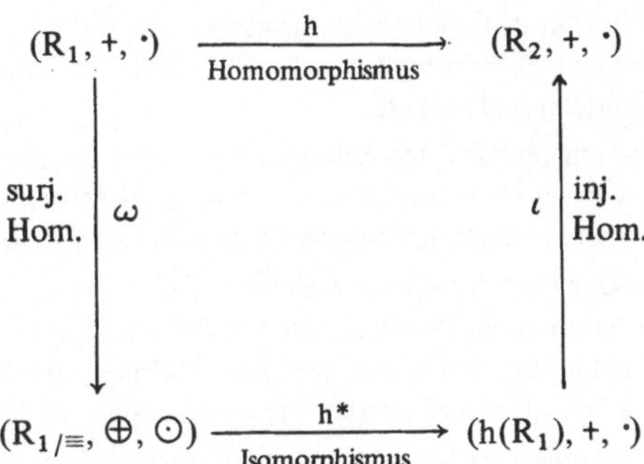

Fig. 23

4.5 Anmerkungen zu „Dezimalzahlen im Mathematikunterricht"

C

Die Unterrichtsempfehlungen für die Sekundarstufe I im Land NRW [13] sehen für die
Klasse 6 die Behandlung der nichtnegativen rationalen Zahlen Q_0^+ und der Dezimalzahlen vor.
So heißt es dort: „Es gibt wohl keine wichtigen Gründe, die eine getrennte Behandlung
von Brüchen und Dezimalzahlen fordern, im Gegenteil, dieser Komplex bildet eine
Einheit ". Die Schulbuchliteratur für diese Alterstufe versucht zum größten Teil, dieser
Forderung Rechnung zu tragen, indem sie die genannten Gegenstände parallel (vgl.
z. B. W. B r e i d e n b a c h u. a. [10]) oder aufeinanderfolgend behandelt (siehe hierzu z. B. M. G l a t f e l d u. a. [21]). Sowohl in den genannten Unterrichtsempfehlungen als auch im zuletzt zitierten Schulbuch wird im Zusammenhang mit der Behandlung
des Zahlbereichs Q_0^+ bzw. Q^+ großer Wert auf eine explizite Formulierung gültiger algebraischer Gesetzmäßigkeiten gelegt. So heißt es in den Unterrichtsempfehlungen: „Die
Gültigkeit des Distributivgesetzes ist nachzuweisen, ebenfalls die Kommutativität und
Assoziativität bzgl. + und $\cdot$ . . . . Es sind die Gruppeneigenschaften herauszustellen,
ohne jedoch den Gruppenbegriff hier abzuheben". In den Schulbüchern für die Klasse 6
schlägt sich dies in Lehrsätzen wie

„Für die Addition in Q^+ gilt das Assoziativgesetz"

nieder (vgl. [21], S. 93).
Bei der Behandlung der Dezimalzahlen ist dieses „scharfe" strukturelle Bewußtsein in
der Regel nicht wiederzufinden. Zwar wird auf verschiedene Möglichkeiten des Rundens hingewiesen und eine Anmerkung über die Existenz von Fehlerfortpflanzungen
gemacht [13]; strukturelle Gesichtspunkte, die hier genauso gut berücksichtigt wer-

C den könnten, klingen jedoch nicht mehr an. J. B l a n k e n a g e l [7] greift diese Beobachtung auf: „Es ist also eigentlich erstaunlich, daß man sich in modernen Schulbüchern für die Sekundarstufe I, die sich stark darum bemühen, bewußt zu machen, welche Gesetze dem Rechnen in den jeweiligen Zahlbereichen zugrundeliegen, dann, wenn mit Näherungswerten gearbeitet wird — mit gerundeten Zahlen, mit Tafelwerten einer bestimmten Genauigkeit, mit dem Rechenschieber —, auf praktische Regeln beschränkt und nicht mehr danach fragt, ob die grundlegenden Gesetze, auf die man vorher so viel Wert legte, noch erfüllt sind. Daß dies unterlassen wird, erscheint aus zwei Gründen bedenklich:

a) Man verführt den Schüler dazu, anzunehmen, daß die gleichen Gesetze gegeben sind wie etwa beim Rechnen mit rationalen Zahlen. Er wird gar keine Notwendigkeit sehen, bei einer Multiplikationsaufgabe z. B. auf die Reihenfolge der Operationen zu achten . . . .

b) Zur Einführung der reellen Zahlen möchte man auf Erfahrungen der Schüler mit abbrechenden Dezimalzahlen aufbauen können. Dabei benötigt man den Ring der abbrechenden Dezimalzahlen. Das Rechnen, bei dem die Schüler ihre Erfahrungen gemacht haben, erfüllt aber nicht unbedingt die Gesetze, auf die man sich dann beruft".

Wir wollen im folgenden die Aufmerksamkeit ein wenig auf die hier auftretenden Probleme lenken und lehnen uns dabei teilweise an die zitierte Arbeit von Blankenagel an. Im zweiten Abschnitt gehen wir kurz auf das Rechnen mit elektronischen Taschenrechnern ein. Insgesamt ergibt sich dabei eine Reihe von Kontrastbeispielen für die Gültigkeit gewisser Rechengesetze, die einer unterrichtlichen Behandlung zugänglich sind, das Bewußtsein für gegebene und nicht gegebene Strukturmerkmale von Operationsgebilden formen können und darüberhinaus mit gewissen Einschränkungen durchaus Praxisbezug haben.

4.5.1 Das Rechnen mit Näherungszahlen

Das Rechnen im Integritätsring der abbrechenden Dezimalzahlen D haben wir in Abschnitt 4.1 kurz behandelt. Wir haben ferner gesehen, daß D ein angeordneter Ring ist, denn die Ordnungs- und die Ringstruktur von D sind in dem Sinne miteinander verträglich, daß alle in Q geltenden Rechenregeln für Ungleichungen erst recht im Unterbereich D gültig bleiben, vorausgesetzt, daß die auftretenden algebraischen Operationen in D durchführbar sind. Beim Rechnen in D treten also kaum Schwierigkeiten auf, wenn man von der Problematik der Existenz inverser Elemente einmal absieht. Darüber hinaus hat D auch eine günstige topologische Eigenschaft. D liegt in R bezüglich der natürlichen Topologie dicht, so daß jede reelle Zahl beliebig genau durch Elemente aus D approximiert werden kann. In etwas „schlampiger" Weise macht man sich diese Tatsache zunutze, wenn man nicht-rationale Zahlen wie etwa π oder e durch abbrechende Dezimalbrüche „ersetzt".

Erste Probleme treten bei der im folgenden beschriebenen Methode des Rechnens mit Dezimalzahlen auf.

Dazu sei

$$D_2 =_{Df} \left\{ \frac{a}{10^n} \in \mathbf{Q} : a \in \mathbf{Z}, \ n \in \mathbf{N}_0 \text{ und } n \leqslant 2 \right\}.$$

C

Wir betrachten also die Menge aller rationalen Zahlen, deren Dezimalzahlbruchdarstellung spätestens an der zweiten Stelle hinter dem Komma abbricht. Wir wollen nur anmerken, daß wir in der Definition von D_2 die einschränkende Bedingung $n \leqslant 2$ auch durch die Forderung $n \leqslant n_0$ für $n_0 \in \mathbf{N}$ hätten verallgemeinern können; dies ist für die folgenden exemplarischen Untersuchungen jedoch nicht von Bedeutung.

Als Addition auf $\dot{D}_2$ betrachten wir die Einschränkung der Addition von D auf D_2, als Multiplikation definieren wir die folgenden „abbrechenden" Operationen: Für d_1, $d_2 \in D_2$ sei

$$d_1 \,_{\dot{a}}\, d_2 =_{Df} d_a \quad \text{und} \quad d_1 \,_{\dot{r}}\, d_2 =_{Df} d_r,$$

wobei d_a die auf zwei Stellen nach dem Komma abgebrochene Darstellung von $d_1 \cdot d_2 \in D$ bezeichne und d_r die auf zwei Stellen nach dem Komma gerundete Darstellung von $d_1 \cdot d_2 \in D$ sei. Runden heiße hierbei, daß man die letzte in D_2 darstellbare Ziffer einer Zahl aus D um 1 erhöht, falls die erste nicht mehr darstellbare Ziffer $\geqslant 5$ ist und die Darstellung nach zwei Dezimalen abbricht. Ist die erste nicht mehr darstellbare Ziffer < 5, so bricht man die Darstellung lediglich ab. Bekanntlich gibt es andere Wege des Rundens, die hier nicht behandelt werden sollen.

Wir geben im folgenden Übersichten über algebraische Eigenschaften von $(D_2, +, \dot{a})$ und $(D_2, +, \dot{r})$.

1. $(D_2, +)$ — ist eine abelsche Gruppe.
   $(D_2, \dot{a})$ — ist abgeschlossen.
        — ist kommutativ.
        — besitzt mit 1,00 ein neutrales Element.
        — ist nicht assoziativ, denn $(0{,}02 \,_{\dot{a}}\, 0{,}04) \,_{\dot{a}}\, 100{,}00 = 0{,}00$, aber $0{,}02 \,_{\dot{a}}$
          $(0{,}04 \,_{\dot{a}}\, 100{,}00) = 0{,}08$
        — ist nicht nullteilerfrei, denn $0{,}23 \,_{\dot{a}}\, 0{,}01 = 0{,}00$.

2. $(D_2, +)$ — ist eine abelsche Gruppe.
   $(D_2, \dot{r})$ — ist abgeschlossen.
        — ist kommutativ.
        — besitzt mit 1,00 ein neutrales Element.
        — ist nicht assoziativ, denn $(0{,}50 \,_{\dot{r}}\, 0{,}05) \,_{\dot{r}}\, 0{,}01 = 0{,}00 \neq 0{,}01 =$
          $= 0{,}50 \,_{\dot{r}}\, (0{,}05 \,_{\dot{r}}\, 0{,}10)$.
        — ist nicht nullteilerfrei, denn $0{,}23 \,_{\dot{r}}\, 0{,}01 = 0{,}00$.

In beiden multiplikativen Strukturen sind natürlich die Existenz und Eindeutigkeit inverser Elemente nicht gesichert. Die Beispiele

$$0{,}01 \,_{\dot{a}}\, (0{,}50 + 0{,}50) = 0{,}01 \neq 0{,}00 = (0{,}01 \,_{\dot{a}}\, 0{,}50) + (0{,}01 \,_{\dot{a}}\, 0{,}50)$$

und $\quad 0{,}01 \,_{\dot{r}}\, (0{,}40 + 0{,}40) = 0{,}01 \neq 0{,}00 = (0{,}01 \,_{\dot{r}}\, 0{,}40) + (0{,}01 \,_{\dot{r}}\, 0{,}40)$

zeigen, daß auch die Distributivgesetze nicht gelten. Man beachte aber, daß die oben erwähnten Gesetzmäßigkeiten in $(D_2, +, \dot{a})$ und $(D_2, +, \dot{r})$ aus unterschiedlichen Gründen nicht gelten; „so gibt es Beispiele, in denen für die Multiplikation $\dot{a}$ Gleichheit im

Sinne des Assoziativgesetzes gilt, für die Operation $\dot{\overline{}}$ hingegen nicht ... und ebenso Beispiele für das Umgekehrte ..." (vgl. B l a n k e n a g e l [7]).

Obwohl $(\mathbf{D}_2, \leqslant)$ noch eine linear geordnete Menge ist (vgl. Definition 4.25), liegen die Verträglichkeitsbedingungen im Sinne von Definition 4.26 nicht mehr vor. Beispielsweise ist zwar $0,00 < 0,02 < 0,05$; aber es gilt $0,02 \mathbin{\dot{\overline{}}} 0,05 = 0,00$. Das praktische Rechnen wird zwar nicht vollständig durch die Beispiele beschrieben, jedoch werden wesentliche Gesichtspunkte damit erfaßt, so daß den Beispielen sehr wohl exemplarischer Charakter zugesprochen werden kann. Beim praktischen Rechnen ändert man nämlich je nach Art der auftretenden Zahlen häufig die Genauigkeit, weil es zur Vermeidung zu großer Rundungsfehler unzweckmäßig ist, stets mit der gleichen Stellenzahl hinter dem Komma zu arbeiten. Gerade diesem Gesichtspunkt kommt bei der unterrichtlichen Behandlung von Dezimalzahlen große Bedeutung zu. Er wird von Blankenagel ebenfalls ausführlich erörtert.

Strukturelle Eigenschaften gewisser Verknüpfungsgebilde von Dezimalzahlen werden auch von B. W i n k e l m a n n [61] diskutiert; seine Darstellung über „Systeme von Dezimalzahlen und Approximationen" steht jedoch mehr unter dem Aspekt der Annäherung reeller Zahlen durch Dezimalzahlen. Wie J. Blankenagel hebt auch Winkelmann die Bedeutung der Dezimalzahlen für den praktischen Rechenbetrieb hervor; insbesondere erinnert er daran, daß in praktischen Rechnungen fast immer Zahlen vorkommen, die nicht wie beliebig genaue rationale Zahlen behandelt werden können. Diese Tatsache, die neben bestimmten Vorteilen beim Rechnen mit Dezimalzahlen (z. B. leichteres Erkennen von Anordnungsbeziehungen) nach Auffassung Winkelmanns auch einem zwölfjährigen Schüler einsichtig gemacht werden kann, zeigt, daß allzu puristische strukturelle Betrachtungen insbesondere für die Praxis nicht jene Bedeutung haben, die ihnen häufig beigemessen wird und theoretisch ja auch gegeben ist.

Im nächsten Abschnitt versuchen wir dies an einem weiteren Beispiel noch einmal zu verdeutlichen.

4.5.2 Das Rechnen auf einem Taschenrechner

Elektronische Taschenrechner gewinnen für den Unterricht zunehmend an Bedeutung. So berücksichtigen W. B r e i d e n b a c h u. a. [10] in ihrer für die Sekundarstufe I vorgesehenen Schulbuchreihe „Mathematik" bereits ab Klasse 5 das Rechnen mit einem einfachen Gerät. Auch hier bietet sich die Möglichkeit, durch die Betrachtung gewisser Grenzfälle zu überprüfen, welche die algebraische und die Ordnungsstruktur betreffenden Gesetze, die vom Rechnen mit rationalen Zahlen vertraut sind, hier noch erfüllt sind. Wir werden kurz über die Gegebenheiten bei einem Rechner sprechen, der stellvertretend für eine Reihe von Geräten der untersten Preisklasse ist. Er arbeite nach dem folgenden Prinzip:

1. Es sind Zahlen x mit $0 \leqslant |x| \leqslant 0{,}99999999 \cdot 10^8$ speicher- und darstellbar, deren Darstellung in der Form

$$(D) \qquad x = \pm 0, d_1 \ldots d_8 \cdot 10^{\ell} \quad \text{mit } 0 \leqslant d_i \leqslant 9 \text{ und } 0 \leqslant \ell \leqslant 8,$$

möglich ist; explizit wird der Exponent von 10 durch die Stellung eines Punktes ange-

geben. Die größte darstellbare Zahl ist in expliziter Darstellung also 99999999., die
kleinste positive darstellbare Zahl wird explizit durch .00000001 wiedergegeben. Man
bezeichnet dieses Verfahren als G l e i t k o m m a d a r s t e l l u n g .

2. Wird eine der Rechenoperationen + oder · (· wird dabei üblicherweise durch ein x
bezeichnet) ausgeführt, so wird das exakte Ergebnis ermittelt; dargestellt und gespei-
chert wird jedoch lediglich eine Zahl der Form (D), die aus dem exakten Ergebnis durch
„rechtsseitiges" Abschneiden auf 8 Stellen entsteht. Mit diesem Näherungswert des
exakten Ergebnisses wird dann weitergerechnet. Hinzuzufügen ist, daß unwesentliche
Nullen hinter dem Komma unterdrückt werden. So ist etwa $9.0000004 \cdot 2 =$
$= 18.0000008$, der Rechner stellt als Ergebnis 18. dar. Bei der Addition treten ähnliche
Fehler auf. Ist das exakte Ergebnis betragsmäßig größer als die größte darstellbare Zahl,
erfolgt häufig eine „WARNUNG", ist es betragsmäßig kleiner als die kleinste darstellbare positive Zahl, so wird es gleich Null gesetzt.

Die erwähnten Eigenschaften des Rechners zeigen, daß zwei reelle Zahlen x und y nach
dem folgenden Schema addiert werden:

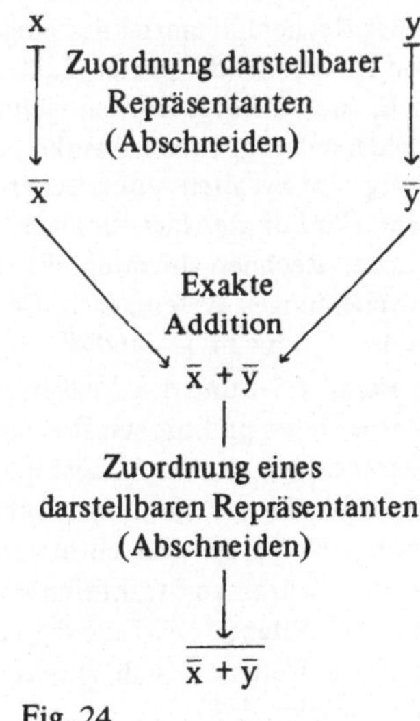

Fig. 24

Statt $\overline{\bar{x} + \bar{y}}$ wollen wir kurz $x \oplus y$ schreiben. $\oplus$ bezeichnet also die „Taschenrechner-
addition". Nach einem analogen Schema erfolgt auch die „Taschenrechnermultiplika-
tion" $\odot$. Bezeichnen wir die Menge der auf dem Taschenrechner darstellbaren Zahlen
mit T, so wollen wir algebraische Eigenschaften des Tripels $(T, \oplus, \odot)$ angeben:

$(T, \oplus)$ — ist nicht abgeschlossen, denn
$$50000000 \oplus 50000000 = \text{WARNUNG}.$$
— ist nicht assoziativ, denn $(0.5 \oplus 0.5) \oplus 10000000 =$
$$= 10000001 \neq 10000000 = 0.5 \oplus (0{,}5 \oplus 10000000).$$

C

         — ist kommutativ.

         — besitzt mit 0. ein neutrales Element.

         — enthält zu darstellbaren Elementen x die Inversen $-x$.

$(T, \cdot)$ — ist nicht abgeschlossen (Beispiel!).

         — ist nicht assoziativ (Beispiel!).

         — ist kommutativ.

         — enthält mit 1. ein neutrales Element.

         — enthält nicht zu jedem von 0. verschiedenen Element ein Inverses; dies ist zum Beispiel bei 99999999. der Fall. Andererseits besitzen gewisse Zahlen wie etwa 0.00008 mindestens zwei Inverse in T.

         — ist nicht nullteilerfrei (Beispiel!).

An einem einfachen Beispiel macht man sich klar, daß die Distributivgesetze in $(T, \oplus, \odot)$ nicht gelten. Wieder gilt, daß $(T, \leqslant)$ zwar linear geordnet ist, daß aber die etwa vom Rechnen in D vertrauten Monotoniebeziehungen weder bei der Addition noch bei der Multiplikation in T gültig sind.

Mit ähnlichen Beispielen kann man zeigen, daß diese Regeln bei der Verwendung all jener Rechenhilfsmittel nur eingeschränkt Gültigkeit haben, die lediglich einen diskreten Ausschnitt der reellen Zahlen mit endlich vielen Elementen speichern können, wie z. B. auch die sogenannten technisch-wissenschaftlichen Taschenrechner mit Exponentialdarstellung, Tabellenwerke oder elektronische Digitalrechenanlagen, deren Benutzung zum Erhalten numerischer Ergebnisse in vielen Anwendungen aber unerläßlich sind. Wir konnten hier nur andeutungsweise darstellen, welche Verwicklungen beim praktischen Rechnen auftreten; die sogenannte „Numerische Mathematik" untersucht diese Erscheinungen systematisch. Der interessierte Leser sei z. B. auf die Lehrbücher von A d e - S c h e l l [1] und F e i l m e i e r - W a c k e r [17] verwiesen.

Abschn. 4.5.1 und 4.5.2 haben gezeigt, daß algebraische Strukturen wie Ringe oder Körper beim praktischen Rechnen nicht unbedingt jene Bedeutung haben, die ihnen theoretisch zukommt. Selbst im Unterricht der Sekundarstufe I treten in Form von Dezimalzahlen Verknüpfungsgebilde mit erheblich ärmerer Struktur auf, denen praktisch jedoch größte Bedeutung zukommt. Damit schließt sich sogleich die Frage an, welche abstrakten Strukturen im Mathematikunterricht — wenn überhaupt — behandelt werden sollten; die C-Teile der ersten drei Kapitel haben hier bereits erste Antworten gegeben. Weitere Gesichtspunkte zur Beantwortung dieser grundsätzlichen Frage enthält Abschn. 5.5.

5 Weiterführung der Ringtheorie

A   Das Bild der Algebra hat sich im Laufe der Jahrhunderte gewandelt. Ausgangspunkt der klassischen Algebra waren Untersuchungen über die Lösungen von Gleichungen; dies wird auch durch den Titel des arabischen Buches deutlich, durch das das Abendland mit den indisch-arabischen Ziffern bekannt wurde: „algabr walmukabalah", was soviel

wie Hinüberbringen bedeutet. Selbst wenn man sich auf algebraische Gleichungen beschränkt (was wir darunter verstehen wollen, wird weiter unten definiert werden), sind
die auftretenden Probleme bis heute nicht gelöst. So ist nicht bekannt, ob es für belie-
bige Zahlen n $\geqslant$ 3 stets x, y, z $\in$ **N** gibt, so daß $x^n + y^n = z^n$ ist; bei n = 1 ($1^1 + 1^1 = 2^1$)
und n = 2 ($3^2 + 4^2 = 5^2$) ist dies noch der Fall. Dies ist das berühmt-berüchtigte
g r o ß e P r o b l e m v o n F e r m a t (1601 bis 1665), der behauptete, daß solche
Zahlen nicht existieren, aber keinen Beweis hinterließ. Parallel zur Untersuchung derart „praktischer" Probleme hat sich eine „moderne" Algebra herausgebildet, die die
Untersuchung der Eigenschaften von Operationen als ihre Hauptaufgabe ansieht. Es
entstand eine axiomatische Theorie „Algebra", die sich selbst wieder in eine Vielzahl
von Spezialtheorien gliedert, je nachdem welches algebraische Objekt untersucht wird.
Als Beispiele seien nur die Gruppentheorie, die Theorie der Ringe, die lineare Algebra
und die Boolesche Algebra genannt. Van der W a e r d e n s Bücher über diese „Moderne
Algebra" [61], die erstmals in den dreißiger Jahren erschienen, lieferten einen wichtigen
Beitrag zur Formulierung und Verbreitung dieses Ansatzes. So kann man vielleicht sagen,
daß die Untersuchung algebraischer Strukturen ein Ausgangspunkt der modernen Algebra
war, die sich seither in verschiedenen Richtungen weiterentwickelt und auch ihre Bedeu-
tung für die Bewältigung technischer Probleme unter Beweis gestellt hat (vgl. dazu
Abschn. 3.1 und das unten zitierte Buch von G. B i r k h o f f und T.C. B a r t e e [6]).
Während die Schulbuchliteratur sich bei der Behandlung algebraischer Probleme weitgehend an der klassischen Frage der Lösung von Gleichungen orientiert, sind wir in
Kapitel 4 der Auffassung der modernen Algebra gefolgt. So ergibt sich nach den obigen
Anmerkungen zur Entwicklung der Algebra noch einmal die Frage, warum in der modernen Algebra überhaupt jener abstrahierende strukturelle Standpunkt eingenommen
wird, wenn so leicht formulierbare Fragen wie das oben angegebene Problem von Fermat
noch nicht gelöst sind.

Wir geben hier nur eine partielle Antwort darauf. Es stellt sich im folgenden zum Beispiel heraus, daß die algebraischen Gleichungen in ihrer Gesamtheit durch Objekte beschrieben werden, die selber wieder algebraische Strukturen tragen. Dabei kann der
Weg zu diesen neuen Verknüpfungsgebilden als konstruktiv bezeichnet werden, weil
ausgehend von bekannten Objekten neue definiert werden, die den Ausgangsobjekten
ähnliche Strukturen tragen. Damit können die „theoretischen" Untersuchungen simultan auf beiden Ebenen durchgeführt werden. Die Wirtschaftlichkeit durch Abstraktion, die sich hieraus ergibt, ist e i n e Rechtfertigung für die Existenz der modernen Algebra.

5.1 Übertragung von Strukturen auf Abbildungsräume

Oben ist erwähnt worden, daß Konstruktionsprozesse zu neuen algebraischen Objekten
führen können, die die Struktur der Ausgangsobjekte mitnehmen. Dieser Übergang zu
veränderten Mengen mit ähnlicher algebraischer Struktur soll in diesem Abschnitt
exemplarisch dargestellt werden. Wir werden uns dabei mit sehr einfachen Verknüpfungen zwischen Abbildungen beschäftigen; etwas später wird sich der Zusammenhang zu

A   den algebraischen Gleichungen ergeben. Deshalb betrachten wir im folgenden

$$N^M =_{Df} \{f : f \text{ ist Abbildung von M in N}\}$$

oder Teilmengen von N^M und stellen dabei an M und N meist zusätzliche Forderungen, um auf diese Weise bei der Definition der Strukturen in den Abbildungsmengen auf solche in M oder N zurückgreifen zu können.

Wir beginnen mit einem sehr einfachen Beispiel, das die später zu diskutierende allgemeine Situation jedoch veranschaulicht und zugleich die Überschrift dieses Abschnitts erläutert.

5.1 Beispiel Es sei M = {a, b} eine zweielementige Menge und G = {0, 1} die eindeutig bestimmte kommutative Gruppe mit zwei Elementen, deren Verknüpfung * sich durch die Tafel

*	0	1
0	0	1
1	1	0

beschreiben läßt. Offenbar gibt es vier Abbildungen von M in G, die wir durch die folgenden Diagramme beschreiben können:

$$f_1 : \begin{cases} a \longmapsto 0 \\ b \longmapsto 0 \end{cases} \qquad f_2 : \begin{cases} a \longmapsto 0 \\ b \longmapsto 1 \end{cases}$$

$$f_3 : \begin{cases} a \longmapsto 1 \\ b \longmapsto 0 \end{cases} \qquad f_4 : \begin{cases} a \longmapsto 1 \\ b \longmapsto 1 \end{cases}$$

Wir werden diese Abbildungen nun miteinander verknüpfen, indem wir für $f_i, f_j \in G^M$ festlegen, daß

$$(f_i \circledast f_j)(m) =_{Df} f_i(m) * f_j(m) \text{ für alle } m \in M$$

ist. Um also etwa $(f_2 \circledast f_3)(a)$ zu bestimmen, geht man (von oben nach unten) wie folgt vor:

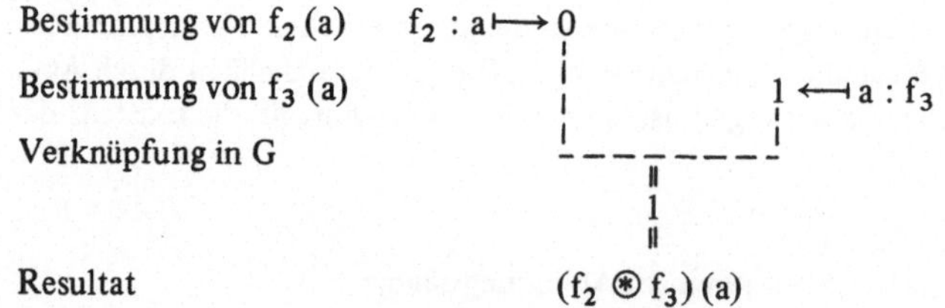

Führt man diesen Prozeß punktweise für alle $m \in M$ durch, so erhält man Informationen über die Gesamtwirkung von $f_2 \circledast f_3$:

$$(f_2 \circledast f_3) : \begin{matrix} a \longmapsto 1 \longleftarrow a \\ b \longmapsto 1 \longleftarrow b \end{matrix} : f_4,$$

und damit ist $(f_2 \circledast f_3) = f_4$.

Natürlich ist diese Überlegung für alle geordneten Paare von Abbildungen f_i und f_j durchzuführen, um $[G^M, \circledast\,]$ vollständig kennenzulernen. Man verdeutliche sich dies beim Ausfüllen der unten teilweise angegebenen Verknüpfungstafel:

$\circledast$	f_1	f_2	f_3	f_4
f_1	f_1	f_2	f_3	f_4
f_2	f_2	f_4		
f_3	f_3	f_4		
f_4	f_4			

Im obigen Beispiel hat sich ergeben, daß das „Produkt" von zwei Abbildungen jeweils eine der oben angegebenen Abbildungen $f_1, \ldots, f_4$ ist. Ursache dafür ist, daß $(G, *)$ ein Gruppoid ist. Es gilt nämlich der

5.2 Satz Es sei M eine nicht-leere Menge und $(G, *)$ ein Gruppoid, ferner sei

$$G^M =_{Df} \{f : f \text{ ist Abbildung von M in G}\}.$$

Für $f, g \in G^M$ sei

$$(f \circledast g)(x) =_{Df} f(x) * g(x) \quad \text{für alle } x \in M.$$

Dann ist $(G^M, \circledast)$ ein Gruppoid. Ferner übertragen sich andere strukturelle Merkmale von $(G, *)$ in der folgenden Weise auf $(G^M, \circledast)$; die Tabelle ist dabei so zu lesen, daß etwa aus der Tatsache, daß $(G, *)$ eine Halbgruppe ist, folgt, daß auch $(G^M, \circledast)$ eine solche ist.

$(G, *)$		$(G^M, \circledast)$
Gruppoid	$\Rightarrow$	Gruppoid
Halbgruppe	$\Rightarrow$	Halbgruppe
kommutative Halbgruppe	$\Rightarrow$	kommutative Halbgruppe
Gruppe	$\Rightarrow$	Gruppe
kommutative Gruppe	$\Rightarrow$	kommutative Gruppe

B e w e i s . Zum Nachweis, daß mit G auch G^M ein Gruppoid ist, genügt es zu zeigen, daß $(f \circledast g)$ eine Abbildung von M in G ist. Dies ist nach den ausführlichen Vorbemerkungen zu Satz 5.2 aber offenbar richtig.

Ist G auch assoziativ, so gilt für $f, g, h \in G^M$ und alle $x \in M$

$$((f \circledast g) \circledast h)(x) = (f \circledast g)(x) * h(x) = (f(x) * g(x)) * h(x) =$$

$$f(x) * (g(x) * h(x)) = f(x) * (g \circledast h)(x) = (f \circledast (g \circledast h))(x).$$

Also ist $(f \circledast g) \circledast h = f \circledast (g \circledast h)$.

Mit G ist also auch G^M eine Halbgruppe.

Ist G auch kommutativ, so ist für $f, g \in G^M$ und alle $x \in M$

$$(f \circledast g)(x) = f(x) * g(x) = g(x) * f(x) = (g \circledast f)(x);$$

A es gilt mithin $f \circledast g = g \circledast f$. Dies beweist die Kommutativität von G^M.

Wenn G eine Gruppe ist, so besitzt G ein neutrales Element e; wir definieren

$$f_e : M \longrightarrow G \quad \text{durch} \quad f_e(x) = e \text{ für alle } x \in M.$$

Dann ist f_e ein neutrales Element in G^M, denn für ein beliebiges $f \in G^M$ und alle $x \in M$ gilt $(f_e \circledast f)(x) = f_e(x) * f(x) = e * f(x) = f(x) * e = f(x) * f_e(x) = (f \circledast f_e)(x)$. Daraus folgt $(f_e \circledast f) = f = (f \circledast f_e)$ für alle $f \in G^M$.

Ferner besitzt jedes $a \in G$ ein eindeutig bestimmtes inverses Element a^{-1}. Zu $f \in G^M$ definieren wir

$$f^{-1} : M \longrightarrow G \quad \text{durch} \quad f^{-1}(x) = {}_{Df}[f(x)]^{-1} \quad \text{für alle } x \in M.$$

Dann ist f^{-1} invers zu f, denn für alle $x \in M$ gilt

$$(f^{-1} \circledast f)(x) = f^{-1}(x) * f(x) = [f(x)]^{-1} * f(x) = e = f_e(x)$$

und $\quad (f \circledast f^{-1})(x) = f(x) * f^{-1}(x) = f(x) * [f(x)]^{-1} = e = f_e(x).$

Damit ist also $f^{-1} \circledast f = f_e = f \circledast f^{-1}$: f^{-1} ist invers zu f. Die letzte Aussage der Tabelle in Satz 5.2 ist oben bereits bewiesen worden. ∎

In Satz 5.2 haben wir also ein erstes Verfahren kennengelernt, um aus vorgegebenen algebraischen Strukturen neue Strukturen zu konstruieren. Oben handelte es sich durchweg um Verknüpfungsgebilde mit einer Komposition; daß der analoge Prozeß auch in anderen Situationen zu neuen Strukturen führt, verdeutlichen Satz 5.3 und die darauf folgenden Aufgaben.

5.3 Satz Es sei M eine nicht-leere Menge und $(S, +, \cdot)$ ein Semiring. Für $f, g \in S^M$ sei

$$(f \oplus g)(x) = {}_{Df} f(x) + g(x) \quad \text{für alle } x \in M$$

und $\quad (f \odot g)(x) = {}_{Df} f(x) \cdot g(x) \quad \text{für alle } x \in M.$

Dann ist $(S^M, \oplus, \odot)$ ein Semiring.

B e w e i s . Der Beweis erfolgt analog zu dem von Satz 5.2. ∎

Um mit den Strukturen $(G^M, \circledast)$ und $(S^M, \oplus, \odot)$ vertraut zu werden, empfehlen wir dem Leser die Bearbeitung der folgenden Aufgaben, die auch Informationen darüber liefern, wie sich Strukturmerkmale von Semiringen auf die oben konstruierten Abbildungssemiringe übertragen.

Übungen

5.1 Man beweise die Behauptung in Satz 5.3.

5.2 Man zeige: Ist M eine nicht-leere Menge und R ein Ring, so ist R^M ein Ring, wenn man die Verknüpfungen wie in Satz 5.3 definiert.

5.3 Man zeige: R^M ist kommutativ genau dann, wenn R kommutativ ist.

5.4 Man zeige: R^M ist ein Ring mit Eins genau dann, wenn R ein Ring mit Eins ist.

5.5 Ist $R \neq \{0\}$ ein Ring, so ist der Ring R^M nullteilerfrei genau dann, wenn $|M| = 1$ und R nullteilerfrei ist.

A

Zur Veranschaulichung des dargestellten Sachverhalts trägt eine Betrachtung von „Folgenringen" bei. Wir behandeln sie in

5.4 Beispiel Setzt man in Satz 5.3 $M = N_0 = \{0, 1, 2, 3, \ldots\}$, so erhält man mit S^{N_0} die Menge aller unendlichen Folgen mit Elementen aus S, die mit den in Satz 5.3 definierten Verknüpfungen einen Semiring bilden und im Falle, daß S ein Ring ist, ebenfalls einen Ring ergeben. Für die Elemente dieses Semirings wollen wir eine spezielle Schreibweise einführen, die in der Literatur üblich ist. Statt $f : N_0 \longrightarrow S$ mit $n \longmapsto f(n)$ schreiben wir einfacher $(a_n)_{n \in N_0}$ oder verkürzt (a_n) mit $a_n =_{Df} f(n)$. Überträgt man diese Schreibweise in die obige Definition der Verknüpfungen, so erhält man

$$(a_n) \oplus (b_n) =_{Df} (a_n + b_n) \quad \text{und} \quad (a_n) \odot (b_n) =_{Df} (a_n \cdot b_n).$$

Diese Struktur werden wir bei spezieller Wahl von S im folgenden wiederholt betrachten und nach einer Modifikation der Multiplikation, die wir später benötigen werden, ihre Merkmale näher untersuchen. Die folgenden Aufgaben dienen dazu, das Rechnen in den neuen Strukturen einzuüben und gleichzeitig Unterstrukturen der betrachteten Gebilde kennenzulernen.

Übungen

5.6 Man zeige: Ist $(R, +, \cdot)$ ein Ring, so bilden die folgenden Teilmengen von R^{N_0} bezüglich der in Beispiel 5.4 angegebenen Verknüpfungen $+$ und $\cdot$ Unterringe von R^{N_0}.
(i) Die Menge aller konstanten Folgen

$$F_c =_{Df} \{(a_n) : \bigvee_{a \in R} \bigwedge_{n \in N_0} a_n = a\}.$$

(ii) Die Menge aller schließlich konstanten Folgen

$$F_{sc} =_{Df} \{(a_n) : \bigvee_{n_0 \in N_0} \bigwedge_{n \geqslant n_0} a_n = a_{n+1}\}.$$

(iii) Die Menge aller schließlich abbrechenden Folgen

$$F_{sa} =_{Df} \{(a_n) : \bigvee_{n_0 \in N_0} \bigwedge_{n \geqslant n_0} a_n = 0\}.$$

5.7 Man zeige, daß für einen Ring R der Teilring F_{sa} ein Ideal in R^{N_0} ist.

5.8 Es sei R ein angeordneter Ring. Man überprüfe, ob die folgenden Teilmengen von R^{N_0} Teilringe bilden:

(i) Die Menge aller beschränkten Folgen

$$F_b =_{Df} \{(a_n) : \bigvee_{c \in R} \bigwedge_{n \in N_0} |a_n| \leqslant c\}.$$

(ii) Die Menge aller monoton wachsenden Folgen

$$F_{mw} =_{Df} \{(a_n) : \bigwedge_{n \in N_0} a_n \leqslant a_{n+1}\}.$$

A **5.9** Es sei R ein angeordneter Ring mit dem Positivbereich P. Ferner sei

$$Q =_{Df} \{(a_n) \in R^{N_0} : \bigwedge_{n \in N_0} a_n > 0\}$$

Man überprüfe, ob R^{N_0} ein angeordneter Ring mit dem Positivbereich Q ist.

5.10 Es sei M eine nicht-leere Menge und S ein Semiring. Man zeige, daß es einen injektiven Semiringhomomorphismus von S in S^M gibt.

B **5.2 Endomorphismenringe und direkte Produkte von Ringen**

Der letzte Abschnitt hat bereits gezeigt, wie man in elementarer Weise aus gegebenen algebraischen Strukturen weitere Verknüpfungsgebilde konstruieren kann und wie sich dabei Merkmale der Ausgangsstrukturen auf die Konstruktionsergebnisse übertragen. In diesem Abschnitt sollen zwei weitere derartige Prozesse vorgestellt und durch kleine theoretische Ergebnisse gerechtfertigt werden. Zunächst betrachten wir Endomorphismensemiringe; sie verhelfen uns zu einer einheitlichen Beschreibung aller Semiringe. Anschließend diskutieren wir das direkte Produkt von Ringen und zeigen an einem Beispiel, wie sich auch Ringe in Unterringe zerlegen lassen.

5.2.1 Endomorphismenringe

Wir spezialisieren nun die in Abschn. 5.1 gegebene Ausgangssituation, indem wir voraussetzen, daß auch in der Urbildmenge M der dort betrachteten Abbildungen eine innere Verknüpfung definiert sei. Diese Zusatzvoraussetzung macht die Frage sinnvoll, ob auch

$$\text{Hom}(M, G) =_{Df} \{f \in G^M : f \text{ ist Homomorphismus von M in G}\}$$

in ähnlich kanonischer Weise wie G^M eine algebraische Struktur trägt. Daß dies nicht immer der Fall ist, zeigt der folgende

5.5 Satz Es seien $(M, \circ)$ und $(G, *)$ Gruppoide. Dann übertragen sich im allgemeinen strukturelle Eigenschaften von $(G, *)$ in der folgenden Weise auf $(\text{Hom}(M, G), \circledast)$; die Tabelle ist dabei so wie die in Satz 5.3 zu lesen:

$(G, *)$		$(\text{Hom}(M, G), \circledast)$
Gruppoid	$\not\Rightarrow$	Gruppoid
Halbgruppe	$\not\Rightarrow$	Halbgruppe
kommutative Halbgruppe	$\Rightarrow$	kommutative Halbgruppe
Gruppe	$\not\Rightarrow$	Gruppe
kommutative Gruppe	$\Rightarrow$	kommutative Gruppe

B e w e i s . Daß die erste, zweite und vierte Implikation nicht allgemein gültig sind, zeigt uns das folgende Beispiel:

Wir wählen $M = G = \mathfrak{S}_3$. Die identische Abbildung id von $\mathfrak{S}_3$ auf sich ist offenbar ein Homomorphismus. Wir zeigen, daß id $\odot$ id kein Homomorphismus von $(\mathfrak{S}_3, \circ)$ auf sich ist und verwenden dabei die Zyklenschreibweise.

Es seien $x = \langle 23 \rangle$ und $y = \langle 13 \rangle \in \mathfrak{S}_3$. Dann gilt

$$(\text{id} \odot \text{id})\,(x \circ y) = \text{id}\,(x \circ y) \circ \text{id}\,(x \circ y) = (x \circ y) \circ (x \circ y) = \langle 132 \rangle,$$

aber $\quad (\text{id} \odot \text{id})\,(x) \circ (\text{id} \odot \text{id})\,(y) = (x \circ x) \circ (y \circ y) = \langle 1 \rangle.$

Also ist $(\text{Hom}\,(\mathfrak{S}_3, \mathfrak{S}_3),\, \odot)$ kein Gruppoid. Da $\mathfrak{S}_3$ eine Gruppe, insbesondere also eine Halbgruppe ist, sind auch die zweite und die vierte Implikation nicht allgemeingültig.
Es seien eine kommutative Halbgruppe G, f, g $\in$ Hom (M, G) und x, y $\in$ M gegeben.
Dann gilt:

$$(f \circledast g)\,(x \circ y) = f(x \circ y) * g(x \circ y) = (f(x) * f(y)) * (g(x) * g(y)) = \ldots$$

Die Assoziativität der Verknüpfung in G liefert:

$$\ldots = f(x) * (f(y) * g(x)) * g(y) = \ldots$$

Da $(G, *)$ kommutativ ist, können wir den letzten Term umformen in:

$$\ldots = f(x) * (g(x) * f(y)) * g(y) = \ldots$$

Nochmalige Ausnutzung der Assoziativität liefert

$$\ldots = (f(x) * g(x)) * (f(y) * g(y)) = (f \circledast g)\,(x) * (f \circledast g)\,(y).$$

Unter der Voraussetzung, daß in G das Assoziativ- und das Kommutativgesetz gelten, G also eine kommutative Halbgruppe ist, wird Hom (M, G) zu einem Gruppoid.
Zur Assoziativität: Es seien f, g, h $\in$ Hom (M, G). Dann ist für alle x $\in$ M:

$$((f \circledast g) \circledast h)\,(x) = (f \circledast g)\,(x) * h(x) = (f(x) * g(x)) * h(x)$$
$$= f(x) * (g(x) * h(x)) = f(x) * ((g \circledast h)\,(x)) = ((f \circledast g) \circledast h\,(x),$$

also ist $(f \circledast g) \circledast h = f * (g \circledast h)$.
Zur Kommutativität: Es seien f, g $\in$ Hom (M, G). Dann ist für alle x $\in$ M:

$$(f \circledast g)\,(x) = f(x) * g(x) = g(x) * f(x) = (g \circledast f)\,(x),$$

also ist $f \circledast g = g \circledast f$.
Hom (M, G) ist also eine kommutative Halbgruppe.
Die fünfte, noch nicht bewiesene Behauptung verifiziere der Leser bei der Bearbeitung der folgenden Aufgaben. ∎

Übungen

5.11 Man zeige: Ist M ein Gruppoid und G eine kommutative Gruppe, so ist Hom (M, G) eine kommutative Gruppe.

5.12 Im Falle, daß $(G, *)$ eine abelsche Gruppe ist, ist oben zu zeigen, daß $(\text{Hom}(M, G), \circledast)$ ebenfalls eine abelsche Gruppe ist. Kann man erwarten, daß für ein Gruppoid $(M, \circ)$ und eine kommutative Halbgruppe $(G, *)$ $(\text{Hom}\,(M, G), \circledast)$ eine Gruppe ist? (Hinweis: Man betrachte $(M, \circ) = (G, *) = (\mathbf{N}, +).)$

Wir wählen nun M = G und betrachten Hom (G, G). Auch in diesem Fall übertragen sich

B die strukturellen Eigenschaften von G nicht in jedem der von uns betrachteten Fälle auf Hom (G, G); die Beispiele im Beweis von Satz 5.5 und Übung 5.12 zeigen vielmehr, daß man eine zu der in Satz 5.5 analoge Übersicht erhält.

Zur Vereinfachung der Sprech- und Schreibweise treffen wir zunächst die folgende

5.6 Definition Es sei $f \in$ Hom (G, G). Dann heißt f E n d o m o r p h i s m u s von G. Die Menge aller Endomorphismen von G (also Hom (G, G)) bezeichnen wir mit E n d G.

Mit dieser Bezeichnung ergibt sich im Spezialfall M = G aus Satz 5.5 sofort die Aussage von

5.7 Satz (i) Ist (H, $*$) eine kommutative Halbgruppe, so auch (End H, $\circledast$).
(ii) Ist (G, $*$) eine kommutative Gruppe, so auch (End G, $\circledast$).

Wir erinnern ferner an die in Satz 5.2 festgehaltenen Strukturübertragungen von (G, $*$) auf $(G^G, \circledast)$ und an die Tatsache, daß G^G in natürlicher Weise noch eine weitere innere Verknüpfung trägt: die Hintereinanderausführung „$\circ$" von Abbildungen. Diese Verknüpfung läßt sich auf End G einschränken, und eine einfache Untersuchung der damit vorliegenden Strukturen führt zu folgendem Satz, dessen Beweis wir dem Leser überlassen.

5.8 Satz Es sei (G, $*$) ein Gruppoid. Dann gilt:
 (i) $(G^G, \circ)$ ist eine Halbgruppe mit neutralem Element.
(ii) (End G, $\circ$) ist eine Halbgruppe mit neutralem Element.

Wir wollen im folgenden die Beziehung der Verknüpfungen $\circledast$ und $\circ$ auf G^G und End G klären. Da zwei Verknüpfungen gegeben sind, ist es sinnvoll, etwa für f, g, h $\in G^G$ „gemischte" Produkte wie zum Beispiel

$$f \circ g \circledast h$$

zu betrachten. Allerdings müssen wir hier Vorsicht walten lassen; $\circ$ und $\circledast$ sind zweistellige Verknüpfungen, und aus dem obigen Ausdruck geht nicht eindeutig hervor, wie zu rechnen ist:

$$(f \circ g) \circledast h \quad \text{oder} \quad f \circ (g \circledast h)\,?$$

Beide Möglichkeiten wären sinnvoll, denn in jedem Falle erhalten wir ein Element von G^G. Wie üblich wollen wir vereinbaren, daß die Hintereinanderausführung von Abbildungen stärker bindet als $\circledast$; ein Ausdruck der oben dargestellten Form ist also wie

$$(f \circ g) \circledast h$$

zu berechnen. Das spart unnötiges Klammerschreiben. Gelegentlich werden wir der Deutlichkeit wegen diese Klammern jedoch trotzdem setzen. Wir wollen nun einige Produkte der oben beispielhaft vorgestellten Form untersuchen, Produkte also, in denen sowohl $\circ$ als auch $\circledast$ auftritt.

1. $(f \circ g) \circledast h$. Es sei $x \in G$. Dann ist

$$((f \circ g) \circledast h)\,(x) = (f \circ g)\,(x) * h\,(x) = f(g(x)) * h(x).$$

2. $f \circ (g \circledast h)$. Es sei $x \in G$. Dann gilt

$$(f \circ (g \circledast h))\,(x) = f((g \circledast h)\,(x)) = f(g(x) * h(x)).$$

3. $f \circledast (g \circ h)$. Es sei $x \in G$. Dann ist

$$(f \circledast (g \circ h))\,(x) = f(x) * (g \circ h)\,(x) = f(x) * g(h(x)).$$

4. $(f \circledast g) \circ h$. Es sei $x \in G$. Es folgt

$$((f \circledast g) \circ h)\,(x) = (f \circledast g)\,(h(x)) = f(h(x)) * g(h(x)) =$$

$$(f \circ h)\,(x) * (g \circ h)\,(x) = ((f \circ h) \circledast (g \circ h))\,(x).$$

Also ist $(f \circledast g) \circ h = (f \circ h) \circledast (g \circ h)$.

Der vierte Fall hebt sich von den anderen dadurch ab, daß es uns gelungen ist, den Ausdruck $(f \circledast g) \circ h$ zu zerlegen in $(f \circ h) \circledast (g \circ h)$. Man kann nun fragen, ob dies nicht in analoger Weise auch in den anderen Fällen möglich ist, d. h. ob wir nicht beim Rechnen Möglichkeiten der Umformung übersehen haben. Daß dies nicht der Fall ist, kann man sich am Beispiel $(G, *) = (\mathbf{N}, +)$ mit geeigneten Abbildungen f, g und h vergegenwärtigen.

Übung 5.13 Man zeige, daß für $(G, *) = (\mathbf{N}, +)$ und $f, g, h \in \mathbf{N}^{\mathbf{N}}$ die Aussagen

1. $(f \circ g) \circledast h = (f \circledast h) \circ (g \circledast h)$,

2. $f \circ (g \circledast h) = (f \circ g) \circledast (f \circ h)$,

3. $f \circledast (g \circ h) = (f \circledast g) \circ (f \circledast h)$

nicht allgemeingültig sind, in Spezialfällen aber dennoch richtig sein können.

Wenn wir untersuchen, warum wir im 2. Fall nicht in der Lage waren, ein zu Fall 4 ähnliches Ergebnis herzuleiten, so liegen zwei mögliche Antworten auf der Hand. Zum einen ist $(G^G, \circ)$ nicht notwendig kommutativ, zum andern ist f nicht als Endomorphismus von $(G, *)$ vorausgesetzt. Ist f jedoch ein Element von End G, so gilt:

2'. $(f \circ (g \circledast h))\,(x) = f(g(x) * h(x)) = f(g(x)) * f(h(x))$ (s. o.)

$$= ((f \circ g) \circledast (f \circ h))\,(x)$$

Also ist $f \circ (g \circledast h) = (f \circ g) \circledast (f \circ h)$.

Wir fassen dies in der folgenden Aussage zusammen.

5.9 Satz Ist $(G, *)$ ein Gruppoid, $f \in \text{End } G$, $g, h \in G^G$, so gilt

(i) $(f \circledast g) \circ h = (f \circ h) \circledast (g \circ h)$ und

(ii) $f \circ (g \circledast h) = (f \circ g) \circledast (f \circ h)$.

Satz 5.9 stellt also eine Verbindung her zwischen den Verknüpfungen $\circledast$ und $\circ$ auf G^G, allerdings mit der einschränkenden Voraussetzung, daß im zweiten Fall die Bedingung $f \in \text{End } G$ wirklich erforderlich ist. Diesen ausführlichen Überlegungen entnimmt man sofort die Richtigkeit der Aussagen in

B

5.10 Satz (i) Es sei $(H, *)$ eine kommutative Halbgruppe. Dann ist $(\text{End } H, \circledast, \circ)$ ein Semiring mit Eins.

(ii) Es sei $(G, *)$ eine kommutative Gruppe. Dann ist $(\text{End } G, \circledast, \circ)$ ein Ring mit Eins. Man bezeichnet End H bzw. End G als E n d o m o r p h i s m e n (s e m i -) r i n g e .

Wir werden in folgenden Beispielen für zwei spezielle Halbgruppen die Endomorphismensemiringe bestimmen.

5.11 Beispiele

1. $(\mathbf{N}, +)$ ist eine kommutative Halbgruppe; wir bestimmen End $\mathbf{N}$. Da die identische Abbildung ein Endomorphismus ist, gilt End $\mathbf{N} \neq \emptyset$. Ist $n \in \mathbf{N}$ beliebig vorgegeben und $f \in$ End $\mathbf{N}$, so ist $f(n) = f(n \cdot 1) = n \cdot f(1)$; f ist also durch das Bild der 1 vollständig bestimmt. Umgekehrt liefert jede Abbildung f_m mit $f_m(n) =_{\text{Df}} n \cdot m$ für alle $n \in \mathbf{N}$ wegen der Gültigkeit der Distributivgesetze einen Endomorphismus von $\mathbf{N}$, so daß gilt: End $\mathbf{N} = \{f_m : m \in \mathbf{N}\}$. Summen und Produkte von Elementen $f_\ell, f_m \in$ End $\mathbf{N}$ sind durch die Gleichungen

$$f_\ell \oplus f_m = f_{\ell+m} \quad \text{und} \quad f_\ell \circ f_m = f_{\ell \cdot m}$$

gegeben.

2. Es sei $\mathbf{Z}_4$ die additiv geschriebene zyklische Gruppe der Ordnung 4, deren Elemente mit 0, 1, 2, 3 bezeichnet seien. Nach Hilfsatz 4.10 sind die Abbildungen f_i mit $i \in \mathbf{Z}_4$ sämtlich Endomorphismen der $\mathbf{Z}_4$, die wegen $f_i(1) = i$ für alle $i \in \mathbf{Z}_4$ auch paarweise verschieden sind. Da $\mathbf{Z}_4$ von 1 erzeugt wird und — man mache sich dies klar — ein Endomorphismus durch seine Werte auf einem Erzeugendensystem eindeutig festgelegt ist, kann es keine weiteren Homomorphismen von $\mathbf{Z}_4$ in sich geben. Man erhält durch elementare Rechnungen die folgenden Verknüpfungstafeln für End $\mathbf{Z}_4$:

$\oplus$	f_0	f_1	f_2	f_3	$\circ$	f_0	f_1	f_2	f_3
f_0	f_0	f_1	f_2	f_3	f_0	f_0	f_0	f_0	f_0
f_1	f_1	f_2	f_3	f_0	f_1	f_0	f_1	f_2	f_3
f_2	f_2	f_3	f_0	f_1	f_2	f_0	f_2	f_0	f_2
f_3	f_3	f_0	f_1	f_2	f_3	f_0	f_3	f_2	f_1

Endomorphismenringe werden uns nun bei der einheitlichen Beschreibung aller Ringe nützlich sein. Wir erinnern dazu an ein analoges Vorgehen in Abschn. 2. Wie wir dort in Satz 2.63 gesehen haben, lassen sich alle Gruppen „einheitlich" durch Transformationsgruppen beschreiben. Allerdings handelt es sich dabei um Transformationen der Gruppe selbst, so daß man das eigentliche Problem der Gruppentheorie, alle Gruppen kennenzulernen, mit Satz 2.63 nur verschoben hat. Wenn wir versuchen, alle Ringe kennenzulernen, werden wir feststellen, daß es genügt, etwas mehr als alle abelschen Gruppen der betreffenden Ringe und deren Endomorphismenringe zu kennen. Exakt fassen wir diese Aussage im folgenden Satz 5.12, in dessen Beweis mitgezeigt wird, daß man jeden Semiring S in einen Semiring T mit Eins einbetten, d. h. injektiv und homomorph abbilden kann.

5.12 Satz Es sei $(S, +, \cdot)$ ein Semiring. Dann gilt: **B**

(i) Es existiert ein Semiring $(T, +, \cdot)$, so daß $(S, +, \cdot)$ isomorph ist zu einem Untersemiring von $(\text{End}\,(T, +), \oplus, \circ)$.

(ii) Ist S ein Semiring mit Eins, so ist S isomorph zu einem Untersemiring von $\text{End}\,(S, +)$.
von $\text{End}\,(S, +)$.

B e w e i s . Wir zeigen zunächst die Gültigkeit von Teilaussage (ii) und werden auf den Beweisschritt aufmerksam machen, der bei Vorliegen eines beliebigen Semirings nicht ohne weiteres durchführbar ist.

Zu (ii): Es sei $(S, +)$ die additive Halbgruppe von S. Wir betrachten

$$I : S \longrightarrow \text{End}\,S \text{ mit } I(a) = {}_af, \text{ wobei } {}_af(x) = a \cdot x \text{ für alle } a, x \in S \text{ ist.}$$

Wegen der Gültigkeit des ersten Distributivgesetzes ist jedes ${}_af$, $a \in S$, ein Endomorphismus von $(S, +)$, so daß I wohldefiniert ist. Sind $a, b \in S$, so ist einerseits

$$I(a + b) = {}_{(a+b)}f$$

mit $\quad {}_{(a+b)}f(x) = (a + b) \cdot x = a \cdot x + b \cdot x = {}_af(x) + {}_bf(x)$ für alle $x \in S$.

Also ist ${}_{(a+b)}f = {}_af \oplus {}_bf = I(a) \oplus I(b)$.

Anderseits erhält man für beliebige $a, b \in S$ und jedes $x \in S$:

$$(I(a \cdot b))(x) = (I(a) \circ I(b))(x).$$

I ist also ein Semiringhomomorphismus, der S surjektiv auf $\{{}_af : a \in R\} \subseteq \text{End}\,S$ abbildet.

Sind $a, b \in S$ und ist $I(a) = I(b)$, also ${}_af(x) = a \cdot x = b \cdot x = {}_bf(x)$ für alle $x \in S$, so liefert das neutrale Element 1 der Halbgruppe $(S, \cdot)$ die Gleichung $a = a \cdot 1 = b \cdot 1 = b$. I ist also injektiv. (Dies ist der Schritt, der in einem beliebigen Semiring nicht möglich gewesen wäre.)

Da das Bild eines Semirings unter einer homomorphen Abbildung wieder ein Semiring ist, ist S also isomorph zum Teilsemiring von $\text{End}\,S$, der aus allen Halbgruppenhomomorphismen der Form ${}_af$ besteht.

Zu (i): Der Schluß von $ax = bx$ für alle $x \in S$ auf $a = b$ ist in einem beliebigen Semiring nicht möglich. Man vergleiche dazu etwa den in Aufgabe 4.4 zu konstruierenden Ring R mit der trivialen Multiplikation, der für $|R| \geqslant 2$ kein Einselement besitzt. In dieser Situation werden wir eine Hilfskonstruktion vornehmen, indem wir aus S zunächst einen Semiring S' und anschließend aus S' einen Semiring T mit Eins konstruieren, in den S homomorph und injektiv eingebettet ist. Dann wenden wir das Resultat von Teil (ii) an.

Wir machen dazu zunächst zwei Fallunterscheidungen. Besitzt S ein bezüglich der Addition neutrales Element 0, so setzen wir $S' =_{\mathrm{Df}} S$; ist dies nicht der Fall, so wählen wir ein nicht zu S gehörendes Element „0", setzen $S' =_{\mathrm{Df}} S \cup \{0\}$, behalten für Elemente von S die dort gegebenen Verknüpfungsergebnisse bei und definieren darüber hinaus für alle $a \in S'$:

$$0 + a =_{\mathrm{Df}} a + 0 =_{\mathrm{Df}} a \quad \text{und} \quad 0 \cdot a =_{\mathrm{Df}} a \cdot 0 =_{\mathrm{Df}} 0.$$

B Eine triviale Überlegung zeigt, daß $(S', +, \cdot)$ ein Semiring ist, in dem 0 ein bezüglich der Addition neutrales Element ist.

In beiden betrachteten Fällen ist S injektiv und homomorph in S' abbildbar vermöge $i_1 : S \longrightarrow S'$ mit $i_1(a) = a$ für alle $a \in S$.

Wir wählen $T =_{Df} \mathbf{N}_0 \times S' = \{(m, a) : m \in \mathbf{N}_0 \text{ und } a \in S'\}$.

Auf T definieren wir Verknüpfungen + und $\cdot$ durch

$$(m, a) + (n, b) =_{Df} (m + n, a + b)$$

und $\quad (m, a) \cdot (n, b) =_{Df} (m \cdot n, a \cdot b + m \cdot b + n \cdot a).$

Die „Multiplikation" von Semiringelementen mit natürlichen Zahlen sei dabei in Analogie zu Definition 4.11 erklärt, die Bedeutung aller sonst noch vorkommenden Multiplikationen geht jeweils aus dem Zusammenhang hervor.

$(T, +, \cdot)$ ist ein Semiring mit Eins, vgl. dazu Aufgabe 5.14.

Um nachzuweisen, daß S' isomorph in T eingebettet ist, haben wir einen injektiven Homomorphismus $i_2 : S \longrightarrow T$ anzugeben, den wir durch

$$i_2 : S \longrightarrow T \quad \text{mit } i_2(a) =_{Df} (0, a)$$

definieren. Für i_2 gilt:

$$i_2(a + b) = (0, a + b) = (0, a) + (0, b) = i_2(a) + i_2(b)$$

und $\quad i_2(a \cdot b) = (0, a \cdot b) = (0, a) \cdot (0, b) = i_2(a) \cdot i_2(b)$

für alle $a, b \in S$.

Ferner ist i_2 nach Konstruktion injektiv, so daß S' vermöge i_2 isomorph ist zu einem Untersemiring von T. T ist als Semiring mit Eins isomorph zu einem Untersemiring von End T; die diese Isomorphie vermittelnde Abbildung sei wie oben mit I bezeichnet. Dann ist nach früher erfolgten Überlegungen aber

$$I \circ i_2 \circ i_1 : S \longrightarrow (I \circ i_2 \circ i_1)(S) \subset \text{End } T$$

ein Isomorphismus von S auf einen Untersemiring von End T. ∎

Als Folgerung aus Satz 5.12 ergibt sich zunächst, daß jeder Ring isomorph zu einem geeigneten Endomorphismensemiring ist; durch einen weitgehend dem oben geführten Beweis ähnlichen Beweis kann man jedoch zeigen, daß jeder Ring S isomorph zu einem Teilring eines geeigneten Endomorphismenrings End T ist. Der Nachweis dieser Aussage gelingt, wenn man in der obigen Hilfskonstruktion statt $\mathbf{N}_0$ zum Beispiel $\mathbf{Z}$ wählt.

Übungen

5.14 Man zeige, daß die im Beweis von Satz 5.12 definierte algebraische Struktur $(T, +, \cdot)$ ein Semiring mit Eins ist.

5.15 Man beweise den folgenden Satz:

Es sei $(R, +, \cdot)$ ein Ring. Dann gilt:

(i) Es existiert ein Ring S, so daß $(R, +, \cdot)$ isomorph zu einem Unterring von (End S, $\oplus$, $\circ$) ist.

(ii) Ist R ein Ring mit Eins, so ist R isomorph zu einem Unterring von End R.

5.16 Es sei $(G, +)$ eine abelsche Gruppe. Man bestimme die Einheitengruppe im Ring (End G, $\oplus$, $\circ$).

Die Aussagen des Satzes 5.12 und der Übung 5.15 sollen in den folgenden Beispielen verdeutlicht werden.

5.13 Beispiele

1. Es sei $\mathbf{N}$ der Semiring der natürlichen Zahlen. Beispiel 5.11.1 hat gezeigt, daß der Endomorphismensemiring End $\mathbf{N}$ der Halbgruppe $(\mathbf{N}, +)$ gleich der Menge $\{f_m : m \in \mathbf{N}\}$ ist, wobei $f_m : \mathbf{N} \ni n \longmapsto n \cdot m \in \mathbf{N}$ gilt. Wegen der Kommutativität von $(\mathbf{N}, \cdot)$ gilt für alle $m \in \mathbf{N}$ die Gleichung $f_m = {}_m f$, und die Menge der zuletzt genannten Abbildungen bildet nach dem Beweis von Satz 5.12 gerade den Untersemiring von (End $\mathbf{N}$, $\oplus$, $\circ$), der isomorph zu $(\mathbf{N}, +, \cdot)$ ist. D. h. : $(\mathbf{N}, +, \cdot)$ ist zum vollen Endomorphismensemiring seiner abelschen Halbgruppe isomorph, der Isomorphismus ist $\mathbf{N} \ni m \longmapsto f_m \in$ End $\mathbf{N}$.

2. Es sei $\mathbf{Z}_4$ der Ring aus Beispiel 4.4.5 mit den in den dortigen Tafeln gegebenen Verknüpfungen. Da es sich um einen Ring mit 1 handelt, ist $\mathbf{Z}_4$ isomorph zu einem Untersemiring von End $\mathbf{Z}_4$. Ein Vergleich der Tafeln in Beispiel 4.4.5 und Beispiel 5.11.2 zeigt, daß auch in dieser speziellen Situation der zugrundegelegte Ring zum vollen Endomorphismenring seiner abelschen Gruppe isomorph ist. Der Isomorphismus ist dabei durch die Vorschrift $\mathbf{Z}_4 \ni i \longmapsto f_i \in$ End $\mathbf{Z}_4$ gegeben.

3. Hier soll verdeutlicht werden, daß ein Ring mit Eins nicht notwendig isomorph zum v o l l e n Endomorphismenring seiner abelschen Gruppe ist. Dazu sei $(K, +)$ die additiv geschriebene Kleinsche Vierergruppe (vgl. Übung 2.26), der wir zusätzlich eine multiplikative Struktur aufprägen. Das bezüglich der Addition neutrale Element bezeichnen wir mit 0.

+	0	a	b	c		$\cdot$	0	a	b	c
0	0	a	b	c		0	0	0	0	0
a	a	0	c	b		a	0	a	0	a
b	b	c	0	a		b	0	0	b	b
c	c	b	a	0		c	0	a	b	c

Mit den so definierten Verknüpfungen ist $(K, +, \cdot)$ ein kommutativer Ring mit Eins, den man auch als (ringtheoretisches) direktes Produkt $\mathbf{Z}_2 \times \mathbf{Z}_2$ deuten kann; man vergleiche dazu Beispiel 5.19. Wir geben einen Endomorphismus von $(K, +)$ an, der nicht von der Form ${}_x f$ mit $x \in K$ ist; er sei durch $g(0) = 0$, $g(a) = b$, $g(b) = a$ und $g(c) = c$ definiert. Man überprüft sofort, daß g ein Homomorphismus ist, und liest aus der obigen Verknüpfungstafel ab, daß g von allen ${}_x f$, $x \in K$, verschieden ist. Damit ist gezeigt, daß End K mehr Elemente als K besitzt, $(K, +, \cdot)$ also isomorph zu einem e c h t e n Teilring von (End K, $\oplus$, $\circ$) ist.

B Übungen

5.17 Man verdeutliche sich die Aussage von Satz 5.12 am Beispiel eines Semirings, der keine Eins besitzt.

5.18 Man zeige, daß für einen kommutativen Ring mit Eins, der die Primzahlcharakteristik p habe, und jedes $n \in \mathbf{N}$ die Abbildung

$$f_{p^n} : R \ni \longmapsto x^{(p^n)} \in R$$

ein Ringhomomorphismus ist (vgl. dazu Übung 4.17).

5.19 Man zeige, daß in den Ringen $\mathbf{Z}$ und $\mathbf{Q}$ die identische Abbildung der einzige nichttriviale Ringendomorphismus ist.

5.20 Man zeige, daß der Körper $\mathbf{C}$ mindestens zwei verschiedene nichttriviale Ringendomorphismen zuläßt.

5.2.2 Das direkte Produkt von Ringen

Wir knüpfen nun an die Überlegungen in Abschn. 3.2 an, wo das direkte Produkt von Gruppen behandelt wurde. Wie wir in Abschn. 5.2.1 bereits gesehen haben, kann es aus bestimmten Gründen zweckmäßig sein, auch bei Zugrundelegung von Ringen Konstruktionsprozesse zu verwenden, um weitere derartige Strukturen zu erhalten. Wir werden in diesem Abschnitt nun ein weiteres Verfahren dieser Art betrachten und dabei das direkte Produkt von Ringen gewinnen. Zwar geht es bei diesem Prozeß a priori darum, aus Ringen „größere" Ringstrukturen aufzubauen, doch stellt sich a posteriori heraus, daß mittels des so gebildeten Begriffs des direkten Produkts wie auch bei Gruppen das Rechnen in einem gegebenen Ring zuweilen vollständig durch das Rechnen in Unterringen beschreibbar ist. Um bei den nun zu beschreibenden Verfahren eine Struktur zu erhalten, die wir mit den später zu definierenden Potenzreihen- und Polynomringen vergleichen können, gehen wir etwas allgemeiner als in Abschn. 3.2 vor.

Es sei I eine nicht-leere Menge, die wir hier als Indexmenge bezeichnen wollen. Für jedes $i \in I$ sei R_i ein Ring. Wir betrachten das kartesische Produkt der R_i, das heißt

$$\underset{i \in I}{\mathsf{X}}\, R_i =_{Df} \{f : I \longrightarrow \underset{i \in I}{\cup} R_i : f(i) \in R_i \text{ für alle } i \in I\}.$$

Im Fall, daß I endlich, also etwa $I = \{1, \ldots, n\}$, $n \in \mathbf{N}$, ist, gilt mithin

$$\underset{i \in I}{\mathsf{X}}\, R_i =_{Df} \{f : I \longrightarrow \overset{n}{\underset{i=1}{\cup}} R_i : f(i) \in R_i \text{ für } 1 \leqslant i \leqslant n\}$$

$$= \{(a_1, \ldots, a_n) : a_i \in R_i\},$$

wobei sich die letzte Zeile durch eine naheliegende Modifikation der Schreibweise ergibt.

Der folgende Satz zeigt, wie $\underset{i \in I}{\mathsf{X}}\, R_i$ ebenfalls eine Ringstruktur gegeben werden kann.

5.14 Satz Für eine Indexmenge I seien $(R_i, +_i, \cdot_i)$ Ringe. Dann wird das kartesische Produkt $R =_{Df} \underset{i \in I}{\mathsf{X}}\, R_i$ zu einem Ring, wenn wir die Verknüpfungen $\oplus$ und $\odot$ wie folgt festlegen:

Für f und $g \in R$ sei

$$(f \oplus g)(i) =_{Df} f(i) +_i g(i) \quad \text{für alle } i \in I$$

und $\quad (f \odot g)(i) =_{Df} f(i) \cdot_i g(i) \quad \text{für alle } i \in I.$

Der Beweis ergibt sich unmittelbar.

5.15 Definition Der in Satz 5.14 definierte Ring $(R, \oplus, \odot)$ heißt d i r e k t e s
P r o d u k t d e r R i n g e R_i und wird mit $\prod\limits_{i \in I} R_i$ bezeichnet.

Im Fall, daß I endlich, also etwa $I = \{1, \ldots, n\}$ ist, schreibt man statt $\prod\limits_{i \in I} R_i$ auch

$R_1 \times R_2 \times \ldots \times R_n$.

Im endlichen Fall ist der Zusammenhang zum (äußeren) direkten Produkt von Gruppen
unmittelbar ersichtlich:

$(\overset{n}{\underset{i=1}{\times}} R_i, \oplus)$ ist das äußere direkte Produkt der abelschen Gruppen $(R_i, +_i)$. Wie beim

direkten Produkt von Gruppen übertragen sich auch beim direkten Produkt von Ringen
strukturelle Merkmale der Ausgangsringe teilweise auf das Produkt. Einige Aussagen
dieser Art enthalten die folgenden

Übungen

5.21 Man zeige, daß das direkte Produkt der Ringe R_i kommutativ ist genau dann,
wenn alle R_i kommutativ sind.

5.22 Man zeige, daß das direkte Produkt ein Ring mit Eins ist genau dann, wenn alle
R_i Ringe mit Eins sind.

5.23 Man zeige: Ist R_i, $i \in I$, eine nicht-leere Menge von Ringen, so ist das direkte
Produkt der R_i genau dann ein Schiefkörper (bzw. ein Körper), wenn genau einer der
Ringe R_i ein Schiefkörper (bzw. ein Körper) ist und die übrigen R_i gleich dem Nullring
sind.

5.24 Ist R ein vom Nullring verschiedener Ring mit Eins, so ist $R \times \{0\} \subset R \times R$ eine
Teilmenge des direkten Produkts, die mit den in $R \times R$ gegebenen Verknüpfungen ein
Ring mit Eins ist, aber eine vom Einselement in $R \times R$ verschiedene Eins besitzt.

Wir machen eine sofort einsichtige Bemerkung über weniger allgemeine direkte Produkte, die einen Zusammenhang zu den in Abschnitt 5.1 konstruierten Abbildungs-
ringen herstellt.

B e m e r k u n g. Ist R ein Ring, I eine Indexmenge und $R_i = R$ für alle $i \in I$, so ist
$\prod\limits_{i \in I} R_i = R^I$; ist außerdem $I = \mathbf{N}_0$, so kann $\prod\limits_{i \in I} R_i$ als Menge aller unendlichen Folgen
mit Elementen aus R interpretiert werden. Hier gilt nicht nur die mengenmäßige Gleich-
heit; auch die Verknüpfungen $\oplus$ und $\odot$ im direkten Produkt $\prod\limits_{i \in I} R_i$ und im Abbildungsring R^I unterscheiden sich nicht.

B Der folgende Satz, der eine Aussage über eine sogenannte ,,u n i v e r s e l l e   E i g e n -
s c h a f t '' des direkten Produkts macht, ist gewissermaßen eine Rechtfertigung für
die Konstruktion dieser Struktur. Es gilt

5.16 Satz Es sei I eine nicht-leere Indexmenge, für jedes $i \in I$ sei R_i ein Ring, $\prod\limits_{i \in I} R_i$
bezeichne das direkte Produkt dieser Ringe. Dann ist die Abbildung $p_i: \prod\limits_{i \in I} R_i \ni f \longmapsto$
$\longmapsto f(i) \in R_i$ ein Ringhomomorphismus, und es gilt: Ist C ein beliebiger Ring und
$\{g_i\}_{i \in I}$ eine Familie von Ringhomomorphismen mit $g_i : C \to R_i$, so existiert genau
ein Ringhomomorphismus $h : C \to \prod\limits_{i \in I} R_i$, so daß für alle $i \in I$ die Gleichung
$p_i \circ h = g_i$ gilt. In schematischer Darstellung:

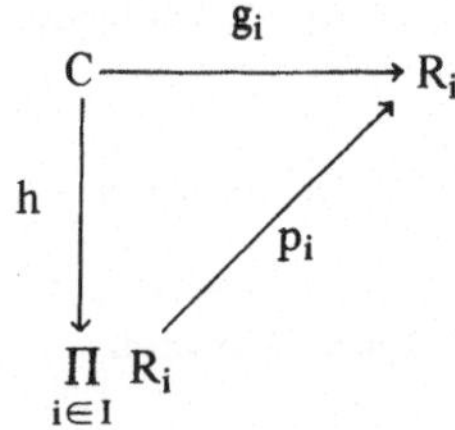

B e w e i s . Man verifiziert unmittelbar, daß die Abbildungen p_i Ringhomomorphismen
sind.

Wir nehmen nun an, daß h ein Homomorphismus mit der Eigenschaft $p_i \circ h = g_i$ für
alle $i \in I$ ist. Dann gilt für alle $c \in C$ und alle $i \in I$ die Gleichung

$$h(c)(i) = (p_i \circ h)(c) = g_i(c),$$

und damit ist h eindeutig festgelegt.

Wir haben noch nachzuweisen, daß ein durch die obige Gleichung definiertes h ein
Ringhomomorphismus ist. Dies ist an der folgenden Überlegung zu erkennen: Für alle
$i \in I$ und $c_1, c_2 \in C$ gilt

$$h(c_1 * c_2)(i) = (p_i \circ h)(c_1 * c_2) = g_i(c_1 * c_2) = g_i(c_1) * g_i(c_2)$$
$$= [h(c_1)(i)] * [h(c_2)(i)] = [h(c_1) * h(c_2)] (i) \; ;$$

dabei bezeichnet * simultan die Verknüpfungen + und · in den jeweils betrachteten
Ringen. ∎

Satz 5.16 ist eine erste theoretische Rechtfertigung für die Konstruktion des direkten
Produkts von Ringen. Erinnern wir uns an die Behandlung des direkten Produkts von
Gruppen. Dies war mit dem Ziel gebildet worden, das Rechnen in einer vorgegebenen
Gruppe durch das in Untergruppen vollständig zu beschreiben oder anders gesprochen,
eine vorgegebene Gruppe G in endlich viele Untergruppen $G_1, \ldots, G_n$ zu zerlegen.
So gelangte man zum Begriff des (inneren) direkten Produkts von Untergruppen. Eine
analoge Begriffsbildung ist auch an dieser Stelle sinnvoll. Sie erfolgt in der folgenden
Definition nur für den Fall endlich vieler Unterringe.

5.17 Definition Ist R ein Ring und sind $R_1, \ldots, R_n$ Unterringe von R, so heißt R   B
das (i n n e r e) d i r e k t e P r o d u k t d e r U n t e r r i n g e $R_1, \ldots, R_n$, wenn

$$\prod_{i=1}^{n} R_i = R_1 \times \ldots \times R_n \ni (r_1, \ldots, r_n) \mapsto r_1 + \ldots + r_n \in R$$

ein Ringisomorphismus ist.

Ebenso wie in Abschn. 3.2 verwendet man auch in dieser Situation die vereinfachende
Schreibweise $R = R_1 \times \ldots \times R_n$ und bringt damit zum Ausdruck, daß die Abbildung
$(r_1, \ldots, r_n) \mapsto r_1 + \ldots + r_n$ ein Isomorphismus zwischen dem äußeren direkten Pro-

dukt $\prod_{i=1}^{n} R_i$ und dem Ring R ist.

Wir formulieren ein Kriterium dafür, daß ein Ring das direkte Produkt von Teilringen
ist.

5.18 Satz Sind $R_1, \ldots, R_n$ Unterringe eines Ringes R, so ist R das direkte Produkt
der Unterringe $R_1, \ldots, R_n$ genau dann, wenn die folgenden Bedingungen erfüllt sind:
(i) $(R, +)$ ist das direkte Produkt der Untergruppen $(R_1, +), \ldots, (R_n, +)$.
(ii) Sind i, j mit $1 \leqslant i, j \leqslant n$ und $i \neq j$ gegeben, so gilt für alle $r_i \in R_i$ und alle
$s_j \in R_j$ die „Orthogonalitätsbeziehung" $r_i \cdot s_j = 0$.

B e w e i s . Wir zeigen zunächst, daß bei Erfülltsein beider Bedingungen die Abbildung
$$h : R_1 \times \ldots \times R_n \ni (r_1, \ldots, r_n) \mapsto \sum_{i=1}^{n} r_i \in R$$

ein Ringhomomorphismus ist.
Die Bijektivität und die Homomorphieeigenschaft bzgl. der additiven Verknüpfung sind
durch Bedingung (i) gesichert.
Es seien $(r_1, \ldots, r_n), (s_1, \ldots, s_n) \in R_1 \times \ldots \times R_n$. Dann ist

$$h((r_1, \ldots, r_n) \odot (s_1, \ldots, s_n)) = h((r_1 \cdot s_1, \ldots, r_n \cdot s_n)) = \sum_{i=1}^{n} r_i \cdot s_i.$$

Andererseits ist

$$h((r_1, \ldots, r_n)) \cdot h((s_1, \ldots, s_n)) = \left(\sum_{i=1}^{n} r_i \right) \cdot \left(\sum_{j=1}^{n} s_j \right)$$

$$= \sum_{i=1}^{n} r_i \cdot s_i + \sum_{\substack{i,j=1 \\ i \neq j}}^{n} r_i \cdot s_j$$

Wegen Bedingung (ii) ist die zweite Summe dabei gleich 0; h ist also auch mit den
multiplikativen Strukturen verträglich und somit ein Ringisomorphismus.
Zum Beweis der Umkehrung nehmen wir an, daß der Ring R das direkte Produkt seiner
Teilringe $R_1, \ldots, R_n$ sei. Dann ist nach Definition die oben betrachtete Abbildung h

ein Ringisomorphismus. Da damit insbesondere ein Isomorphismus bezüglich der zugrundeliegenden abelschen Gruppen gegeben ist, ist Bedingung (i) erfüllt. Die Gültigkeit von (ii) zeigen wir nur für den Fall $n = 2$. Für $n > 2$ ergibt sich der Beweis durch eine leichte Modifikation der Schreibweisen. Sind R_1 und R_2 Teilringe von R und ist $r_i \in R_i$ für $i = 1, 2$, so ist die folgende Gleichungskette richtig:

$$r_1 \cdot r_2 = (r_1 + 0) \cdot (0 + r_2) = h(r_1, 0) \cdot h(0, r_2) = h((r_1, 0) \cdot (0, r_2)) = h(0, 0) = 0 \,.$$

Also ist auch die in (ii) formulierte Orthogonalitätsbeziehung erfüllt. ∎

Wir wenden Satz 5.18 nun in einer einfachen Situation an.

5.19 Beispiel Man betrachte die in Beispiel 5.13.3 definierte Ringstruktur. Die Tafeln lassen erkennen, daß der Ring $(K, +, \cdot)$ die Teilringe $R_1 = \{0, a\}$ und $R_2 = \{0, b\}$ enthält. Satz 3.6 liefert unmittelbar, daß $(K, +)$ das direkte Produkt der Untergruppen R_1 und R_2 ist, und der Multiplikationstafel entnimmt man, daß auch die Orthogonalitätsbeziehung aus Satz 5.18 erfüllt ist; also ist K das direkte Produkt seiner Unterringe R_1 und R_2.

Umgekehrt ist es möglich, ausgehend von R_1 und R_2 nach dem in Satz 5.14 beschriebenen Verfahren den Ring $(R_1 \times R_2, \oplus, \odot)$ zu konstruieren. Dabei erhält man die in den folgenden Tafeln dargestellten Verknüpfungsergebnisse.

$\oplus$	$(0, 0)$	$(a, 0)$	$(0, b)$	(a, b)
$(0,0)$	$(0, 0)$	$(a, 0)$	$(0, b)$	(a, b)
$(a, 0)$	$(a, 0)$	$(0, 0)$	(a, b)	$(0, b)$
$(0, b)$	$(0, b)$	(a, b)	$(0, 0)$	$(a, 0)$
(a, b)	(a, b)	$(0, b)$	$(a, 0)$	$(0, 0)$

$\odot$	$(0, 0)$	$(a, 0)$	$(0, b)$	(a, b)
$(0, 0)$	$(0, 0)$	$(0, 0)$	$(0, 0)$	$(0, 0)$
$(a, 0)$	$(0, 0)$	$(a, 0)$	$(0, 0)$	$(a, 0)$
$(0, b)$	$(0, 0)$	$(0, 0)$	$(0, b)$	$(0, b)$
(a, b)	$(0, 0)$	$(a, 0)$	$(0, b)$	(a, b)

Vergleicht man dieses Tafelpaar mit dem in Beispiel 5.13.3, so stellt sich heraus, daß sich nur die Schreibweise verändert hat, die Struktur der Tafeln aber unverändert geblieben ist. Identifiziert man nämlich 0 mit $(0, 0)$, a mit $(a, 0)$, b mit $(0, b)$ und c mit (a, b), so ergeben sich gerade die Tafeln aus Beispiel 5.13.3 . Darüberhinaus enthält $R_1 \times R_2$ die Unterstrukturen $R_1 \times \{0\}$ und $\{0\} \times R_2$, die auf die gleiche Weise mit R_1 und R_2 identifizierbar sind. Da in $R_1 \times R_2$ komponentenweise gerechnet wird, ist dies (in einem übertragenen Sinne) auch in K der Fall, da nach den angestellten Überlegungen beide Ringe isomorph sind.

Übungen

5.25 Man zeige: $(\mathbf{Z}_6, \oplus, \odot)$ ist isomorph zum (ringtheoretischen) direkten Produkt $\mathbf{Z}_2 \times \mathbf{Z}_3$ (vgl. Beispiel 4.4.5).

5.26 Man überprüfe, ob
(i) der Körper **C** das direkte Produkt nichttrivialer Unterringe R_1 und R_2 ist,
(ii) der Quaternionenschiefkörper als direktes Produkt nichttrivialer Unterringe geschrieben werden kann.

(Unter dem direkten Produkt ist dabei stets das ringtheoretische direkte Produkt zu verstehen.)

Wir schließen die Betrachtungen über direkte Produkte von Ringen hier ab; ausgehend
vom speziellen Produkt $(R^{N_0}, +, \cdot)$ werden wir im nächsten Abschnitt die multiplikative Struktur verändern, um so zu Potenzreihen- und Polynomringen zu gelangen.

B

5.3 Polynome

In diesem Abschnitt werden wir zunächst Polynome konstruieren. Dies sind jene Objekte, mit deren Hilfe sich algebraische Gleichungen beschreiben lassen und von denen
bereits in der Einleitung zu Kapitel 5 die Rede war. Um einen Zusammenhang zu dem
aus dem Unterricht der Sekundarstufe II geläufigen Begriff des Polynoms herzustellen,
diskutieren wir in Abschn. 5.3.2 den Zusammenhang zwischen Polynomen und den
durch sie gelieferten Polynomabbildungen. Da bei Zugrundelegung eines Ringes R auch
der Polynomring R[X] eine algebraische Struktur besitzt, betrachten wir in Abschn. 5.3.3
Gemeinsamkeiten und Unterschiede beider Verknüpfungsgebilde. In Abschn. 5.3.4 knüpfen wir gewissermaßen an einige Überlegungen aus Abschn. 5.3.2 an, indem wir durch
eine kurze Behandlung von Ringen stetiger Funktionen die Bedeutung der Polynomfunktionen für die Analysis exemplarisch darzustellen versuchen.

5.3.1 Die Konstruktion von Potenzreihen- und Polynomringen

Es sei R ein beliebiger Ring. Wir haben R^{N_0} in den vorgehenden Abschnitten bereits
verschiedentlich diskutiert und dabei festgestellt, daß sich einige strukturelle Merkmale
wie etwa die Kommutativität und die Existenz eines Einselementes von R auf R^{N_0}
übertragen, andere hingegen nicht. Dies gilt insbesondere für die Nullteilerfreiheit, die
auch in echten Teilringen nicht notwendig gegeben sein muß, was man sich etwa am
Beispiel der Menge F_{sa} aller schließlich abbrechenden Folgen klarmachen kann. Wir
werden auf R^{N_0} nun eine multiplikativ geschriebene Verknüpfung einführen, die diese
Nachteile vermeidet und auf R^{N_0} und F_{sa} Strukturen liefert, die bei geeigneter Interpretation der Folgen im Fall $R = \mathbb{R}$ und $R = \mathbb{C}$ für die Analysis von großer Bedeutung
sind. Wir werden diese Aussage an späterer Stelle belegen. Darüberhinaus ist diese Konstruktion auch von algebraischem Interesse.

5.20 Satz und Definition Es sei R ein Ring. In R^{N_0} definieren wir Verknüpfungen
+ und $\cdot$ durch

$$(a_n) + (b_n) =_{Df} (a_n + b_n) \quad \text{und} \quad (a_n) \cdot (b_n) = (c_n) \quad \text{mit} \quad c_n =_{Df} \left(\sum_{k=0}^{n} a_k \cdot b_{n-k} \right).$$

Dann ist $(R^{N_0}, +, \cdot)$ ein Ring; er heißt **R i n g d e r f o r m a l e n P o t e n z r e i h e n
ü b e r R** und wird mit $R[\![X]\!]$ bezeichnet. Seine Elemente heißen **f o r m a l e P o -
t e n z r e i h e n**. Statt der Folgenschreibweise (a_n) für ein Element von $R[\![X]\!]$ verwendet man auch die Schreibweise $f(X)$.

B e w e i s . $(R[\![X]\!], +)$ ist aufgrund der Bemerkungen in Beispiel 5.4 offenbar eine
abelsche Gruppe. Wir haben also zu zeigen, daß $(R[\![X]\!], \cdot)$ eine Halbgruppe ist. Sind

B (a_n) und (b_n) zwei Folgen, so natürlich auch deren oben definiertes Produkt; die Gültigkeit des Assoziativgesetzes sieht man wie folgt ein:

Sind $(a_n), (b_n), (c_n) \in R[\![X]\!]$, so ist

$$((a_n) \cdot (b_n)) \cdot (c_n) = \left(\sum_{k=0}^{n} a_k \cdot b_{n-k} \right) \cdot (c_n) = \left(\sum_{m=0}^{n} \left(\sum_{k=0}^{m} a_k \cdot b_{m-k} \right) \cdot c_{n-m} \right)$$

Setzt man $b_{-i} =_{Df} 0$ für alle $i \in \mathbf{N}$, so ergibt sich

$$= \left(\sum_{m=0}^{n} \left(\sum_{k=0}^{n} a_k \cdot b_{m-k} \right) \cdot c_{n-m} \right)$$

$$= \left(\sum_{k=0}^{n} \sum_{m=0}^{n} a_k \cdot b_{m-k} \cdot c_{n-m} \right) \qquad (\text{Es sei } \ell =_{Df} m - k .) \; \ldots$$

$$= \left(\sum_{k=0}^{n} \sum_{\ell=0}^{n-k} (a_k \cdot b_\ell) \cdot c_{(n-k)-\ell} \right) = \left(\sum_{k=0}^{n} a_k \cdot \sum_{\ell=0}^{n-k} (b_\ell \cdot c_{n-k-\ell}) \right)$$

$$= (a_n) \cdot \left(\sum_{\ell=0}^{n} b_\ell \cdot c_{n-\ell} \right) = (a_n) \cdot ((b_n) \cdot (c_n)) .$$

Die Gültigkeit der Distributivgesetze ergibt sich aus

$$(a_n) \cdot ((b_n) + (c_n)) = (a_n) \cdot (b_n + c_n) = \left(\sum_{k=0}^{n} a_k \cdot (b_{n-k} + c_{n-k}) \right)$$

$$= \left(\sum_{k=0}^{n} (a_k \cdot b_{n-k} + a_k \cdot c_{n-k}) \right) = \left(\sum_{k=0}^{n} a_k \cdot b_{n-k} \right) + \left(\sum_{k=0}^{n} a_k \cdot c_{n-k} \right)$$

$$= (a_n) \cdot (b_n) + (a_n) \cdot (c_n)$$

und einer völlig analogen Umformung des Ausdrucks $((a_n) + (b_n)) \cdot (c_n)$. ∎

5.21 Satz und Definition Die Menge F_{sa} aller schließlich abbrechenden Folgen mit Elementen aus R ist ein Teilring von $R[\![X]\!]$.

Er wird mit $R[X]$ bezeichnet und **P o l y n o m r i n g ü b e r R** genannt. Seine Elemente heißen **P o l y n o m e m i t K o e f f i z i e n t e n a u s R**.

B e w e i s . Wir wenden Satz 4.8 an. Sind (a_n) und (b_n) zwei Folgen in F_{sa} mit $a_n = 0$ für alle $n \geqslant n_0$ und $b_n = 0$ für alle $n \geqslant n_1$, so ist $a_n - b_n = 0$ für alle $n \geqslant \max(n_0, n_1)$; also ist $(a_n - b_n) \in R[X]$.

Sind (a_n) und (b_n) wie oben gewählt, so haben wir noch nachzuweisen, daß es ein $n_2 \in \mathbf{N}_0$ gibt, so daß gilt:

$$\sum_{k=0}^{n} a_k \cdot b_{n-k} = 0 \quad \text{für alle } n \geqslant n_2 .$$

Wir wählen $n_2 =_{Df} n_0 + n_1$; es sei $n \geqslant n_2$:

B

$$\sum_{k=0}^{n} a_k \cdot b_{n-k} = \sum_{k=0}^{n_0} a_k \cdot b_{n-k} + \sum_{k=n_0+1}^{n} a_k \cdot b_{n-k} = 0 + 0 \, ,$$

denn die erste Summe ist wegen $n - k \geqslant n - n_0 \geqslant n_2 - n_0 = n_1$ und $b_{n-k} = 0$ für $n - k \geqslant n_1$ gleich Null und die zweite Summe wegen $a_k = 0$ für $k \geqslant n_0$. Damit ist auch $(a_n) \cdot (b_n) \in R[X]$. ∎

Wir wollen an dieser Stelle auf die in der Literatur üblichen und zum Teil auch von uns bereits verwendeten Schreibweisen $f(X)$, $R[X]$ und $R[\![X]\!]$ eingehen. Dazu erinnern wir zunächst daran, daß ein Polynom im Oberstufenunterricht gewöhnlich eine Funktion

$$f : \mathbf{R} \longrightarrow \mathbf{R} \quad \text{mit } f(x) = \sum_{k=0}^{n} a_k x^k \qquad (n \in \mathbf{N}_0, \ a_k \in \mathbf{R}, \ a_n \neq 0)$$

ist und wollen nun einen Weg aufzeigen, der uns formal zu dieser Schreibweise zurückführt. Dazu setzen wir im folgenden voraus, daß der zugrundegelegte Ring R vom Nullring verschieden sei und ein Einselement 1 besitze.

Wir zeichnen die Folge: $X =_{Df} (0, 1, 0, \dots)$ aus und berechnen die Potenzen von X, also: $X^2 = (0, 0, 1, 0, \dots)$, $X^3 = (0, 0, 0, 1, 0, \dots)$; allgemein ergibt sich: $X^n = (0, \dots, 0, 1, 0, \dots)$, $n \geqslant 1$, wobei in der rechts stehenden Folge $a_n = 1$ und $a_k = 0$ ist für $k \neq n$.

Erklären wir eine Abbildung

$$\cdot : R \times R[X] \longrightarrow R[X] \quad \text{durch} \quad \cdot : (r, (a_n)) \longmapsto r \cdot (a_n) =_{Df} (r \cdot a_n) \, ,$$

so können wir ein Element $f(X) \in R[X]$, das etwa eine Folge (a_k) mit $a_n \neq 0$ und $a_k = 0$ für alle $k \geqslant n + 1$ sei, nun in der Form

$$f(X) = (a_k) = \sum_{k=0}^{n} a_k \cdot X^k$$

schreiben, wenn wir berücksichtigen, daß die Folge $(1, 0, \dots)$ Einselement in $R[X]$ ist und die Vereinbarung $X^0 =_{Df} (1, 0, \dots)$ benutzen. Die obige Gleichung zeigt, daß wir uns Polynome im folgenden als Summen der obigen Gestalt „vorstellen" dürfen; sie zeigt ferner die formale Übereinstimmung zwischen der aus dem Oberstufenunterricht geläufigen Schreibweise und der hier verwendeten.

Die Begründung für die Schreibweisen $R[\![X]\!]$ und $R[X]$ erfolgt im Anschluß an die nächsten beiden Sätze. Der erste besagt, daß mit $R[\![X]\!]$ und $R[X]$ Ringe konstruiert worden sind, die den zugrundegelegten Ring R „in natürlicher Weise" enthalten.

5.22 Satz Es sei $R \neq \{0\}$ ein Ring mit Eins. Dann existieren injektive Ringhomomorphismen $i_1 : R \longrightarrow R[X]$ und $i_2 : R[X] \longrightarrow R[\![X]\!]$.

B e w e i s . Wir definieren

$$i_1 : R \longrightarrow R[X] \quad \text{durch } i_1(a) =_{Df} (a, 0, \dots) \text{ für alle } a \in R.$$

Dann ist i_1 offenbar injektiv und ein Homomorphismus von $(R, +)$ in $(R[X], +)$. Sind

B   a und b Elemente von R, so ist $i_1(a \cdot b) = (a \cdot b, 0, \ldots) = (a, 0, \ldots) \cdot (b, 0, \ldots)$, so daß i_1 die behauptete Eigenschaft besitzt. Gleiches gilt für i_2, wenn man

$$i_2 : R[X] \longrightarrow R[\![X]\!] \quad \text{durch} \quad i_2((a_n)) =_{Df} (a_n) \quad \text{für alle} \quad (a_n) \in R[X]$$

angibt. ∎

R ist also in $R[X]$, $R[X]$ in $R[\![X]\!]$ eingebettet, so daß wir $R[\![X]\!]$ und $R[X]$ als Oberringe von R auffassen können. Wir wollen uns klarmachen, daß bei dieser Auffassung $R[X]$ durch Hinzunahme eines einzigen Elements aus dem Ring R — den wir nun vermöge i_1 als Teilring von $R[X]$ auffassen — entsteht. Diese Aussage ist Inhalt von

5.23 Satz Es sei R ein vom Nullring verschiedener Ring mit Eins. T sei ein Teilring von $R[X]$, der R und X enthält. Dann ist $T = R[X]$.

B e w e i s . Es sei $f(X) \in R[X]$. Dann läßt sich $f(X)$ schreiben in der Form

$$f(X) = \sum_{k=0}^{n} a_k \cdot X^k \quad \text{mit} \quad a_k \in R \quad \text{und} \quad n \in \mathbf{N}_0.$$

Eine derartige (endliche) Summe liegt aber auch notwendig im kleinsten Teilring von $R[X]$, der R und (die Folge) X enthält. ∎

B e m e r k u n g . Dieses „Hinzunehmen" von X zu R soll durch die Schreibweise $R[X]$ angedeutet werden; aus Analogiegründen wird $R^{\mathbf{N}_0}$ mit $R[\![X]\!]$ bezeichnet. Hierbei ist jedoch zu beachten, daß unendliche Summen — und auf solche führt die Analogie ja — in Ringen bisher gar nicht definiert sind. „Unendliche Summen" sinnvoll zu definieren, ist eine bedeutungsvolle Aufgabe der Analysis, wo in der Regel dann $R = \mathbf{R}$ oder $R = \mathbf{C}$ ist und Konvergenzbetrachtungen den unendlichen Summen bei Berücksichtigung gewisser Einschränkungen einen Sinn geben.

5.3.2 Polynome und Polynomabbildungen

Der Zusammenhang zwischen Polynomen in der oben eingeführten Schreibweise $\sum_{k=0}^{n} a_k \cdot X^k$ und den z. B. aus dem Oberstufenunterricht geläufigen Polynomabbildungen oder Polynomfunktionen soll im folgenden näher untersucht werden. Eine erste Verbindung zwischen beiden Begriffen stellt die folgende Aussage her.

B e m e r k u n g . Es sei $R \neq \{0\}$ ein Ring mit Eins und R^* ein Oberring von R. Ferner sei $f(X)$ ein fest vorgegebenes Polynom aus $R[X]$, das die Gestalt $f(X) = \sum_{k=0}^{n} a_k \cdot X^k$, $a_n \neq 0$, habe. Dann liefert $f(X)$ eine Abbildung

$$f : R^* \longrightarrow R^* \quad \text{mit} \quad f(x) = \sum_{k=0}^{n} a_k \cdot x^k \quad \text{für alle} \quad x \in R^*.$$

Die so definierte Abbildung f heißt zum Polynom f(X) gehörige P o l y n o m a b - b i l d u n g oder P o l y n o m f u n k t i o n .

Jedes Polynom liefert also eine Polynomabbildung, wenn man das X durch ein in der obigen Abbildungsvorschrift „unbestimmtes" $x \in R^*$ ersetzt. Dies begründet die Tatsache, daß $X = (0, 1, 0, \ldots)$ U n b e s t i m m t e ü b e r R genannt wird; häufig bezeichnet man ein Element eines Oberringes R^* von R genau dann als Unbestimmte über R, wenn dieses die Eigenschaften (i) bis (iii) der folgenden Übung besitzt, die auch unsere oben angegebene Folge $X = (0, 1, 0, \ldots)$ hat.

Übung 5.27 Es sei $R \neq \{0\}$ ein Ring mit Eins und $X = (0, 1, 0, \ldots)$ die Unbestimmte im Polynomring R[X]. Man zeige:

(i)   Es ist $\sum\limits_{k=0}^{n} a_k \cdot X^k = 0$ genau dann, wenn $a_k = 0$ ist für $0 \leqslant k \leqslant n$.

(ii) Es ist $1 \cdot X = X \cdot 1 = X$.

(iii) Es ist $r \cdot X = X \cdot r$ für alle $r \in R$.

Den vor Übung 5.27 festgestellten Sachverhalt, daß j e d e s Polynom eine Polynomabbildung liefert und weitere Eigenschaften der so zwischen dem Polynomring und einem Abbildungsring vermittelten Abbildung F halten wir in der folgenden Anmerkung fest. Wir setzen dabei zusätzlich voraus, daß der Oberring R kommutativ sei.

B e m e r k u n g . Ist $R \neq \{0\}$ ein Ring mit Eins und R^* ein kommutativer Oberring von R, so ist

$$F : R[X] \longrightarrow (R^*)^{R^*} \quad \text{mit} \quad F: \sum_{k=0}^{n} a_k \cdot X^k \longmapsto (f : R^* \ni x \longmapsto \sum_{k=0}^{n} a_k \cdot x^k \in R^*)$$

ein Homomorphismus zwischen dem Polynomring R[X] und dem Abbildungsring $(R^*)^{R^*}$.

B e w e i s . Daß es sich bei F um eine Abbildung handelt, ist klar. F ist ein Ringhomomorphismus; denn sind $\sum\limits_{k=0}^{n} a_k \cdot X^k$ und $\sum\limits_{k=0}^{m} b_k \cdot X^k$ Polynome über R, ist o.B.d.A. $m \leqslant n$ und setzt man $b_k = 0$ für $m < k \leqslant n$, so ist für jedes $x \in R^*$

$$F\left(\sum_{k=0}^{n} a_k \cdot X^k + \sum_{k=0}^{n} b_k \cdot X^k \right)(x)$$

$$= F\left(\sum_{k=0}^{n} (a_k + b_k) \cdot X^k \right)(x) = \sum_{k=0}^{n} (a_k + b_k) \cdot x^k$$

$$= \sum_{k=0}^{n} (a_k \cdot x^k + b_k \cdot x^k) = F\left(\sum_{k=0}^{n} a_k \cdot X^k \right)(x) + F\left(\sum_{k=0}^{n} b_k \cdot X^k \right)(x)$$

$$= \left[F\left(\sum_{k=0}^{n} a_k \cdot X^k \right) \oplus F\left(\sum_{k=0}^{n} b_k \cdot X^k \right) \right](x) .$$

B   Da x beliebig aus R* gewählt war, folgt

$$F\left(\sum_{k=0}^{n} a_k \cdot X^k + \sum_{k=0}^{n} b_k \cdot X^k\right) = F\left(\sum_{k=0}^{n} a_k \cdot X^k\right) \oplus F\left(\sum_{k=0}^{n} b_k \cdot X^k\right) \ .$$

Um nachzuweisen, daß F auch verträglich mit den in R[X] und $(R^*)^{R^*}$ gegebenen Multiplikationen ist, geht man ähnlich vor. Für jedes $x \in R^*$ ist

$$F\left(\sum_{k=0}^{n} a_k \cdot X^k \cdot \sum_{\ell=0}^{n} b_\ell \cdot X^k\right) \ (x)$$

$$= F\left(\sum_{j=0}^{m+n} \left(\sum_{k+\ell=j} a_k \cdot b_\ell\right) \cdot X^j\right) \ (x) = \sum_{j=0}^{m+n} \left(\sum_{k+\ell=j} a_k \cdot b_\ell\right) \cdot x^j$$

$$= \left(\sum_{k=0}^{n} a_k \cdot x^k\right) \cdot \left(\sum_{\ell=0}^{m} b_\ell \cdot x^\ell\right) = \left[F\left(\sum_{k=0}^{n} a_k \cdot X^k\right) (x)\right] \cdot \left[F\left(\sum_{\ell=0}^{m} b_\ell \cdot X^\ell\right) (x)\right]$$

$$= \left[F\left(\sum_{k=0}^{n} a_k \cdot X^k\right) \odot F\left(\sum_{\ell=0}^{m} b_\ell \cdot X^\ell\right)\right] \ (x) \ .$$

Hieraus folgt die gewünschte Gleichung

$$F\left(\sum_{k=0}^{n} a_k \cdot X^k \cdot \sum_{\ell=0}^{m} b_\ell \cdot X^\ell\right) = F\left(\sum_{k=0}^{n} a_k \cdot X^k\right) \odot F\left(\sum_{\ell=0}^{m} b_\ell \cdot X^\ell\right) \ .$$

Insgesamt ergibt sich also: F ist ein Ringhomomorphismus. ∎

Wir wollen an einem Beispiel den in den letzten Bemerkungen festgehaltenen Zusammenhang noch einmal verdeutlichen. Dazu betrachten wir das Polynom $g(X) = X^3 - X \in \mathbf{Z}_6[X]$. Die zugeordnete Polynomfunktion wird durch

$$g = \mathbf{Z}_6 \ni x \longmapsto g(x) = x^3 - x \in \mathbf{Z}_6$$

beschrieben und nimmt auf $\mathbf{Z}_6$ nur den Wert 0 an, wie man durch Einsetzen bestätigen kann. Gleiches gilt trivialerweise auch für die dem Polynom $f(X) = 0 \cdot X$ zugeordnete Polynomabbildung. Die formal unterschiedlichen Abbildungsvorschriften für f und g liefern also dieselbe Abbildung. Daß f(X) und g(X) wirklich verschiedene Polynome in $\mathbf{Z}_6[X]$ sind, wird durch die Gleichungen

$$f(X) = 0 \cdot X = (0, 0, 0, \ldots) \text{ und } g(X) = X^3 - X = (0, -1, 0, 1, 0, \ldots)$$

sofort klar.

Auch bei der Untersuchung von Polynomen über anderen Ringen macht man ähnliche Beobachtungen. So liefern in $\mathbf{Z}_3[X]$ die Polynome $f(X) = 2 \cdot X = (0, 2, 0, \ldots)$ und $g(X) = X^3 + X = (0, 1, 0, 1, 0, \ldots)$ die gleichen Polynomabbildungen, wie man durch Einsetzen der drei in Frage kommenden Elemente bestätigt.

Die zuletzt betrachteten Polynome $f(X) = 2 \cdot X$ und $g(X) = X^3 + X$ sind selbstverständlich auch solche im Polynomring $\mathbf{Z}[X]$, wenn man die dort auftauchende 1 nun als ganze Zahl interpretiert. Hier stellt man allerdings fest, daß die zugeordneten Abbildungen verschieden sind; es gilt ja $f(2) = 4 \neq 10 = g(2)$. Resümee dieser Anmerkungen ist zunächst die Feststellung, daß der oben definierte Ringhomomorphismus $F: R[X] \longrightarrow R*^{R*}$ n i c h t   n o t w e n d i g   i n j e k t i v ist. Zugleich wurde aber durch den obigen Vergleich der Polynome $f(X)$ und $g(X)$ über $\mathbf{Z}_3$ bzw. $\mathbf{Z}$ deutlich, daß die Injektivität von der Struktur der Ausgangsringe abhängig zu sein scheint. Die Frage, unter welchen Bedingungen Injektivität von F vorliegt, beantworten wir teilweise durch die folgenden

B e m e r k u n g e n . 1. Ist $R \neq \{0\}$ ein endlicher Ring mit Eins und n Elementen $a_1, \ldots, a_n$, so ist $F: R[X] \longrightarrow R^R$ nicht injektiv, denn das Polynom $\prod\limits_{i=1}^{n} (X - a_i)$ beschreibt die Nullabbildung.

2. Da F ein Homomorphismus zwischen den additiven Gruppen von $R[X]$ und R^R ist, ist F injektiv genau dann, wenn der Kern von F nur aus dem in $(R[X], +)$ neutralen Nullpolynom 0 besteht, wenn also für ein beliebiges $n \in \mathbf{N}_0$ aus $\sum\limits_{k=0}^{n} a_k x^k = 0$ für alle $x \in R$ stets folgt, daß $a_k = 0$ ist für $0 \leqslant k \leqslant n$. Eine hinreichende Bedingung dafür, daß dies der Fall ist, ist die, daß es sich bei R um einen unendlichen Integritätsring handelt; diese Bedingung ist im Fall $R = \mathbf{Z}, \mathbf{Q}, \mathbf{R}$ oder $\mathbf{C}$ erfüllt, im Fall $R = \mathbf{Z}_6$ und $R = \mathbf{Z}_3$ hingegen nicht.
Wir wollen auf die angeschnittene Problematik nicht näher eingehen; die oben gemachten Bemerkungen haben aber deutlich gemacht, daß sehr wohl zwischen Polynomen und ihnen zugeordneten Abbildungen zu unterscheiden ist.

Reelle Polynome besitzen bekanntlich Nullstellen. Dieser Begriff läßt sich sofort auf Polynome $f(X)$ über einem beliebigen Ring R mit Eins erweitern. Ein Element x_0 eines Oberrings R* von R heißt N u l l s t e l l e   v o n $f(X) \in R[X]$, wenn bei dem zu Beginn dieses Abschnitts beschriebenen Ersetzungsprozeß $f(x_0) = 0$ ist. Beispiele haben wir bereits kennengelernt. Das oben betrachtete Polynom $g(X) = X^3 - X \in \mathbf{Z}_6[X]$ hat sechs verschiedene Nullstellen in $\mathbf{Z}_6$. Betrachten wir hingegen $g(X)$ als Element von $\mathbf{R}[X]$, so stellt man fest, daß die Anzahl der Nullstellen sich reduziert. $g(X)$ besitzt nämlich als Polynom über $\mathbf{R}$ nur die drei Nullstellen $-1, 0$ und 1. Auch im Oberkörper $\mathbf{C}$ von $\mathbf{R}$ ändert sich daran nichts. Anders verhält es sich mit dem Polynom $h(X) = X^3 + X \in \mathbf{Z}_6[X]$. Dieses Polynom besitzt in $\mathbf{Z}_6$ die zwei Nullstellen 0 und 3. Fassen wir $h(X)$ als Polynom über $\mathbf{R}$ auf, so findet man nur die Nullstelle 0; im Oberring $\mathbf{C}$ von $\mathbf{R}$ gibt es darüber hinaus die Nullstellen i und $-i$. Damit wird deutlich, daß identisch geschriebene Polynome bei Zugrundelegung anderer Ringe ihre Nullstellen durchaus ändern können und daß insbesondere die Anzahl der Nullstellen eines Polynoms abhängig vom jeweils betrachteten Ring ist. Auf diese Tatsache werden wir an späterer Stelle noch einmal zurückkommen.

Wir gehen noch einmal auf den zu Beginn dieses Abschnitts betrachteten Einsetzungsprozeß ein. Durch das folgende Schema gelangten wir dort zu einer Abbildung $f : R* \longrightarrow R*$:

$$f(X) \in R[X] \text{ fest} \quad R \text{ und } R* \text{ fest} \quad x \text{ variabel in } R*$$

B Wir verändern dieses Schema nun und gehen zur Situation

$$x_0 \in R^* \text{ fest} \qquad R \text{ und } R^* \text{ fest} \qquad f(X) \text{ variabel in } R[X]$$

über. Unter der Zusatzvoraussetzung, daß R^* kommutativ ist, gelangen wir zu der folgenden Aussage:

5.24 Satz Es sei $R \neq \{0\}$ ein Ring mit Eins und R^* ein kommutativer Oberring von R. Dann ist für jedes feste $x_0 \in R^*$ die Einsetzabbildung

$$E_{x_0} : R[X] \longrightarrow R^* \quad \text{mit} \quad E_{x_0}\left(\sum_{k=0}^{n} a_k \cdot X^k \right) = \sum_{k=0}^{n} a_k x_0^k$$

ein Ringhomomorphismus.

Offenbar ist für ein $f(X) \in R[X]$ und für $x_0 \in R^*$ gerade $f(x_0) = E_{x_0}(f(X))$; hier liegt also der Berührungspunkt der durch die beiden Schemata gegebenen Vorgehensweisen. Darüber hinaus ergeben sich als Folgerungen aus Satz 5.24 die nachstehenden Aussagen.

F o l g e r u n g e n . Für festes $x_0 \in R^*$ setzen wir

$$R[x_0] =_{Df} \left\{ \sum_{k=0}^{n} a_k \cdot x_0^k \in R^* : a_k \in R \text{ und } n \in \mathbf{N}_0 \right\} .$$

1. Aus Satz 5.24 ergibt sich zunächst, daß eine nur unter Verwendung der in $R[X]$ gegebenen Verknüpfungen zustande gekommene Identität in $R[X]$ bei Einsetzen von $x_0 \in R^*$ in eine solche in $R[x_0]$ übergeht. Dies folgt aus der Homomorphieeigenschaft von E_{x_0}.

2. Als homomorphes Bild von $R[X]$ ist $R[x_0]$ ein Teilring von R^*; man sagt, daß $R[x_0]$ aus R durch R i n g a d j u n k t i o n   v o n x_0 entsteht.

Übung 5.28 Man beweise Satz 5.24.

5.3.3 Die Übertragung struktureller Merkmale

Potenzreihenringe und Polynomringe über einem Ring R sind Ergebnisse von Konstruktionsprozessen, denen R zugrundeliegt. Wir wollen nun untersuchen, inwieweit sich gewisse strukturelle Eigenschaften von R auf $R[\![X]\!]$ übertragen; wir werden feststellen, daß wir dabei zuweilen von Eigenschaften von $R[\![X]\!]$ auf solche von R zurückschließen können. Eine erste derartige Aussage liefert

5.25 Satz Es sei R ein Ring. Dann ist $R[\![X]\!]$ kommutativ genau dann, wenn R kommutativ ist.

B e w e i s . R sei kommutativ, und es seien $(a_n), (b_n) \in R[\![X]\!]$. Dann ist

$$(a_n) \cdot (b_n) = \left(\sum_{k=0}^{n} a_k \cdot b_{n-k} \right) = \left(\sum_{k=0}^{n} b_{n-k} \cdot a_k \right)$$

$$= \left(\sum_{\ell=n}^{0} b_\ell \cdot a_{n-\ell} \right) = \left(\sum_{\ell=0}^{n} b_\ell \cdot a_{n-\ell} \right) = (b_n) \cdot (a_n) \, .$$

$R[\![X]\!]$ ist also kommutativ.

Wir setzen nun $R[\![X]\!]$ als kommutativ voraus, wählen $a, b \in R$ und betrachten die Folgen (a_n) mit $a_0 = a$ und $a_n = 0$ für $n \geqslant 1$ und (b_n) mit $b_0 = b$ und $b_n = 0$ für $n \geqslant 1$.

Dann ist $(a_n) \cdot (b_n) = \left(\sum_{k=0}^{n} a_k \cdot b_{n-k} \right)$, wobei

$$\sum_{k=0}^{0} a_k \cdot b_{0-k} = a \cdot b \quad \text{und} \quad \sum_{k=0}^{n} a_k \cdot b_{n-k} = 0 \quad \text{für} \quad n \geqslant 1 \text{ gilt} \, .$$

Andererseits ist im Produkt $(b_n) \cdot (a_n)$

$$\sum_{k=0}^{0} b_k \cdot a_{0-k} = b \cdot a \quad \text{und} \quad \sum_{k=0}^{n} b_k \cdot a_{n-k} = 0 \quad \text{für} \quad n \geqslant 1 \, .$$

Wegen $(a_n) \cdot (b_n) = (b_n) \cdot (a_n)$ folgt also $a \cdot b = b \cdot a$. ∎

Eine weitere Aussage dieses Typs ist Inhalt des folgenden Satzes.

5.26 Satz Es sei R ein Ring. Dann ist $R[\![X]\!]$ ein Ring mit Eins genau dann, wenn R ein Ring mit Eins ist.

B e w e i s . Es sei R ein Ring mit dem Einselement 1. Wir betrachten die Folge (e_n) mit $e_0 = 1$ und $e_n = 0$ für $n \geqslant 1$.
Ist $(a_n) \in R[\![X]\!]$, so ist

$$(e_n) \cdot (a_n) = \left(\sum_{k=0}^{n} e_k \cdot a_{n-k} \right) = (a_n) = \left(\sum_{k=0}^{n} a_k \cdot e_{n-k} \right) = (a_n) \cdot (e_n) \, .$$

Also ist (e_n) Einselement in $R[\![X]\!]$. Umgekehrt besitze $R[\![X]\!]$ ein Einselement (e_n), und es sei $a \in R$. Wir betrachten die Folge $(a_n) \in R[\![X]\!]$ mit $a_0 = a$ und $a_n = 0$ für $n \geqslant 1$. Es ist $(e_n) \cdot (a_n) = (a_n) \cdot (e_n) = (a_n)$, also insbesondere $e_0 \cdot a_0 = a_0 \cdot e_0 = a_0 = a$. e_0 ist also neutrales Element in $(R, \cdot)$, und damit ist R ein Ring mit Eins. ∎

Auch die Nullteilerfreiheit überträgt sich von R auf $R[\![X]\!]$; es gilt sogar:

5.27 Satz Es sei R ein Ring. Dann ist $R[\![X]\!]$ nullteilerfrei genau dann, wenn R nullteilerfrei ist.

B e w e i s . R sei nullteilerfrei. Es seien $(a_n), (b_n) \in R[\![X]\!]$ mit $(a_n) \neq 0 \neq (b_n)$. Es existieren Zahlen n_0 und n_1 so, daß $a_n = 0$ ist für $n \leqslant n_0$, $a_{n_0} \neq 0$ ist, $b_n = 0$ gilt

B   für $n \leqslant n_1$ und $b_{n_1} \neq 0$ ist. Aufgrund der Nullteilerfreiheit von R ist dann

$$\sum_{k=0}^{n_0 + n_1} a_k \cdot b_{n_0 + n_1 - k} = a_{n_0} \cdot b_{n_1} \neq 0,$$

also gilt auch $(a_n) \cdot (b_n) \neq 0$. Ist umgekehrt $R[\![X]\!]$ nullteilerfrei, und sind a und b von 0 verschiedene Elemente in R, so ist das Produkt der Folgen $(a, 0, \ldots)$ und $(b, 0, \ldots)$ von Null verschieden und gleich $(a \cdot b, 0, \ldots)$; also kann nicht $a \cdot b = 0$ gelten. R ist also nullteilerfrei. ∎

Zusammenfassend ergibt sich insbesondere das folgende

Korollar Es sei R ein Ring. Dann ist $R[\![X]\!]$ ein Integritätsring genau dann, wenn R ein Integritätsring ist.

Die Beweise der Sätze 5.25 bis 5.27 zeigen, daß man die gleichen Aussagen über R [X] machen kann.

Die Eigenschaft eines Ringes, sogar ein Körper zu sein, setzt sich im allgemeinen weder auf den Potenzreihen — noch auf den Polynomring fort. Diese Aussage ist Inhalt von

5.28 Beispiel Es sei K ein Körper. Dann ist weder K[X] noch $K[\![X]\!]$ ein Körper.

B e w e i s . Zur Vereinfachung der Schreibweise benutzen wir das sogenannte Kroneckersymbol für festes $m \in \mathbf{N}_0$:

$$\delta_{m,\cdot} : \mathbf{N}_0 \ni \ell \longmapsto \left\{ \begin{array}{ll} 1 & \text{für } \ell = m \\ 0 & \text{für } \ell \neq m \end{array} \right\} \in K$$

Dann läßt sich das Polynom X offenbar in der Form $X = (\delta_{1,n})$ schreiben. Ist $(a_n) \in K[\![X]\!]$ beliebig gewählt, so ist

$$(a_n) \cdot (\delta_{1,n}) = \sum_{k=0}^{n} a_k \cdot \delta_{1,n-k} =_{\mathrm{Df}} (c_n) .$$

Dabei ist $c_0 = a_0 \cdot \delta_{1,0} = a_0 \cdot 0 = 0$; also ist $(a_n) \cdot (\delta_{1,n}) \neq (\delta_{0,n})$. Das bzgl. der Multiplikation neutrale Element von $K[\![X]\!]$ ist aber gerade $(e_n) = (\delta_{0,n})$. Also gibt es zu X weder in $K[\![X]\!]$ noch in K[X] ein Inverses. ∎

Die in den Sätzen 5.25 bis 5.27 und Beispiel 5.28 gewonnenen Aussagen stellen wir in der folgenden Übersicht zusammen.

Ring		Ringe	
kommutativer Ring		kommutative Ringe	
Ist R Ring mit Eins	, so sind $R[\![X]\!]$ und R[X]	Ringe mit Eins	
nullteilerfreier Ring		nullteilerfreie Ringe	
Körper		n i e Körper	Fig. 25

Wir machen noch einmal darauf aufmerksam, daß wir oben auch die Umkehrungen der
zweiten, dritten und vierten Implikation bewiesen haben.

B e m e r k u n g . Der beschriebene Prozeß zur Konstruktion von Polynomringen $R[X]$
über Ringen R läßt sich iterieren. Aus einem Ring R mit Eins gewinnt man $R[X]$, ebenfalls ein Ring mit Eins. Hinzunahme einer weiteren Unbestimmten Y liefert nach einer
analogen Konstruktion $(R[X])[Y]$; wir schreiben verkürzt $R[X, Y]$. Die Gestalt der
Elemente von $R[X, Y]$ — es handelt sich um Summen mit Termen der Gestalt
$a \cdot X^{\ell} \cdot Y^k$ mit $a \in R$ — zeigt, daß $R[X, Y] = R[Y, X]$ ist. Der Prozeß läßt sich auf
endlich viele Unbestimmte $X_1, \ldots, X_n$ ausdehnen; das Konstruktionsergebnis wird
dann mit $R[X_1, \ldots, X_n]$ bezeichnet. Auf die gleiche Weise gewinnt man aus endlich
vielen Elementen $r_1, \ldots, r_n$ eines kommutativen Oberrings O von R $R[r_1, \ldots, r_n]$.
Wie oben sieht man ein, daß für jedes $n \in \mathbf{N}$ die Strukturen $R[X_1, \ldots, X_n]$ und
$R[r_1, \ldots, r_n]$ Ringe sind.

Übungen

5.29 Ist $\sum\limits_{k=0}^{n} a_k \cdot X^k$ Element eines Polynomrings $R[X]$ mit $a_n \neq 0$, so heißt n der
G r a d des Polynoms. Für das Nullpolynom, also das bezüglich der Addition neutrale
Element in $R[X]$, sei kein Grad definiert. Polynome vom Grad 0 heißen K o n s t a n-
t e n , Polynome vom Grad 1 a f f i n - l i n e a r e P o l y n o m e .
Sind $f(X), g(X), f(X) + g(X)$ und $f(X) \cdot g(X)$ von Null verschiedene Polynome, so
gilt
  (i) Grad $(f(X) + g(X)) \leqslant$ max (Grad $f(X)$, Grad $g(X)$).
  (ii) Grad $(f(X) \cdot g(X)) \leqslant$ Grad $f(X)$ + Grad $g(X)$.
  (iii) Ist R ein Integritätsring, so gilt: Grad $(f(X) \cdot g(X))$ = Grad $f(X)$ + Grad $g(X)$.

5.30 Es sei R ein Integritätsring. Man zeige: Die Menge aller Einheiten $R[X]^*$ des
Ringes $R[X]$ stimmt mit $\{(a, 0, \ldots): a \text{ ist Einheit in } R\}$ überein.

5.31 Man zeige in Erweiterung von Beispiel 5.28 unter Benutzung von Übung 5.30,
daß ein Polynomring über einem Ring R nie ein Körper ist.

5.32 Es sei R ein Ring, $n \in \mathbf{N}$ und $R[X_1, \ldots, X_n]$ der Polynomring über R in den n Unbestimmten X_1 bis X_n. Man zeige (durch vollständige Induktion), daß sich bei Ersetzen
von $R[X]$ bzw. $R[\![X]\!]$ durch $R[X_1, \ldots, X_n]$ eine zu Figur 25 analoge Übersicht ergibt.

5.3.4 Ringe stetiger Funktionen

Dieser Abschnitt hat ergänzenden Charakter; er soll an einem einfachen Beispiel aufzeigen, wo Ringe in der Analysis auftreten und welche Rolle Polynome dabei spielen. Oben
ist mehrfach darauf hingewiesen worden, daß Polynome $\sum\limits_{k=0}^{n} a_k \cdot X^k$ über einem Ring R

Abbildungen

$$f : R \longrightarrow R \quad \text{mit } f(x) =_{Df} \sum\limits_{k=0}^{n} a_k \cdot x^k$$

liefern. Wir setzen nun $R = \mathbf{R}$ und betrachten in $\mathbf{R}$ ein beliebiges endliches oder unend-
liches, offenes, halboffenes oder abgeschlossenes Intervall I. I kann also von folgender
Gestalt sein:

B

$$I = (a, b) =_{Df} \{x \in \mathbf{R} : a < x < b\}, \quad a, b \in \mathbf{R} \cup \{\pm \infty\}$$

oder $$I = [a, b] =_{Df} \{x \in \mathbf{R} : a \leqslant x \leqslant b\}, \quad a, b \in \mathbf{R}$$

oder $$I = (a, b] =_{Df} \{x \in \mathbf{R} : a < x \leqslant b\}, \quad a \in \mathbf{R} \cup \{-\infty\}, b \in \mathbf{R}$$

oder $$I = [a, b) =_{Df} \{x \in \mathbf{R} : a \leqslant x < b\}, \quad a \in \mathbf{R}, b \in \mathbf{R} \cup \{+\infty\}.$$

Wir wollen stillschweigend voraussetzen, daß a und b so gewählt seien, daß $I \neq \emptyset$ ist. Dann liefert uns jedes Polynom aus $\mathbf{R}[X]$ eine zunächst auf $\mathbf{R}$ definierte Abbildung f, die wir jedoch auf I einschränken können und ebenfalls mit f bezeichnen wollen:

$$f : I \longrightarrow \mathbf{R} \quad \text{mit } f(x) =_{Df} \sum_{k=0}^{n} a_k \cdot x^k$$

Derartige Abbildungen wollen wir ebenfalls als Polynome oder aber als P o l y n o m - f u n k t i o n e n bezeichnen. Wir werden feststellen, daß Polynome zu einem Ring von auf I definierten Funktionen gehören, der im folgenden behandelt werden soll.

5.29 Definition Eine Funktion $f : I \longrightarrow \mathbf{R}$ heißt s t e t i g , wenn es zu jedem $x_0 \in I$ und zu jedem $\epsilon > 0$ ein $\delta(x_0, \epsilon)$ gibt, so daß aus $x \in I$, $|x - x_0| < \delta(x_0, \epsilon)$ stets $|f(x) - f(x_0)| < \epsilon$ folgt.

Die Menge aller stetigen Funktionen $f : I \longrightarrow \mathbf{R}$ bezeichnen wir mit $C_{\mathbf{R}}(I)$ oder kürzer mit $C(I)$.

Die Summe $f + g$ und das Produkt $f \cdot g$ stetiger Funktionen f und g definiert man punktweise wie in Satz 5.3. Wie angekündigt gilt

5.30 Satz und Definition $(C(I), +, \cdot)$ ist ein kommutativer Ring mit Eins und heißt R i n g d e r r e e l l w e r t i g e n s t e t i g e n F u n k t i o n e n a u f d e m I n t e r - v a l l I .

B e w e i s . Wir haben nur nachzuweisen, daß $C(I)$ ein Teilring von $\mathbf{R}^I$ ist.

Sind $f, g \in C(I)$, ist x_0 ein beliebiges Element von I und $\epsilon > 0$ vorgegeben, so existieren nach Definition 5.29 $\delta_f(x_0, \frac{\epsilon}{2})$ und $\delta_g(x_0, \frac{\epsilon}{2})$ mit den oben genannten Eigenschaften.

Wir setzen $\delta =_{Df} \delta_{f+g}(x_0, \epsilon) =_{Df} \min(\delta_f, \delta_g) > 0$. Ist nun $|x - x_0| < \delta$, so gilt:

$$|(f - g)(x) - (f - g)(x_0)| = |(f(x) - g(x)) - (f(x_0) - g(x_0))|$$

$$= |(f(x) - f(x_0)) + (g(x_0) - g(x))| \leqslant |f(x) - f(x_0)| + |g(x_0) - g(x)|$$

$$\leqslant \frac{\epsilon}{2} + \frac{\epsilon}{2} = \epsilon, \text{ denn } |x - x_0| < \delta_f \text{ und } |x - x_0| < \delta_g.$$

Also ist $f - g \in C(I)$. Sind f, g, δ_f und δ_g wie oben gewählt und ist $\epsilon > 0$, so müssen wir nun zeigen, daß es ein $\delta_{f \cdot g}(x_0, \epsilon)$ gibt, so daß aus $|x - x_0| < \delta_{f \cdot g}(x_0, \epsilon)$ stets

$$|(f \cdot g)(x) - (f \cdot g)(x_0)| < \epsilon$$

folgt. Wie aus der folgenden Ungleichungskette hervorgeht, ist es zweckmäßig

$$\delta_{f \cdot g}(x_0, \epsilon)$$

$$=_{Df} \min\left\{ \delta_f\left(x_0, \frac{\epsilon}{3(|g(x_0)|+1)}\right), \delta_g\left(x_0, \frac{\epsilon}{3(|f(x_0)|+1)}\right), \delta_f\left(x_0, \sqrt{\frac{\epsilon}{3}}\right), \delta_g\left(x_0, \sqrt{\frac{\epsilon}{3}}\right) \right\}$$

zu setzen. Dann ist $\delta_{f \cdot g}(x_0, \epsilon) > 0$, und es gilt:

$$|(f \cdot g)(x) - (f \cdot g)(x_0)| = |f(x) \cdot g(x) - f(x_0) \cdot g(x_0)|$$

$$= |(f(x) - f(x_0)) \cdot (g(x) - g(x_0)) + (f(x) - f(x_0)) \cdot g(x_0) + f(x_0) \cdot (g(x) - g(x_0))|$$

$$\leqslant |f(x) - f(x_0)| \cdot |g(x) - g(x_0)| + |f(x) - f(x_0)| \cdot |g(x)| + |f(x_0)| \cdot |g(x) - g(x_0)|$$

$$\leqslant \sqrt{\frac{\epsilon}{3}} \cdot \sqrt{\frac{\epsilon}{3}} + \frac{\epsilon}{3\,(|g(x_0)|+1)} \cdot |g(x_0)| + |f(x_0)| \cdot \frac{\epsilon}{3\,(|f(x_0)|+1)}$$

$$\leqslant \frac{\epsilon}{3} + \frac{\epsilon}{3} + \frac{\epsilon}{3} = \epsilon.$$

C(I) ist kommutativ, weil **R** kommutativ ist, und neutrales Element in (C(I), ·) ist die offenbar stetige Funktion

$$e : I \longrightarrow \mathbf{R} \quad \text{mit } e(x) =_{Df} 1 \quad \text{für alle } x \in I. \ \blacksquare$$

Spezielle stetige Funktionen lernen wir kennen in

5.31 Satz Jede Polynomfunktion f ist eine auf I stetige Funktion.

B e w e i s . Da nach Satz 5.30 Summe und Produkt stetiger Funktionen stetig sind, haben wir nur zu zeigen, daß für $a \in \mathbf{R}$ die Funktionen

$$f_0 : I \longrightarrow \mathbf{R} \quad \text{mit } f_0(x) =_{Df} a \quad \text{für alle } x \in I$$

$$\text{und} \qquad f_1 : I \longrightarrow \mathbf{R} \quad \text{mit } f_1(x) =_{Df} x \quad \text{für alle } x \in I$$

stetig sind. Zu vorgegebenem $\epsilon > 0$ und $x_0 \in I$ setzen wir

$$\delta =_{Df} \delta_{f_0}(x_0, \epsilon) =_{Df} \delta_{f_1}(x_0, \epsilon) =_{Df} \epsilon.$$

Wir erhalten unter der Voraussetzung $|x - x_0| < \delta$ die Ungleichungen

$$|f_0(x) - f_0(x_0)| = |a - a| = 0$$

$$\text{und} \qquad |f_1(x) - f_1(x_0)| = |x - x_0| < \delta = \epsilon.$$

f_0 und f_1 sind also stetig; damit ist auch jedes Polynom stetig. $\blacksquare$

Wir wollen unsere Erörterungen über den Ring der stetigen Funktionen mit einer Bemerkung abschließen, die die Bedeutung der Polynomfunktionen in der Analysis andeutet.

Jedes Polynom ist nach Satz 5.31 eine stetige Funktion; die Umkehrung dieses Satzes gilt hingegen nicht. So ist etwa

$$b : [-1, 1] \longrightarrow \mathbf{R} \quad \text{mit } b(x) =_{Df} |x| \text{ für alle } x \in [-1, 1]$$

eine stetige Funktion, die sich nicht durch Einschränkung eines Polynoms auf $[-1, 1]$ ergibt. Aber man kann b beliebig genau durch Polynome annähern (approximieren) – wie jede Funktion $f \in C(I)$, wenn I ein abgeschlossenes und beschränktes Intervall ist, d. h. zu jedem $f \in C(I)$ und zu jedem $\epsilon > 0$ existiert eine Polynomfunktion $p = p(f, \epsilon)$, so daß $|f(x) - p(x)| < \epsilon$ für alle $x \in I$ gilt. Einen elementaren Beweis dieses Satzes von K. W e i e r s t r a s s (1815 bis 1897) findet man z. B. im Buch von G. H ä m m e r - l i n [22].

Von großer Bedeutung ist auch die folgende Interpolationseigenschaft von Polynomen. Ist K ein Körper und sind $r_0, \ldots, r_n$ n + 1 verschiedene Elemente von K, so existiert

genau ein Polynom $p(X) = \sum\limits_{k=0}^{n} a_k \cdot X^k$, welches bei Einsetzen von r_i, $0 \leqslant i \leqslant n$, beliebig vorgegebene Werte $y_i \in K$ annimmt. Ein derartiges $p(X)$ wird als Interpolations-

polynom bezeichnet. Einen Beweis dieser Aussage findet man etwa bei B. L. v a n d e r
W a e r d e n [61].

Übungen

5.33 Man zeige, daß für ein Intervall I mit mehr als einem Punkt der Ring $(C(I), +, \cdot)$
kein Integritätsring ist.

5.34 Es sei I ein Intervall und $N \subset I'$, $N \neq \emptyset$. Man zeige, daß $\mathfrak{N} =_{Df} \{f \in C(I) : f(x) = 0$
für alle $x \in N\}$ ein Ideal in $C(I)$ ist.

5.35 Ein Tripel $(M, \cap, \cup)$, das aus einer nicht-leeren Menge M und zwei inneren Verknüpfungen „$\cap$" und „$\cup$" besteht, heißt V e r b a n d , wenn für alle a, b, c $\in$ M gilt:
  (i) $a \cap b = b \cap a$ und $a \cup b = b \cup a$,
  (ii) $a \cap (b \cap c) = (a \cap b) \cap c$ und $a \cup (b \cup c) = (a \cup b) \cup c$,
  (iii) $a \cap (a \cup b) = a$ und $a \cup (a \cap b) = a$.

Man zeige, daß für ein Intervall I die Menge $C(I)$ mit den folgenden Verknüpfungen
zu einem Verband wird. Für f, g $\in C(I)$ seien $f \cap g$ und $f \cup g$ wie folgt erklärt:

$$f \cap g : x \longmapsto (f \cap g)(x) =_{Df} \min(f(x), g(x)),$$

$$f \cup g : x \longmapsto (f \cup g)(x) =_{Df} \max(f(x), g(x)).$$

Hinweis: Man beweise zunächst die für a, b $\in \mathbf{R}$ gültigen Gleichungen

$$\max(a, b) = \frac{a+b}{2} + \frac{|a-b|}{2} \quad \text{und} \quad \min(a, b) = \frac{a+b}{2} - \frac{|a-b|}{2}.$$

5.36 Eine nicht-leere Teilmenge T eines Verbandes $(M, \cap, \cup)$ heißt T e i l v e r b a n d
oder U n t e r v e r b a n d von M, wenn T bezüglich der in M gegebenen Verknüpfungen
ein Verband ist. Man zeige, daß die Teilmenge $\mathfrak{N}$ von $C(I)$ aus Aufgabe 5.34 einen Unter-
verband von $C(I)$ bildet.

5.4 Zur Lösung algebraischer Gleichungen

Wir kommen nun auf das Lösen algebraischer Gleichungen zurück. In seiner allgemeinen
Form kann das Problem folgendermaßen beschrieben werden:

Gegeben seien ein Ring mit Eins und $f_1(X_1, \ldots, X_n), \ldots, f_m(X_1, \ldots, X_n) \in$
$R[X_1, \ldots, X_n]$. Man bestimme die Menge aller gemeinsamen Nullstellen der gegebenen Polynome, d. h. man löse das Gleichungssystem

$$f_i(x_1, \ldots, x_n) = 0, \qquad 1 \leqslant i \leqslant m,$$

wobei $x_1, \ldots, x_n$ Elemente aus R oder einem Oberring von R seien.

In diesem Abschnitt wollen wir uns nicht in voller Allgemeinheit mit diesem Problem
beschäftigen, sondern dieses vereinfachen und die sich ergebenden Spezialfälle diskutieren. Dazu sei im folgenden R ein Integritätsring (vgl. Definition 4.18) und im betrachteten Gleichungssystem m = 1 und n = 1. Wir betrachten also Gleichungen der Form
$f(x) = 0$, wobei $f(X)$ ein Polynom in $R[X]$, also von der Gestalt

$$f(X) = a_k \cdot X^k + \ldots + a_1 \cdot X + a_0$$

mit $a_i \in R$ für $0 \leqslant i \leqslant k$ sei. Wir setzen ferner $k \neq 0$ und $a_k \neq 0$ voraus. In Abschn. 5.4.1 **B**
und 5.4.2 werden wir uns nun den Fall $k = 1$ unter zwei verschiedenen Gesichtspunkten
ansehen, in Abschn. 5.4.4 werden wir kurz auf den Fall $k \geqslant 2$ eingehen.

5.4.1 Der Quotientenkörper eines Integritätsrings

Hier betrachten wir Gleichungen der Form $a \cdot x = b$ mit $a, b \in R$ und $a \neq 0$. Bei der
Lösung derartiger Gleichungen können grundsätzlich zwei Fälle eintreten. So ist offenbar die Gleichung $5 \cdot x = 15$ in $\mathbf{Z}$ lösbar, die Gleichung $7 \cdot x = 15$ dagegen nicht. Man
kann sich nun fragen, unter welchen Bedingungen etwa eine ganze Zahl a eine ganze
Zahl b teilt, also eine Lösung $x \in \mathbf{Z}$ der Gleichung $a \cdot x = b$ existiert. Dies wird in
Abschn. 5.4.2 untersucht werden. Existiert eine solche Lösung nicht, so kann man versuchen, den zugrundegelegten Integritätsring um die Lösungen derartiger Gleichungen
zu erweitern, also z. B. Elemente wie $\dfrac{15}{7} \in \mathbf{Q}$ zu $\mathbf{Z}$ hinzuzufügen, um auch die Existenz
der Lösungen von Gleichungen wie $7 \cdot x = 15$ zu sichern. Daß eine derartige Erweiterung
stets möglich ist und daß diese Erweiterung bis auf Isomorphie eindeutig bestimmt ist,
ist der Inhalt von

5.32 Satz Es sei R ein Integritätsring. Dann existiert ein Körper Q mit den folgenden
Eigenschaften:

(i)   R ist in Q eingebettet; d. h. es existiert ein injektiver Ringhomomorphismus
$i : R \longrightarrow Q$. Man kann Q also als Oberring von R auffassen.

(ii)   Es gibt keinen echten Teilkörper von Q, der das Bild von R unter i enthält.

(iii) Ist K ein weiterer Körper, in den R vermöge j eingebettet ist, und ist Q' der kleinste
Teilkörper von K, der $j(R)$ enthält, so ist Q' isomorph zu Q.

Q heißt Q u o t i e n t e n k ö r p e r   v o n   R .

B e w e i s . Wir weisen zunächst die Existenz von Q nach. Es sei $R_0 =_{Df} R \setminus \{0\}$. Wir betrachten $R \times R_0$ (und stellen uns die Paare $(a, b) \in R \times R$ mit $b \neq 0$ als „Quotienten"
$\dfrac{a}{b}$ vor).

Es sei $(a, b) \sim (c, d) \Longleftrightarrow_{Df} a \cdot d = b \cdot c$. Durch $\sim$ wird eine Äquivalenzrelation auf $R \times R_0$
geliefert: Wegen $a \cdot b = b \cdot a$ gilt $(a, b) \sim (a, b)$ für alle $(a, b) \in R \times R_0$. Es liegt also Reflexivität vor. Aus $(a, b) \sim (c, d)$, also $a \cdot d = b \cdot c$, folgt $c \cdot b = d \cdot a$, also $(c, d) \sim (a, b)$,
mithin die Symmetrie. Sind $(a, b) \sim (c, d)$ und $(c, d) \sim (e, f)$, so ergibt sich $a \cdot d \cdot c \cdot f =$
$= b \cdot c \cdot d \cdot e$, und wegen der Kommutativität und Nullteilerfreiheit von R folgt daraus
stets $a \cdot f = b \cdot e$, d. h. $(a, b) \sim (e, f)$, also die Transitivität. Auf $R \times R_0$ definieren wir
Verknüpfungen $+$ und $\cdot$ durch

$$(a, b) + (c, d) =_{Df} (a \cdot d + b \cdot c, b \cdot d)$$

und $$(a, b) \cdot (c, d) =_{Df} (a \cdot c, b \cdot d),$$

wobei rechts vom Gleichheitszeichen die Verknüpfungen in R gemeint sind. (Man beachte, daß es sich tatsächlich um innere Verknüpfungen von $R \times R_0$ handelt.)

B Die oben definierte Äquivalenzrelation ist bezüglich dieser beiden Verknüpfungen sogar eine Kongruenzrelation. Denn sind $(a_1, b_1) \sim (c_1, d_1)$ und $(a_2, b_2) \sim (c_2, d_2)$, gilt also $a_1 \cdot d_1 = b_1 \cdot c_1$ und $a_2 \cdot d_2 = b_2 \cdot c_2$, so ist zunächst

$$(a_1, b_1) + (a_2, b_2) = (a_1 \cdot b_2 + b_1 \cdot a_2, b_1 \cdot b_2)$$

und $\quad (c_1, d_1) + (c_2, d_2) = (c_1 \cdot d_2 + d_1 \cdot c_2, d_1 \cdot d_2).$

Es ist $(a_1 \cdot b_2 + b_1 \cdot a_2, b_1 \cdot b_2) \sim (c_1 \cdot d_2 + d_1 c_2, d_1 d_2)$ genau dann, wenn $b_2 \cdot d_2 (a_1 \cdot d_1 - b_1 \cdot c_1) = b_1 \cdot d_1 (b_2 \cdot c_2 - a_2 \cdot d_2)$ ist.

Unter den obigen Voraussetzungen sind beide Klammern gleich Null, es gilt also die Äquivalenz $(a_1, b_1) + (a_2, b_2) \sim (c_1, d_1) + (c_2, d_2)$. Unter den gleichen Voraussetzungen ergibt sich $(a_1 \cdot a_2, b_1 \cdot b_2) \sim (c_1 \cdot c_2, d_1 \cdot d_2)$, denn offenbar gilt $a_1 \cdot a_2 \cdot d_1 \cdot d_2 = b_1 \cdot b_2 \cdot c_1 \cdot c_2.$

Es sei nun

$$Q =_{Df} \{[a, b] : [a, b] \text{ ist Kongruenzklasse von } (a, b)\}.$$

Da $\sim$ eine Kongruenzrelation ist, sind nach Satz 4.35 (man vergleiche auch die anschließende Bemerkung) durch

$$[a, b] + [c, d] =_{Df} [a \cdot d + b \cdot c, b \cdot d]$$

und $\quad [a, b] \cdot [c, d] =_{Df} [a \cdot c, b \cdot d]$

Verknüpfungen auf Q definiert, von denen wir nun zeigen werden, daß sie auf Q eine Körperstruktur liefern.

Wegen $[a, b] + [c, d] = [a \cdot d + b \cdot c, b \cdot d] = [c \cdot b + d \cdot a, d \cdot b] = [c, d] + [a, b]$ ist das vorliegende Gruppoid kommutativ; für beliebiges $d \in R_0$ und $a, b \in Q$ ist $[a, b] + [0, d] = [a \cdot d + b \cdot 0, b \cdot d] = [a \cdot d, b \cdot d] = [a, b]$; es existiert also ein neutrales Element $[0, d]$, und das zu $[a, b]$ inverse Element ist $[-a, b] : [a, b] + [-a, b] =$ $= [a \cdot b - a \cdot b, b \cdot b] = [0, b \cdot b]$. Mit einer ähnlichen kurzen Überlegung ergibt sich auch die Gültigkeit des Assoziativgesetzes; $(Q, +)$ ist also eine abelsche Gruppe. Ebenso überprüft man, daß $(Q, \cdot)$ eine kommutative Halbgruppe mit dem neutralen Element $[1,1]$ ist und daß die Distributivgesetze gelten. $(Q, +, \cdot)$ ist also ein kommutativer Ring mit Eins, der wegen $R \neq \{0\}$ mehr als ein Element besitzt. Ist nun $[a, b] \in Q \backslash \{[0, d]\}$, so gilt : $a \neq 0$. Damit ist $[b, a] \in Q$, und es gilt:

$$[a, b] \cdot [b, a] = [a \cdot b, b \cdot a] = [a \cdot b, a \cdot b] = [1,1].$$

Also ist $Q^* = Q \backslash \{0\}$; Q ist also ein Körper.

Wir zeigen nun, daß R vermöge des Ringhomomorphismus

$$i : R \ni r \longmapsto [r, 1] \in Q$$

in Q eingebettet ist, d. h. homomorph und injektiv abgebildet wird. Daß i ein Homomorphismus ist, rechnet man sofort nach. Sind darüber hinaus $r, s \in R$ gegeben mit $[r, 1] = [s, 1]$, also $[r - s, 1] = 0$, so ist notwendig $r = s$. i ist also injektiv, so daß wir R als jene Teilmenge von Q auffassen können, die aus allen Klassen der Form $[r, 1]$ mit $r \in R$ besteht. Dies liefert die Aussage unter (i).

Zur (ii): Wir nehmen an, Q besitze einen echten Teilkörper Q_0, der $i(R)$ auch enthält **B**
und wählen in $Q \backslash Q_0$ eine Klasse $[a_0, b_0] \neq 0$. Da Q_0 nach Voraussetzung
$i(R) = \{[a, 1] : a \in R\}$ enthält, liegen insbesondere $[a_0, 1]$ und $[b_0, 1]$ in Q_0. Weil Q_0 als
Körper vorausgesetzt wurde, ergibt sich: $[b_0, 1]^{-1} = [1, b_0] \in Q_0$. Dies wiederum impliziert
$[a_0, 1] \cdot [1, b_0] = [a_0, b_0] \in Q_0$ im Widerspruch zur Annahme; Q besitzt also keinen
echten Teilkörper, der $i(R)$ umfaßt.

Zum Beweis der Aussage unter (iii) verdeutlichen wir uns die vorliegende Situation im
folgenden Diagramm:

$$
\begin{array}{ccc}
R & & R \\
i \downarrow & & \downarrow j \\
i(R) & & j(R) \\
\cap & & \cap \\
Q & \xrightarrow{\;\;I\;\;} & Q' \\
& & \cap \\
& & K
\end{array}
$$

Darin bezeichnen i und j die jeweiligen Einbettungen von R nach Q bzw. K. Wir haben
nachzuweisen, daß ein Ringisomorphismus I von Q auf den kleinsten Teilkörper Q' von
K, der $j(R)$ enthält, existiert. Dazu zeigen wir zunächst, daß mit

$$M =_{Df} \{j(a) \cdot (j(b))^{-1} \in K : a \in R, b \in R_0\}$$

die Gleichheit $Q' = M$ gilt, um so Q' besser in den Griff zu bekommen. Wegen $j(1) = 1 \in K$
ist für jedes $a \in R$ das Element $j(a) = j(a) \cdot 1^{-1} = j(a) \cdot (j(1))^{-1} \in M$; d. h. $j(R) \subset M$. Da Q'
nach Voraussetzung $j(R)$ enthält und ein Körper ist, liegen für alle $a \in R, b \in R_0$ die Elemente $j(a), (j(b))^{-1}$ und $j(a) \cdot (j(b))^{-1}$ in Q'; also ist $M \subset Q'$.

Zum Beweis der Inklusion $Q' \subset M$ ist zu zeigen, daß M selbst ein Körper ist (man beachte, daß Q' als k l e i n s t e r Teilkörper von K vorausgesetzt wurde, der $j(R)$ enthält). Dazu ist nachzuweisen, daß $(M, +)$ eine Untergruppe von $(K, +)$ und
$(M \backslash \{0\}, \cdot)$ eine solche von $(K \backslash \{0\}, \cdot)$ ist (vgl. Satz 2.37). Sind für $i = 1, 2$ Elemente
$j(a_i) \cdot (j(b_i))^{-1} \in M$ gegeben, so ist

$$j(a_1) \cdot (j(b_1))^{-1} - j(a_2) \cdot (j(b_2))^{-1}$$
$$= [j(a_1) \cdot (j(b_1))^{-1} \cdot j(b_2) \cdot j(b_2)^{-1}] - [j(a_2) \cdot (j(b_2))^{-1} \cdot j(b_1) \cdot (j(b_1))^{-1}]$$
$$= [j(a_1) \cdot j(b_2) - j(a_2) \cdot j(b_1)] \cdot (j(b_1))^{-1} \cdot (j(b_2))^{-1}$$
$$= j(a_1 \cdot b_2 - a_2 \cdot b_1) \cdot (j(b_1 \cdot b_2))^{-1},$$

wobei $b_1 \cdot b_2$ wegen der Nullteilerfreiheit von R ungleich 0 ist. Ebenso ist für
$j(a_i) \cdot (j(b_i))^{-1} \in M \backslash \{0\}$ die Gleichung

$$j(a_1) \cdot (j(b_1))^{-1} \cdot [j(a_2) \cdot (j(b_2))^{-1}]^{-1}$$
$$= j(a_1 \cdot b_2) \cdot (j(a_2 \cdot b_1))^{-1}$$

richtig, in der nach Voraussetzung $a_1 \cdot b_2 \neq 0 \neq a_2 \cdot b_1$ gilt. Damit sind die Untergrup-
peneigenschaften von $(M, +)$ bzw. $(M \backslash \{0\}, \cdot)$ gezeigt. Da die Distributivgesetze in ganz
K, also insbesondere in M gelten, ist $(M, +, \cdot)$ ein Körper, und es folgt: $Q' = M$.

B   Den Isomorphismus $I : Q \longrightarrow Q'$ geben wir nun durch

$$I : Q \ni [a, b] \longmapsto j(a) \cdot (j(b))^{-1} \in Q'$$

an. Man überlegt sich leicht, daß I wohldefiniert und ein Homomorphismus zwischen den Körpern Q und Q' ist. Wir zeigen, daß I bijektiv ist. Ist $j(a) \cdot (j(b))^{-1} =$
$= j(c) \cdot (j(d))^{-1}$, so ist $j(a) \cdot j(d) = j(b) \cdot j(c)$, wegen der Homomorphieeigenschaft von j also $j(a \cdot d) = j(b \cdot c)$ und $j(a \cdot d - b \cdot c) = 0$, also $a \cdot d = b \cdot c$, und hieraus folgt $[a, b] = [c, d]$. I ist also injektiv. Zum Beweis der Surjektivität von I ist nur zu beachten, daß das Urbild eines $j(a) \cdot (j(b))^{-1} \in Q'$ durch die Klasse $[a, b]$ gegeben ist. Damit ist auch die Aussage unter (iii) bewiesen. ∎

Wir überführen unsere oben betrachtete Gleichung vom Typ $a \cdot x = b$ in den Quotientenkörper Q von R. Sie nimmt dann die Gestalt

$$[a, 1] \cdot x = [b, 1] \quad \text{mit } a, b \in R \text{ und } a \neq 0$$

an und wird nun durch $x = [b, a]$ offensichtlich gelöst. Die bisher noch benutzte umständliche „Paar-Klassen-Schreibweise" wollen wir nun ersetzen durch die auch vom Rechnen mit rationalen Zahlen geläufige Quotientenschreibweise. Die Klasse $[a, b]$ mit $b \neq 0$ bezeichnen wir in Zukunft einfach mit $\dfrac{a}{b}$; man beachte, daß man hierfür auch $a \cdot b^{-1}$ schreiben kann, wenn man den Ring R nach Q eingebettet denkt.

Damit können wir die Elemente von Quotientenkörpern künftig wie in den folgenden Beispielen schreiben.

5.33 Beispiele

1. Ist $R = \mathbf{Z}$, so ist $Q = \mathbf{Q} = \left\{\dfrac{a}{b} : a, b \in \mathbf{Z} \text{ und } b \neq 0\right\}$, also die Menge aller Kongruenzklassen von Brüchen der Form $\dfrac{a}{b}$, wobei zwei Brüche (Klassen!) $\dfrac{a}{b}$ und $\dfrac{c}{d}$ gleich sind genau dann, wenn $a \cdot d = b \cdot c$ gilt.

2. Ist R ein Integritätsring, so auch $R[X]$, der Polynomring über R. Wie wir oben gesehen haben, ist $R[X]$ jedoch kein Körper. Aber nach Satz 5.32 kann man $R[X]$ in seinen Quotientenkörper einbetten, der mit $R(X)$ bezeichnet wird und eine echte Obermenge von $R[X]$ ist. $R(X)$ besteht aus Brüchen der Form $\dfrac{f(X)}{g(X)}$ mit $g(X) \neq 0$, und $\dfrac{f(X)}{g(X)}$ und $\dfrac{h(X)}{k(X)}$ sind gleich genau dann, wenn $f(X) \cdot k(X) = g(X) \cdot h(X)$ im Polynomring $R[X]$ gilt. (Man beachte dabei, daß die Polynome hier nicht als Abbildungen aufzufassen sind, die R in sich abbilden.)

5.4.2 Teilbarkeit in Integritätsringen

Nachdem wir oben den bequemen Weg gegangen sind, die Existenz der Lösungen von Gleichungen des Typs $a \cdot x = b$, $a \neq 0$ durch Satz 5.32 in einem Oberkörper von R zu sichern, wollen wir uns nun der Frage zuwenden, unter welchen Bedingungen Lösungen im betrachteten Ring R selbst existieren. Dazu zunächst

5.34 Definition Es sei R ein Integritätsring und a, b $\in$ R. Existiert ein x $\in$ R mit
a $\cdot$ x = b, so sagt man, daß a das Element b teilt; a heißt entsprechend T e i l e r von b.
Man schreibt a $|$ b.

Wir werden im folgenden also die Teilbarkeitsverhältnisse in einem Integritätsring R
untersuchen. Es handelt sich dabei um eine Fragestellung der sogenannten Zahlentheorie; die Teilbarkeit ist dort ein zentraler Begriff. Ist R = **Z**, so werden die Untersuchungen über die Teilbarkeitseigenschaften ganzer Zahlen häufig unter dem Namen „Elementare Zahlentheorie" zusammengefaßt. Bekanntlich spielen darin die Primzahlen eine
besondere Rolle. Mit ihnen hängen Probleme zusammen, die zwar leicht formulierbar,
bis heute aber nicht gelöst sind. Als Beispiel dafür diene etwa die berühmte V e r m u -
t u n g v o n C h . G o l d b a c h (1690–1764), nach der jede gerade natürliche Zahl,
die größer oder gleich 6 ist, als Summe von zwei ungeraden Primzahlen darstellbar ist,
wie dies etwa für 6 = 3 + 3, 8 = 3 + 5 und 10 = 5 + 5 der Fall ist. Diese Vermutung ist
bis heute weder bewiesen noch widerlegt worden.

Wir wollen zunächst beim Integritätsring **Z** bleiben und daran erinnern, wie man dort
mit Rest dividieren kann. Sind a, b $\in$ **Z** vorgegeben und ist a $\neq$ 0, so existieren q, r $\in$ **Z**
mit

$$b = q \cdot a + r, \quad \text{wobei } 0 \leqslant |r| < |a|$$

gilt. Den Beweis für diese Aussage kann man durch vollständige Induktion führen. Eine
derartige Division mit Rest ist jedoch auch in anderen Ringen möglich. Wir erinnern dazu
an Aufgabe 5.29, in der der Grad eines Polynoms f(X) $\in$ R [X] definiert wurde, und geben durch den folgenden Satz weitere Beispiele von Ringen an, in denen man mit Rest
dividieren kann.

5.35 Satz Ist K ein Körper und K [X] der Polynomring in einer Unbestimmten über
K, so gibt es zu f(X), g(X) $\in$ K [X] mit g(X) $\neq$ 0 Polynome q(X) und r(X) mit

$$f(X) = q(X) \cdot g(X) + r(X),$$

wobei gilt, daß r(X) = 0 oder 0 $\leqslant$ Grad r(X) $<$ Grad g(X) ist. Die Polynome q(X) und
r(X) in der obigen Darstellung sind eindeutig bestimmt.

B e w e i s . Das Prinzip des folgenden Beweises ist aus der Schule bekannt; es ist nichts
anderes als das bekannte Verfahren, zwei Polynome mit Rest zu dividieren.
Ist f(X) = 0, so ist die Behauptung mit q(X) = r(X) = 0 sicher richtig.
Für Grad f(X) = 0 kann man q(X) = 0 und r(X) = f(X) wählen, falls Grad g(X) $>$ 0
ist; ist Grad g(X) = 0, so sind f(X), g(X) $\in$ K, und q(X) = f(X) $\cdot$ (g(X))$^{-1}$ sowie
r(X) = 0 liefern das Gewünschte.
Wir setzen nun voraus, daß die behauptete Aussage für Polynome f(X) mit Grad
f(X) $\leqslant$ m − 1 richtig sei und zeigen, daß sie auch für Polynome vom Grad m gültig ist:
Wenn der Grad von f(X) kleiner als der von g(X) ist, so ist nichts zu zeigen, weil man
dann einfach q(X) = 0 und r(X) = f(X) setzen kann. Wir nehmen also an, daß f(X) =
$= \sum\limits_{k=0}^{m} a_k \cdot X^k$ und g(X) $= \sum\limits_{\ell=0}^{n} b_\ell \cdot X^\ell$ ist, wobei $a_m \neq 0 \neq b_n$ und m $\geqslant$ n ist. Wir setzen

$f_1(X) = f(X) - a_m \cdot b_n^{-1} \cdot X^{m-n} \cdot g(X)$; dann ist offenbar Grad $f_1(X) \leqslant m - 1$. Nach Induktionsvoraussetzung ist $f_1(X) = q_1(X) \cdot g(X) + r(X)$, wobei $r(X) = 0$ oder Grad $r(X) <$ Grad $g(X)$ ist. Unter Benutzung dieser Darstellung folgt:

$$f(X) - a_m \cdot b_n^{-1} \cdot X^{m-n} \cdot g(X) = q_1(X) \cdot g(X) + r(X),$$

bzw. $f(X) = a_m \cdot b_n^{-1} \cdot X^{m-n} + q_1(X) \cdot g(X) + r(X).$

$q(X) =_{Df} a_m \cdot b_n^{-1} \cdot X^{m-n} + q_1(X)$ und $r(X)$ sind nun die gesuchten Polynome.
Im letzten Schritt zeigen wir, daß $q(X)$ und $r(X)$ eindeutig bestimmt sind. Dazu nehmen wir an, daß eine weitere Darstellung $f(X) = \widetilde{q}(X) \cdot g(X) + \widetilde{r}(X)$ existiere, in der $\widetilde{r}(X) = 0$ oder Grad $\widetilde{r}(X) <$ Grad $g(X)$ sei. Wir subtrahieren beide Darstellungen und erhalten $0 = [q(X) - \widetilde{q}(X)] \cdot g(X) + [r(X) - \widetilde{r}(X)]$. Wir nehmen an, daß $q(X) - \widetilde{q}(X) \neq 0$ ist. Dann ist nach Übung 5.29 Grad $(q(X) - \widetilde{q}(X)) \cdot g(X) =$
$=$ Grad $(q(X) - \widetilde{q}(X)) +$ Grad $g(X) \geqslant$ Grad $g(X)$. Damit ist notwendig auch
Grad $(r(X) - \widetilde{r}(X)) \geqslant$ Grad $g(X)$. Andererseits sind $r(X)$ und $\widetilde{r}(X)$ Polynome, die entwede gleich 0 sind oder aber einen Grad haben, der kleiner als Grad $g(X)$ ist. Nach Übung 5.29(i) ist dann auch der Grad der Differenz $r(X) - \widetilde{r}(X)$ kleiner als Grad $g(X)$, und dies liefert einen Widerspruch. Also ist notwendig $q(X) = \widetilde{q}(X)$, und dies impliziert die Gleichung $r(X) = \widetilde{r}(X)$. Hieraus folgt die behauptete Eindeutigkeit. ∎

Das im Beweis von Satz 5.35 beschriebene Verfahren, zwei Polynome mit Rest durcheinander zu dividieren, liefert zum Beispiel für den Fall $K = \mathbf{Q}$, $f(X) = \frac{1}{4} X^4 + \frac{1}{3} X^3 + \frac{1}{2} X^2 + X + 1$ sowie $g(X) = \frac{1}{4} X^3 + \frac{1}{3} X^2 + \frac{1}{2} X + 1$ die Darstellung
$f(X) = X \cdot g(X) + 1$. Diese Zerlegung ist die einzig mögliche mit $r(X) = 0$ oder Grad $r(X) <$ Grad $g(X)$, wie durch die Eindeutigkeitsaussage in Satz 5.35 sichergestellt wird.
Das oben kurz diskutierte Beipiel $\mathbf{Z}$ und die im letzten Satz behandelten Ringe $K[X]$ lassen es als sinnvoll erscheinen, Ringe, in denen eine Division mit Rest möglich ist, besonders auszuzeichnen. Wir tun dies in der nächsten Definition.

5.36 Definition Es sei R ein Integritätsring. R heißt e u k l i d i s c h e r R i n g , wenn eine Abbildung $w : R \backslash \{0\} \longrightarrow \mathbf{N} \cup \{0\}$ existiert, so daß gilt: Sind $a, b \in R$ mit $b \neq 0$, so existieren $q, r \in R$ mit $a = q \cdot b + r$, wobei entweder $r = 0$ gilt oder $0 \leqslant w(r) < w(b)$ ist.

5.37 Beispiele 1. $R = \mathbf{Z}$, $w : \mathbf{Z} \backslash \{0\} \longrightarrow \mathbf{N}_0$ mit $w(z) =_{Df} |z|$.

2. Ist K ein Körper, so ist $K[X]$ ein euklidischer Ring, wenn man $w : K[X] \backslash \{0\} \longrightarrow \mathbf{N}_0$ durch $w(f(X)) =_{Df}$ Grad $f(X)$ definiert.

In euklidischen Ringen kann unsere Frage nach der Teilbarkeit von zwei Elementen also – wenn man so will, unvollkommen – dadurch beantwortet werden, daß man mit Rest dividiert; daß eine Division ohne Rest möglich ist, darf man natürlich nicht erwarten. Dies zeigen die Beispiele $15 = 2 \cdot 7 + 1$ und $X^2 + 1 = X \cdot X + 1$ mit $X^2 + 1 \in K[X]$.

Übungen   **B**

5.37 Im Polynomring $\mathbf{Q}[X]$ dividiere man mit Rest

$$X^7 + 4 \cdot X^5 - 2 \cdot X^2 + 1 \quad \text{durch} \quad X^3 - X + 1,$$
$$X^4 + X^3 + X^2 + X + 1 \quad \text{durch} \quad X^2 + 1,$$
$$X^3 + 4 \cdot X^2 + 1 \quad \text{durch} \quad X^4 + 2,$$
$$X^8 + 2 \cdot X^6 - 4 \quad \text{durch} \quad X^3 - 1.$$

5.38 Es existiert eine komplexe Zahl i für die $i^2 = -1$ gilt. Es sei
$\mathbf{Z}[i] =_{\text{Df}} \{z \in \mathbf{C} : z = a + b \cdot i; a, b \in \mathbf{Z}\}.$
Man zeige: $\mathbf{Z}[i]$ ist mit den in $\mathbf{C}$ definierten Verknüpfungen + und · ein Ring. $\mathbf{Z}[i]$ ist
ein euklidischer Ring, wenn man $w : \mathbf{Z}[i]\backslash\{0\} \longrightarrow \mathbf{N_0}$ durch $w(a + b \cdot i) =_{\text{Df}} a^2 + b^2$
definiert.
(A n l e i t u n g zum Beweis der Aussage, daß der betrachtete Ring euklidisch ist:
Man fasse u, $v \in \mathbf{Z}[i]$ als komplexe Zahlen auf und zeige, daß für $v \neq 0$ das Produkt
$u \cdot v^{-1}$ die Form $s + t \cdot i$ mit s, $t \in \mathbf{Q}$ hat. Man wähle als x und y diejenigen ganzen
Zahlen, die am dichtesten bei s bzw. t liegen und setze $q =_{\text{Df}} x + y \cdot i$. Sodann berechne
man r, zeige, daß r = 0 gilt oder daß $w(r) = w(v) \cdot [(s - x)^2 + (t - y)^2]$ ist und leite
hieraus die Ungleichung $w(r) < w(v)$ her.)

5.39 Für $d \in \mathbf{Z}$ sei $\mathbf{Z}[\sqrt{d}] =_{\text{Df}} \{z \in \mathbf{C} : z = a + b \cdot \sqrt{d}; a, b \in \mathbf{Z}\}.$
Man zeige: $\mathbf{Z}[\sqrt{d}]$ ist mit den in $\mathbf{C}$ definierten Verknüpfungen + und · ein Ring. $\mathbf{Z}[\sqrt{d}]$
ist für d = 2 und d = 3 ein euklidischer Ring, wenn man $w : \mathbf{Z}[\sqrt{d}]\backslash\{0\} \longrightarrow \mathbf{N_0}$ durch
$w(a + b \cdot \sqrt{d}) =_{\text{Df}} |a^2 - d \cdot b^2|$ definiert.
(A n l e i t u n g : Beim Beweis, daß $\mathbf{Z}[\sqrt{2}]$ und $\mathbf{Z}[\sqrt{3}]$ euklisch sind, verfahre man
ähnlich wie in Übung 5.38, indem man $q =_{\text{Df}} x + y \cdot \sqrt{d}$ setzt und dann wie oben auf
r = 0 oder $w(r) = w(v) \cdot |(s - x)^2 - (t - y)^2 \cdot d| < w(v)$ schließt.)

Wir wollen im folgenden die Ideale euklidischer Ringe näher untersuchen, um damit
später Aussagen zu unserem eingangs angeschnittenen Problem der Teilbarkeit zu erhalten. Wir benötigen dazu noch einige Aussagen und Begriffe, die wir im folgenden zusammenstellen.

5.38 **Satz** Es sei R ein Ring und $\{A_i\}_{i \in I}$ eine nichtleere Menge von Idealen von R.
Dann ist der Durchschnitt $\underset{i \in I}{\cap} \{A_i\}$ ebenfalls ein Ideal von R.

B e w e i s . Alle A_i sind additive Untergruppen von R und damit auch ihr Durchschnitt.
Ist $r \in R$ beliebig, so sind für alle $i \in I$ die Inklusionen $r \cdot A_i \subset A_i$ und $A_i \cdot r \subset A_i$ richtig,
also gilt

$$r \cdot \underset{i \in I}{\cap} A_i \subset \underset{i \in I}{\cap} r \cdot A_i \subset \underset{i \in I}{\cap} A_i \quad \text{und} \quad (\underset{i \in I}{\cap} A_i) \cdot r \subset \underset{i \in I}{\cap} A_i;$$

der Durchschnitt der A_i ist also ein Ideal. ∎

5.39 **Definition** Es sei T eine Teilmenge des Ringes R. Das kleinste Ideal, das T enthält
(also den Durchschnitt aller Ideale, die T enthalten), bezeichnen wir mit (T) und nennen
(T) d a s v o n T e r z e u g t e I d e a l . Ist T = $\{a\}$ mit $a \in R$, so sei (a) $=_{\text{Df}} (\{a\})$.

Da der Ring R ein Ideal ist, ist (T) stets definiert; die folgende Aussage gibt für kommutative Ringe Auskunft über die Gestalt von (T).

B   **Übung 5.40** Man zeige: Ist R ein kommutativer Ring und $T \subset R, T \neq \emptyset$, so ist

$$(T) = \left\{ \sum_{i=1}^{n} r_i \cdot t_i + \sum_{i=1}^{n} k_i \cdot s_i : r_i \in R, t_i, s_i \in T, k_i \in \mathbf{Z}, n \in \mathbf{N} \right\}.$$

Ist $T = \{a\}$, so ist $(a) = \{r \cdot a + k \cdot a : r \in R, k \in \mathbf{Z}\}$.
Besitzt der Ring darüber hinaus ein Einselement, so ist

$$(T) = \left\{ \sum_{i=1}^{n} r_i \cdot t_i : r_i \in R, t_i \in T, n \in \mathbf{N} \right\} \quad \text{und} \quad (a) = \{r \cdot a : r \in R\}.$$

Eine Aussage über die Gestalt der Ideale euklidischer Ringe macht der folgende

5.40 Satz Es sei E ein euklidischer Ring mit der Abbildung $w : R\backslash\{0\} \longrightarrow \mathbf{N} \cup \{0\}$ und I ein Ideal von E. Dann existiert ein $a \in E$ mit $I = (a)$; I wird also von einem Element erzeugt.

B e w e i s . Ist $I = (0) = \{0\}$, so sind wir fertig. Ist $I \neq \{0\}$, so betrachte man $N =_{Df} \{w(s) \in \mathbf{N}_0 : s \in I\backslash\{0\}\}$. Die Menge N besitzt ein kleinstes Element $w(a)$ mit $a \in I\backslash\{0\}$. Nun wählen wir $b \in I$ beliebig und dividieren b in E mit Rest durch a. Es ergibt sich $b = q \cdot a + r$ mit $q, r \in E$ und $r = 0$ oder $w(r) < w(a)$. Andererseits ist $b - q \cdot a = r \in I$, denn b und a liegen in I.
Es ist $r = 0$ oder $w(r) < w(a)$. Wegen der Minimalität von $w(a)$ kann der zweite Fall nicht eintreten, so daß $b - q \cdot a = 0$ bzw. $b = q \cdot a$ gilt. Damit liegt b in dem von a erzeugten Ideal von E, und es folgt $I \subset (a)$. Wegen $a \in I$ folgt auch $(a) \subset I$, und dies liefert die behauptete Gleichheit $I = (a)$. ∎

Wir wollen uns an Beispielen klarmachen, wie der Beweis in den Ringen $\mathbf{Z}$ und $K[X]$ erfolgt wäre. Ist $I \neq \{0\}$ ein Ideal in $\mathbf{Z}$, so ist nach Beispiel 5.37 ein $z \in I, z \neq 0$, mit minimalem Betrag zu wählen, das aufgrund des Beweises von Satz 5.40 dann das Ideal erzeugt. Das aus allen ganzen Zahlen der Menge $\{0, \pm 5, \pm 10, \dots\}$ bestehende Ideal wird also von 5 oder -5 erzeugt.

Ist I ein vom Nullideal verschiedenes Ideal in $K[X]$, so ist ein $f(X) \neq 0$ mit minimalem Grad erzeugendes Element von I. Als Beispiel betrachten wir etwa in $K[X]$ das Ideal $(X^2 + 1, X^3 + 1)$. Wegen $X^3 + 1 = X \cdot (X^2 + 1) + (-X + 1)$ ist $X - 1 \in I$, wegen $X^2 + 1 = = (X + 1) \cdot (X - 1) + (1 + 1)$ gilt auch $(1 + 1) \in I$, und da K ein Körper ist, folgt $1 \in I$. Damit ergibt sich $(X^2 + 1, X^3 + 1) = (1) = K[X]$. (Wir haben dabei stillschweigend vorausgesetzt, daß $1 + 1 \neq 0$, also $\chi(K) \neq 2$ ist.)

Mit Satz 5.40 ist sichergestellt, daß jedes Ideal etwa der Ringe $\mathbf{Z}$ und $K[X]$, wobei K ein Körper ist, von nur einem Element erzeugt wird. Da die euklidischen Ringe nicht die einzigen Ringe sind, denen diese Eigenschaft zukommt, ist dieser größeren Klasse von Ringen ein besonderer Name gegeben worden.

5.41 Definition Es sei R ein Integritätsring. Wird jedes Ideal von R von einem Element erzeugt, so heißt R H a u p t i d e a l r i n g .

Alle euklidischen Ringe sind also Hauptidealringe, in denen sich sofort die Frage stellt, welche Gestalt das ein beliebiges Ideal I erzeugende Element a hat. Eine teilweise Antwort darauf ist möglich im Anschluß an

5.42 Definition Es seien H ein Hauptidealring und $\emptyset \neq M \subset H$. Als g r ö ß t e n g e m e i n s a m e n Teiler (ggT) von M bezeichnen wir ein Element $t \in H$ mit den Eigenschaften

(i) $t \mid m$ für alle $m \in M$ und

(ii) Gilt für $t' \in H$ anstelle von t die Eigenschaft (i), so folgt $t' \mid t$.

5.43 Satz Es seien H ein Hauptidealring und $M \subset H$ mit $M \neq \emptyset$. Dann existiert ein ggT t von M, und es gilt $(M) = (t)$. Ist umgekehrt $(M) = (t)$, so ist t ein ggT von M.

B e w e i s . Sei $M \subset H$ und $M \neq \emptyset$. Wir betrachten (M). Da H nach Voraussetzung ein Hauptidealring ist, existiert ein $t \in H$ mit $(M) = (t)$. Wir haben zu zeigen, daß t ein ggT von M ist. Zunächst teilt t jedes $m \in M$. Da H ein Einselement besitzt, ist nach Übung 5.40 $(t) = \{r \cdot t: r \in H\}$; jedes Element $m \in M$ ist also in der Form $m = r_m \cdot t$ mit $r_m \in R$ darstellbar. Ist weiter $t' \in H$ mit $t' \mid m$ für alle $m \in M$, existiert also für alle $m \in M$ ein r_m mit $m = t' \cdot r_m$, so ist $(M) \subset (t')$, also $(t) \subset (t')$, d. h. $t \in (t')$ oder $t = t' \cdot r$ mit geeignetem $r \in H$, und das heißt: $t' \mid t$. t ist also ein ggT von M.

Ist umgekehrt $(M) = (t)$, so teilt t alle $m \in M$. Hat ein Element $t' \in H$ ebenfalls diese Eigenschaft, so gilt insbesondere $t' \mid t$, also ist t ein ggT von M. ∎

B e m e r k u n g . Da nach Satz 5.43 für den ggT t einer Teilmenge $M \neq \emptyset$ eines Hauptidealringes H gilt, daß $(M) = (t)$ ist, folgt: Ist t der ggT von M, so existieren ein $n \in \mathbb{N}$, Ringelemente $h_1, \ldots, h_n$ und $m_1, \ldots, m_n \in M$, so daß

$$t = h_1 \cdot m_1 + \ldots + h_n \cdot m_n$$

gilt. Man beachte, daß diese Darstellung nach Übung 5.40 möglich ist, da der Ring H ein Einselement besitzt. Insbesondere besitzt der ggT von zwei Elemente m_1 und m_2 die Darstellung

$$t = h_1 \cdot m_1 + h_2 \cdot m_2.$$

Die Frage danach, wie dieser ggT in konkreten Fällen zu bestimmen ist, beantwortet für euklidische Ringe, die ja Hauptidealringe sind, der folgende Satz über den E u k l i d i s c h e n   A l g o r i t h m u s , den wir in den Beispielen nach Satz 5.40 bereits verwendet haben.

5.44 Satz Es seien E ein euklidischer Ring und $a, b \in E$ mit $a \neq 0 \neq b$. Das Verfahren

$$a = q_1 \cdot b + r_1 \quad \text{mit } r_1 = 0 \text{ oder } w(r_1) < w(b)$$
$$b = q_2 \cdot r_1 + r_2 \quad \text{mit } r_2 = 0 \text{ oder } w(r_2) < w(r_1)$$
$$r_1 = q_3 \cdot r_2 + r_3 \quad \text{mit } r_3 = 0 \text{ oder } w(r_3) < w(r_2)$$
$$\vdots$$

bricht nach endlich vielen Schritten mit

$$r_{n-2} = q_n \cdot r_{n-1} + r_n \quad \text{mit } r_n = 0 \text{ oder } w(r_n) < w(r_{n-1})$$
$$r_{n-1} = q_{n+1} \cdot r_n + 0$$

B ab, und r_n ist ein ggT von a und b.

(Wir setzen $r_{-1} =_{Df} a$ und $r_0 =_{Df} b$.)

B e w e i s . Nach Definition des euklidischen Ringes ist eine Darstellung der Form

$$a = q_1 \cdot b + r_1 \quad \text{mit } r_1 = 0 \text{ oder } w(r_1) < w(b)$$

sicher möglich. Ist $r_1 = 0$, so sind wir fertig. Ist $r_1 \neq 0$, so existieren wieder $q_2, r_2 \in E$ mit

$$b = q_2 \cdot r_1 + r_2 \quad \text{mit } r_2 = 0 \text{ oder } w(r_2) < w(r_1).$$

Fahren wir auf diese Weise fort, muß auf jeden Fall einer der Reste r_i gleich 0 werden, da sich andernfalls eine strikt monoton fallende Folge natürlicher Zahlen $w(r_i)$ ergäbe. So eine Folge gibt es aber nicht. Also existiert ein $n \in \mathbf{N}$, so daß im oben beschriebenen Prozeß eine Gleichung der Form $r_{n-1} = q_{n+1} \cdot r_n + 0$ eintritt.

Wir behaupten nun, daß r_n ein ggT von a und b ist; nach Satz 5.43 ist dies gleichbedeutend damit, daß $(r_n) = (\{a, b\}) = \{r \cdot a + s \cdot b : r, s \in E\}$ ist. Ist $r \cdot a + s \cdot b \in (\{a, b\})$, so ist nach Division mit Rest von a durch b zunächst $r \cdot a + s \cdot b = (r \cdot q_1 + s) \cdot b + r \cdot r_1$. Division von b durch r_1 liefert uns $(r \cdot q_1 + s) \cdot (q_2 \cdot r_1 + r_2) + r \cdot r_1 =$
$= [(r \cdot q_1 + s) \cdot q_2 + r] \cdot r_1 + (r \cdot q_1 + s) \cdot r_2$.
Für $i \geq 1$ dividiert man r_i mit Rest durch r_{i+1}; die durch den Euklidischen Algorithmus gelieferten Darstellungen für r_i liefern schließlich die Gleichung $r \cdot a + s \cdot b = r' \cdot r_n$ mit $r' \in E$, d. h. $r \cdot a + s \cdot b \in (r_n)$.

Umgekehrt ist $r_n = r_{n-2} - q_n \cdot r_{n-1} = r_{n-2} - q_n \cdot (r_{n-3} - q_{n-1} \cdot r_{n-2}) =$
$= -q_n \cdot r_{n-3} + (1 + q_n \cdot q_{n-1}) \cdot r_{n-2}$.
Das angedeutete Verfahren der Darstellung von Resten r_i durch r_{i-2} und r_{i-1} (der oben beschriebene Algorithmus liefert die benötigten Ausdrücke) endet nach endlich vielen Schritten mit der Gleichung.

$$r_n = r \cdot r_{-1} + s \cdot r_0 = r \cdot a + s \cdot b \quad \text{mit } r, s \in E,$$

d. h. $r_n \in (\{a, b\})$ oder $(r_n) \subseteq (\{a, b\})$, so daß insgesamt $(r_n) = (\{a, b\})$ folgt. ∎

Wir wollen die in Satz 5.44 dargestellte Verfahrensweise zur Bestimmung eines ggT im folgenden illustrieren.

5.45 Beispiele

1. Im euklidischen Ring $\mathbf{Z}$ kann man den ggT von 732 und 846 wie folgt bestimmen: Es ist

$$846 = 1 \cdot 732 + 114$$
$$732 = 6 \cdot 114 + 48$$
$$114 = 2 \cdot 48 + 18$$
$$48 = 2 \cdot 18 + 12$$
$$18 = 1 \cdot 12 + 6$$

und $\quad 12 = 2 \cdot \underline{6} \quad .$

Also ist 6 ein ggT von 732 und 846.

2. Im Ring $\mathbf{Q}[X]$ geht man bei der Berechnung des ggT von $f(X) =$
$= X^4 + X^3 + X^2 + X$ und $g(X) = X^3 + X + 1$ analog vor:

Es ist $\quad X^4 + X^3 + X^2 + X = (X + 1) \cdot (X^3 + X + 1) + (-X - 1)$

$$X^3 + X + 1 = (-X^2 + X - 2) \cdot (-X - 1) + (-1)$$

$$-X - 1 = (X + 1) \cdot (-1) + 0$$

Ein ggT von f und g ist also -1.

Beispiel 5.45.2 zeigt, daß -1 ein ggT von f und g ist. Offenbar ist dies auch für 1 der Fall. Es ist $(-1) \cdot (-1) = 1$, und -1 ist eine Einheit in E. Dies gilt in beliebigen Ringen, die ein von 0 verschiedenes Einselement besitzen, und wir wollen die Relation, in der zwei Elemente stehen, wenn sie sich nur durch eine Einheit unterscheiden, durch einen besonderen Namen kennzeichnen.

5.46 Definition Es seien R ein Ring mit Eins und a, $b \in R$. a und b heißen a s s o z i i e r t $(a \sim b)$, wenn es eine Einheit $e \in R$ gibt mit $a \cdot e = b$.

Die folgende Übung zeigt, daß die zueinander assoziierten Elemente Äquivalenzklassen bilden.

Übung 5.41 Man beweise: $\sim$ ist eine Äquivalenzrelation auf R, und die Äquivalenzklasse der 1 ist R^*, d. h. die Menge der Einheiten von R.

Mit dem so geprägten Begriff ist es möglich zu klären, in welcher Beziehung größte gemeinsame Teiler einer Teilmenge M eines Hauptidealringes H zueinander stehen.

5.47 Satz Es seien H ein Hauptidealring, M eine nichtleere Teilmenge von H und t_1 und t_2 ggT von M. Dann sind t_1 und t_2 assoziiert zueinander; größte gemeinsame Teiler sind also bis auf Einheiten eindeutig bestimmt.

B e w e i s . Es sei o.B.d.A. $(M) \neq (0)$. Es gilt $t_1 = s \cdot t_2$ und $t_2 = r \cdot t_1$ mit r, $s \in H$. Also ist $t_1 = (s \cdot r) \cdot t_1$, und aus Regularitätsgründen folgt $r \cdot s = 1$; r und s sind also Einheiten, und t_1 und t_2 sind assoziiert zueinander. ∎

Größte gemeinsame Teiler unterscheiden sich also nur durch Einheiten voneinander; ist umgekehrt t_1 ein ggT einer nichtleeren Menge M, so natürlich auch jedes zu t_1 assoziierte Element t_2 von M.

Die gleiche Aussage gilt auch für das k l e i n s t e g e m e i n s a m e V i e l f a c h e (kgV) einer nicht-leeren Teilmenge M eines Integritätsringes I (sofern ein solches existiert). Ein Element $v \in I$ heißt V i e l f a c h e s von M, wenn gilt: $m \mid v$ für alle $m \in M$. k heißt k l e i n s t e s g e m e i n s a m e s V i e l f a c h e s , wenn k Vielfaches von M ist und für jedes Vielfache v von M gilt: $k \mid v$.

Wir haben oben eine Methode kennengelernt, in einem euklidischen Ring E durch einen geeigneten Algorithmus den ggT von zwei Elementen a, $b \in E$ zu ermitteln. Für den Fall $E = \mathbf{Z}$ ist aus der Schule ein weiteres Verfahren bekannt, das auf dem sogenannten Hauptsatz der elementaren Zahlentheorie basiert, den wir im folgenden zitieren:

B

„Jede von 1 verschiedene natürliche Zahl ist Produkt von Primzahlen. Die Faktoren dieser Primfaktorzerlegung sind bis auf die Reihenfolge eindeutig bestimmt."

Um den ggT zweier natürlicher Zahlen zu bestimmen, geht man so vor, daß man alle Primfaktoren p_i ermittelt, die in den Zerlegungen beider Zahlen auftreten und zusätzlich maximale natürliche Zahlen n_i so bestimmt, daß $p_i^{n_i}$ beide vorgegebenen Zahlen teilt. Das Produkt über alle Zahlen $p_i^{n_i}$ ist dann (der in $\mathbf{N}$ eindeutig bestimmte) ggT. Im Prinzip genauso geht man vor, wenn man den ggT zweier ganzer Zahlen ermitteln will; hier ist nur auf das Vorzeichen zu achten. Wir wollen im folgenden darlegen, daß die dabei benötigte Darstellung als Produkt gewisser ausgezeichneter Elemente auch in Hauptidealringen möglich ist und treffen zunächst

5.48 Definition Es seien R ein Integritätsring und a, b $\in$ R. a heißt e c h t e r T e i l e r von b genau dann, wenn gilt:

(i) a | b.

(ii) a $\notin$ R*.

(iii) a $\not\sim$ b (a ist nicht assoziiert zu b).

5.49 Definition Das Element b des Integritätsrings R heißt u n z e r l e g b a r oder i r r e d u z i b e l genau dann, wenn gilt:
(i) b $\notin$ R* $\cup$ {0}. (ii) Es existiert kein echter Teiler von b.
Ein Element c $\in$ R heißt z e r l e g b a r oder r e d u z i b e l genau dann, wenn gilt:
(iii) c $\notin$ R* $\cup$ {0} . (iv) Es existiert ein echter Teiler a von c.

Mit diesen Definitionen ergibt sich die Aussage von

5.50 Satz In einem Hauptidealring H ist jedes Element r $\notin$ R* $\cup$ {0} Produkt unzerlegbarer Elemente.

B e w e i s . Wir gehen davon aus, daß ein solches r überhaupt existiert; andernfalls ist die Aussage ohnehin wahr. Ist r unzerlegbar, so sind wir fertig. Wir können also davon ausgehen, daß das Element r zerlegbar ist und nehmen an, es sei nicht das (endliche) Produkt unzerlegbarer Elemente. Dann existieren Elemente d_1, d_2 $\notin$ R* $\cup$ {0} mit $r = d_1 \cdot d_2$. Wenigstens eins dieser Elemente ist nicht das Produkt von unzerlegbaren Elementen; andernfalls wäre auch r ein solches im Widerspruch zu obiger Annahme. Es sei etwa d_2 dieses Element. Dann ist insbesondere d_2 nicht selbst unzerlegbar; es existieren also d_3, d_4 $\notin$ R* $\cup$ {0}, so daß $d_2 = d_3 \cdot d_4$ gilt. Aus den gleichen Gründen wie oben kann eins dieser Elemente — wir nehmen an, dies sei d_4 — nicht unzerlegbar sein. Führt man das oben begonnene Verfahren zur Darstellung von r weiter, und nimmt man dabei jeweils an, daß (mindestens) das Element d_{2n+2} in einer Zerlegung der Form $d_{2n} = d_{2n+1} \cdot d_{2n+2}$ nicht als Produkt unzerlegbarer Elemente darstellbar sei, so kann der Prozeß nicht abbrechen, da dies einen Widerspruch zur vorausgesetzten Nichtdarstellbarkeit des Elements d_{2n} bedeutete.

Die von r und d_{2n}, $n \in \mathbf{N}$, erzeugten Ideale bilden wegen $r = d_1 \cdot d_2$, also $r \in (d_2)$, also $(r) \subset (d_2)$ und $d_{2n} = d_{2n+1} \cdot d_{2(n+1)}$, also $(d_{2n}) \subset (d_{2(n+1)})$ eine aufsteigende Kette von Idealen, die nicht abbricht:

$$(r) \subset (d_2) \subset \ldots \subset (d_{2n}) \subset (d_{2n+2}) \subset \ldots$$

B

Wir überlegen uns, daß beim Inklusionszeichen nie die Gleichheit gelten kann. Denn wäre für ein $n \in \mathbf{N}$ etwa $(d_{2n}) = (d_{2(n+1)})$, also $d_{2(n+1)} = h \cdot d_{2n}$ mit $h \in H$, so ergäbe sich wegen $d_{2n} = d_{2n+1} \cdot d_{2n+2}$ die Gleichung

$$d_{2n} = (d_{2n+1} \cdot h) \cdot d_{2n},$$

aus der wegen $d_{2n} \neq 0$ sofort die Gleichung $d_{2n+1} \cdot h = 1$, also $d_{2n+1} \in R^*$ folgt im Widerspruch zum obigen Vorgehen. Die Idealkette hat also die Gestalt

$$(r) \subsetneq (d_2) \subsetneq \ldots \subsetneq (d_{2n}) \subsetneq (d_{2n+1}) \subsetneq \ldots$$

Wir betrachten $I =_{Df} \bigcup_{i \in \mathbf{N}} (d_{2i})$.

Nach Übung 4.40 ist I ein Ideal in H, also ein Hauptideal: Es existiert ein $a \in H$ mit $I = (a)$. Wegen $a \in I$ gilt: Es existiert ein n_0 mit $a \in (d_{2n_0})$. Also folgt

$$I = \bigcup_{i \in \mathbf{N}} (d_{2i}) = (a) \subset (d_{2n_0})$$

im Widerspruch dazu, daß nach obiger Überlegung $(d_{2n_0}) \subsetneq (d_{2(n_0+1)})$ gilt. Also muß r das endliche Produkt unzerlegbarer Elemente sein. ∎

In Analogie zu den Zerlegungsmöglichkeiten im Ring $\mathbf{Z}$ gilt in Hauptidealringen auch der

5.51 Satz In einem Hauptidealring H ist die Darstellung eines Elements $r \notin R^* \cup \{0\}$ als Produkt unzerlegbarer Elemente bis auf Permutationen der Faktoren und Einheiten $e_1, \ldots, e_k$ als Faktoren eindeutig bestimmt.

B e w e i s . Es sei $r = a_1 \cdot \ldots \cdot a_k = b_1 \cdot \ldots \cdot b_\ell$. Dabei seien die a_i und die b_j unzerlegbar. Wir betrachten a_1 und b_1. a_1 und b_1 können einerseits assoziiert sein. Sind sie dies nicht, so impliziert die vorausgesetzte Unzerlegbarkeit, daß 1 ein ggT von a_1 und b_1 ist. In diesem Fall ist $(1) = (\{a_1, b_1\})$; es existieren also $s, t \in H$ mit $1 = s \cdot a_1 + t \cdot b_1$. Also ist

$$b_2 \cdot \ldots \cdot b_\ell = s \cdot a_1 \cdot b_2 \cdot \ldots \cdot b_\ell + t \cdot b_1 \cdot b_2 \cdot \ldots \cdot b_\ell$$
$$= s \cdot a_1 \cdot b_2 \cdot \ldots \cdot b_\ell + t \cdot a_1 \cdot a_2 \cdot \ldots \cdot a_k$$
$$= a_1 \cdot (s \cdot b_2 \cdot \ldots \cdot b_\ell + t \cdot a_2 \cdot \ldots \cdot a_k),$$

das heißt $a_1 \mid b_2 \cdot \ldots \cdot b_\ell$.

Nun kann wieder der Fall eintreten, daß $a_1 \sim b_2$ ist oder aber — und dies zeigt man wie oben — gilt, daß $a_1 \mid b_3 \cdot \ldots \cdot b_\ell$.

Fährt man auf diese Weise fort, so ergibt sich nach endlich vielen Schritten: Es existiert ein b_{j_1} mit $a_1 \sim b_{j_1}$. Wir numerieren die Elemente b_j so um, daß gilt: $a_1 \sim b_1$. Damit ist

$$a_1 \cdot a_2 \cdot \ldots \cdot a_k = e_1 \cdot a_1 \cdot b_2 \cdot \ldots \cdot b_\ell \text{ mit } e_1 \in R^*.$$

B Aus Regularitätsgründen folgt

$$a_2 \cdot \ldots \cdot a_k = e_1 \cdot b_2 \cdot \ldots \cdot b_\ell.$$

Wir betrachten analog zu obigem Vorgehen nun a_2 und b_2 und erhalten, daß $a_2 \sim b_2$ gilt oder aber a_2 das Produkt $b_3 \cdot \ldots \cdot b_\ell$ teilt.

Schließlich ergibt sich auf diese Weise: Es existiert ein b_{j_2} mit $a_2 \sim b_{j_2}$ oder $b_{j_2} = e_2 \cdot a_2$ mit $e_2 \in R^*$.

Das oben beschriebene Verfahren endet nach k Schritten (also ist $k = \ell$) und liefert eine bijektive Abbildung der Menge $\{\kappa: 1 \leqslant \kappa \leqslant k\}$ auf die Menge $\{\lambda: 1 \leqslant \lambda \leqslant \ell\}$ so, daß für zwei einander zugeordnete Elemente κ und λ die entsprechenden Ringelemente a_κ und b_λ assoziiert sind. ∎

Wie oben gezeigt wurde, gelten die Sätze 5.50 und 5.51 in Hauptidealringen. Es existiert eine Klasse von Ringen, die über die der Hauptidealringe hinausgeht, in denen diese Sätze aber auch gelten. Wir benennen sie in

5.52 Definition Es sei G ein Integritätsring. G heißt G a u ß s c h e r   R i n g oder Z P E - R i n g genau dann, wenn gilt:

(i) Jedes $r \notin G^* \cup \{0\}$ ist das Produkt unzerlegbarer Elemente $u_1, \ldots, u_k$.

(ii) Die Darstellung gemäß (i) ist bis auf eine Permutation der Faktoren und Einheiten $e_1, \ldots, e_k$ als Faktoren eindeutig bestimmt.

Den Zusammenhang mit der aus der Schule bekannten Begriffsbildung schafft die folgende Festlegung.

5.53 Definition Es sei G ein Gaußscher Ring. Das Element $p \in G$ heißt P r i m element genau dann, wenn p unzerlegbar ist in G.

Dies rechtfertigt auch die Bezeichnung ZPE-Ring, die eine Abkürzung für den Begriff „Zerlegung in Primelemente Eindeutig" darstellt. Mit der oben vorgenommenen Begriffsbildung ergibt sich die Formulierung von

5.54 Satz Es sei G ein Gaußscher Ring, und a, b seien Elemente von $G \backslash (G^* \cup \{0\})$. p sei ein Primelement. Gilt dann $p \,|\, a \cdot b$, so folgt $p \,|\, a$ oder $p \,|\, b$.

B e w e i s . Nach Voraussetzung ist mit $c \in G$ die Gleichung $p \cdot c = a \cdot b$ erfüllt. Wir zerlegen beide Seiten der Gleichung in Primfaktoren (Man beachte dabei, daß $a \cdot b \notin G^* \cup \{0\}$, also auch $c \notin G^* \cup \{0\}$ ist.). Man zerlegt nun nacheinander c, a und b — dies wird durch die untenstehenden Klammern angedeutet — und erhält die Gleichung

$$p \cdot (p_1 \cdot \ldots \cdot p_n) = (q_1 \cdot \ldots \cdot q_s) \cdot (q_{s+1} \cdot \ldots \cdot q_n).$$

Da G ein ZPE-Ring ist, existiert ein i mit $p \sim q_i$; q_i seinerseits ist Teiler von a oder b. Also gilt: $p \,|\, a$ oder $p \,|\, b$. ∎

Satz 5.54 stellt eine Verbindung zu dem aus der elementaren Zahlentheorie bekannten Satz her, daß eine Primzahl ein Produkt genau dann teilt, wenn sie einen der Faktoren teilt.

Wir kommen zu unserem eingangs formulierten Problem zurück, die Lösbarkeit von Gleichungen des Typs $a \cdot x = b$ im Integritätsring R zu untersuchen. Oben haben wir

die Gaußschen Ringe definiert, in denen die Elemente a und b — sofern es sich um von
Null verschiedene Nichteinheiten handelt — in Primelemente zerlegt werden können, so
daß bei Betrachtung derartiger Ringe die Gleichung die Gestalt

$$p_1 \cdot \ldots \cdot p_m \cdot x = q_1 \cdot \ldots \cdot q_n$$

annimmt, wobei $a = p_1 \cdot \ldots \cdot p_m$ und $b = q_1 \cdot \ldots \cdot q_n$ die nach Voraussetzung existie-
renden Zerlegungen von a und b seien. Eine Antwort auf die gestellte Frage gibt nun
der

5.55 Satz Es sei G ein Gaußscher Ring, und es seien a, b $\in$ G\(G* $\cup$ {0}). Eine Gleichung
des Typs a $\cdot$ x = b ist dann und nur dann mit x $\in$ G lösbar, wenn gilt: Sind $a = p_1 \cdot \ldots \cdot p_m$
und $b = q_1 \cdot \ldots \cdot q_n$ Primelementzerlegungen von a und b, so ist n $\geq$ m und es existieren $q_{i_1}, \ldots, q_{i_m}$ (wobei die i_j paarweise verschieden sind) mit $p_j \sim q_{i_j}$ für $1 \leq j \leq m$.

B e w e i s . Ist die Gleichung lösbar mit x $\in$ G, so stellen wir die Elemente a und b durch
ihre Primelementzerlegungen dar:

$$(p_1 \cdot \ldots \cdot p_m) \cdot x = q_1 \cdot \ldots \cdot q_n$$

Dabei ist x $\neq$ 0. Ist x $\in$ G*, gilt also a $\sim$ b, so ergibt sich n = m und bei geeigneter Umnu-
merierung etwa der q_j ergibt sich $p_i \sim q_i$ für $1 \leq i \leq m$. Ist x $\notin$ G*, so zerlegen wir auch
x in Primelemente, so daß die Gleichung die Form

$$(p_1 \cdot \ldots \cdot p_m) \cdot (p'_{m+1} \cdot \ldots \cdot p'_k) = q_1 \cdot \ldots \cdot q_n$$

annimmt. Da G ein Gaußscher Ring ist, ist k = n, also m $<$ n, und eine geeignete Nume-
rierung der q_i liefert insbesondere für die $p_i : p_i \sim q_i$ für $1 \leq i \leq m$.
Ist umgekehrt n $\geq$ m und o.B.d.A. $p_i \sim q_i$ für $1 \leq i \leq m$, so liefert im Fall m = n offenbar eine geeignete Einheit die Lösung x; im Fall m $<$ n kann $x =_{Df} p_{m+1} \cdot \ldots \cdot p_n \cdot e$
gesetzt werden, wobei e eine geeignete Einheit ist. ∎

B e m e r k u n g . Die einschränkende Voraussetzung a, b $\in$ G\(G* $\cup$ {0}) ist nur ge-
macht worden, um eine übersichtliche Formulierung von Satz 5.55 zu erhalten. Ist
a $\in$ G* und b beliebig in G gewählt, existiert also ein a' $\in$ G mit a $\cdot$ a' = 1, so ist offenbar a' $\cdot$ b eine Lösung. Ist hingegen a $\in$ G\(G* $\cup$ {0}) und b $\in$ G*, so existieren nie
Lösungen; gleiches gilt für den Fall a = 0 und b $\neq$ 0.

5.4.3 Ringe — Übersicht und Gegenbeispiele II

Die in Abschn. 5.4.2 eingeführten Strukturbegriffe gestatten es, das Diagramm in
Abschn. 4.3 in einem Zweig zu verfeinern. Wir gehen aus vom Ausschnitt in Fig. 26
und fügen die neuen Strukturen ein. Auch hier kann man Gegenbeispiele dafür angeben,
daß die im Diagramm tiefer stehenden Strukturen echte Spezialisierungen darstellen
(Fig. 27). Die erwähnten Gegenbeispiele sammeln wir in der folgenden Übersicht; die
in einem Kreis $\bigcirc$ angegebene Zahl verweist auf das entsprechende Beispiel. Nicht alle
Beweise für die unten gemachten Aussagen sind im Rahmen unserer Darstellung geführt
worden; wir verweisen auf die angegebene Literatur.

B ## 5.56 Beispielsammlung

① Die Integritätsringe $\mathbf{Z}\,[\sqrt{5}]$ und $\mathbf{Z}\,[\sqrt{-5}]$ (vgl. die Übungen 4.18 und 5.39 und [23]) sind keine Gaußschen Ringe.

② Ein Satz von C. F. G a u ß (1777 bis 1855) besagt, daß mit R auch R [X] ein Gaußscher Ring ist (vgl. dazu etwa H o r n f e c k [23], § 42.). Also ist mit $\mathbf{Z}$ auch $\mathbf{Z}$[X] ein Gaußscher Ring, in dem aber das von 2 und X erzeugte Ideal kein Hauptideal ist.

③ Die Menge $R =_{\mathrm{Df}} \left\{ \dfrac{n + m \cdot \sqrt{-19}}{2} \in \mathbf{C} \colon n, m \in \mathbf{Z} \text{ und } 2 \,|\, m - n \right\}$ bildet mit der

Addition und Multiplikation komplexer Zahlen als Verknüpfungen einen Hauptidealring, der kein euklidischer Ring ist. (vgl. H.-J. S c h n e i d e r [52]).

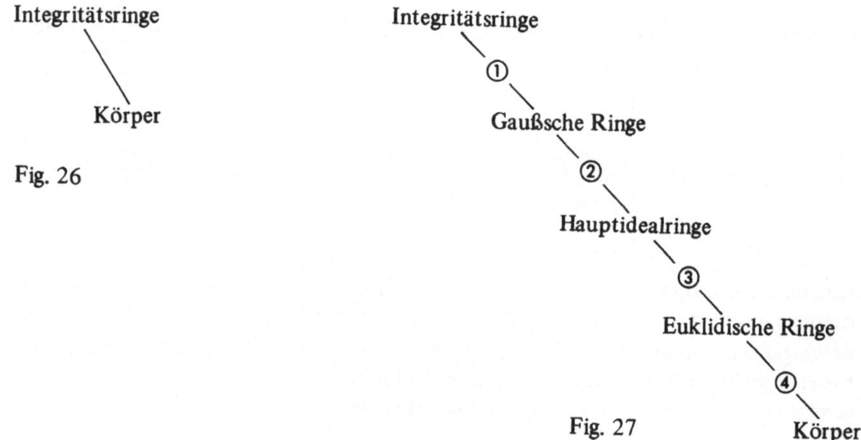

Fig. 26

Fig. 27

④ Ist K ein Körper, so ist K [X] ein euklidischer Ring, aber kein Körper (siehe Beispiel 5.28 und Beispiel 5.37.1). Gleiches gilt für den euklidischen Ring $(\mathbf{Z}, +, \cdot)$.

5.4.4 Das Lösen algebraischer Gleichungen höheren Grades

Wir wollen im folgenden einen kurzen Einblick in das Lösen algebraischer Gleichungen höheren Grades geben oder — was damit gleichbedeutend ist — die Nullstellen von Polynomen untersuchen. Die auf die Untersuchung solcher Fragestellungen spezialisierte mathematische Teildisziplin ist — insbesondere wenn es um Polynome in mehreren Veränderlichen geht — die sogenannte algebraische Geometrie. Kleine Einblicke in weiterführende Fragestellungen gibt der Abschnitt 6 dieses Buches. Wir können an dieser Stelle lediglich ein Minimalprogramm entwickeln, das einen theoretischen Hintergrund für das Lösen algebraischer Gleichungen höheren Grades liefert und auf unseren Aussagen über Polynomringe und die Teilbarkeit in Integritätsringen aufbaut.
Eine erste Information über die Anzahl der Nullstellen eines Polynoms liefert

B

5.57 Satz Es sei I ein Integritätsring und $f(X) \in I[X]\setminus\{0\}$ ein Polynom vom Grad n.
Dann hat $f(X)$ in I höchstens n Nullstellen.

Besitzt $f(X)$ in I genau die m verschiedenen Nullstellen $x_1, \ldots, x_m$ $(1 \leq m \leq n)$, so
existiert eine Darstellung der Form

$$f(X) = h(X) \cdot (X - x_1)^{k_1} \cdot \ldots \cdot (X - x_m)^{k_m},$$

wobei für $1 \leq i \leq m$ $k_i \in \mathbf{N}$ und $\sum_{i=1}^{m} k_i \leq n$ ist und $h(X) \in I[X]$ keine Nullstelle in I
besitzt.

B e w e i s . Besitzt $f(X)$ keine Nullstelle in I, so ist die obige Aussage richtig. Ist x_1
eine Nullstelle von $f(X)$, also Grad $f(X) \geq 1$, so betrachten wir das lineare Polynom
$X - x_1$ und beweisen durch vollständige Induktion nach $n = $ Grad $f(X)$, daß
$f(X) = h_1(X) \cdot (X - x_1)$ mit $h_1(X) \in I[X]$ gilt.

Für $n = 1$ ist $f(X) = a_1 X + a_2$ mit $a_1, a_2 \in I$; nach Voraussetzung ist $0 = a_1 x_1 + a_2$
oder $a_1 x_1 = -a_2$. Damit ist $f(X) = a_1 X - a_1 x_1 = a_1(X - x_1)$; hier kann also
$h_1(X) = a_1$ gesetzt werden.

Die Behauptung sei richtig für Polynome $f(X)$ vom Grad $\leq n - 1$. Wir behaupten, daß
sie dann auch für solche vom Grad n gilt. Sei $f(X)$ ein solches Polynom. Dann ist

$$f(X) = \sum_{k=0}^{n} a_k X^k = (a_n X^n - a_n x_1 X^{n-1}) + (a_n x_1 X^{n-1} + \sum_{k=0}^{n-1} a_k X^k)$$

$$= a_n X^{n-1}(X - x_1) + g(X),$$

wobei $g(X)$ ein Polynom vom Grad $\leq n - 1$ bezeichnet. x_1 ist eine Nullstelle von $f(X)$
und damit auch von $g(X)$. Nach Induktionsvoraussetzung existiert ein $k(X) \in I[X]$
mit $g(X) = k(X) \cdot (X - x_1)$. Damit ist

$$f(X) = a_n X^{n-1}(X - x_1) + k(X) \cdot (X - x_1) = (a_n X^{n-1} + k(X)) \cdot (X - x_1).$$

Hier ist also $h_1(X) = a_n X^{n-1} + k(X) \in I[X]$.

Für $h_1(X)$ können zwei Fälle eintreten. Hat $h_1(X)$ keine Nullstelle mehr in I, so gilt
dies auch für $f(X)$ und die Darstellung $f(X) = h_1(X) \cdot (X - x_1)$ liefert bereits die in
Satz 5.57 formulierte Behauptung.

Hat $h_1(X)$ eine Nullstelle x_2 in I (diese kann mit x_1 zusammenfallen), so können wir
nach der oben per Induktion bewiesenen Aussage $h_1(X) = h_2(X) \cdot (X - x_2)$ mit
$h_2(X) \in I[X]$ schreiben; dies liefert für $f(X)$ die Darstellung
$f(X) = h_2(X) \cdot (X - x_1) \cdot (X - x_2)$. Existiert keine Nullstelle von $h_2(X)$, sind wir fertig;
gibt es eine, so setzen wir das Verfahren fort. Aus Gradgründen bricht es nach ℓ Schritten $(\ell \leq n)$ mit der Gleichung

$$f(X) = h_\ell(X) \cdot (X - x_1) \cdot \ldots \cdot (X - x_\ell)$$

ab, wobei $h_\ell(X)$ keine Nullstelle mehr in I hat. Unter den Elementen $x_1, \ldots, x_\ell$ können gleiche auftreten; wir fassen gleiche Linearfaktoren zusammen und erhalten mit
$h(X) =_{Df} h_\ell(X)$ die Darstellung in der Aussage von Satz 5.57. Dabei sind alle x_i Null-

B stellen von $f(X)$; wegen $h_\varrho(X) \neq 0$ für alle $x \in I$ kann $f(X)$ keine weiteren Nullstellen in I besitzen. ■

Für den Beweis des folgenden Hauptsatzes benötigen wir einen

5.58 Hilfssatz Ist $f(X)$ ein unzerlegbares Element in $K[X]$, so ist $K[X]_{/(f(X))}$ ein Körper.

B e w e i s . Da $(f(X))$ ein Ideal in $K[X]$ ist (vgl. Definition 5.39), ist $K[X]_{/(f(X))}$ ein Ring, $1 + (f(X))$ ist in ihm das bezüglich der Multiplikation neutrale Element und wegen der Kommutativität von $K[X]$ ist $K[X]_{/(f(X))}$ kommutativ. Es ist noch nachzuweisen, daß zu $g(X) + (f(X)) \in K[X]_{/f(X))}$ mit $g(X) + (f(X)) \neq (f(X))$, also $g(X) \notin (f(X))$, ein Inverses in $K[X]_{/(f(X))}$ existiert.

$f(X)$ ist unzerlegbar. Dies bedeutet insbesondere, daß Grad $f(X) \geqslant 1$ ist und daß $f(X)$ keine echten Teiler besitzt (siehe Definition 5.49). Ein Element, das $f(X)$ teilt, ist also notwendig eine Einheit (d. h. ein Element von K) oder aber zu $f(X)$ assoziiert, also von der Form $a \cdot f(X)$ mit $a \in K$. Ein Element der Form $a \cdot f(X)$ kann wegen $g(X) \notin (f(X))$ kein Teiler von $g(X)$ sein, so daß als gemeinsame Teiler von $g(X)$ und $f(X)$ nur die von Null verschiedenen Körperelemente auftreten. Damit ist insbesondere 1 ein ggT dieser beiden Polynome, und wegen der Bemerkung im Anschluß an Satz 5.43 existieren Polynome $a(X), b(X) \in K[X]$, so daß

$$1 = a(X) \cdot g(X) + b(X) \cdot f(X)$$

gilt. Damit ist

$$1 + (f(X)) = [a(X) \cdot g(X) + b(X) \cdot f(X)] + (f(X)) =$$
$$= a(X) \cdot g(X) + (f(X)) = [a(X) + (f(X))] \cdot [g(X) + (f(X))].$$

$a(X) + (f(X))$ ist also das multiplikative Inverse von $g(X) + (f(X))$. ■

Wir kommen nun zum Beweis des angekündigten Hauptsatzes.

5.59 Satz Es sei K ein Körper und $f(X) \in K[X]$ mit Grad $f(X) = n \geqslant 1$. Dann gibt es einen Oberkörper E von K, so daß f in E in Linearfaktoren zerfällt, d. h.

$$f(X) = a \cdot (X - x_1) \cdot \ldots \cdot (X - x_n) \text{ mit } a, x_i \in E \text{ für } 1 \leqslant i \leqslant n.$$

B e w e i s . Wegen Grad $f(X) \geqslant 1$ ist $f(X) \neq 0$ und keine Einheit. Zerfällt $f(X)$ bereits in K in Linearfaktoren, so sind wir fertig. Sonst gehen wir wie folgt vor:

Da $K[X]$ ein Gaußscher Ring ist, können wir $f(X)$ als Produkt unzerlegbarer Elemente schreiben. Sei $p_1(X)$ ein an dieser Darstellung beteiligtes Element. Dann ist $K[X]_{/(p_1(X))}$ nach Hilfssatz 5.58 ein Körper. Wir schränken den surjektiven Ringhomomorphismus $\omega : K[X] \to K[X]_{/(p_1(X))}$ auf K ein und setzen $\psi =_{Df} \omega|_K$. Wir behaupten, daß ψ ein Isomorphismus ist. Die Homomorphieeigenschaft und die Surjektivität von ψ ergeben sich unmittelbar aus der Definition. ψ ist auch injektiv. Sind nämlich Elemente $k_1, k_2 \in K$ mit $k_1 + (p_1(X)) = k_2 + (p_1(X))$ vorgegeben, so folgt hieraus die Beziehung $k_1 - k_2 \in (p_1(X))$, und dies ist nur für $k_1 - k_2 = 0$ bzw. $k_1 = k_2$ möglich, da andernfalls $(p_1(X)) = K[X]$ wäre. K kann wegen der Isomorphieeigenschaft von ψ also als Teilkörper von $K[X]_{/(p_1(X))}$ aufgefaßt werden. Ist

B

$$p_1(X) = \sum_{k=0}^{m} a_k \cdot X^k, \text{ so ist}$$

$$\omega(p_1(X)) = \sum_{k=0}^{m} \omega(a_k) \cdot [\omega(X)]^k = \sum_{k=0}^{m} \psi(a_k) \cdot [\omega(X)]^k$$

$$= \sum_{k=0}^{m} a_k \cdot [\omega(X)]^k \in K[X]_{/(p_1(X))}.$$

(Dabei haben wir in der letzten Gleichung von der Tatsache Gebrauch gemacht, daß
man K als Teilkörper von $K[X]_{/(p_1(X))}$ auffassen kann.) Andererseits ist

$$\omega(p_1(X)) = p_1(X) + (p_1(X)) = (p_1(X)) = 0 \in K[X]_{/(p_1(X))};$$

Setzt man $E_1 =_{Df} K[X]_{/(p_1(X))}$, so ist $\omega(X)$ eine Nullstelle des Polynoms

$$p_1(X) = \sum_{k=0}^{m} a_k \cdot X^k \in E_1[X]. \text{ Wegen } f(X) = g(X) \cdot p_1(X) \text{ mit } g(X) \in K[X] \subset E_1[X]$$

ist $\omega(X)$ also auch Nullstelle von $f(X) \in E_1[X]$. Nach Satz 5.57 gibt es für $f(X) \in E_1[X]$
nun eine Darstellung der Form

$$f(X) = h(X) \cdot (X - x_1)^{k_1} \cdot \ldots \cdot (X - x_\varrho)^{k_\varrho},$$

wobei $h(X)$ keine Nullstelle in E_1 besitzt. Ist $h(X) = a$ mit $a \in E_1$, so sind wir fertig.
Der Fall, daß $h(X)$ ein lineares Polynom ist, kann nicht eintreten, so daß nur noch der
Fall Grad $h(X) \geqslant 2$ möglich ist. Liegt diese Situation vor, so schreibe man $h(X)$ als
Produkt unzerlegbarer Elemente, wähle wie oben ein an dieser Darstellung beteiligtes
$p_2(X) \in E_1[X]$ aus und führe den oben beschriebenen Prozeß der Konstruktion eines
Oberkörpers erneut durch. Man erhält so einen Körper E_2 mit $E_2 \supset E_1 \supset K$, der eine
weitere Nullstelle von $f(X)$ enthält. Nach Satz 5.57 bricht das analog fortgesetzte Verfahren nach endlich vielen Schritten mit der Konstruktion eines Körpers
$E \supset \ldots \supset E_2 \supset E_1 \supset K$ ab; für die Nullstellen x_i von $f(X)$ und ihre Vielfachheiten
k_i gilt ja notwendig $\sum_{i=1}^{m} k_i \leqslant n$. Man erhält also die in Satz 5.59 behauptete Darstellung. ∎

Bemerkung Satz 5.59 besagt nur, daß es einen Oberkörper von K gibt, in dem
$f(X) \in K[X]$ in Linearfaktoren zerfällt; man kann zeigen, daß der kleinste Oberkörper
von K, in dem dies der Fall ist, bis auf Isomorphien eindeutig bestimmt ist. Er heißt
Z e r f ä l l u n g s k ö r p e r v o n $f(X) \in K[X]$ und ist erst durch die Angabe von
$f(X)$ und K eindeutig festgelegt; so ist der Zerfällungskörper von
$f(X) = X^2 + 1 \in \mathbf{Q}[X]$ der Körper $\mathbf{Q}[i]$, der Zerfällungskörper von $g(X) = X^2 + 1 \in \mathbf{R}[X]$
hingegen ist **C**.
Durch die Betrachtung eines Beispiels wollen wir die dem Beweis von Satz 5.59 inne-
wohnende Idee noch einmal herausstellen und gleichzeitig aufzeigen, daß die dort er-
folgte Beschreibung des Oberkörpers von K zwar sehr abstrakt ist, daß man durch die
Betrachtung einer geeigneten Isomorphie aber zu einem „anschaulicheren" Körper gelangt.

B   **5.60 Beispiel** Führt man den oben beschriebenen Prozeß etwa für das Polynom
$f(X) = X^3 - X^2 - 2X + 2 \in \mathbf{Q}[X]$ durch, so gilt zunächst $f(X) = (X^2 - 2) \cdot (X - 1)$.
Dabei besitzt $X^2 - 2$ keine Nullstelle in $\mathbf{Q}$. $g(X) = X^2 - 2$ ist außerdem unzerlegbar in
$\mathbf{Q}[X]$. Der Oberkörper von $\mathbf{Q}$, der eine Nullstelle von $g(X)$ enthält, ist also
$E = \mathbf{Q}[X]_{/(X^2 - 2)}$; hier bezeichnet $(X^2 - 2)$ das vom Polynom $X^2 - 2$ in $\mathbf{Q}[X]$ erzeugte
Ideal. Wir wollen den Körper $\mathbf{Q}[X]_{/(X^2 - 2)}$ näher untersuchen. Das Polynom
$(X^2 - 2) \in \mathbf{Q}[X]$ besitzt die reellen Nullstellen $\pm \sqrt{2}$. $(X^2 - 2)$ hat also Nullstellen
im Integritätsring $\mathbf{Q}(\sqrt{2}) \subset \mathbf{R}$. Unser Ziel ist es, nachzuweisen, daß $\mathbf{Q}(\sqrt{2})$ isomorph
zu $\mathbf{Q}[X]_{/(X^2 - 2)}$ ist. Dazu betrachten wir den Einsetzhomomorphismus
$E_{\sqrt{2}} : \mathbf{Q}[X] \to \mathbf{Q}(\sqrt{2})$ und bestimmen Kern $E_{\sqrt{2}}$. Ist $f(X) \in (X^2 - 2)$, so ist
$f(X) = g(X) \cdot (X^2 - 2)$ mit $g(X) \in \mathbf{Q}[X]$, also ist $f(\pm \sqrt{2}) = 0$, also
$(X^2 - 2) \subset$ Kern $E_{\sqrt{2}}$. Ist $f(X) \in$ Kern $E_{\sqrt{2}}$, so dividieren wir $f(X)$ durch $X^2 - 2$
gemäß Satz 5.35. Danach ist $f(X) = q(X) \cdot (X^2 - 2) + r(X)$; ist $r(X) = 0$, so ist
$f(X) \in (X^2 - 2)$, wäre Grad $r(X) = 0$, so gälte die widersprüchliche Beziehung
$f(\sqrt{2}) \neq 0$, wäre Grad $r(X) = 1$, so besäße $r(X)$ ebenfalls die Nullstelle $\sqrt{2}$, hätte also
die Gestalt $r(X) = a \cdot (X - \sqrt{2})$ mit $a \in \mathbf{Q}$, woraus $\sqrt{2} \in \mathbf{Q}$, also ebenfalls ein Widerspruch folgte. Also ist Kern $E_{\sqrt{2}} = (X^2 - 2)$. Damit ist nach dem Homomorphiesatz
für Ringe

$$\mathbf{Q}[X]_{/(X^2 - 2)} = \mathbf{Q}[X]_{/\text{Kern } F_{\sqrt{2}}} \cong E_{\sqrt{2}}(\mathbf{Q}[X]) = \mathbf{Q}(\sqrt{2}).$$

$\mathbf{Q}(\sqrt{2})$ ist also bis auf Isomorphie der Körper $\mathbf{Q}[X]_{/(X^2 - 2)}$. ∎

Das oben beschriebene Verfahren zur „Veranschaulichung" des Zerfällungskörpers
eines Polynoms $f \in K[X]$ ist in gewissem Sinn allgemeingültig. Kennt man nämlich die
n Nullstellen $x_1, \dots, x_n$ eines Polynoms n-ten Grades $f(X) \in K[X]$, so ist
$K(x_1, \dots, x_n)$ der Zerfällungskörper von $f(X) \in K[X]$, kennt man sie nicht, so liefert
das im Beweis von Satz 5.59 beschriebene Verfahren (möglicherweise nach mehrfacher
Anwendung) einen Körper, der sämtliche Nullstellen von f enthält.

Unsere Vorüberlegungen zeigen, daß jedes Polynom $f(X) \in K[X]$ in einem geeigneten
Oberkörper von K in Linearfaktoren zerfällt, Gleichungen in der Form

$$a_n x^n + \dots + a_1 x + a_0 = 0 \quad \text{mit } a_i \in K$$

prinzipiell also lösbar sind. Wie im Falle linearer Gleichungen $ax = b$, $a \neq 0$, in denen die
Nullstelle $x_0 = b/a$ ist, hat man jahrhundertelang versucht, auch für $n \geq 2$ Formeln anzugeben, in denen neben rationalen Operationen höchstens noch Wurzelzeichen auftreten.
Bis $n = 4$ war dies bereits im Mittelalter gelungen. Wir wollen abschließend exemplarisch
nur den Fall $n = 2$ behandeln, also das Lösen einer quadratischen Gleichung.

Es sei K ein Körper und $X^n - a \in K[X]$. Wir führen das Symbol $\sqrt[n]{a}$ als Variable für die
Elemente der Menge der Nullstellen von $X^n - a$ ein und bezeichnen $\sqrt[n]{a}$ als R a d i k a l .
Satz 5.59 zeigt, daß $\sqrt[n]{a}$ höchstens n verschiedene Werte annehmen kann, die sämt-
lich im Zerfällungskörper von $X^n - a \in K[X]$ liegen.

5.61 Satz Es sei K ein Körper der Charakteristik $\chi(K) \neq 2$ und $f(X) = a_2 \cdot X^2 +$
$+ a_1 \cdot X + a_0 \in K[X]$ mit $a_2 \neq 0$. Dann kann man die Nullstellen von $f(X)$ durch
die Verwendung rationaler Operationen und die Benutzung von Radikalen bestimmen.

B e w e i s . Offenbar besitzt $f(X)$ die gleichen Nullstellen wie $X^2 + \frac{a_1}{a_2} \cdot X + \frac{a_0}{a_2}$.   B

Wir setzen $p =_{Df} \frac{a_1}{a_2}$ und $q =_{Df} \frac{a_0}{a_2}$. Das Polynom $X^2 + pX + q$ besitzt in einem Erwei-

terungskörper E von K eine Nullstelle x_0. In E gilt daher $x_0^2 + p \cdot x_0 + q = 0$ bzw.

$\left(x_0 + \frac{p}{2}\right)^2 = \frac{p^2}{4} - q$; die Elemente $\frac{p}{2}$ und $\frac{p^2}{4}$ existieren wegen $X(K) \neq 2$. Die letzte

Gleichung müssen wir nun nach x_0 auflösen und setzen dazu $y_0 =_{Df} \left(x_0 + \frac{p}{2}\right)$ sowie

$b =_{Df} \frac{p^2}{4} - q$. y_0 ist eine Nullstelle von $Y^2 - b \in K[Y]$; allgemein beschreibt man die

Nullstellen dieses Polynom in der Form $\sqrt[2]{b}$. Ist $(\sqrt[2]{b})_1$ eine fest gewählte Nullstelle von
$Y^2 - b$, so ist $(Y^2 - b) = (Y - (\sqrt[2]{b})_1) \cdot g(Y)$ mit $g(Y) \in K[Y]$. Dabei ist notwendig
$g(Y) = Y + z$ mit $z \in K$, so daß $-z$ eine weitere Nullstelle von $Y^2 - b$ ist.
Wegen $(Y - (\sqrt[2]{b})_1) \cdot (Y + z) = Y^2 - [(\sqrt[2]{b})_1 - z] \cdot Y - (\sqrt[2]{b})_1 \cdot z$ ist $(\sqrt[2]{b})_1 - z = 0$,
also $z = (\sqrt[2]{b})_1$. Wir erhalten

$$y_0 = x_0 + \frac{p}{2} = \pm \left(\sqrt[2]{\frac{p^2}{4} - q}\right)_1$$

und damit

$$x_0 = -\frac{p}{2} \pm \left(\sqrt[2]{\frac{p^2}{4} - q}\right)_1 . \blacksquare$$

Weitere Überlegungen zeigen, daß man auf ähnliche Weise auch explizite Darstellungen
für die Nullstellen von Polynomen dritten und vierten Grades gewinnen kann, in denen
außer den Körperoperationen nur Radikale auftreten; wir verzichten hier auf eine Darstellung dieses Vorgehens, weisen aber darauf hin, daß man die allgemeinen Gleichungen
höheren als vierten Grades nicht mehr auf diese Weise lösen kann. Dies ist die Aussage
eines berühmten Satzes von N. H. A b e l (1802 bis 1829), dessen Beweis aber Methoden erfordert, die hier nicht mehr behandelt werden; wir verweisen hierzu z. B. auf das
Buch von B. L. v a n d e r W a e r d e n [61].

5.5 Anmerkungen zur Behandlung algebraischer Strukturen im Mathematikunterricht   C

Untersucht man die vorliegende fachdidaktische Literatur im Hinblick auf algebraische
Strukturen, so ist das bevorzugte Verknüpfungsgebilde die Gruppe. Auch in den Stoff-
plänen für die Sekundarstufe I und die Sekundarstufe II und in der gebräuchlichen
Schulbuchliteratur treten algebraische Strukturen mit zwei Kompositionen — also etwa
Ringe, Körper und Verfeinerungen dieser Strukturen — deutlich in den Hintergrund.
Zweifellos sind der Gruppenbegriff und erst recht der Gruppoidbegriff wegen ihrer Einfachheit und Überschaubarkeit für das Arbeiten mit algebraischen Strukturen von exemplarischer Bedeutung. Ein weiterer Grund für die Betonung des Gruppenbegriffs liegt
darin, daß insbesondere in der Sekundarstufe I genügend viele Beispiele verfügbar sind,
um eine Abhebung des allgemeinen Begriffs zu rechtfertigen. Wir erinnern hierzu an die
Ausführungen in Abschn. 1.3, 2.5 und 3.6, wo gezeigt wurde, daß die Behandlung von

C Gruppoiden, Homomorphismen und Gruppen als wertvolle Bereicherung des Mathematikunterrichts anzusehen ist; Erfahrungsberichte und Vorschläge in der fachdidaktischen Literatur der letzten Jahre zeigen darüber hinaus, daß es positiv zu bewertende Lösungsansätze für die unterrichtliche Behandlung dieser Gegenstände gibt.

Dagegen scheint uns die Problematik der Behandlung von algebraischen Strukturen mit zwei Verknüpfungen wie zum Beispiel Ringen und Körpern etwas anders gelagert zu sein. Um eine Basis für die späteren grundsätzlichen Überlegungen zu haben, soll zunächst an die Behandlung von Vertretern dieser Strukturen auf den einzelnen Schulstufen erinnert werden.

Bereits auf der P r i m a r s t u f e begegnen dem Schüler in Form von $(N, +, \cdot)$ und $(N_0, +, \cdot)$ Semiringe, also algebraische Strukturen mit zwei Verknüpfungen, die in einer engen Beziehung zueinander stehen. Diese Tatsache wird von Fettweis-Schlechtweg in ihrer Monographie über „Strukturen der Mathematik im Rechenunterricht" [18] zum Anlaß genommen, die didaktischen Inhalte des Semiringbegriffs ausführlich zu diskutieren und durch methodische Hinweise für die unterrichtliche Behandlung der vorliegende Strukturen zu ergänzen. Natürlich kann es auf der genannten Stufe nicht darum gehen, „algebraische Formulierungen . . . (zum) Gegenstand der Grundschule" zu machen; Ziel kann nur sein, „die Kinder mit der Struktur der genannten Halbringe vertraut zu machen", ohne sie etwa mit der Definition eines kommutativen Semirings zu belasten. Hier gewinnen solche Arbeitsmittel eine Bedeutung, die kindgemäß formulierte Einsichten über die wesentlichen Strukturmerkmale der Addition und Multiplikation und deren Verkopplung im Bereich der natürlichen Zahlen induzieren. Wie methodisch vorgegangen werden kann, ist in der genannten Monographie ausführlich dargelegt worden.

Algebraische Strukturen mit zwei Verknüpfungen tauchen im Bereich der S e k u n d a r s t u f e I in allen Klassen auf, freilich ohne immer als Ring oder Körper bezeichnet zu werden. Ein roter Faden, der sich in der Sekundarstufe I durch den gesamten Unterricht zieht, ist der Aufbau der Zahlbereiche, das ständige Einüben der erforderlichen Rechentechniken und das Vertrautwerden mit den in R gegebenen Ordnungsrelationen. Wie dies in Abhängigkeit von der Jahrgangsstufe geschieht, sei in der folgenden Übersicht nur kurz dargestellt. Das Schema erhebt keinen Anspruch auf Vollständigkeit; es berücksichtigt etwa den ebenfalls möglichen Weg von N über Z zu Q nicht.

$$\text{Klasse 5} \quad (N_0, +, \cdot, \leqslant)$$

$$\text{Klasse 6} \quad (Q_0^+, +, \cdot, \leqslant) \text{ mit } Q_0^+ =_{Df} \{q \in Q : q \geqslant 0\}$$

$$\left.\begin{array}{l}\text{Klasse 7}\\ \text{Klasse 8}\end{array}\right\} (Z, +, \cdot, \leqslant), (Q, +, \cdot, \leqslant)$$

$$\left.\begin{array}{l}\text{Klasse 9}\\ \text{Klasse 10}\end{array}\right\} (R, +, \cdot, \leqslant)$$

Wir wollen uns hier nicht mit methodischen Hinweisen zur Behandlung der einzelnen Zahlbereiche befassen; die Schulbuchliteratur und die fachdidaktische Literatur machen hierzu eine Fülle von Vorschlägen. Der skizzierte Prozeß der Entwicklung des Zahlbegriffs und der anschließenden sukzessiven Erweiterung der Zahlbereiche findet in Klasse 10 mit der Einführung der reellen Zahlen einen vorläufigen Abschluß. Bis zu dieser Altersstufe einschließlich lernen die Schüler also im wesentlichen zwei Semiringe (nämlich N bzw. N_0 und Q_0^+), einen Ring (Z) und zwei Körper (Q und R) kennen. „Im wesentlichen" meint dabei, daß dies die einzigen Vertreter der genannten Strukturen bleiben, denen unterrichtlich eine tragende Bedeutung zukommt. Daneben werden zuweilen in unterschiedlichen Jahrgangsstufen Restklassenringe und -körper behandelt, doch meist — wie es scheint — nur sehr am Rande und ohne ausreichende Problemorientierung. Algebraische Gesetzmäßigkeiten beim Rechnen mit Dezimalzahlen scheinen kaum berücksichtigt zu werden, obwohl diese eine Fülle von realitätsbezogenen Kontrastbeispielen abgeben könnten.

Durch das Kurssystem bedingt werden algebraische Strukturen wie Ringe und Körper heute manchmal bereits auf der S e k u n d a r s t u f e I I behandelt. Als neuer Zahlbereich tritt dann C hinzu; Restklassenringe liefern auch hier in aller Regel die weiteren Beispiele.

Zwar tauchen auch in der Schulbuchliteratur der Sekundarstufe I die Begriffe Ring, Körper, usw. auf, sie haben jedoch in diesem Bereich nur die Funktion bloßer Bezeichnungen. Wir wollen im folgenden einige Aspekte zur Beantwortung der Frage aufzeigen, inwieweit eine Einbeziehung dieser Begriffe in den Unterricht und ein Arbeiten mit ihnen zu rechtfertigen ist.

Grundsätzlich ist zu sagen, daß das Arbeiten mit algebraischen Strukturen ein Operieren auf einer hohen Abstraktionsstufe bedeutet. Bei dem Versuch einer Antwort auf die Frage, inwieweit es vertretbar ist, Teile des Begriffsapparats der mathematischen Teildisziplin Algebra in den Mathematikunterricht einzubringen, ist es erforderlich, sich auf den Sinn von Verallgemeinerungen in der Mathematik schlechthin zurückzubesinnen.

Sicher ist es heute in der Mathematik üblich, von immer umfassenderen Gesichtspunkten aus bekanntes Wissen in systematischer Form als deduktiv aufgebaute Theorien darzustellen. Dieser axiomatische Aufbau darf aber nicht darüber hinwegtäuschen, daß der Erkenntnisprozeß, der dem Ganzen zugrundelag, sich vielfach völlig anders vollzog. Meistens ist der axiomatische Aufbau einer Theorie erst möglich, wenn eine Vielzahl von Einzelerkenntnissen angehäuft wurde. Erst nach einem solchen Sammeln wird gewöhnlich nach denjenigen Aussagen gesucht, die als Axiome an den Anfang gesetzt und aus denen die anderen Aussagen abgeleitet werden. Bei diesem Ableitungsprozeß werden dann i. allg. Zusammenhänge aufgedeckt, weitere Erkenntnisse gewonnen und Lükken im vorhandenen Wissen geschlossen. Im Zuge eines sich so vollziehenden Aufbaus einer Theorie werden also verschiedenartige Erscheinungen unter Vereinfachung der realen Verhältnisse, d. h. unter Abstraktion von unwesentlichen Erscheinungen in Spezialfällen, in einem mathematischen Modell zusammengefaßt und mit einem gemeinsamen Namen belegt. Hierin besteht das Wesen der Abstraktion, als deren Hauptaufgabe — und diese Aussage ist natürlich nicht auf die Mathematik beschränkt — wohl die Systematisierung von Kenntnissen bezeichnet werden kann.

Nach einem derartigen Ordnen des vorhandenen Wissens steht am Ende des Prozesses, der sich über Jahrzehnte und Jahrhunderte erstrecken kann, der axiomatische Aufbau eines Wissensgebietes. Ein Beispiel kann bereits die Geometrie des Euklid sein, wie sie in den „Elementen" vorliegt, da diese als eine systematische Darstellung des geometri-

C schen Wissens, das in der Zeit vor Euklid war, aufgefaßt werden kann. Hieran zeigt sich,
daß die Axiomatisierung, die damit verbundene Abstraktion und der abschließend vorliegende deduktive Aufbau wohl zu einer typischen und für die heutige Mathematik
charakteristischen Arbeitsweise zählen; gleichwohl ist dies nicht die einzige und möglicherweise nicht einmal die vorrangige Form, in der neue mathematische Kenntnisse
gewonnen werden.

Abstraktion ist also ein Mittel des Zusammenfassens vorhandener Kenntnisse; sie führt
so insbesondere zu größerer Denk- und Sprachökonomie. Dies rechtfertigt es aber nicht,
abstrakte algebraische Strukturen losgelöst von den konkreten Spezialfällen, die sie beschreiben und von denen sie leben, zu behandeln, da auf diese Weise eine Einsicht in
die wertvolle Funktion der Abstraktion nicht gewonnen werden kann. Vernünftige Ab-
straktionen sind stets von der Art, daß sie die Sicht auf ihre Konkretisierungen mitent-
halten. Dies macht deutlich, daß der Umgang mit abstrakten und allgemeinen Gedanken-
gängen nur dann sinnvoll ist, wenn der Bezug zum Konkreten immer mitgesehen wird.
(Vgl. dazu Z. P. D i e n e s – M. A. J e e v e s [15] und D. R i n k e n s [49].) Henri
Cartan hat in einem Vortrag dazu einmal gesagt:

> „Ich halte nur solche Verallgemeinerungen für betrachtenswert, welche min-
> destens zwei vorher bereits bekannte Spezialfälle, die man getrennt behandelt
> hatte, zu vereinigen erlauben".

Diese Definition einer „betrachtenswerten Verallgemeinerung" kann ein Kriterium
dafür sein, inwieweit die Behandlung algebraischer Strukturen im Mathematikunterricht
gerechtfertigt erscheinen kann. In ihr wird noch einmal deutlich zum Ausdruck gebracht, daß der Wert der Abstraktion aus der Bindung an das Konkrete erwächst, wie
„abstrakt" dies selbst auch sein mag.

Dieser Tatsache eingedenk ist immer wieder vor einer Verabsolutierung des Struktur-
denkens in der modernen Schulmathematik gewarnt worden, vermutlich eben deshalb,
weil dort im konkreten Bereich in der Regel zuwenig Material vorliegt, um die Abhebung allgemeiner Begriffe zu rechtfertigen. So sagt O. B o t s c h [9]: „Gewiß sollen
die Grundbegriffe wie Struktur, Relation, Abbildung den Unterricht zunehmend durch-
setzen. Aber es ist sinnwidrig, bei der ersten oder zweiten Begegnung schon den vollen
Begriff und seinen wissenschaftlichen Namen anzugeben . . . Entsprechendes gilt für
sämtliche abstrakten Begriffe der Mathematik: Kein Abstrahieren ohne eine ausreichende
Anzahl von analogen Modellen, die zur Hand sind und nicht etwa ad hoc eigens konstruiert werden". Und J. K r a t z [30] äußert zur gleichen Problematik die Warnung: „Der
hohe Abstraktionsgrad einer schon früh einsetzenden Strukturmathematik führt weiterhin zu einer Überforderung der Schüler und verhindert auf die Dauer jegliche fachbezoge-
ne Motivation".

Die genannten Autoren stellen dabei keineswegs die Vorteile und Möglichkeiten einer
strukturell orientierten Mathematik in Abrede. In den Zitaten wird vielmehr die Ernüch-
terung zum Ausdruck gebracht, die in der Diskussion über die Bedeutung der Strukturen für den Mathematikunterricht eingetreten und im wesentlichen auf die „didaktische
Differenz" zurückzuführen ist, die anfänglich allzu oft übersehen wurde: Der Schul-
unterricht kann nicht unmittelbar Gebiete der Hochschulmathematik einbeziehen, ohne

daß ein solches Gebiet zuvor eine Reihe von Abstufungen erfahren hat, die es schuladäquat machen. Dabei wurde in der Anfangsphase der Entwicklung neuer Schulmathematik offenbar nicht genügend berücksichtigt, „daß die Mathematik selbst nach bestem Wissen nur ihren eigenen formal-logischen Aufbau anbieten kann und daß in ihrem System keinerlei Anhaltspunkte zu einem Verständnis für das Entstehen von mathematischen Begriffen im Kind vorhanden sind. Ebenso enthält sie außer systematischen keinerlei Gesichtspunkte für eine Stoffauswahl, um Bildung durch Mathematik zu bewirken, die sich nicht in erster Linie als Anpassungsmechanismus an die Didaktik des mathematischen Hochschulstudiums versteht" (Vgl. dazu E. S c h u b e r t h [54]). Einen weiteren Ansatz für eine Behandlung bestimmter mathematischer Strukturen im Mathematikunterricht lieferte die Piagetsche Entwicklungspsychologie. Piaget und seine Schule haben nachgewiesen, daß die modernen algebraischen Grundbegriffe mit den Strukturen menschlichen Denkens korrespondieren. Aber auch hier gilt: Die Beziehungen zwischen den operatorischen Strukturen des Denkens und den mathematischen Strukturen allein können nicht eine frühe Orientierung des Unterrichts an Bourbaki und die Thematisierung dieser Strukturen rechtfertigen. Gewiß wollte Piaget seine Ergebnisse auch nicht in dieser Richtung interpretiert wissen; ganz im Gegenteil: Piaget entwickelte den Begriff der „abstraction réfléchissante" (Abstraktion durch Rückschau), womit die Zusammenfassung zunächst isolierter Strategien von einem höheren Standpunkt zu einer universellen Strategie gemeint ist. Dies geschieht mit dem Zweck, die Wirklichkeit immer besser zu bewältigen. Genau diese Abstraktion durch Rückschau ist es, die im Bereich der Mathematik schließlich zur Entwicklung abstrakter Strukturen geführt hat; sie ist nie Selbstzweck gewesen, sondern diente auf einer höheren Ebene stets der effektiveren Bewältigung konkreter Probleme. Man vergleiche hierzu etwa E. W i t t m a n n s Aufsatz über „Die Bedeutung der Piagetschen ‚abstraction réfléchissante' für die Entwicklung der mathematischen Formen" [68].

Trotz der hier sicher verkürzt wiedergegebenen Erkenntnisse hat es sehr optimistische Phasen bezüglich des Sinns abstrakter Strukturen im Mathematikunterricht gegeben. So sehr dieser für einzelne Gegenstände auch gegeben sein mag: Im Augenblick scheint eine Phase der Besinnung eingetreten zu sein, die anhand der obigen Zitate an dieser Stelle nur ausschnittweise wiedergegeben werden kann.

Wendet man all diese Ergebnisse auf die Behandlung von algebraischen Strukturen mit zwei Verknüpfungen im Mathematikunterricht an, so wird deutlich (man vergleiche dazu die obige Übersicht), daß das vorhandene konkrete Material, welches allein eine Abhebung abstrakter Begriffe rechtfertigen würde, bisher im Unterricht weitgehend zu fehlen scheint. So ist es unseres Erachtens fragwürdig, ob die Kenntnis von **Q** und **R** allein es schon rechtfertigt, Körper zu definieren. Analoges gilt für den Begriff des Ringes, dessen Einführung ebenfalls nur dann möglich und zweckmäßig erscheint, wenn den Zahlbereichen weitere Modelle von Ringen gegenübergestellt und problemorientiert behandelt werden. „Der Schüler wird . . . eine . . . Abstraktion nur dann als vernünftig ansehen, wenn es ihm möglich ist, die Ökonomie und das bessere Verständnis, das sie bringt, zu ermessen, d. h. eine Abstraktion im Unterricht ist nur sinnvoll, wenn sie durch Rückschau gewonnen wird. Nur dann führt sie zu einer fruchtbaren Überstrategie" (Vgl. E. W i t t m a n n [68]).

C   Glaubt man also, auf die Behandlung von Begriffen wie dem des Körpers nicht verzichten zu können, so muß die erste Stufe die einer Bereitstellung weiteren konkreten Un-
terrichtsmaterials sein. Natürlich haben Restklassenringe und -körper in diesem Zusammenhang eine besondere Bedeutung, nicht zuletzt, weil sie im Zusammenhang mit der
Bearbeitung interessanter Probleme wie der Auflösung diophantischer Gleichungen stehen. Aber man darf zugleich nicht übersehen, daß hier die Methoden teilweise weit in
den Bereich der Sekundarstufe II und darüber hinaus reichen. Die Diskussion über diesen
Fragenkreis ist noch im Gange; ein Blick in fachdidaktische Zeitschriften bestätigt das
stete Bemühen um die Bereitstellung konkreten Hintergrundmaterials und die geeignete
Aufbereitung bereits vorhandener Stoffe. Stellvertretend sei hier nur auf einige Arbeiten hingewiesen. J. C. B i n z [5] zeigt einen Weg zur Gewinnung von kleinen Ringen
auf, in denen das Kommutativgesetz nicht gilt und die nicht immer ein Einselement besitzen, indem ausgehend von der Kleinschen Vierergruppe K alle Ringstrukturen über
(K, +) konstruiert werden. Erwähnenswert sind auch Arbeiten von H. J. V o l l r a t h
[62, 63]. Er greift die folgende Beobachtung aus dem Unterricht der Sekundarstufe II
auf. Obwohl die dort unter anderem betrachteten mathematischen Objekte wie Abbildungen in Ringe, Folgen reeller Zahlen und stetige Funktionen in kanonischer Weise
die Struktur von Vektorräumen oder Ringen tragen, wird die algebraische Bedeutung
von Sätzen wie dem, daß die Summe konvergenter Folgen konvergent ist, nie hervorgehoben, sondern allenfalls in Nebensätzen abgetan. Gerade auf diesem Gebiet könnte
jedoch exemplarisch dargestellt werden, wie stark einzelne mathematische Disziplinen —
hier also etwa Analysis und Algebra — miteinander verbunden sind und wie elegant
sich analytische Aussagen mit Hilfe algebraischer Begriffe formulieren lassen. Vollrath
greift diesen Ansatz in seiner Arbeit über „Folgenringe" auf und stellt am Beispiel reeller
Zahlenfolgen dar, wie man einerseits zu grundlegenden Begriffen der Ring- und Ideal-
theorie gelangen kann und welche einfache Form andererseits Aussagen der elementaren
Analysis unter Benutzung der gewonnenen Begriffe annehmen. In ähnlicher Weise verfährt J. S c h m i d t [51] in seinem Aufsatz über „Die Ringstruktur der Zahlenfolgen",
wo auch unendliche Reihen betrachtet werden. Auf die gleiche Art kann man — und
dies ist im vorhergehenden bei der Behandlung der Polynome und der stetigen Funktionen sichtbar geworden — auch in anderen Bereichen vorgehen. Natürlich kommt man
bei der Gewinnung von Aussagen über die algebraische Struktur stetiger Funktionen
nicht umhin, analytische Methoden zu benutzen. Daß das Produkt stetiger Funktionen
wieder stetig ist, ist eben nur mit analytischen Mitteln zu beweisen.

Es gibt eine Reihe weiterer Arbeiten, die sich insbesondere mit Restklassenkörpern und
-ringen beschäftigen. Durch ein Studium dieser Arbeiten, die sich größtenteils in den im
Literaturverzeichnis namentlich erwähnten Fachzeitschriften zur Didaktik der Mathematik befinden, mag der Leser sich einen Eindruck von der Vielfalt der Aktivitäten in dieser Richtung verschaffen.

Dennoch ist anzumerken, daß unseres Wissens bisher ein tragfähiges Konzept zur unterrichtlichen Behandlung von abstrakten algebraischen Strukturen insbesondere in der
Sekundarstufe I fehlt, welches den obigen Anmerkungen zu Sinn und Zweck der Abstraktion in der Mathematik Rechnung trägt und damit mehr ist als bloße Spielerei mit
Verknüpfungstafeln. Soll Abstraktion nicht um ihrer selbst willen betrieben und so zu

einer „Verallgemeinerung durch Verdünnen" werden, muß sie eine Abstraktion durch
Rückschau sein und ihren Sinn immer wieder durch ihre Anwendbarkeit auf das Konkrete und ihre Kraft im Konkreten unter Beweis stellen. Unter diesen Gesichtspunkten
scheint uns die mancherorts praktizierte Einbringung abstrakter algebraischer Strukturen in den Unterricht außerordentlich fragwürdig zu sein; dies trifft insbesondere
auf die Behandlung von Ringen und Körpern zu.

6 Körpertheorie – Ein Ausblick[1]

6.1 Problemstellung

An einigen Stellen des vorigen Kapitels haben wir uns bereits mit Körpern beschäftigt.
Dabei handelt es sich jedoch lediglich um das Rechnen in Körpern oder um gewisse
Existenznachweise, z. B. um den Nachweis der Existenz des Quotientenkörpers. In diesem letzten Kapitel werden wir uns in erster Linie der Struktur von E r w e i t e r u n g s -
k ö r p e r n zuwenden. Dabei soll die Theorie so weit behandelt werden, daß wir am
Ende in der Lage sind zu zeigen, wie mit algebraischen Methoden einige berühmte Fragen aus der Geometrie beantwortet werden können. So hat sich schon das Altertum mit
der Frage beschäftigt, ob aus einem vorgegebenen Kreis allein unter Verwendung von
Zirkel und Lineal ein Quadrat gleichen Flächeninhalts konstruiert werden kann. Dieses
Problem, das seit dem Mittelalter den Namen „q u a d r a t u r a c i r c u l i" (Quadratur des Kreises) führt, hat die Mathematiker über 2 Jahrtausende beschäftigt, bis es
schließlich 1882 L i n d e m a n n gelang zu beweisen, daß die Quadratur des Kreises,
wenn andere Hilfsmittel als Lineal und Zirkel nicht zugelassen werden, exakt nicht
möglich ist. Als unlösbar wurde auch das sog. D e l i s c h e P r o b l e m erkannt,
in dem die Aufgabe gestellt wurde, aus einem Würfel einen Würfel von doppeltem Volumen zu konstruieren. Schließlich erwies sich auch die Aufgabe, einen beliebigen Winkel allein mit Zirkel und Lineal in drei gleiche Teile zu teilen, als nicht allgemein lösbar.
Wir werden sehen, daß diese Probleme im Zusammenhang stehen mit der allgemeineren
Frage nach der Konstruierbarkeit reeller Zahlen.
Ein weiteres klassisches Problem der Geometrie ist die Frage, unter welchen Bedingungen ein regelmäßiges n-Eck allein mit Zirkel und Lineal konstruierbar ist. Die vollständige Lösung dieses Problems wurde zuerst von G a u s s 1801 in seinen „Disquisitiones
arithmeticae" veröffentlicht. Dort wird bewiesen, daß ein regelmäßiges n-Eck genau
dann mit Zirkel und Lineal konstruierbar ist, wenn n von der Form $n = 2^k \cdot p_1 \cdots p_r$
ist, wobei $p_1, \ldots, p_r$ verschiedene Fermatsche Primzahlen[2] sind.

---

[1] Vorausgesetzt wird die Kenntnis der Begriffe Vektorraum und Dimension von
Vektorräumen.
[2] Eine Primzahl $p \neq 2$ heißt Fermatsche Primzahl, wenn sie von der Form $p = 2^m + 1$
ist.

A Da die im folgenden zu entwickelnde Theorie nicht ausreicht, diesen Satz zu beweisen, müssen wir den interessierten Leser auf unsere Literaturangaben verweisen. Benötigt wird hierfür insbesondere noch die Theorie der n-ten Einheitswurzeln über einem Körper K.

Bevor wir uns der allgemeinen Lösung der oben gestellten Probleme zuwenden, soll zunächst eine Schulbuchdarstellung der Konstruktion mit Zirkel und Lineal wiedergegeben werden. Diese Darstellung vermag die Problemstellungen des letzten Teiles anschaulich vorzubereiten.

6.2 Konstruktion mit Zirkel und Lineal – Wiedergabe einer Schulbuchdarstellung [16] (sinngemäß und teilweise in Kurzform)

Zunächst werden die mit Zirkel und Lineal erlaubten Operationen festgelegt:

1. Zeichnen einer Geraden durch zwei gegebene oder bereits konstruierte Punkte.

2. Zeichnen eines Kreises um einen gegebenen oder bereits konstruierten Punkt mit einem Radius, welcher der Abstand zweier gegebener oder bereits konstruierter Punkte ist.

3. Erzeugung von neuen Punkten durch Schnitt von Geraden und Kreisen, die nach 1 und 2 erhalten wurden.

4. Geraden und Kreise dürfen bei einer Konstruktion nur in endlicher Anzahl auftreten. Unendliche Konstruktionsketten sind nicht erlaubt.

Sind in einem kartesischen Koordinatensystem die Punkte $O = (0, 0)$ und $A = (1, 0)$ gegeben, so lassen sich durch Anwendung der Operationen 1 bis 3 nacheinander die Punkte B, C, D, E, F in Fig. 28 zum Beispiel wie folgt konstruieren:

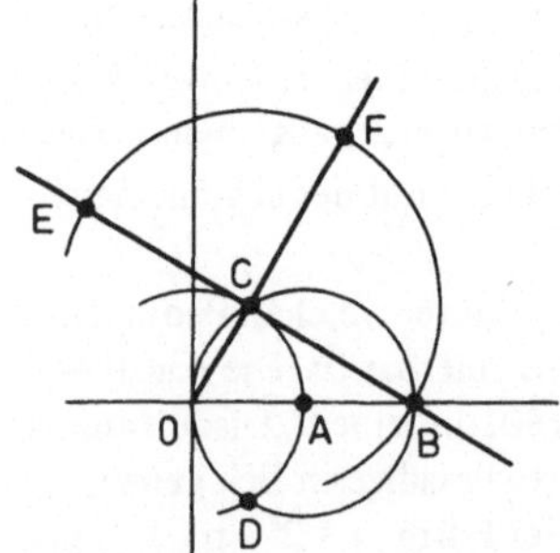

Fig. 28

Damit ein Punkt der Ebene in diesem Sinne konstruierbar ist, ist es notwendig, „daß seine Koordinaten eine bestimmte algebraische Beschaffenheit aufweisen", die durch den folgenden Satz beschrieben wird: „Gehören die Koordinaten der Punkte O, A, B, C, D, . . . , H" dem Körper $\mathbb{Q}$ an, „so sind die Koordinaten von I, dem nächsten bei der Konstruktion entstehenden Punkt, ebenfalls aus dem Körper $\mathbb{Q}$ oder von der Form

$a_1 + a_2 \sqrt{\alpha}$, wobei a_1, a_2 und α aus $\mathbf{Q}$ stammen, $\sqrt{\alpha}$ dem Körper $\mathbf{Q}$ jedoch nicht an- **A**
gehört."

Der Beweis dieses Satzes [1]) beruht auf der Einsicht, daß die Koordinaten des zu konstruierenden Punktes I entweder berechenbar sind aus zwei linearen Gleichungen mit
zwei Unbekannten (I ist Schnittpunkt zweier Geraden) oder aus zwei Gleichungen mit
zwei Unbekannten, wobei die eine Gleichung quadratisch und die andere entweder
quadratisch oder linear ist (I ist Schnittpunkt zweier Kreise oder Schnittpunkt eines
Kreises mit einer Geraden). Im ersten Fall gelingt die Lösung allein mit den rationalen
Operationen Addition, Subtraktion und Division mit Elementen aus $\mathbf{Q}$, so daß die Lösung wieder in $\mathbf{Q}$ liegt. Im zweiten Fall „führt die Auflösung auf eine quadratische
Gleichung der Form $x^2 + px + q = 0$ mit Koeffizienten p und q aus $\mathbf{Q}$, deren Lösung
die Form $a_1 + a_2 \cdot \sqrt{\alpha}$, mit a_1, a_2, α aus $\mathbf{Q}$, hat. Die Wurzel aus α kann aufgehen,
d. h. in diesem Fall selbst in $\mathbf{Q}$ enthalten sein, oder nicht. Im ersten Fall gehören dann
die Lösungen wieder zu $\mathbf{Q}$, im zweiten nicht."

Im o. g. Schulbuch wird nun erörtert, daß $\mathbf{Q}(\sqrt{\alpha}) = \{ x : \bigvee_{a_1, a_2 \in \mathbf{Q}} x = a_1 + a_2 \cdot \sqrt{\alpha} \}$

mit den in $\mathbf{R}$ definierten Verknüpfungen $+$ und $\cdot$ eine Körpererweiterung (s. Def. 6.1.)
von $\mathbf{Q}$ darstellt. In Fortsetzung der Konstruktion kann nun ein Punkt Koordinaten besitzen, die Lösung einer quadratischen Gleichung der Form $x^2 + px + q = 0$ sind, jetzt
aber mit Koeffizienten aus $\mathbf{Q}(\sqrt{\alpha})$. Die Lösung hat dann die Form $b_1 + b_2 \cdot \sqrt{\beta}$, wobei b_1, b_2, β Elemente des Körpers $\mathbf{Q}(\sqrt{\alpha})$ sind. Durch Adjunktion von $\sqrt{\beta}$ zu
$\mathbf{Q}(\sqrt{\alpha})$ wird nun erneut eine Körpererweiterung, nämlich von $\mathbf{Q}(\sqrt{\alpha})$ zu $\mathbf{Q}(\sqrt{\alpha}, \sqrt{\beta})$,
durchgeführt (vgl. Definition 6.6). Zusammenfassend heißt es im o. g. Schulbuch:

„Hat man schließlich die Durchmusterung der Koordinaten der konstruierten Punkte
abgeschlossen und die jeweils fälligen Körpererweiterungen vorgenommen, so hat man
einen Körper K_n, der die Koordinaten sämtlicher konstruierten Punkte enthält. K_n ist
aus $K_0 = \mathbf{Q}$ durch aufeinanderfolgende Adjunktionen von Quadratwurzeln entstanden.
... Die Koordinaten von Punkten, die aus O und A konstruierbar sind, lassen
sich durch Rationalzahlen, Quadratwurzeln und ineinandergeschachtelte Quadratwurzeln ausdrücken."

Mit Hilfe dieser teilweise induktiv und teilweise deduktiv gewonnenen Einsicht wird
nun die Erkenntnis entwickelt, daß der 20°-Winkel nicht konstruierbar ist. Damit wird
zugleich gezeigt, daß es nicht möglich ist, einen Winkel von 60° mit Zirkel und Lineal
in 3 gleiche Teile zu teilen.

Die Aufgabe, deren Unlösbarkeit erkannt werden soll, lautet: „Zu den gegebenen Punkten O und A soll mit Zirkel und Lineal ein Punkt R konstruiert werden, so daß
$\sphericalangle$ A O R = 20° ist. Der Beweis der Nichtlösbarkeit erfolgt indirekt: Angenommen
R sei konstruiert. Dann schneidet man die durch O und R bestimmte Gerade mit dem
Kreis um O mit dem Radius $2 \cdot \overline{OA}$. Der Schnittpunkt sei S (s. Fig. 29). Die Annahme,
daß R konstruierbar ist, führt nun zu dem folgenden Widerspruch: Aus der Konstruierbarkeit von R folgt zunächst die Konstruierbarkeit von S. Das bedeutet für die Koordinaten von S: Sie müssen sich durch Rationalzahlen, Quadratwurzeln und Quadratwurzel-

---

[1]) s. [16] Seite 140.

A   schachtelungen ausdrücken lassen. Für die Abzisse x_s von S gilt nach Konstruktion von
S die Gleichung: $x_s = 2 \cdot \cos 20°$.

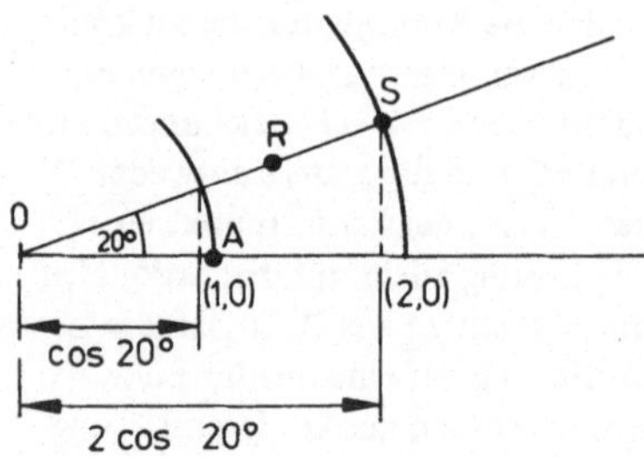

Fig. 29

Wegen $\cos 60° = \cos 3 \cdot 20° = 4 \cdot \cos^3 20° - 3 \cos 20°$ und $\cos 60° = 1/2$ ergibt sich:
$\cos 20°$ ist Lösung der Gleichung $8\,x^3 - 6\,x - 1 = 0$. Damit ergibt sich für
$2 \cdot \cos 20° = x_s$, wenn wir in $8\,x^3 - 6\,x - 1 = 0$ die Substitution $2x = y$ vornehmen:
x_s ist Lösung der Gleichung $y^3 - 3\,y - 1 = 0$. Die Annahme der Konstruierbarkeit von
x_s bedeutet somit, daß es eine Lösung von $y^3 - 3\,y - 1 = 0$ gibt, die allein mit Rationalzahlen und Quadratwurzeln darstellbar ist. Nun läßt sich aber beweisen, daß die Annahme einer Lösung dieser Form zu einem Widerspruch führt. Der Beweis wird in dem
o. g. Schulbuch wie folgt geführt [teilweise wörtliche Wiedergabe]: x_s müßte nach dem
vorigen Abschnitt einem Körper K_n angehören, der aus dem Körper der Rationalzahlen
durch n-fache Adjunktion von Quadratwurzeln hervorgeht. x_s hätte dann die Gestalt

$$x_s = c_1 + c_2 \cdot \sqrt{\gamma},$$

wobei c_1, c_2 und γ aus K_{n-1} stammen. Setzt man dies in die kubische Gleichung ein,
entwickelt die 3. Potenz und ordnet, so ergibt sich nach Ausklammern der Quadratwurzel

$$u_1 + u_2 \sqrt{\gamma} = 0$$

mit Zahlen u_1 und u_2 aus K_{n-1}. u_1 und u_2 müssen beide gleich Null sein; denn sonst
wäre $\sqrt{\gamma} = -\dfrac{u_1}{u_2}$, was unmöglich ist, weil dann auch $\sqrt{\gamma}$ in K_{n-1} enthalten wäre.
Auch der Ausdruck

$$x_2 = c_1 - c_2 \sqrt{\gamma}$$

ist eine Lösung der kubischen Gleichung. Denn Einsetzen in das kubische Polynom,
Entwickeln und Ordnen gibt den Ausdruck

$$u_1 - u_2 \cdot \sqrt{\gamma},$$

da sich nur das Vorzeichen des Gliedes $c_2 \cdot \sqrt{\gamma}$ geändert hat und in u_1 nur gerade
Potenzen dieses Gliedes eingehen, während in $u_2\sqrt{\gamma}$ nur ungerade Potenzen von
$c_2\sqrt{\gamma}$ zusammengefaßt sind. Wegen $u_1 = u_2 = 0$ ist der Wert dieses Ausdruckes Null.
Die 3. Lösung der kubischen Gleichung läßt sich nach dem Koeffizientensatz von Vieta
bestimmen. Danach ist die Summe der drei Lösungen gleich dem Koeffizienten vom

quadratischen Glied des kubischen Polynoms mit umgekehrtem Vorzeichen, also Null.   **A**

$$x_s + x_2 + x_3 = 0 = (c_1 + c_2\sqrt{\gamma}) + (c_1 - c_2\sqrt{\gamma}) + x_3 .$$

Also

$$x_3 = -2c_1 .$$

Die 3. Lösung stammt also, wie c_1, aus dem Körper K_{n-1}, im Gegensatz zu x_s und x_2, die in K_n liegen.

Die bisherigen Überlegungen zeigen also, daß aus der Annahme einer in K_n liegenden Lösung der Gleichung folgt, daß auch in K_{n-1} bereits eine Lösung liegen muß. Wiederholt man die Überlegungen und nimmt dabei die in K_{n-1} liegende Lösung zum Ausgangspunkt, so folgt, daß schon in K_{n-2} eine Lösung der Gleichung liegen muß, falls nicht bereits $K_{n-1} = Q$ ist. Die Schlußkette läßt sich fortsetzen, bis schließlich die Existenz einer in $K_0 = Q$ liegenden, also rationalen Lösung folgt.

Nun gilt nach C. F. G a u ß : Sind in einer normierten kubischen Gleichung $x^3 + a_2 x^2 + a_1 x + a_0 = 0$ die Koeffizienten a_2, a_1, a_0 ganze Zahlen, so sind rationale Lösungen ganze Zahlen und Teiler von a_0.

B e w e i s . Ist $x_0 = 0$ eine Wurzel, so ist $a_0 = 0$; x_0 teilt also a_0. Ist $0 \neq x_0 = \dfrac{m}{n}$ eine rationale Wurzel mit teilerfremden Zahlen m und n, $n > 0$, so ist

$$\left(\frac{m}{n}\right)^3 + a_2 \left(\frac{m}{n}\right)^2 + a^1 \left(\frac{m}{n}\right) + a_0 = 0 .$$

Daraus ergibt sich: $m^3 = (-a_2 m^2 - a_1 m n - a_0 n^2) \cdot n$. Daher ist m^3 gleich einem ganzzahligen Vielfachen von n. Hieraus und aus der Teilerfremdheit von m und n folgt $n = 1$ und damit $x_0 = m$.

Dann ergibt sich aus $m^3 + a_2 m^2 + a_1 m = -a_0$ sofort: a_0 ist ganzzahliges Vielfaches von $m = x_0$. ∎

Dieser Satz auf $y^3 - 3y - 1 = 0$ angewandt, ergibt: Eine ganzzahlige Wurzel von $y^3 - 3y - 1 = 0$ muß Teiler von -1 sein. Nun sind aber $+1$ und -1 die einzigen Teiler von -1. Weder $+1$ noch -1 sind aber Lösungen dieser Gleichung. Durch die Einsicht, daß sich unter den Teilern von -1 keine Wurzel von $y^3 - 3y - 1 = 0$ befindet, ist der Unmöglichkeitsbeweis für die Konstruktion des $20°$-Winkels und damit für die Dreiteilung des $60°$-Winkels erbracht.

Der oben durchgeführte Beweis hat deutlich gemacht, daß die Frage nach der Konstruierbarkeit von x_s gleichbedeutend ist mit der Frage nach der Existenz einer rationalen Lösung von $y^3 - 3y - 1 = 0$. Diese letzte Frage wiederum führte zur Frage nach Teilern des von y freien Gliedes, die Lösung der Gleichung sind.

In Verallgemeinerung dieses Verfahrens hat L a u g w i t z in [36] gezeigt: „Wenn eine Konstruktionsaufgabe auf eine kubische Gleichung mit rationalen Koeffizienten führt, stellt man aus ihr eine solche vom Typ $\tilde{x}^3 + b_2\tilde{x}^2 + b_1\tilde{x} + b_0 = 0$ her (b_2, b_1, b_0 ganz) und prüfe, ob unter den Teilern von $\pm b_0$ eine Wurzel ist. Wenn das nicht der Fall ist, ist der Unmöglichkeitsbeweis erbracht".

A   Da, wie wir zeigen werden, das Delische Problem auf die Gleichung $x^3 - 2 = 0$ führt,
ist auch dieses Konstruktionsproblem mit dieser Methode entscheidbar[1]). Das Verfahren zeigt zugleich, daß zur Lösung der klassischen Konstruktionsprobleme Begriffsbildungen und Methoden der modernen Algebra weitgehendst nicht erforderlich sind.
Wenn wir dennoch unsere algebraische Theorie noch so weit entwickeln, daß geometrische Konstruktionsprobleme auch mit ihren Methoden und Begriffsbildungen lösbar
werden, so geschieht das u. a. in der Absicht, an diesem Beispiel künftigen Lehrern der
Mathematik zu zeigen, wie algebraische Begriffsbildungen zu einer Verallgemeinerung
bekannter Problemstellungen führen können. Da dieses Streben nach immer größerer
Allgemeinheit gleichsam ein Wesenszug mathematischen Denkens ist, sollte nach unserer Überzeugung der Mathematikunterricht wenigstens im Bereich der Kollegstufe so
gestaltet werden, daß der Lernende sein eigenes mathematisches Tun auch aus dieser
Sicht verstehen lernt. Diese Forderung gründet in unserer Auffassung von Bildung.
Denn wahrhafte Bildung kann nach unserer Ansicht nur erreicht werden, wenn der
erkennende Mensch zu einem verstehenden wird, d. i. wenn er die Sache, der er im
Denken begegnet, zu seiner Sache macht, wenn er sie aus der Ferne des „Gegenüber-
stehens" im bloßen rationalen Begreifen in sich hineinholt, wenn er sie auf sich bezieht
und seine Stellung zu ihr mitbedenkt, wenn er ihre Bedeutung für ihn selbst und für die
gegenwärtige Welt sieht, was einschließt, daß er sie als eine Gewordene und weiter sich
Entwickelnde vorstellt.

Wir sind der Meinung, daß Gegenstände der Algebra in besonderer Weise geeignet sein
können, den Prozeß des Verstehens und damit der Bildung einzuleiten, und zwar in
einem Unterricht, der im Sinne W a g e n s c h e i n s „exemplarisch" und im Sinne
P i a g e t s „genetisch" ist.

Deshalb fordert die Genese algebraischer Begriffe und Methoden ihre Anwendung auf
die klassischen Konstruktionsprobleme geradezu heraus, da durch Bezüge dieser Art
ihre Einzigartigkeit und Eigengesetzlichkeit sichtbar werden, wodurch die Auseinander-
setzung mit ihnen im Erkenntnisprozeß zu einer verstehenden Begegnung werden kann.

B   **6.3 Die theoretische Grundlegung und allgemeine Lösung des Problems der Zirkel-
konstruktion** (nach [23] und [43])

Zunächst treffen wir folgende Definitionen:

6.1 Definition Ein Oberkörper L eines Körpers K heißt E r w e i t e r u n g s k ö r -
p e r von K oder K ö r p e r e r w e i t e r u n g über K. Man schreibt hierfür häufig
L : K. Ein Körper M heißt Z w i s c h e n k ö r p e r der Erweiterung L : K , wenn
M Unterkörper von L ist und $K \subseteq M \subseteq L$ gilt.

---

[1]) Wie Laugwitz zeigt, ist auch die Frage nach der Konstruierbarkeit des regulären
7-Ecks durch dieses Verfahren lösbar. Die hierbei zu diskutierende Gleichung lautet:
$x^3 - x^2 - 2x - 1 = 0$.

6.2 Beispiele 1. Es ist **C** eine Körpererweiterung über **Q** mit dem Zwischenkörper **R**.   B
2. Es gilt **R** : **Q**$[\sqrt{2}]$ und **C** : **Q**$[i]$.

Der Leser überlege sich: Ist E ein Erweiterungskörper von K, so sind die Einselemente
von E und K identisch, und es gilt $K[X] \subseteq E[X]$.

6.3 Definition Ist K ein Körper, so heißt der Unterkörper $P(K) =_{Df} \cap \{ U : U$ Unterkörper von K } **P r i m k ö r p e r** von K.

Im folgenden sollen Beziehungen zwischen den Begriffen „Primkörper von K" und
„Charakteristik von K" untersucht werden. Eine unmittelbare Folgerung aus diesen
Betrachtungen wird die Einsicht sein, daß **Q** Primkörper von **R** ist. Es gilt nämlich der

6.4 Satz (i) char $K = 0 \Rightarrow P(K) \simeq$ **Q**.
(ii) char $K = p \neq 0 \Rightarrow P(K) \simeq$ **Z**$_{/(p)}$.

B e w e i s [in Anlehnung an [43]]: (i) Aus der Körperstruktur von P(K) ergibt sich:
Ist 1 die Eins von K, so ist 1 auch Element von P(K). Dann gilt aber auch $m \cdot 1 \in P(K)$
für alle $m \in$ **Z**. Für $n \neq 0$ und $n \in$ **Z** liegt auch $(n \cdot 1)^{-1}$ in P(K). Somit ist
$P^* = \{(m \cdot 1) \cdot (n \cdot 1)^{-1}: m, n \in$ **Z**$, n \neq 0\} \subseteq P(K)$.
Da P^* bereits Körper ist, folgt: $P^* = P(K)$. Unmittelbar einsichtig ist, daß $P^* \simeq$ **Q** gilt.
Also ergibt sich: $P(K) \simeq$ **Q**.
(ii) Es sei $\varphi :$ **Z** $\longrightarrow$ K, $n \longmapsto n \cdot 1$ mit 1 Eins von K. Aus char $K = p$ folgt: Kern $\varphi = (p)$
mit p Primzahl. Wegen **Z**$_{/\text{Kern } \varphi} \simeq \varphi($**Z**$) = \{0, 1, 2 \cdot 1, \ldots\ldots\ldots\ldots, (p - 1) \cdot 1\}$
(Homomorphiesatz für Ringe) gilt: **Z**$_{/(p)} \simeq \varphi($**Z**$)$. Da **Z**$_{/(p)}$ Körper ist (der Leser mache
sich das klar!), ist somit auch $\varphi($**Z**$)$ Körper. Berücksichtigt man noch, daß $\varphi($**Z**$)$ in jedem
Unterkörper von K als Teilmenge enthalten ist, so folgt: $P(K) = \varphi($**Z**$)$ und damit
$P(K) \simeq$ **Z**$_{/(p)}$. ∎

B e m e r k u n g . Es gelten auch die Umkehrungen der beiden Aussagen des Satzes 6.4.
Ihre Beweise überlassen wir dem Leser.
Aus char **R** $= 0$ und **Q** $\subset$ **R** ergibt sich mit 6.4(i) unmittelbar: **Q** ist Primkörper von **R**.

6.5 Definition Ist E ein Erweiterungskörper von K , so heißt ein Element α von E
a l g e b r a i s c h über K, wenn es ein vom Nullpolynom verschiedenes $f(X) \in K[X]$
gibt, so daß $f(\alpha) = 0$ gilt. Ist $\alpha \in E$ nicht algebraisch über K, so heißt α **t r a n z e n -
d e n t** über K.

Gilt z. B. K = **Q** und E = **R**, so ist $\sqrt{2} \in$ **R** eine Nullstelle des Polynoms
$X^2 - 2 \in$ **Q**$[X]$. Ebenso ist die imaginäre Einheit $i \in$ **C** Nullstelle eines Polynoms aus
Q$[X]$, nämlich von $X^2 + 1$. Die Zahlen $\sqrt{2}$ und i sind somit algebraisch über **Q**. Gewöhnlich ist es recht schwierig, die Transzendenz vorgegebener komplexer Zahlen
nachzuweisen. Es ist bekannt, daß die reellen Zahlen e $= 2{,}71$ .. und $\pi = 3{,}14$ ..
transzendent über **Q** sind[1]); darüberhinaus gibt es sogar überabzählbar viele reelle Zahlen, die transzendent über **Q** sind.

---

[1]) Der Beweis für die Transzendenz von e gelang Charles Hermite 1873. Ferdinand Lin-
demann bewies 1882 die Transzendenz von π.

B   B e m e r k u n g . Es sei E eine Körpererweiterung des Körpers K, $\alpha \in E$ sei transzendent über K.

(i) Sind $a_0, \ldots, a_n \in K$ und gilt in E die Gleichung $\sum\limits_{k=0}^{n} a_k \cdot \alpha^k = 0$, so ist nach Definition 6.5 notwendig $a_k = 0$ für $0 \leqslant k \leqslant n$.

(ii) Für das Einselement 1 von K (das notwendig mit dem von E übereinstimmt) gilt: $1 \cdot \alpha = \alpha \cdot 1 = \alpha$.

(iii) Wegen der Kommutativität von E und $E \supset K$ gilt für alle $r \in K : r \cdot \alpha = \alpha \cdot r$.

Das transzendente Element $\alpha \in E$ erfüllt also die drei Bedingungen aus Übung 5.27, denen auch eine Unbestimmte über einem Ring $R \neq \{0\}$ mit Eins genügt. Definiert man eine Unbestimmte durch diese Kriterien, so ist α nach der obigen Überlegung eine Unbestimmte über K.

Ist umgekehrt ein Körper K gegeben und X eine Unbestimmte über K im Sinne der Kriterien in Übung 5.27, so liegt X im Quotientenkörper K(X) von K[X]. Wegen Bedingung (i) ist $X \in K(X)$ transzendent über dem Körper K, den wir als Teilkörper von K(X) auffassen dürfen.

In den weiteren Ausführungen werden wir die folgende Schreibweise häufig anwenden:

6.6 Definition Sind I und I* Integritätsringe mit $I^* \supset I$ und sind $\alpha_1, \alpha_2, \ldots, \alpha_n$ Elemente aus I*, so soll der Quotienkörper von $I[\alpha_1, \alpha_2, \ldots, \alpha_n]$ mit $I(\alpha_1, \alpha_2, \ldots, \alpha_n)$ bezeichnet werden.

B e m e r k u n g . Man erhält $I[\alpha_1, \alpha_2, \ldots, \alpha_n]$ aus I durch Ringadjunktion der Elemente $\alpha_1, \alpha_2, \ldots, \alpha_n \in I^*$. Die Elemente von $I[\alpha_1, \alpha_2, \ldots, \alpha_n]$ sind somit Summen von Produkten der Gestalt $r\alpha_1^{\beta_1} \alpha_2^{\beta_2} \ldots \alpha_n^{\beta_n}$ mit $r \in I$ und $\beta_\nu \in \mathbf{N}_0$.
Da $I[\alpha_1, \alpha_2, \ldots, \alpha_n]$ sogar ein Integritätsring ist (Begründung!), existiert der Quotientenkörper $I(\alpha_1, \alpha_2, \ldots, \alpha_n)$ nach Satz 5.32. Den Übergang von I zu $I(\alpha_1, \alpha_2, \ldots, \alpha_n)$ bezeichnet man als Körperadjunktion von $\alpha_1, \alpha_2, \ldots, \alpha_n$. Als Quotientenkörper von $I[\alpha_1, \alpha_2, \ldots, \alpha_n]$ besteht $I(\alpha_1, \alpha_2, \ldots, \alpha_n)$ aus allen Brüchen $\dfrac{f}{g}$ mit $f, g \in I[\alpha_1, \alpha_2, \ldots, \alpha_n]$ und $g \neq 0$.

Da $I(\alpha_1, \alpha_2, \ldots, \alpha_n)$ der kleinste Körper ist, der I und die Elemente $\alpha_1, \alpha_2, \ldots, \alpha_n$ enthält, sagt man: $I(\alpha_1, \alpha_2, \ldots, \alpha_n)$ wird über I von $\alpha_1, \alpha_2, \ldots, \alpha_n$ erzeugt. Der Leser mache sich klar, daß gilt: $I(\alpha_1, \alpha_2, \ldots, \alpha_n) = I(\alpha_1)(\alpha_2) \ldots (\alpha_n)$.

Übungen

6.1 Ist X eine Unbestimmte über dem Körper K, so gilt $K[X] \subset K(X)$ und $K[X] \neq K(X)$.

6.2 Beweisen Sie, daß gilt: $\mathbf{Q}[\sqrt{2}] = \mathbf{Q}(\sqrt{2})$.

6.3 Bestimmen Sie $\mathbf{R}(i)$.

6.4 Beweisen Sie: Ist α transzendent über dem Körper K, so ist auch α^2 transzendent über K.

6.5 Zeigen Sie $\mathbf{Q}(\sqrt{2}, \sqrt{3}) = \{a + b\sqrt{2} + c\sqrt{3} + d\sqrt{6} \in \mathbf{R} : a, b, c, d \in \mathbf{Q}\}$.   B

Für algebraische Elemente über einem Körper K gilt der

6.7 Satz Ist α algebraisch über dem Körper K, so existiert ein eindeutig bestimmtes Polynom $f(X) \in K[X]$ mit den folgenden Eigenschaften:

(i) $f(X)$ ist normiert, d. h. es existiert ein $n \in \mathbf{N}$ mit $f(X) = 1 \cdot X^n + \sum_{k=0}^{n-1} a_k \cdot X^k$.

(ii) Es gilt $f(\alpha) = 0$.

(iii) Ist $g(X) \in K[X]$ und Grad $g(X) <$ Grad $f(X)$, so gilt $g(\alpha) \neq 0$.

B e w e i s . Es sei $P = \{f(X) \in K[X] : f(X) \neq 0 \text{ und } f(\alpha) = 0\}$. Da α algebraisch über K ist, folgt: $P \neq \emptyset$. Dann gibt es in P ein Polynom $f_k(X) = a_n X^n + a_{n-1} X^{n-1} + \dots + a_1 X + a_0$, $a_n \neq 0$, kleinsten Grades $n > 0$. Dann gilt für jedes $g(X) \in K[X]$ mit Grad $g(X) < n$: $g(\alpha) \neq 0$. Wegen $a_n \alpha^n + a_{n-1} \alpha^{n-1} + \dots + a_0 = 0$ gilt auch

$$\alpha^n + \frac{a_{n-1}}{a_n} \alpha^{n-1} + \dots + \frac{a_0}{a_n} = 0 . \text{ Das Polynom } f_m(X) = \frac{1}{a_n} f_k(X) \in K[X]$$

besitzt demnach die Eigenschaften (i), (ii) und (iii). Damit ist die Existenz eines $f(X) \in K[X]$ mit den Eigenschaften (i), (ii) und (iii) bewiesen. Daß es kein von $f_m(X)$ verschiedenes Polynom in $K[X]$ mit den Eigenschaften (i), (ii) und (iii) gibt, folgt so: Angenommen $f^*(X) \in K[X]$ besitzt auch die Eigenschaften (i) − (iii). Aus Bedingung (iii) und Grad $f_m(X) = n$ ergibt sich: Grad $f^*(X) = n$.

Betrachten wir nun das Polynom $d(X) = f_m(X) - f^*(X)$. Dann gilt: $d(\alpha) = 0$ und Grad $d(X) < n$ oder aber $d(X) = 0$. Nach (iii) kann es jedoch kein Polynom von kleinerem Grad als n geben, das α als Nullstelle hat. Also folgt: $d(X)$ ist das Nullpolynom. Damit gilt: $f_m(X) - f^*(X) = 0$, und dies bedeutet $f_m(X) = f^*(X)$. ∎
Dies veranlaßt uns zu der folgenden Definition.

6.8 Definition Ist α algebraisch über dem Körper K, so heißt das nach Satz 6.7 eindeutig bestimmte Polynom $f(X)$ das M i n i m a l p o l y n o m oder das d e f i n i e - r e n d e P o l y n o m v o n α ü b e r K.

Wie durch den folgenden Satz bewiesen wird, läßt sich zwischen den Begriffen „Minimalpolynom" und „irreduzibles Polynom" eine enge Beziehung aufzeigen. Hierfür schränken wir zunächst die Definition 5.49 ein auf den Fall, daß R ein Polynomring über einem Integritätsring I ist. Berücksichtigen wir noch, daß damit $R = I[X]$ selbst ein Integritätsring ist (Kor. zu Satz 5.27) und daß für die Einheitengruppe $(I[X])^*$ des Ringes $I[X]$ gilt: $(I[X])^* = I^*$, mit I^* Einheitengruppe von I (Übung 5.30), so können wir definieren:

6.9 Definition Ist $f(X)$, mit Grad $f(X) \geqslant 1$, ein Element von $I[X]$ und ist I ein Integritätsring, so heißt $f(X)$ i r r e d u z i b e l über I oder i r r e d u z i b e l in $I[X]$, wenn aus $f(X) = g(X) h(X)$, mit $g(X), h(X) \in I[X]$, folgt: entweder $g(X)$ oder $h(X)$ ist ein Element der Einheitengruppe I^*. Ein nicht irreduzibles Polynom aus $I[X]$ heißt r e d u z i b e l über I oder in $I[X]$.

B e m e r k u n g . i) Durch die Bedingung Grad $\mathfrak{f}(X) \geq 1$ ist gewährleistet, daß die Bedingung (i) der Definition 5.49 erfüllt ist.

ii) Ist I ein Körper, so ist die Bedingung (i) der Definition 5.49 sogar gleichbedeutend mit Grad $f(X) \geq 1$.

Es gilt

6.10 Satz Es sei E eine Körpererweiterung von K, $\alpha \in E$ sei algebraisch über K. Dann gilt:

(i) Das Minimalpolynom $f(X)$ von α über K ist irreduzibel in $K[X]$.

(ii) Ein über K irreduzibles Polynom $h(X) \in K[X]$, das normiert ist und α als Nullstelle besitzt, ist das Minimalpolynom von α über K.

B e w e i s . (i) Angenommen das Minimalpolynom $f(X)$ von α über K wäre reduzibel. Dann gilt: Es gibt in $K[X]$ Polynome $g(X)$ und $h(X)$, die mindestens vom Grad Eins sind, so daß $f(X) = g(X)h(X)$ ist. Nach dem sog. Ersetzungssatz 5.24 für Polynome folgt dann: $g(\alpha)h(\alpha) = f(\alpha) = 0$.

Wegen der Nullteilerfreiheit von E ergibt sich weiter: $g(\alpha)h(\alpha) = 0 \Longleftrightarrow g(\alpha) = 0$ oder $h(\alpha) = 0$.

Da die Grade von $g(X)$ und $h(X)$ kleiner sind als der Grad von $f(X)$, widerspricht $g(\alpha) = 0$ oder $h(\alpha) = 0$ der Voraussetzung, daß $f(X)$ Minimalpolynom von α über K ist. Also gilt: $f(X)$ ist irreduzibel in $K[X]$.

(ii) Es sei $h(X)$ irreduzibel über K, normiert und α Nullstelle von $h(X)$. $f(X)$ sei das Minimalpolynom von α über K. Dann gibt es nach Satz 5.35 Polynome $q(X)$ und $r(X)$ aus $K[X]$, wobei entweder $r(X) = 0$ oder Grad $r(X) < $ Grad $f(X)$ ist, so daß gilt: $h(X) = q(X)f(X) + r(X)$.

Aus $0 = h(\alpha) = q(\alpha)f(\alpha) + r(\alpha) = q(\alpha) \cdot 0 + r(\alpha)$ folgt: $r(\alpha) = 0$. Da $f(X)$ Minimalpolynom von α über K ist, kann somit nur gelten: $r(X)$ ist das Nullpolynom. Da $h(X)$ irreduzibel ist und Grad $f(X) \geq 1$ gilt, folgt: $q(X)$ ist ein Element aus K. Da $h(X)$ und $f(X)$ normiert sind, kann dann nur noch gelten: $q(X) = 1$. Damit ergibt sich aus $h(X) = q(X)f(X)$ und $q(X) = 1$ die Gleichung $h(X) = f(X)$; d. h. $h(X)$ ist das Minimalpolynom von α über K. ∎

Deshalb können wir definieren:

6.11 Definition Ist α algebraisch über dem Körper K, so bezeichnen wir das Minimalpolynom $f(X) \in K[X]$ von α über K mit $f(X) = Irr(\alpha, K)$. Gilt Grad $Irr(\alpha, K) = n$, so sagen wir, α ist a l g e b r a i s c h v o m G r a d n über K und schreiben: $[\alpha : K] = n$.

B e m e r k u n g . Ist $\alpha \in K$, so ist α natürlich algebraisch über K, da α Nullstelle von $X - \alpha$ ist. Da $X - \alpha$ irreduzibel über K ist, folgt: $Irr(\alpha, K) = X - \alpha$ und damit $[\alpha : K] = 1$.

Daß der Grad eines algebraischen Elementes sich ändern kann, wenn der Bezugskörper sich ändert, zeigt das folgende Beispiel: Ist $K = \mathbf{R}$, so gilt: $[\sqrt{2} : \mathbf{R}] = 1$; denn $\sqrt{2}$ ist Nullstelle des über $\mathbf{R}$ irreduziblen Polynoms $X - \sqrt{2}$. Ist dagegen $K = \mathbf{Q}$, so gilt: $\sqrt{2}$ ist Nullstelle des Polynoms $X^2 - 2 \in \mathbf{Q}[X]$. Nun kann aber $X^2 - 2$ über $\mathbf{Q}$ nicht reduzibel sein, da sonst $X^2 - 2$ eine ganzzahlige Nullstelle besitzen müßte. Also gilt: $[\sqrt{2} : \mathbf{Q}] = 2$.

Übungen **B**

6.6 Bestimmen Sie:
(i) $[3 + \sqrt{3} : \mathbf{Q}]$,
(ii) $[\sqrt{2} + \sqrt{3} : \mathbf{Q}]$,
(iii) $[i : \mathbf{R}]$ und $[i : \mathbf{Q}]$.

6.7 Es sei $L : K$ eine Körpererweiterung. Zeigen Sie: Ein Element $a \neq 0$ ist genau dann algebraisch über K, wenn $a^{-1} \in K[a]$ ist.

6.8 Für welche $a \in \mathbf{Z}$ ist $X^4 + aX^2 + 1$ reduzibel über $\mathbf{Q}$?

6.9 Zeigen Sie: $X^3 - 2 \in \mathbf{Q}[X]$ ist über $\mathbf{Q}$ nicht reduzibel.

Wir müssen nun noch einen für die Lösung unserer Aufgabe wichtigen Begriff behandeln, nämlich den des Grades eines Erweiterungskörpers E von K über K. Hierfür sei L ein Erweiterungskörper von K. Für die gesamte Körpertheorie grundlegend ist nun die folgende Feststellung: L ist in natürlicher Weise ein Vektorraum über K. Denn $(L, +)$ ist eine abelsche Gruppe, und es ist eine Multiplikation von Elementen aus L mit Skalaren aus K erklärt, nämlich die Multiplikation in L. Aus den Körperaxiomen ist unmittelbar ersichtlich, daß die Axiome für einen Vektorraum erfüllt sind.

Dann können wir definieren:

6.12 Definition Sind E und K Körper und ist $E \supset K$, so nennen wir die Dimension des Vektorraums E über K den G r a d v o n E ü b e r K und schreiben dafür $[E : K]$.

Offenbar gilt stets $[E : K] \geqslant 1$. Sind F, E und K drei Körper mit $F \supset E \supset K$, so werden durch die folgende sog. Grad-Formel die Grade $[F : K]$, $[F : E]$ und $[E : K]$ in Beziehung zueinander gesetzt. Da die Dimension der betrachteten Vektorräume darin auch unendlich sein kann, vereinbaren wir für $n \in \mathbf{N}$ die Schreibweisen $n \cdot \infty = \infty$ und $\infty \cdot \infty = \infty$. Damit gilt

6.13 Satz (G r a d s a t z) Es sei K ein Körper, E eine Körpererweiterung von K und F eine solche von E. Dann gilt: $[F : K] = [F : E] \cdot [E : K]$.

B e w e i s . Ist $[E : K]$ unendlich, so besitzt E als Vektorraum über K kein endliches Erzeugendensystem, wegen $E \subset F$ ist dies erst recht nicht für F der Fall. Aus $[F : E] \geqslant 1$ ergibt sich unter Beachtung der obigen Konvention die Gleichung $[F : K] = \infty$. Ist $[F : E]$ unendlich, so besitzt F als Vektorraum über E kein endliches Erzeugendensystem; diese Aussage bleibt richtig, wenn man E durch den (höchstens kleineren) Körper K ersetzt, so daß sich auch in diesem Fall die Gradformel ergibt.

Nun sei $[F : E] = n < \infty$, $\{f_1, \ldots, f_n\}$ eine Basis von F über E, sowie $[E : K] = m < \infty$ und $\{e_1, \ldots, e_m\}$ eine Basis von E über K. Wir können die behauptete Aussage beweisen, indem wir zeigen, daß $B =_{\mathrm{Df}} \{e_\mu \cdot f_\nu : 1 \leqslant \nu \leqslant n, \ 1 \leqslant \mu \leqslant m\}$ eine Basis des Vektorraums F über dem Körper K ist.

B ist ein Erzeugendensystem von F: Es sei $f \in F$. Dann existieren in E Elemente

x_ν, $1 \leqslant \nu \leqslant n$, mit $f = \sum_{\nu=1}^{n} x_\nu \cdot f_\nu$.

B Zu jedem x_ν existieren in K Elemente $y_\mu^{(\nu)}$, $1 \leqslant \mu \leqslant m$, so daß $x_\nu = \sum\limits_{\mu=1}^{m} y_\mu^{(\nu)} \cdot e_\mu$ ist.
Einsetzen liefert

$$f = \sum_{\nu=1}^{n} \left(\sum_{\mu=1}^{m} y_\mu^{(\nu)} \cdot e_\mu \right) \cdot f_\nu = \sum_{\nu=1}^{n} \sum_{\mu=1}^{m} y_\mu^{(\nu)} \cdot e_\mu \cdot f_\nu \; ;$$

B ist also ein Erzeugendensystem von F, aufgefaßt als Vektorraum über K.
Lineare Unabhängigkeit der Elemente von B: Die Gleichung

$$\sum_{\nu=1}^{n} \sum_{\mu=1}^{m} y_\mu^{(\nu)} \cdot e_\mu \cdot f_\nu = 0$$

sei mit Skalaren $y_\mu^{(\nu)} \in K$ erfüllt. Dann ist wegen der linearen Unabhängigkeit der f_ν
über E zunächst notwendig $\sum\limits_{\mu=1}^{m} y_\mu^{(\nu)} e_\mu = 0$ für $1 \leqslant \nu \leqslant n$; aus der linearen Unabhängigkeit der e_μ über K folgt weiter: $y_\mu^{(\nu)} = 0$ für $1 \leqslant \mu \leqslant m$ und $1 \leqslant \nu \leqslant n$. Dies
beweist die lineare Unabhängigkeit der Elemente von B. ∎

Aus dem Gradsatz läßt sich unmittelbar folgern: Für einen „Körperturm"

$$K_1 \subseteq K_2 \subseteq \ldots \subseteq K_n \quad \text{gilt} \quad [K_n : K_1] = \prod_{i=1}^{n-1} [K_{i+1} : K_i] .$$

Zur Vertiefung des Gradbegriffes behandeln wir einige einfache Sätze.

6.14 Satz Sind E und K Körper, mit $E \supset K$, so gilt $[E:K] = 1$ genau dann, wenn
$E = K$ ist.

B e w e i s . Ist $[E:K] = 1$, so besitzt E eine einelementige Basis. Da ein vom Null-
vektor verschiedener Vektor stets linear unabhängig ist, gilt: Die Menge $\{1\}$ (1 sei das
Einselement von E und damit auch von K) bildet eine Basis von E. Ist $x \in E$, so gilt:
Es gibt ein $y \in K$ mit $x = 1 \cdot y$. Wegen $1 \cdot y \in K$ folgt: $E \subset K$ und zusammen mit
der Voraussetzung: $E = K$. Ist umgekehrt $E = K$, so wird $E \neq \{0\}$ von $1 \in K$ erzeugt,
woraus folgt: $[E:K] = 1$. ∎

Aus den beiden letzten Sätzen ergibt sich unmittelbar:

6.15 Satz Sind $F \supset E \supset K$ Körper, ist $[F:K] < \infty$ und $[E:K] = [F:K]$, so gilt
$E = F$.

B e w e i s . Die Anwendung der Gradformel ergibt: $[F:K] = [F:E] \cdot [E:K]$. Wegen
$[F:K] < \infty$ und $[E:K] = [F:K]$ folgt: $[F:E] = 1$.
Wegen Satz 6.14 gilt somit: $F = E$. ∎

Der übernächste Satz liefert eine Beziehung zwischen Körpergrad und Grad eines algebraischen Elementes. Zu seinem Beweis benötigen wir den folgenden

6.16 Satz Ist K ein Körper und α algebraisch über K, so gilt $K(\alpha) = K[\alpha]$

B e w e i s . Da $K[\alpha]$ ein kommutativer Ring mit Einselement ist, ist nur noch zu zei-

gen, daß es zu jedem $\xi \in K[\alpha]$ mit $\xi \neq 0$ ein inverses Element in $K[\alpha]$ gibt. Es sei
also $\xi \in K[\alpha]$ und $\xi \neq 0$; dann gibt es in $K[X]$ ein $f(X)$ mit $f(\alpha) = \xi$. Ist nun
$h(X) = \mathrm{Irr}(\alpha, K)$, so folgt aus $f(\alpha) \neq 0$ und $h(\alpha) = 0$: $f(X) \neq h(X)$. Da $h(X)$ irreduzibel über K und $f(\alpha) \neq 0$ ist, gilt: $f(X)$ und $h(X)$ sind teilerfremd. Weiter folgt aus der
Tatsache, daß $K[X]$ ein euklidischer Ring ist, und aus der Teilerfremdheit von $f(X)$
und $h(X)$: Es gibt ein $p(X) \in K[X]$ und ein $s(X) \in K[X]$, so daß gilt:
$p(X) f(X) + s(X) h(X) = 1$ (denn $1 = \mathrm{ggT}(f(X), h(X))$). Ersetzen wir nun X durch α,
so wird $h(\alpha) = 0$ und damit $p(\alpha)f(\alpha) = 1$. Damit gilt: $p(\alpha)$ ist in $K[\alpha]$ invers zu
$\xi = f(\alpha)$. ∎

Mit Hilfe der obigen Aussage läßt sich nun der folgende Satz beweisen.

6.17 Satz Ist α algebraisch über dem Körper K, dann gilt: $[K(\alpha) : K] = [\alpha : K]$.

B e w e i s . Es sei $h(X) \in K[X]$ das Minimalpolynom von α über K. Es gelte
Grad $h(X) = n \geqslant 1$.
Da nach Satz 6.16 $K(\alpha) = K[\alpha]$ ist, hat jedes Element $\dfrac{r(\alpha)}{g(\alpha)} \in K(\alpha)$ die Gestalt $f(\alpha)$

mit $f(X) \in K[X]$. Ist also $\xi \in K(\alpha)$, so gibt es ein $f(X) \in K[X]$ mit $f(\alpha) = \xi$. Da

$K[X]$ ein euklidischer Ring ist, folgt: Es gibt ein $p(X)$ und ein $s(X) \in K[X]$ mit
$f(X) = p(X) h(X) + s(X)$ und $s(X) = 0$ oder Grad $s(X) <$ Grad $h(X)$. Ersetzen wir
X durch α, so gilt wegen $h(\alpha) = 0$: $f(\alpha) = s(\alpha)$. $\xi = f(\alpha)$ ist also entweder gleich 0,
oder es läßt sich als Polynom in α höchstens $(n-1)$-ten Grades schreiben. In der
Sprache der Theorie der Vektorräume heißt das: Im Vektorraum $K(\alpha)$ über K läßt
sich jeder Vektor $\xi \in K(\alpha)$ als Linearkombination der in $K(\alpha)$ enthaltenen Elemente
$1, \alpha, \alpha^2, \ldots, \alpha^{n-1}$ mit Koeffizienten aus K schreiben. Die Elemente $1, \alpha, \alpha^2, \ldots, \alpha^{n-1}$
bilden also ein Erzeugendensystem von $K(\alpha)$. Da $h(X)$ nach Voraussetzung Minimal-
polynom von α über K vom Grad n ist, gilt für jede Linearkombination $a_{n-1}\alpha^{n-1} +$
$a_{n-2}\alpha^{n-2} + \ldots + 1 \cdot a_0$, jetzt als Polynom aus $K[\alpha]$ aufgefaßt: $a_{n-1}\alpha^{n-1} + a_{n-2}\alpha^{n-2} +$
$+ \ldots + a_0 = 0$ nur dann, wenn alle $a_\nu \in K$ gleich Null sind. Das bedeutet jedoch: Die
Vektoren $\alpha^{n-1}, \alpha^{n-2}, \ldots, \alpha^2, \alpha, 1$ sind linear unabhängig und bilden deshalb als Erzeugendensystem von $K(\alpha)$ eine Basis von $K(\alpha)$. $K(\alpha)$ hat als Vektorraum über K also
die Dimension n. Deshalb gilt: $[K(\alpha) : K] = n = [\alpha : K]$. ∎

Für die folgenden zwei Sätze benötigen wir noch zwei Definitionen.

6.18 Definition Die Körpererweiterung E des Körpers K heißt e n d l i c h   ü b e r   K,
wenn $[E : K] = n < \infty$ ist.

6.19 Definition Die Körpererweiterung E des Körpers K heißt a l g e b r a i s c h
ü b e r K, wenn jedes $\alpha \in E$ algebraisch über K ist.

Dann gilt der leicht zu beweisende

6.20 Satz Eine endliche Körpererweiterung E von K ist algebraisch über K.

B e w e i s . Sei E eine endliche Körpererweiterung von K. Dann gilt: $[E : K] = n < \infty$.
Ist $\alpha \in E$, so ist nachzuweisen, daß α algebraisch über K ist, d. h. es ist die Existenz
eines vom Nullpolynom verschiedenen $f(X) \in K[X]$ nachzuweisen, das α als Nullstelle

B hat. Da die Dimension von E als Vektorraum über K gleich n ist, gilt für die in E liegenden Elemente $1, \alpha, \alpha^2, \ldots, \alpha^n$, daß sie linear abhängig sind. D. h.: Es gibt Elemente $a_0, a_1, \ldots, a_n \in K$, die nicht alle gleich Null sind, so daß gilt: $a_n\alpha^n + a_{n-1}\alpha^{n-1} + \ldots + a_1\alpha + a_0 = 0$. Damit gibt es aber in K[X] das vom Nullpolynom verschiedene Polynom $f(X) = a_nX^n + a_{n-1}X^{n-1} + \ldots + a_1X + a_0$ mit $f(\alpha) = 0$. ∎

Schließlich beweisen wir

6.21 Satz Es sei E ein Erweiterungskörper des Körpers K und $[E : K] = n < \infty$. Weiter sei $\alpha \in E$ und $[\alpha : K] = d$. Dann gilt:

(i) d ist Teiler von n.

(ii) $E = K(\alpha)$ genau dann, wenn $d = n$ ist.

B e w e i s . (i) Wegen Satz 6.20 gilt zunächst: α ist algebraisch über K. Da $[\alpha : K] = d$, gilt nach Satz 6.17 $[K(\alpha) : K] = [\alpha : K] = d$. Weiter ist $K \subset K(\alpha) \subset E$. Dann ergibt die Gradformel: $n = [E : K] = [E : K(\alpha)] \cdot [K(\alpha) : K]$. Wegen $[K(\alpha) : K] = d$ folgt: d ist Teiler von n.

(ii) Ist $E = K(\alpha)$, so folgt aus Satz 6.14 $[E : K(\alpha)] = 1$ und damit $d = [K(\alpha) : K] = n$. Ist umgekehrt $d = n$, so ist $[E : K(\alpha)] = 1$ und damit wieder nach Satz 6.14 $E = K(\alpha)$. ∎

Wir sind jetzt in der Lage, mit Hilfe der bisher entwickelten Körpertheorie auf geometrische Konstruktionsprobleme einzugehen. Es handelt sich bei diesen Problemen letztlich um die Frage, unter welchen Bedingungen in einer Zeichenebene eine Strecke bestimmter Länge in endlich vielen Schritten und unter ausschließlicher Verwendung von Zirkel und Lineal aus einer vorgegebenen Einheitsstrecke konstruierbar ist.

Die Regeln, nach denen konstruiert werden darf, können wie folgt präzisiert werden [nach 43]:

(K_1) Eine Strecke, deren Länge mit 1 festgelegt wird und die deshalb Einheitsstrecke heißen soll, bzw. deren Endpunkte seien vorgegeben.

(K_2) Durch je zwei konstruierte oder vorgegebene Punkte kann mit Hilfe eines Lineals eine Gerade gezeichnet werden.

(K_3) Um jeden konstruierten oder vorgegebenen Punkt kann mit Hilfe eines Zirkels ein Kreis geschlagen werden, dessen Radius als Verbindungsstrecke zweier bereits konstruierter Punkte abgegriffen wird.

(K_4) Konstruierte Punkte sollen sein: Schnittpunkte von Geraden mit Geraden, von Geraden mit Kreisen, von Kreisen mit Kreisen, wobei die Geraden und die Kreise nach $(K_1)–(K_3)$ konstruiert wurden.

Um nun „die geometrische Aufgabe der Behandlung mit algebraischen Methoden zugänglich zu machen" [43], sollen die Punkte der Zeichenebene mit den Paaren (x, y) reeller Zahlen identifiziert werden. Hierzu wird ein Koordinatensystem wie folgt konstruiert:

a) Die Endpunkte der vorgegebenen Einheitsstrecke bezeichnen wir mit (0, 0) und (1, 0) und treffen die folgende Verabredung:

(V)   Eine reelle Zahl a soll k o n s t r u i e r b a r heißen, wenn der Punkt (a, 0) in endlich vielen Schritten nach $(K_1)–(K_4)$ konstruierbar ist.

Nach Zeichnen der Geraden durch (0, 0) und (1, 0), sie ist die erste Achse des Koordinatensystems, wird mit dem Zirkel die Einheitsstrecke auf dieser Geraden von (0, 0) aus so abgetragen, daß wir auf ihr einen neuen Punkt erhalten. Dieser wird mit (−1, 0) bezeichnet. Schlägt man um (1, 0) und (−1, 0) Kreise mit Radien gleichlang der doppelten Einheitsstrecke, so erhält man zwei neue Schnittpunkte. Die Gerade durch diese Punkte ist die zweite Achse des Koordinatensystems. Damit kann die Verabredung (V) auch lauten:

(V′) $a \in \mathbf{R}$ ist genau dann konstruierbar, wenn (0, a) konstruierbar ist.

Sind nun zwei reelle Zahlen a, b konstruierbar, so zeigen die folgenden Skizzen, daß dann auch die Zahlen $-a$, $a + b$, ab, $\dfrac{b}{a}$ $(a \neq 0)$ und $\sqrt{a}\;(a > 0)$ konstruierbar sind.

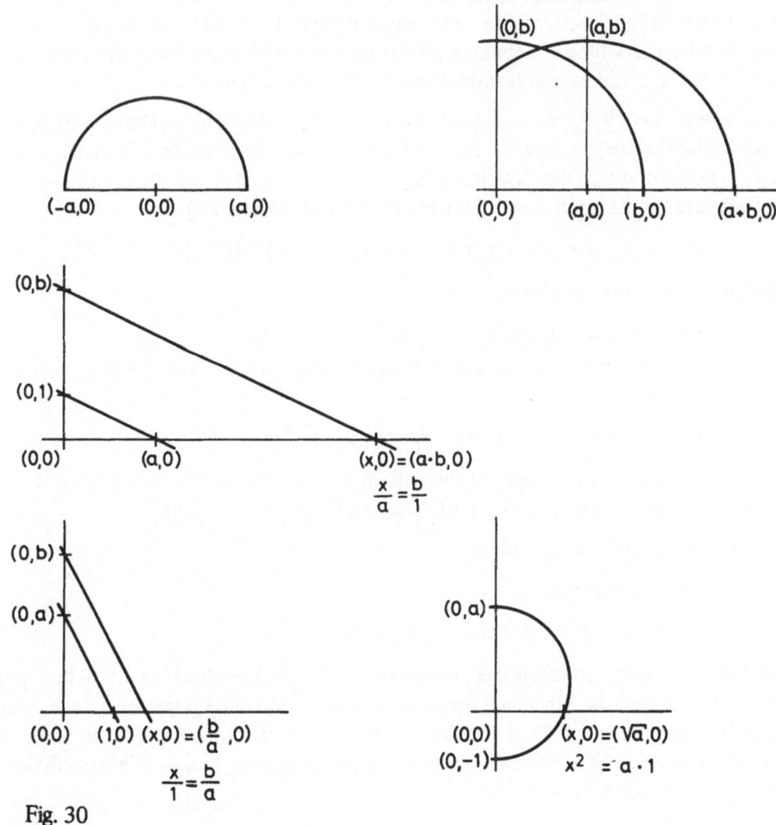

$$\frac{x}{a} = \frac{b}{1} \qquad \frac{x}{1} = \frac{b}{a} \qquad x^2 = a \cdot 1$$

Fig. 30

Aus diesen Feststellungen ist ersichtlich, daß die Menge K der konstruierbaren reellen Zahlen mit den Verknüpfungen Addition und Multiplikation ein Körper und damit ein Unterkörper von **R** ist. Da, wie wir gesehen haben, **Q** der Primkörper von **R** ist, erhalten

B   wir die Inklusionen: $\mathbf{Q} \subseteq K \subseteq \mathbf{R}$; d. h. K ist Zwischenkörper der Erweiterung $\mathbf{R} : \mathbf{Q}$. Für diesen Zwischenkörper gilt als zusätzliche Eigenschaft: Mit $a \in K$, $a > 0$, ist nach dem Höhensatz auch $\sqrt{a}$ ein Element von K.

Damit gilt weiterhin: Sind a, b, c $\in$ K, mit c > 0, so ist auch $a + b\sqrt{c}$ ein Element von K.

Wir setzen nun voraus, daß endlich viele irrationale Zahlen $a_1, \ldots, a_n$ bereits konstruiert worden sind. Damit wissen wir: Der Körper $\mathbf{Q}(a_1, \ldots, a_n)$ ist konstruierbar. Wir setzen nun $\mathbf{Q}(a_1, \ldots, a_n) = L$ und fragen uns, was algebraisch mit L vor sich geht, wenn wir gemäß den Regeln $(K_1) - (K_4)$ einen weiteren Konstruktionsschritt durchführen. Wir halten nochmals fest: L ist Zwischenkörper der Erweiterung $K : \mathbf{Q}$ (K Körper aller konstruierbaren reellen Zahlen), in dem alle bereits konstruierten Zahlen (Punkte) liegen. Nach den Regeln (K_2) und (K_3) haben wir in jedem Konstruktionsschritt zwei Möglichkeiten: Entweder wir zeichnen durch zwei konstruierte Punkte eine Gerade oder wir schlagen um einen konstruierten Punkt einen Kreis mit einem Radius, den wir als Abstand zweier konstruierter Punkte abgreifen.

Es seien nun (x_1, y_1), (x_2, y_2) zwei bereits konstruierte Punkte. Dann lehrt uns die analytische Geometrie, daß die Punkte (x, y), die auf der Geraden durch (x_1, y_1), (x_2, y_2) liegen, durch die Gleichung $(x_2 - x_1) \cdot (y - y_1) = (y_2 - y_1) \cdot (x - x_1)$ bestimmt sind. Umformen dieser Gleichung ergibt die Beziehung

$$(y_1 - y_2)\,x + (x_2 - x_1)\,y + (-x_2 y_1 + y_2 x_1) = 0,$$

also eine Gleichung der Form:

(I) $ux + vy + w = 0$, mit u, v, w $\in$ L.

Alle Punkte (x, y) auf einem Kreis um (x_1, y_1) mit dem Radius r genügen der Gleichung

(II) $(x - x_1)^2 + (y - y_1)^2 = r^2$ mit $x_1, y_1, r^2 \in L$.

Im folgenden soll nun untersucht werden, in welchem Körper – bezogen auf L – die Schnittpunkte von Figuren mit der Gleichung (I) oder (II) liegen.

(a) Falls zwei durch die Gleichungen

$ux + vy + w = 0,$

$u'x + v'y + w = 0$ mit $u, v, w, u', v', w' \in L$

gegebene Geraden sich schneiden, dann lassen sich die Koordinaten des Schnittpunktes berechnen, indem die Lösungen dieser beiden linearen Gleichungen mit Koeffizienten aus L berechnet werden. Da L Körper ist, liegen diese Lösungen wieder in L. Es läßt sich sogar noch ein Zwischenkörper von $\mathbf{Q}$ und L angeben, in dem die Koordinaten des Schnittpunktes liegen, nämlich

$\mathbf{Q}(u, v, w, u', v', w') \subseteq L.$

(b) Falls eine Gerade $ux + vy + w = 0$ einen Kreis $(x - c)^2 + (y - d)^2 = r^2$ schneidet, wobei $u, v, w, c, d, r^2 \in L$ sein sollen, dann sind die Koordinaten der Schnittpunkte Lösungen quadratischer Gleichungen der Form $Ax^2 + Bx + C = 0$ bzw.

$A'y^2 + B'y + C' = 0$ mit $A, A', B, B', C, C' \in L$ und $A, A' \neq 0$.   **B**

Betrachten wir $x^2 + \dfrac{B}{A}\, x + \dfrac{C}{A}$ bzw. $y^2 + \dfrac{B'}{A'}\, y + \dfrac{C'}{A'}$ als quadratische Polynome aus

$L[x]$ bzw. $L[y]$, dann sind sie entweder reduzibel über L oder irreduzibel über L. Ist

$x^2 + \dfrac{B}{A}\, x + \dfrac{C}{A}$ reduzibel über L, dann ist die x-Koordinate des Schnittpunktes auch

Lösung eines linearen Polynoms aus $L[x]$ und damit ein Element aus L. Das gleiche

gilt für die y-Koordinate des Schnittpunktes, falls $y^2 + \dfrac{B'}{A'}\, y + \dfrac{C'}{A'}$ reduzibel über L ist.

Der Fall „$x^2 + \dfrac{B}{A}\, x + \dfrac{C}{A}$ ist irreduzibel über L" bedeutet nach Satz 6.10, daß

$x^2 + \dfrac{B}{A}\, x + \dfrac{C}{A}$ Minimalpolynom seiner Nullstellen über L ist. Dann ergibt Definition

6.11: Die Nullstellen sind algebraisch vom Grad 2 über L. Nach Satz 6.17 ist dann auch der

Quotientenkörper, der durch Adjunktion einer Nullstelle von $x^2 + \dfrac{B}{A}\, x + \dfrac{C}{A}$ zu L ent-

steht, vom Grad 2 über L. Daraus folgt (mittels Satz 6.14), daß die Nullstellen dieses
Polynoms nicht in L liegen.

Löst man die Gleichung $Ax^2 + Bx + C = 0$ nach x auf, so ergibt sich:

$x_{1,2} = \dfrac{-B \pm \sqrt{B^2 - 4\,C\,A}}{2\,A}$. Daraus ist ersichtlich, daß die Koordinaten des Schnitt-

punktes in $L\,(\sqrt{B^2 - 4\,C\,A})$ (bzw. in $L\,(\sqrt{B'^2 - 4\,A'C'})$), mit $B^2 - 4\,C\,A$
(bzw. $B'^2 - 4\,A'C'$) aus L, liegen.

(c) Für den Fall, daß zwei Kreise vom Typ (II) sich schneiden, ergibt sich für die Koordinaten der Schnittpunkte ebenfalls: Entweder sie liegen in L oder sie sind Elemente
einer quadratischen Erweiterung von L der Form $L\,(\sqrt{\alpha})$, mit $\alpha > 0$ und $\alpha \in L$, d. h.
einer Erweiterung vom Grad 2 über L.

Damit hat sich ergeben, daß ein weiterer Konstruktionsschritt von Punkten mit Koordi-
naten in L zu Punkten mit Koordinaten in $L\,(\sqrt{\beta_1})$, mit $\beta_1 \in L$, führt. Liegt $\sqrt{\beta_1}$ in L, so
gilt $[L(\sqrt{\beta_1}) : L] = 1$ und damit $L\,(\sqrt{\beta_1}) = L$. Andernfalls gilt $[L(\sqrt{\beta_1}) : L] = 2$. Nach diesem Schritt befinden sich die Koordinaten aller konstruierten Punkte in $L\,(\sqrt{\beta_1})$. In einem
weiteren Schritt liegen alle Koordinaten in $L(\sqrt{\beta_1})(\sqrt{\beta_2}) = L(\sqrt{\beta_1}, \sqrt{\beta_2})$ mit $\beta_2 \in L$
$(\sqrt{\beta_1})$. Nach n Schritten, so läßt sich allgemein festhalten, befinden wir uns demnach im Kör-
per $L\,(\sqrt{\beta_1}, \sqrt{\beta_2}, \ldots, \sqrt{\beta_n})$ mit $\beta_i \in L\,(\sqrt{\beta_1}, \ldots, \sqrt{\beta_{i-1}})$ für $2 \leq i \leq n$.
Durch diese Überlegungen ist der wesentliche Teil des folgenden Kriteriums für die
Konstruierbarkeit einer reellen Zahl bereits eingesehen. Es lautet:

6.22 Satz (wörtlich nach [43]) Eine reelle Zahl a ist genau dann konstruierbar, wenn
es einen endlichen Körperturm

$$\mathbf{Q} = L_0 \subseteq L_1 \subseteq L_2 \subseteq \ldots \subseteq L_n \subseteq \mathbf{R}$$

gibt, in dem $L_{i+1} = L_i\,(\sqrt{\beta_i})$ durch Adjunktion einer Quadratwurzel eines Elementes
$\beta_i \in L_i$, $\beta_i \geq 0$, entsteht, so daß $a \in L_n = \mathbf{Q}\,(\sqrt{\beta_1}, \ldots, \sqrt{\beta_n})$.

B   B e w e i s . Die vorigen Überlegungen liefern bereits die eine Richtung des Beweises; denn wie wir gesehen haben, ist zu Beginn der Konstruktion $L = \mathbf{Q}$. Hiernach wird schrittweise der Körperturm aufgebaut, bis nach n Schritten schließlich (a, 0) konstruiert worden ist. Dann liegen die Koordinaten aller bis dahin konstruierten Punkte und damit auch a in L_n. Ist umgekehrt ein Körperturm der angegebenen Art gegeben, so ist zu zeigen, daß alle $a \in L_n$ konstruierbar sind. Diesen Nachweis führen wir mit Induktion nach n. Ist n = 0, so besteht der Körperturm nur aus $L_0 = \mathbf{Q}$. Die Vorüberlegungen haben aber bereits gezeigt, daß alle Elemente aus $\mathbf{Q}$ konstruierbar sind. Also gilt die Behauptung für diesen Fall. Wir zeigen nun (Induktionsschritt), daß aus der Konstruierbarkeit aller Elemente aus L_i die Konstruierbarkeit aller Elemente aus L_{i+1} folgt. Nach Voraussetzung ist $L_{i+1} = L_i (\sqrt{\beta_i})$ mit $\beta_i \geqslant 0$ und $\beta_i \in L_i$. Unter Berücksichtigung von Satz 6.16 gilt dann: $x \in L_{i+1}$ genau dann, wenn es Elemente a, b $\in L_i$ gibt, so daß $x = a + b \sqrt{\beta_i}$. Aus den Vorüberlegungen wissen wir bereits, daß sich aus der Konstruierbarkeit von a, b, c mit c > 0, die Konstruierbarkeit von $a + b \sqrt{c}$ ergibt. Damit ist eingesehen, daß für alle $x \in L_{i+1}$ gilt: x ist konstruierbar. ∎

Für den Nachweis der Nicht-Lösbarkeit der „Quadratur des Kreises" benötigen wir die Einsicht, daß transzendente reelle Zahlen nicht konstruierbar sind. Hierfür beweisen wir zunächst den

6.23 Satz (wörtlich nach [43]) Ist die reelle Zahl a konstruierbar, dann liegt a in einem Zwischenkörper L von $\mathbf{R} : \mathbf{Q}$, dessen Grad über $\mathbf{Q}$ eine Potenz von 2 ist, $[L : \mathbf{Q}] = 2^k$.

B e w e i s . Die Konstruierbarkeit von $a \in \mathbf{R}$ bedeutet nach Satz 6.22 die Existenz eines Körperturmes

$\mathbf{Q} = L_0 \subseteq L_1 \subseteq \ldots \subseteq L_n = L \subseteq \mathbf{R}$, so daß $a \in L$ ist und für alle $i \in \{0, \ldots, n-1\}$ gilt: $[L_{i+1} : L_i] \leqslant 2$. Dann gilt nach der Folgerung aus dem Gradsatz 6.13: $[L : \mathbf{Q}] =$

$$= \prod_{i=0}^{n-1} [L_{i+1} : L_i] = 2^k \text{ mit } 0 \leqslant k \leqslant n. \blacksquare$$

Nun läßt sich zeigen

6.24 Satz (i) Ist $a \in \mathbf{R}$ transzendent über $\mathbf{Q}$, so ist a nicht konstruierbar.

(ii) Ist $a \in \mathbf{R}$ algebraisch über $\mathbf{Q}$ und gilt für alle $k \in \mathbf{N}$ die Ungleichung $[a : \mathbf{Q}] \neq 2^k$, so ist a nicht konstruierbar.

B e w e i s . (i) Wäre die transzendente Zahl $a \in \mathbf{R}$ konstruierbar, so müßte a nach Satz 6.23 in einer endlichen Körpererweiterung $L : \mathbf{Q}$ liegen. Endliche Körpererweiterungen sind jedoch nach Satz 6.20 algebraisch. Damit wäre a algebraisch über $\mathbf{Q}$ und somit nicht transzendent.

(ii) Aus der Konstruierbarkeit von $a \in \mathbf{R}$ folgt: Es gibt eine Erweiterung $L : \mathbf{Q}$ mit $a \in L$ und $[L : \mathbf{Q}] = 2^k$. Dann gilt: $\mathbf{Q}(a)$ ist Zwischenkörper von L und $\mathbf{Q}$. Somit läßt sich der Gradsatz anwenden, so daß gilt:

$[L : \mathbf{Q}] = [L : \mathbf{Q}(a)] \cdot [\mathbf{Q}(a) : \mathbf{Q}] = 2^k$. Wegen Satz 6.17 ist $[\mathbf{Q}(a) : \mathbf{Q}] = [a : \mathbf{Q}]$. Damit erhalten wir:

$[L : \mathbf{Q}(a)] \cdot [a : \mathbf{Q}] = 2^k$. Daraus folgt: $[a : \mathbf{Q}]$ ist eine Zweierpotenz. ∎

Die Sätze 6.22–6.24 sollen nun auf das Problem der Quadratur des Kreises und auf das Delische Problem angewandt werden.

6.25 Beispiel D a s   P r o b l e m   d e r   Q u a d r a t u r   d e s   K r e i s e s

P r o b l e m s t e l l u n g . Aus einem Kreis mit dem Radius $r = 1$ soll nach den Regeln $(K_1) - (K_4)$ ein Quadrat konstruiert werden, dessen Flächeninhalt mit dem des Kreises übereinstimmt.

B e h a u p t u n g . Die Konstruktion ist nicht möglich.

B e w e i s . Ist $a \in \mathbf{R}$ die Länge einer jeden Seite des zu konstruierenden Quadrates, so verlangt die Aufgabe die Konstruktion einer reellen Zahl a mit $a^2 = \pi$. Nehmen wir an, a sei konstruierbar. Da die Menge der konstruierbaren reellen Zahlen einen Unterkörper von $\mathbf{R}$ bildet, folgt aus der Konstruierbarkeit von a auch die Konstruierbarkeit von $a^2 = \pi$. Nun ist aber, wie nach Definition 6.5 bereits bemerkt worden ist, π eine transzendente reelle Zahl. Also kann nach Satz 6.24 a^2 und damit auch a nicht konstruiert werden. ∎

B e m e r k u n g . Im Beweis des vorigen Satzes ist die Transzendenz von π vorausgesetzt worden. Der Beweis dieser Eigenschaft von π ist relativ schwierig und soll hier nicht geführt werden. Wie bereits angemerkt wurde, gelang L i n d e m a n n 1882 der Transzendenzbeweis von π, nachdem 1873 H e r m i t e die Transzendenz der

Eulerschen Zahl $e = \sum\limits_{k=0}^{\infty} \dfrac{1}{k!}$ nachgewiesen hatte. Dabei bestanden die „fundamentalen neuen Ideen Hermites" darin, „aus dem analytischen Verhalten gewisser Funktionen auf die arithmetische Natur der Werte dieser Funktionen an algebraischen Stellen zu schließen" (nach [43], vgl. auch S c h a f m e i s t e r - W i e b e [50]).

6.26 Beispiel D a s   D e l i s c h e   P r o b l e m

Der Sage nach hat Apollo in einem seiner Orakel die Einwohner von Delos aufgefordert, das Volumen seines würfelförmigen Altars unter Beibehaltung der Würfelform zu verdoppeln. Diese Aufgabe als Konstruktionsproblem formuliert lautet: Aus einem Würfel der Kantenlänge $k \in \mathbf{R}$ ist ein Würfel mit dem Volumen $2 k^3$ zu konstruieren. Setzen wir $k = 1$, so ist eine reelle Zahl a zu konstruieren, für die $a^3 = 2$ gilt. Damit ist $a \in \mathbf{R}$ Wurzel des Polynoms $x^3 - 2 \in \mathbf{Q}[x]$. Nach Übung 6.9 ist $x^3 - 2$ irreduzibel über $\mathbf{Q}$. Also gilt: $x^3 - 2 = \mathrm{Irr}\,(a, \mathbf{Q})$ und damit $[a : \mathbf{Q}] = 3$. Mit Satz 6.24 (ii) folgt schließlich: a ist nicht konstruierbar. ∎

Als die Bewohner von Delos die Erfolglosigkeit ihrer Konstruktionsbemühungen sahen, wandten sie sich an Plato. Dieser erklärte ihnen, daß es Apollo bei seiner Aufgabenstellung gar nicht daran gelegen war, einen Altar von doppelter Größe wirklich zu erhalten. Seine Absicht war vielmehr, die Bewohner von Delos durch die Beschäftigung mit diesem Problem zur Erkenntnis zu führen, daß die Mathematik für das Sehen menschlichen Geistes von eminenter Bedeutung ist.

Literaturverzeichnis

[1] A d e , H.; S c h e l l , H.: Numerische Mathematik. Stuttgart: Klett 1975

[2] A l e x a n d r o f f , P. S.: Einführung in die Gruppentheorie. Berlin: VEB Deutscher Verlag der Wissenschaften 1965

[3] A r n o l d , H.-J.: Geometrische Algebra in fachdidaktischer Sicht. In: Neue Aspekte zum Mathematikunterricht. Paderborn: Schöningh 1976

[4] B e h n k e , H.; R e m m e r t , R.; S t e i n e r , H.-G.; T i e t z , H. (Hrsg.): Das Fischer Lexikon − Mathematik 1. Frankfurt: Fischer 1964

[5] B i n z , J. C.: Endliche Ringe. Praxis der Mathematik 12 (1970) 325−330

[6] B i r k h o f f , G.; B a r t e e , T. C.: Angewandte Algebra. München − Wien: Oldenbourg 1973

[7] B l a n k e n a g e l , J.: Zum Rechnen mit Näherungszahlen. Didaktik der Mathematik 2 (1974) 103−113

[8] B o r u v k a , O.: Grundlagen der Gruppoid- und Gruppentheorie. Berlin: VEB Deutscher Verlag der Wissenschaften 1960

[9] B o t s c h , O.: Stellung der Mathematik in der höheren Schule. ZDM 7 (1975) 153−154

[10] B r e i d e n b a c h , W.: Mathematik (5.−10. Schuljahr) − Lehrerausgabe. Braunschweig: Westermann 1971−1976

[11] B r u n e r , J. S.; R o s e , R. u. a.: Studies in Cognitive Growth. New York: Wiley 1966

[12] B u n t , L. N. H.; J o n e s , P. S.; B e d i e n t , J. D.: The Historical Roots of Elementary Mathematics. Englewood Cliffs: Prentice Hall 1976

[13] C o b b e r s, H. u. a.: Mathematik (Unterrichtsempfehlungen). In: Sekundarstufe I − Gymnasium − Unterrichtsempfehlungen, Kultusministerium des Landes NRW (Hrsg.). Ratingen-Kastellaun: Henn 1975

[14] C o l l a t z , L.: Idee und Erfahrung aus der Sicht des Mathematikers. Mitteilungen der GAMM 2/78, 3−24

[15] D i e n e s , Z. P.; J e e v e s , M. A.: Denken in Strukturen. Freiburg: Herder 1968

[16] D i t t m a n n , H. (Hrsg.): Algebraische Strukturen und Gleichungen. München: Bayerischer Schulbuchverlag 1967

[17] F e i l m e i e r , M.; W a c k e r , H.: Numerische Mathematik. München: Bayerischer Schulbuchverlag 1975

[18] F e t t w e i s , E.; S c h l e c h t w e g , H.: Strukturen der Mathematik im Rechenunterricht. Paderborn: Schöningh 1972

[19] F i s c h e r , G.; S a c h e r , R.: Einführung in die Algebra, 2. Aufl. Stuttgart: Teubner 1977

[20] F r e u n d , H.; S o r g e r , P.: Lego-Türme als strukturiertes Arbeitsmaterial II. Experimentelle Zugänge zur Gruppentheorie. In: Die Schulwarte 24 (1971) 35−46

[21] G l a t f e l d , M. u. a.: Mathematik in der Sekundarstufe (Band 6). Düsseldorf − Braunschweig: Vieweg 1975

[22] H ä m m e r l i n , G.: Numerische Mathematik I. Mannheim − Wien − Zürich: Bibliographisches Institut 1970. Hochschultaschenbuch 498

[23] H o r n f e c k , B.: Algebra. Berlin: de Gruyter 1969

[24] K i r s c h , A.: Endliche Gruppen als Gegenstand für axiomatische Übungen. Der Mathematikunterricht 9 (1963) 88−100

[25] K i r s c h , A.: Über die Endomorphismen der endlichen Bewegungsgruppen und ihre Veranschaulichung. Mathematisch-Physikalische Semesterberichte 11 (1964) 48−70

[26] K i r s c h , A.: Über die Veranschaulichung einfacher Gruppenhomomorphismen. Der Mathematikunterricht **11** (1965) 54—65

[27] K i r s c h , A.: Gruppenhomomorphismen im mathematischen Schulstoff. Der Mathematikunterricht **12** (1966) 80—94

[28] K i r s c h , A.: Elementare Zahlbereichserweiterungen und Gruppenbegriff. Der Mathematikunterricht **12** (1966) 50—68

[29] K o w a l s k y , H.-J.: Lineare Algebra. Berlin: de Gruyter 1975

[30] K r a t z , J.: Aufgaben und Möglichkeiten des heutigen Mathematikunterrichts an den allgemeinbildenden Schulen. ZDM 7 (1975) 116—120

[31] K r e u t z k a m p , Th.; N e u n z i g , W.: Lineare Algebra. Stuttgart: Teubner 1975

[32] K r i s t e n s e n , E.: Eine Einführung des Gruppenbegriffs im Unterricht. Der Mathematikunterricht **12** (1966) 19—38

[33] K u r o s c h , A. G.: Gruppentheorie I. Berlin: Akademie-Verlag 1953

[34] K u y p e r s , W.: Algebra I. Düsseldorf: Schwann 1971

[35] L a n g , S. L.: Algebra. Reading, Mass.: Addison-Wesley 1965

[36] L a u g w i t z , D.: Unlösbarkeit geometrischer Konstruktionsaufgaben — Braucht man dazu moderne Algebra? In: Jahrbuch Überblicke Mathematik 1976 (hrsg. von B. Fuchssteiner u. a.), 201—204, Mannheim — Wien — Zürich: Bibliographisches Institut 1976

[37] L a u t e r , J.: Gruppentheorie im Arithmetik-Unterricht der Mittelstufe. Der Mathematikunterricht **12** (1966) 67—79

[38] L e p p i g , M.: Beispiele zum Rechnen in endlichen Gruppen. Der Mathematikunterricht **12** (1966) 39—49

[39] L i e r m a n n , H.: Der Begriff der Äquivalenzrelation in der Schulmathematik. Der Mathematikunterricht **11** (1965) 68—82

[40] L i e r m a n n , H.: Die Behandlung von Restklassengruppen und -ringen im Oberstufenunterricht der Gymnasien. Der Mathematikunterricht **12** (1966) 95—104

[41] L i e t z m a n n , W.: Methodik des mathematischen Unterrichts. Heidelberg: Quelle & Meyer 1968

[42] M a i , K. D.; N e s t l e , F.: Gruppoide und Gruppen. Freiburg: Herder 1975

[43] M e y b e r g , K.: Algebra 1 und 2. München: Hanser 1975

[44] M i t s c h k a , A.: Elemente der Gruppentheorie. Freiburg: Herder 1972

[45] P a p y , G.: Einfache Verknüpfungsgebilde — Gruppoide. Göttingen: Vandenhoeck und Ruprecht 1969

[46] P i a g e t , J.: Die Entwicklung des Erkennens I — Das mathematische Denken. Stuttgart: Klett 1972

[47] R e i f f e n , H.-J.; T r a p p , H. W.: Einführung in die Analysis I. Mannheim — Wien — Zürich: Bibliographisches Institut 1972: Hochschultaschenbuch 776

[48] R e i f f e n , H. J.: S c h e j a , G.; V e t t e r , U.: Algebra. Mannheim — Wien — Zürich: Bibliographisches Institut 1969: Hochschultaschenbuch 786

[49] R i n k e n s , D.: Abstraktion und Struktur. Ratingen: Henn 1973.

[50] S c h a f m e i s t e r , O.; W i e b e , H.: Grundzüge der Algebra. Teubner 1978

[51] S c h m i d t , J.: Die Ringstruktur der Zahlenfolgen. Der mathematische und naturwissenschaftliche Unterricht **24** (1971) 268—272

[52] S c h n e i d e r , H.-J.: Algebra und Elemente der Zahlentheorie. München: Universität München (Skriptum) 1975

[53] S c h n e i d e r , S.: Zur Gewinnung von Erkenntnissen in der Mathematik. Mathematik in der Schule **11** (1973) 673—680

[54] S c h u b e r t h , E.: Die künftige Stellung der Mathematik im Unterricht der allgemeinbildenden Schulen und die Aufgaben der Mathematikdidaktik. ZDM 7 (1975) 160—163

[55] S i e l a f f , K.: Einführung in die Theorie der Gruppen. Frankfurt: Salle 1969

[56] S i m m , G.: Anschauung und Axiomatik. Freiburg: Herder 1973

[57] S t e i n e r , H. G.: Zur Didaktik der elementaren Gruppentheorie. Der Mathematikunterricht 11 (1965) 20—29

[58] S t e i n e r , H. G.: Einfache Verknüpfungsgebilde als Vorfeld der Gruppentheorie. Der Mathematikunterricht 12 (1966) 5—18

[59] T i e t z e , H.: Gelöste und ungelöste mathematische Probleme aus alter und neuer Zeit. München: Beck 1973

[60] T ö p f e r , H.: Die Unabhängigkeit der Gruppenaxiome. Praxis der Mathematik 5 (1963) 281—291

[61] v a n d e r W a e r d e n , B. L.: Algebra — Erster Teil. Berlin — Heidelberg — New York: Springer 1966

[62] V o l l r a t h , H. J.: Folgenringe. Der Mathematikunterricht 19 (1973) 22—34

[63] V o l l r a t h , H. J.: Didaktik der Algebra. Stuttgart: Klett 1974

[64] W a g e n s c h e i n , M.: Ursprüngliches Verstehen und exaktes Denken II. Stuttgart: Klett 1970

[65] W i n k e l m a n n , B.: Systeme von Dezimalzahlen und Approximationen. Mathematisch-physikalische Semesterberichte 20 (1973) 45—55

[66] W i t t e n b e r g , A. J.: Bildung und Mathematik. Stuttgart: Klett 1963

[67] W i t t e n b e r g , A. J.: Redécouvrir les Mathématiques, Exemples d'Enseignement Génétique. Neuchâtel: Delachaux & Niestlé 1963

[68] W i t t m a n n , E.: Die Bedeutung der Piagetschen „abstraction réfléchissante" für die Entwicklung der mathematischen Formen. Die Deutsche Schule 61 (1969) 537—542

[69] W i t t m a n n , E.: Grundfragen des Mathematikunterrichts. Braunschweig: Vieweg 1975

[70] o. Verf.: Weiße Flecken. Der Spiegel 31, Nr. 28, (1977) 134

Sachverzeichnis

MLG Mathematik für das Lehramt an Gymnasien

Claus
Einführung in die Informatik
254 Seiten. Kart. DM 25,80

Degen/Profke
**Grundlagen der affinen
und euklidischen Geometrie**
232 Seiten. Kart. DM 25,80

Schafmeister/Wiebe
Grundzüge der Algebra
247 Seiten. Kart. DM 26,80

Walter
**Einführung in die Wahrscheinlichkeitsrechnung
und Statistik**

Wille
Analysis
Eine anwendungsbezogene Einführung
336 Seiten. Kart. DM 29,00

Die Reihe Mathematik für das Lehramt an Gymnasien
wird durch weitere Bände fortgesetzt

Preisänderungen vorbehalten

 B. G. Teubner Stuttgart